マリアナ沖海戦

母艦搭乗員激闘の記録

A New View of the Battle of Philippine Sea

川崎まなぶ

Manabu KAWASAKI

大日本絵画
DAINIPPONKAIGA

マリアナ沖海戦

～母艦搭乗員 激闘の記録～

初めに

空母戦は、ガダルカナル島を巡り昭和一七年一〇月二六日に行われた、南太平洋海戦の後、約一年八ヶ月ぶり、しかもこの戦いは、歴史上でも、空母戦の最大級の戦いであった。

しかしながら、ハワイ作戦、ミッドウェー作戦、レイテ沖海戦に比べて突っ込んだ研究が少なく、アウトレンジ作戦が悪い、搭乗員の練度が低いから、などと漠然とした理由で語られることが多いのがこの戦いの特徴である。アウトレンジ作戦のどこが悪いのか、搭乗員の練度が悪いとはどういうことなのか、その根拠が語られることは少ない。それどころか、母艦搭乗員は、どんな人が、どんな訓練を実施したのかなど、各航空隊の生い立ちから、マリアナ沖海戦に至るまで、当時の生存者に調査したものは、戦史叢書「マリアナ沖海戦」ぐらいのものである。

しかしながら戦史叢書は書かれてから実に三〇年近くの年月が経過し、その間に資料が見つかったりしている。そこで出来る限り当時の生存者に回想を求め、改めて見直してみることにした。

昭和一八年の〝空白の一年間〟日本空母部隊に何があったのか。マリアナ沖海戦までにどの様な訓練を実施され、どの様に戦ったのか、空母搭乗員にスポットを当ててまとめた。

また、マリアナ沖海戦では戦艦、巡洋艦に搭載された水上偵察機が、索敵に活躍したのだが、記録がほとんど残っていない。その記録を丹念につなぎ合わせて、活躍の断片を伺ってみたい。

《凡例》

一、日時は日本中央標準時を使用した。時刻は〝午後三時三〇分〟を〝一五三〇〟という表記にしている。
一、長さの単位はカタカナで表記、また〝センチメートル〟は〝センチ〟と略した。
一、距離を表す単位は海事用語であるカイリを用い、文字は〝浬〟（一八五二メートル）を当てた。速度はノット（一ノットは一時間に一浬進む速さのこと）を使用した。ノットと共にメートル法での時速も併記した（単位はキロメートル・パー・アワーを〝キロ〟と略して併記）。
一、部隊名については以下の様に略した。〝第○○航空艦隊〟→〝○○航艦〟、〝第○航空戦隊〟→〝○航戦〟、〝第○○○海軍航空隊〟→〝○○○空〟などである。なお〝横須賀海軍航空隊〟のように地名を冠したものは〝横空〟のように適宜省略した。
一、階級については〝海軍大佐〟を〝大佐〟、〝海軍飛行兵曹長〟を〝飛曹長〟というように海軍を省略し、下士官兵に関しては当時使用されていた略称を使用した。
一、航空機の種目については以下の様に略記している。〝艦上戦闘機〟→〝艦戦〟、〝艦上爆撃機〟→〝艦爆〟、〝艦上攻撃機〟→〝艦攻〟、〝艦上偵察機〟→〝艦偵〟、〝水上偵察機〟→〝水偵〟、〝陸上戦闘機〟→〝陸戦〟、〝陸上爆撃機〟→〝陸爆〟、〝陸上攻撃機〟→〝陸攻〟、〝陸上偵察機〟→〝陸偵〟。
一、次の略語は左の様な意味で用いている。
甲戦……敵戦闘機の撃墜を目的とした戦闘機
乙戦……敵爆撃機の撃墜を目的とした戦闘機
丙戦……夜間における敵機の撃墜を目的とした戦闘機
一、航空機名称は以下の様に略した。〝九六式艦上戦闘機〟→〝九六艦戦〟、〝零式艦上戦闘機〟→〝零戦〟、〝九九式艦上爆撃機〟→〝九九艦爆〟、〝九七式艦上攻撃機〟→〝九七艦攻〟。
なお〝魚雷装備〟は〝雷装〟、〝爆弾装備〟を〝爆装〟と表記した。
一、艦船に関しては左の通りとしている。
〝航空母艦〟は前後の文脈に応じて〝母艦〟もしくは〝空母〟と略した。また〝重巡洋艦〟は〝重巡〟、〝軽巡洋艦〟は〝軽巡〟と略記した。
一、本文中、回想をいただいた方々のお名前については現在のものとした。
一、地名は主として当時の名称を使用しているが、一部は現在名を使用している。

マリアナ沖海戦 ～母艦搭乗員 激闘の記録～／目次

序章

序章

空母を探せ　ハワイを舞った唯一の複葉機の物語

クリスマスの直前。
昭和一六年一二月一七日。

やや雲が多かった。
小さな陰。
本当に小さな陰。
複葉の水上機。

ハワイの要衝、真珠湾上空。
一機の小型機がゆっくりと飛んでいた。

米国のものでもない。英国でも、オーストラリアでも、ない。
日本、しかも民間機でもなく、海軍の軍用機、九六式小型水偵であった。

すでに戦争は始まっている。しかも九日前の一二月八日、すなわち開戦初日、日本の機動部隊がその真珠湾を攻撃したばかり。当然、厳重な警戒がなされていた。

日本の空母から発進した攻撃隊は、真珠湾に在泊していた旧式戦艦を撃沈破したものの、米空母を捕捉することが出来ず、逆襲をおそれて厳重な無線封止の上、足早に去っていった。つまり、真珠湾で何隻に被害を与えたのか、状況がわからない。

そこで真珠湾を包囲している第六艦隊潜水艦、その搭載機による偵察を決意した。昭和一六年一二月一二日、第六艦隊司令官は第二潜水部隊に対して命じる。

『伊七潜搭載機ヲ以テ機ヲ見テ真珠湾ニ対シ残存艦艇並ニ艦船損害ノ状況ヲ隠密偵察スベシ』

これを受けて「伊七」は、ニイハウ島南方において機会を伺《うかが》った。

「伊七」に乗組んでいたのは二人の搭乗員。
操縦員は加賀三信飛曹長、偵察員の岡本無類雄二飛曹。加賀飛曹長は、予科練の乙飛二期で、操縦教程を卒業してすでに六年のベテラン。岡本二飛曹は、昭和一一年に志願して海軍に入隊し、通信学校を経て第三八期偵察練習生となり、飛行機乗りになった。卒業後、まもなく中国大陸で、水上機の偵察員として陸軍の支援作戦に従事。その後、重巡「三隈」、館山海軍航空隊の勤務を経て、潜水艦に乗り組んでいた。同期生で同じ潜水艦乗組には「伊二五」の奥田省二二飛曹（昭和一九年九月二一日　フィリピンにて空襲で戦死）もいて、藤田信雄飛曹長（第二〇期操縦練習生）と共に、アメリカ本土のオレゴン州爆撃に参加している。

『伊号第七潜水艦』には、それまで乗っていた「伊号第一七潜水艦」から転勤してきました。

「伊七」は第二潜水戦隊の旗艦で、司令部があって、艦載機が一機。そこの搭乗員にいったわけです。

「伊一七」では、新しい低翼単葉の零式小型水偵に乗っていました。喜んでいたら、また古いのになっちゃった。九六式は速度が遅い。

飛行偵察をせよと命令が来て、方々回ったんですけどもね、波が荒くて飛行機を発進させる場所がなかったんです』

と岡本さんは回想する。

しかし、偵察が出来ないと言われても、それなら中止とはいかなかった。なぜならば、真珠湾にいた米艦隊が健在であれば、これに日本海軍は備えなければならないし、大損害を与えているのならば、その隙に南方の資源地帯や要衝を我が物にしておかなければならない。対応を決めるには、真珠湾がどうなっているのか早く知りたいというのが実情であった。

結局、一七日黎明に飛行偵察を決行することになった。

一六日の夜中、「伊七」は浮上し、そして飛行機を格納塔から出して組み立てはじめた。

『飛行機を組み立てる時はランプだけ。だから、飛行機は手間のかかるビスを使わない。整備員が二人しかいないんですよ。あとは全部水兵さんで、トンチンカントンチンカンとやって組み立てる。組み立てるのは三〇分ぐらいかかる。

それと、なるべくならばわかんないように、飛行機の日の丸を消しちゃってました。こんな小さな水上機だもの、見つかって落とされるよりも、日の丸消して偵察して、向こうにわからないように帰ってくればいいのだから』

日の丸のない、九六式小型水偵が「伊七」艦上に姿を現したのは、予定時刻よりもはるかに遅れてのことだった。敵の真ん中で、遅れるということは、偵察を予定していた黎明でなく夜が明けてしまうということであり、明るければ明るいほど、敵戦闘機の活動、潜水艦に対する哨戒もそれだけ容易になり、それだけ帰還が困難になるということである。

しかし、複葉で、しかもフロートをつけた九六式小型水偵は空に舞い上がった。発艦したのは、一七日〇〇四五、ハワイ島西方カイルア沖三〇浬《かいり》の地点であった。

『もう、死ぬつもりで行ったんですよ。だから、落下傘なんかつけてないですよ。飛び降りて、捕虜になっちゃうから。もちろん十中八九、もう死ぬ前ですよ。だから、出る前には白い軍服を着て、階級章取っちゃって。半ボイルしたお赤飯、それと一杯の盃を飲んで、はちまきをして、拳銃を持って。』

発艦した日本時間〇〇四五は、現地時間でいうと一六日〇五四五。飛んでいるうちに徐々に明るくなってきてしまった。小型水偵は高度三〇〇〇、雲高二〇〇〇～二五〇〇の密雲の上を、真珠湾へ向かう。

この日は全くのベタ曇りであった。小型水偵にとって良いことといえば、その機影を捕らえられる可能性が低くなることであり、悪いことといえば正しく真珠湾へたどり着き、潜水艦が待つ地点へ帰ってくるための航法が、目標がないので難しくなることである。

ただ、幸いなことに視界は良好で三〇浬程度保たれていた。

まったくの雲の上を真珠湾へ飛行していたところ、マウイ島にある標高三〇五五メートルのハレアカラ山を発見。岡本二飛曹は、二回、交差方位にて位置を測定することが出来た。
その後、推測航法で真珠湾を目指し、ようやく到着した。

『そうしたら、フォード島の上に出ちゃった。真珠湾の真ん中のね。
それでこれは大変だって言って、雲の中に。
下は戦闘機が飛んでました。
湾口、ものすごい警戒してましたよ。白波けたてて駆潜艇や駆逐艦がビヤーって。すうごい。これは大変だあ、と思いましたよ。ご存じの通り、この飛行機には機銃が後部に一挺積んでいるだけ。どうしようもないですよ、戦闘機の機関銃と比べれば話にならない。』

〇二四〇（現地時間〇七四〇）に偵察を終わり、帰途に就く。

『帰ってきたらね、艦がいないんですよ。
もう、明るいですからね。ハワイ島が目の前に見えるんですよね。そばに、大きく。
昼間でしょ、帰ってきたのは。
しょうがないから旋回していたんですよ。
そうしたら浮き上がってきた。駆逐艦に制圧されたらしい。
着水して、艦のそばに行って、デリックでつり上げてもらった』
飛行機を分解して、格納してから潜航するまでに、三〇分はかかったという。

早速、偵察情況が「伊七」から報告される。

第二潜水戦隊　二〇九　一七一〇七〇〇
一二月一七日〇二四〇　伊七潜飛行機報告
一　在泊主要艦船
戦艦四隻（内三隻橋楼《しょうろう》其他上部構造物大破　一隻損傷ノ程度不明
空母一隻　（「エンタープライズ」）
以上「イーストロック」東方泊地
巡洋艦五隻　駆逐艦其他小艦艇約三〇隻
「フォード」島南方泊地　沈没艦ラシキモノヲ認ムルモ詳細不明
二　湾口五浬付近駆逐艦二隻　一〇浬付近哨戒艇数隻哨戒中

第二潜水戦隊　二一二　一七一一七五〇
二〇九番電追加
一　沈没艦船状況
船体ノ大部分海中ニ没シテ詳細不明ナルモ観測状況左ノ通
沈没現場ハ約六〇〇米乃至七〇〇米ニ　南西ヨリ東北ヘ順次橋楼ラシキモノ二（内一籠檣）及船体ノ一部ト思ワレルモノ二個所　僅ニ水面上ニ露出シアルモ相互関係明カナラズ　隻数不明

二　残存艦船中籠檣一隻、他ノ三隻ハ檣及上部構造物大破シアリテ
不明

『この索敵の目的は、湾内全体。まず、空母がいるかどうか。ほかに何かいないかどうか。いちばんの主目は、空母がいるかいないかを見に行った。

我々飛行機乗りは戦艦なんかやってもどうにもならない。あの当時、古い戦艦四隻、五隻沈めたところで、半年の間に壊されたのをちゃんと修理してさ。新しくして出てきてんだから。私が見に行った時にはみんな腹だして沈んでいるんだから』

真珠湾攻撃は、見事な程の戦果を上げたが、空母を撃ち漏らした。その空母を沈めるためには、まず、その所在を確かめなければならなかったのだ。

空母を撃て

撃ち漏らした空母はどこにいったのか。潜水艦部隊を使って捜索を続ける。

「伊七潜」搭載機の偵察成功に続き、「伊一九潜」搭載機も年明けすぐの一月五日、真珠湾偵察を成功させた。

一〇日、「伊一八潜」が西に向かう「レキシントン」型空母を発見、潜水艦が捜索を続け一二日「伊六潜」が「レキシントン」型空母一隻を捕捉、魚雷三本を発射して二回の大音響を聴取。撃沈を報じた。この空母は「サラトガ」で、魚雷一本が命中して真珠湾に引き返した。

これにより、連合艦隊は米空母の機動作戦が出来なくなったと判断した。

ところが、その判断とは裏腹に、二月一日「エンタープライズ」「ヨークタウン」の空母二隻によるマーシャル奇襲、二月二〇日「レキシントン」によるラバウル奇襲（未遂）、「エンタープライズ」により二月二四日ウエーク島、三月四日南鳥島を空襲。三月一〇日には「レキシントン」と「ヨークタウン」が東部ニューギニアのラエ、サラモアを空襲。

このように稼働空母三隻を使って、防御の弱い地点に対し機動作戦を展開。それを所在基地航空隊が攻撃したものの、攻撃を事前に防いだのは二月二〇日に四空の陸攻が大損害と引き替えにしたのみ。他はやられ放題に近く、得られた戦果はマーシャルで陸攻が一機体当たりして軽微な損害を与えたのみであった。

原因は貧弱な基地航空兵力しか展開できないこと。哨戒も満足に出来ず、来襲してくる米機動部隊を見つけられない。敵を見つけても、僅かな数の攻撃隊が爆装で、戦闘機の直掩も受けられずに突撃、戦闘機の邀《よう》撃を受けて壊滅してしまう。

急降下爆撃機も、雷撃機も、そして直掩する戦闘機をも発進させるのは、航空母艦しかない。そして、相手も狙ってくる。米空母には、空母で、対抗しなければならなかった。

航空母艦の搭乗員

航空母艦の生命は、飛行機と、それを操る搭乗員にかかっていると言って良いだろう。

その、日本の航空母艦の搭乗員は、どのような歴史をもっていたのだろうか。

日本の航空母艦へ最初に着艦したのは、三菱の試験飛行士ジョル

ダンであった。彼は元英海軍で乗組の経験を持っており、一〇年式艦上戦闘機で横須賀港外にて「鳳翔」へ着艦を試み、成功した。大正一二年二月五日のことである。

その一カ月後の三月一六日、吉良俊一大尉（海兵四〇期）が着艦に成功し、日本人初着艦の座を手にした。

その後航空機の性能は着実に向上し、航空戦力の認識は高まっていった。これに伴い空母は巡洋戦艦と戦艦を改造した大型の「赤城」「加賀」、新造の小型「龍驤」、中型「蒼龍」「飛龍」が完成した。

当然これら空母に乗るべき搭乗員も養成されていく。

搭乗員とは、日本海軍の操縦、偵察、電信などの役目をおって飛行機に乗り組む要員のことである。ただし、飛行機に乗り組むものの整備を担当する要員は搭乗整備員（搭整）とされ区別していた。

母艦搭乗員になる最大の障壁は〝着艦〟であろう。小さな飛行甲板で制止しなければならない着艦は、短い滑走距離で飛び立たねばならないものの必要な条件を空母が作り出せる発艦に比べてより困難である。その着艦するにあたって重要なのは、なんといっても飛行機を動かす操縦員の経験である。

着艦するには飛行甲板、それも決められた狭い範囲に飛行機を降ろさなければならない。日本海軍航空隊では、艦上機や陸上機の操縦員に対して、決められた地点に着陸する〝定着訓練〟を練習航空隊で行っていた。将来の着艦訓練に備えてのものである。したがって、大きく言えば空母着艦の基礎訓練を受けていることになり、戦闘機や艦爆、艦攻操縦員の陸上航空隊から空母への転勤を容易にしていた。

例えば戦闘機なら射撃や空戦など、実戦で使用する機種の教育を受ける実用機教程が終わった戦闘機、艦爆、艦攻の操縦員の中から空母へ配属されるのであるが、卒業後すぐに配属される場合と時間が経ってから配属される場合があった。

また、ゆとりがあった昭和一七年始め頃までは、陸上航空隊に配属された操縦員に対しても着艦訓練を実施していたりもしていた。

空母に配属されて一～二年すると練習航空隊などに配属されるのが普通であり、同じ部隊にずっと留まるということはない。例えば、昭和一五年の「飛龍」所属の搭乗員とそれから二年後の昭和一七年のそれを比べても一人しか一致しない。陸上航空隊でも戦闘を担当する外戦部隊では同じ様なものであるが、それだけ激務だった、と言うことだろう。

第一航空艦隊編成

昭和一五年（一九四〇年）六月九日、当時一航戦司令官だった小澤治三郎少将は空母を集中する航空艦隊編成を海軍大臣に進言し、その影響もあって昭和一六年四月一〇日に攻撃用空母「赤城」「加賀」「蒼龍」「飛龍」「龍驤」と、全てを集めた第一航空艦隊が編成された。

ところが、その指揮官には小澤治三郎中将ではなく海軍兵学校一期先輩の南雲忠一中将（海兵三六期）が就任した。南雲中将はいままで航空部隊には勤務したことはなく、南雲中将が小澤中将より先任であるために第一航空艦隊司令長官になったと考えられている。当時は経験よりも年功序列、先任・後任が重視されていたのである。しかし、司令長官こそ航空部隊に縁が無かったが、司令部の参謀は航空部隊経験者の逸材が配属されていた。母艦搭乗員はそのほとんどが第一航空艦隊に集められる形になり、激しい訓練を開始した。

当時、海軍航空は急激な拡大を続けており、全体としての搭乗員の練度は低下しつつある、と海軍航空本部は認識していた。急拡大すればそれだけ新しい搭乗員が必要となり、その結果全体としては練度が低下するからだ。飛行機自体も足りないし、そう、何が足らないというよりも足りているものがない、といった方が適切かもしれない。第一航空艦隊も例外ではなく、その後完成した大型空母「翔鶴」「瑞鶴」が編入され、ますます機材も搭乗員も足りなくなった。小型空母の三航戦の「瑞鳳」、四航戦の「龍驤」「春日丸」はフィリピン方面の作戦で使用する計画があったため飛行隊はいったん解散となり、これら航空隊からを主にあちこちからかき集めたものの、さらに定期異動も重なり、その結果既存空母の搭乗員らの陣容もかなり入れ替わってしまった。

時局の切迫により一般訓練を一六年八月に打ち切り、特別任務の激しい訓練を実施していくのである。

日本の航空母艦

昭和一六年一〇月時点では、日本が保有する航空母艦は一〇隻を数え、名実ともに世界一といえた。

◎「鳳翔」／日本で初めて当初から航空母艦として建造された艦。すでに旧式化しており、作戦用としては複葉の九五艦戦、九六艦攻までしか搭載できなかった。

◎「赤城」／軍縮条約により未完成の巡洋戦艦を改装したもので、当初飛行甲板が三段あるなど独特な形状をしていた。飛行機の発達などもあり大改装が実施され昭和一三年に姿を現した。飛行甲板が一段となったのはよかったが、艦橋を左側中央部に設置したところ飛行甲板後部の気流が悪くなることが判り、その後建造される航空母艦では右側艦首より飛行甲板全長の三分の一に置かれることになる。速力も三一ノット発揮できた。

◎「加賀」／関東大震災で破壊された巡洋戦艦「天城」に代わり軍縮条約により未完成の戦艦を改装したもので、やはり当初飛行甲板が三段あった。煙突や低速などの不具合により「赤城」に先んじて大改装を受け、やや低速な二八ノットであったものの飛行機の搭載力は随一。

◎「龍驤」／軍縮条約の影響で「青葉」型巡洋艦に準じた船体に無理な搭載機を実現しようとしてバランスの悪い艦になってしまった。度重なる改装を受け修正された。

◎「蒼龍」／軽防御で航続力が短いものの中型で三四ノットを発揮できる有力な艦。

◎「飛龍」／「蒼龍」より遅れて建造された改良型。「赤城」の実績が判った頃には完成間近であり艦橋は左中央部のままとなった。

◎「瑞鳳」／戦時に短期間での空母への改装を考慮した艦。二ヶ月での改装を要求されたためディーゼル推進であったのだが、同型のディーゼル機関を搭載した艦にて故障が頻発し、建造途中でタービンへの換装が決定された。その際、空母への改装が予定期間では不可能であることから空母で完成した。小型ながら二八ノット発揮できた。

◎「翔鶴」及び「瑞鶴」／軍縮条約を脱退したため「飛龍」よりも大型艦として開戦間際に竣工した。搭載機数も多くかつ三四ノットの高速発揮可能、飛行甲板の防御がないという欠点はあるものの有力な艦であった。

◎「春日丸」／戦時に空母へ改装することを考慮された日本郵船所属の大型客船。建造途中に空母として完成させることになり開戦前に竣工した。小型でかつ二一ノットしか出せず運用が限定された。

改装中の艦は、次の三隻であった。

◎「祥鳳」／「瑞鳳」と同型艦。ディーゼル推進の潜水母艦からの改装で、タービンへの換装と合わせて実施され、昭和一六年一二月竣工予定。

◎「飛鷹」及び「隼鷹」／政府の補助を受けた大型客船「出雲丸」「橿原丸」を建造途中で空母への改装をしたもの。二四ノットとやや低速であるものの「蒼龍」型よりやや劣る程度の搭載機を持っていた。

新規建造途中の艦は、たった一隻しかなかった。

◎「大鳳」／着工したばかりの大型の「翔鶴」型の改良型。日本で初めて、その脆弱な飛行甲板に装甲を施すという特徴を持っていた。その結果、格納庫がやや狭くなり搭載機は少なくなったが、戦時には飛行甲板繋止をしてカバーする予定で、かつ燃料と爆弾（二五番）を自艦搭載機定数の二倍搭載出来るよう計画された。昭和一九年六月竣工予定である。

このほかにも「飛龍」型の改良型新規建造（「雲龍」）が当初昭和一九年四月竣工予定、潜水母艦「大鯨」（「瑞鳳」の略同艦）、客船「八幡丸」「新田丸」（「春日丸」と同型）が航空母艦への改装を予定していたが、まだ未着手の状況だった。

当分大型空母の竣工が見込めず、小型空母を含めた現有戦力の有効活用が必須といえた。

空母の新規建造についてあまり熱心でなかった……それだけで戦艦中心主義のためとするのは少々短絡的だろう。当時の海軍は、アメリカの航空母艦と数が均等となるように建造計画を建てていた。アメリカは既に「レキシントン」「サラトガ」「レンジャー」「ヨークタウン」「エンタープライズ」「ワスプ」「ホーネット」という合計七隻と昭和一九年までに「エセックス」以降四隻が竣工すると予測していた。

これに対し日本は、「赤城」「加賀」「蒼龍」「飛龍」「翔鶴」「瑞鶴」の六隻に改装中の「隼鷹」「飛鷹」の二隻、「大鳳」「飛龍」改型一隻で昭和一九年までに合計一〇隻となる予定だった。「大鳳」がその能力を活かし二隻分の力と考えれば均等と考えていたのだろう。

ただ、開戦を前にして軍備計画は見直されている。昭和一七年から実施される⑤計画（一九年度以降完成）は、そのままでは戦争に対応出来ないことからひとまず保留され、一八年度以前完成の軍備について纏《まと》めることとし、さしあたり戦艦などの大型艦の建造を取りやめ飛行機と潜水艦に集中した軍備を行うことに決まった。そのため、「大和」型戦艦として建造されていた一一〇号艦は建造しているドックを空けるため、ひとまず翌年一〇月までに中甲板までの工事が進められることとなる。

つかの間の栄光

飛行機と搭乗員を何とかそろえた第一航空艦隊一航戦「赤城」「加賀」と二航戦「蒼龍」「飛龍」、そして新編成された五航戦「翔鶴」「瑞鶴」は、昭和一六年一一月に千島列島択捉島のヒトカップ湾に集結。ひっそりと出撃していった。

昭和一六年一二月八日〇一三〇。制空隊の零戦四三機、九九艦爆五一機、九七艦攻八九機（水平爆撃隊四九機、雷装四〇機）をハワイ、真珠湾へ向けて発艦させた。続いて〇二四五、制空隊零戦三五機、九九艦爆七八機、九七艦攻五四機（すべて水平爆撃隊）が第二次攻撃隊として発艦。第一次攻撃隊は二三〇浬を、第二次攻撃隊は二〇〇浬を飛行、真珠湾上空へ現れた。第一次、第二次合計三五〇機の奇襲攻撃で戦艦二隻完全喪失、三隻を擱座させ、航空機二三一機以上を破壊するなど大戦果を上げた。その代償として二九機（零戦九機、九九艦爆一五機、九七艦攻五機）の未帰還機を出した。

作戦後、航空兵力が無いがために失敗に終わったウェーキ島攻略作戦の支援に二航戦のみ派遣され、それ以外は飛行機の更新及び艦船の機関整備などがあるので内地へ帰った。

フィリピン方面で使用されるはずだった空母は、零戦が台湾から作戦可能であることがわかったのでお役ご免となり、その一隻の四航戦「龍驤」は、九六艦戦と九七式一号艦攻という旧式機をかき集めて一二月八日、ダバオを空襲した。僚艦「春日丸」は若手搭乗員の着艦訓練に従事することになり、四航戦から離れる。代わりに改装が終わった「祥鳳」が配属された。三航戦「瑞鳳」は瀬戸内海に戻り、「鳳翔」と共に元の任務である第一艦隊（戦艦を主力とする艦隊）の上空直衛についた。

一航艦各空母は南方作戦支援、インド洋作戦で敵の兵力が貧弱なのも手伝い、その圧倒的な力を見せつけた。

これにて作戦は一段落、戦訓所見の研究会が行われた。

飛行機の消耗は意外のほど多かったが、特に空母を集団使用することにより一撃で期待以上の戦果を得ることが出来た。この成功により、第一航空艦隊側意見として複数の機動部隊の建制化が出されたが、すぐには実現しなかった。

また、搭載機を補充するにはいったん内地へ帰らなければならないこと、その補給される飛行機がただ飛ぶだけで肝心の機銃など兵装が付いておらず対応に時間がかかってしまうこと、極めつけは飛行機一機を他の艦へ移載する場合にも海軍大臣の認可が必要、という杓子定規なところまであった。

これからの作戦はいままでのように奇襲や貧弱な戦力を相手するのではなく、十分準備された敵が待つ、すなわち強襲作戦になる。いままで単独での作戦をしてきた機動部隊は、主役であることは変わりはないものの他隊との連携が重要視された。また、二航戦司令部は見張り能力の強化を要望していた。

そして、昭和一九年度以降の軍備計画も本格検討されるようになる。今までの航空母艦の活動ぶりは予想を上回るものであるとともに、米海軍が新航空母艦を一一隻建造中もしくは着手、戦艦や巡洋戦艦などの建造予定艦も航空母艦とするという情報が入り、今までの緩慢な計画では昭和一九年以降日本が急速に劣勢となることは目に見えていた。これを打開すべく航空母艦の新規建造数を次のように大幅に増加させることにした。

○改「大鳳」型　七隻（⑤計画では二隻）

○「雲龍」型　五隻（⑤計画では一隻）

さらに一一〇号艦も昭和二〇年までに完成させることとなる。戦艦ではなく、航空母艦としてであることはいうまでもないだろう。

また、基地航空隊も大型機よりも戦闘機を重視したものとなり、これまた大幅に強化する考えであった。

これらの計画案は、五月末に纏まっている。しかし、現実は待ってくれなかった……。

そして挫折　ミッドウェー

昭和一七年五月、一航戦、二航戦、四航戦「龍驤」と竣工ほやほやの「隼鷹」が内地で整備、訓練をしていた頃、遙か離れたニューギニアの要衝、ポートモレスビー攻略作戦の支援のためアメリカとオーストラリアを結ぶ重要海域の一つでもあった珊瑚海に五航戦の

「翔鶴」「瑞鶴」と四航戦「祥鳳」が進出。米軍も空母「レキシントン」「ヨークタウン」を出撃させ迎え撃ち、ここに史上初めての空母戦が発生した。大型空母「レキシントン」を失わしめたが、「祥鳳」を撃沈され初めての空母喪失となった。ポートモレスビー攻略作戦は輸送船団の上空を護るものがなくなり、延期された。

　この戦いで五航戦は「翔鶴」に爆弾三発命中して飛行甲板を損傷、「瑞鶴」も機材の大半を失い次期作戦に参加することが困難になった。そこで機材不足で悩む当時ラバウル唯一の戦闘機隊である台南空へ零戦二四機（うち四機はもともと台南空へ空輸する予定で搭載されていたもの）を差し出し、内地では九七艦攻四機を「加賀」「蒼龍」「飛龍」へ転用。かてて加えて新編成されて間もない「隼鷹」に「翔鶴」戦闘機隊から搭乗員五名を臨時転勤させられた。結局「瑞鶴」は一ヶ月間かけて艦の整備や修理、そして飛行機隊の再建をすることになった。

　さて、珊瑚海海戦後に行われた連合艦隊司令部での研究会では、それまでの戦闘状況を検討した上での漠然とした不安があったのだろう、航空母艦の見張り能力不足と共に戦闘機を現状の一八機から増載して二七機とする案が出されているが、正式採用にいたらなかった。結局、次の戦いではその戦闘機のやりくりに苦しむこととなる。

　昭和一七年六月にミッドウェー島攻略をめざし一航戦、二航戦の四隻が向かう。それに対して「エンタープライズ」「ホーネット」、珊瑚海で損傷したばかりの空母「ヨークタウン」を急速修理して出撃させた。第一航空艦隊は米機動部隊が付近にいることに気が付くのが遅れ、攻撃隊準備中に突如現れた急降下爆撃機を阻止することが出来ず、「赤城」「加賀」「蒼龍」が被弾誘爆、唯一生き残った二航戦旗艦である「飛龍」は二次にわたり米機動部隊へ攻撃隊を放ち「ヨークタウン」を損傷させたが、最後にやはり急降下爆撃機の攻撃を受け大火災となった。二航戦司令部が懸念していた見張り力の欠如が最悪の結末を迎えてしまったのだ。

　結局、曳航準備中の「ヨークタウン」を伊号第一六八潜水艦が雷撃して撃沈したものの、主力と言うべき空母四隻「赤城」「加賀」「蒼龍」「飛龍」を失い、日本海軍の攻勢は頓挫した。

第三艦隊誕生

ミッドウェー作戦の敗北を取り戻さなければならない。

五月末に纏められていた軍備計画はさらに変更され、改⑤計画として実行に移された。このタイムラグのおかげで、日本海軍はミッドウェー海戦で敗北してから初めて航空母艦の重要性に気が付き大量建造に踏み切った、というちょっとした誤解が生まれることとなる。実際にはミッドウェー海戦前にはすでに概要が決まっていたのだが。それはともかく、珊瑚海、ミッドウェーで失われた五隻を取り戻すべく、航空母艦の増勢計画がすみやかに決められた。

○改「大鳳」型五隻、「雲龍」型四隻、改「雲龍」型九隻の新規建造
○空母への改装を進めていた「飛鷹」「新田丸」「大鯨」の工事促進
○建造中の大和型三番艦（「信濃」）を空母に改装
○昭和一八年度に、水上機母艦「千歳」「千代田」（後者は甲標的母艦）、客船「あるぜんちな丸」「ぶらじる丸」ドイツ客船「シャルンホルスト」を空母へ改装

　この計画の特徴は新規建造の空母が一八隻とそれまでにない数であったことである。ただ、艦型が急速建造に適したものではなく、将来搭載予定の飛行機を運用可能と考えられる大きさから選ばれた

のであろうこと、さらに「雲龍」型であれば着工間近で新規設計の手間もないこともあるのだろう。新規建造艦は一番艦の竣工予定が一九年一二月（「雲龍」は一九年九月）であり、それまでを改装空母で乗り切ろうとの考えだ。

これでなんとかなるのだろうか。この疑問に各部署はそれぞれの立場で知恵を絞る。航空本部が空母の脆弱性を理解した上での早急な簡易型の量産を訴え、軍令部は現状では遊兵となりつつある旧式戦艦「日向」「伊勢」「山城」「扶桑」の航空母艦への改装を検討、以前航空母艦改装予定もあった大型客船「浅間丸」級の再検討などがなされたが、決め手に欠け先送りすることとした。

ところが、八月に入ると急に一般商船の空母化が検討され、決定された。これはどうも後に七〇隻と伝えられたアメリカの商船改装空母量産計画の情報がもたらされたためのようで、元々空母への戦時改装が予定されていたものの旧式化により外された客船「浅間丸」「鎌倉丸」「龍田丸」、さらに「安芸丸」もしくは「阿波丸」まで空母への改装準備、給油艦に艦爆を搭載したカタパルトにて発艦させる高速大型タンカーの空母改装の研究が決定された。これでもあきらかに不足であるので旧式戦艦「日向」「伊勢」「山城」「扶桑」の四隻が六ヶ月の期間で後部甲板を改造し、やはり艦爆をカタパルトで打ち出すことを考え、一八年中に改装することが予定された。

これらは軍令部側のアイディアであったのだが、航空本部の担当者はこの程度の船を整備することには否定的であった。具体的には「ぶらじる丸」「浅間丸」型では空母とするには機関を秋月型駆逐艦のものと交換しなければならず、機関換装に最少で見積もっても三ヶ月、空母への改装で六ヶ月かかることが予想され、速力も二四ノットしか出せない上に飛行甲板の全長も一七〇メートルと短い。それを考えれば、例えば「最上」型や「妙高」型巡洋艦を改装する場合、期間は九ヶ月以内、速力三五～三六ノット、飛行甲板も一九五～二〇〇メートルと優秀であるので、むしろこちらを優先して改装すべきであるとの意見を出した。が、結局この意見は採用されることもなく終わっている。

組織的には第一航空艦隊は解隊され、空母だけでなく護衛する艦を含め機動部隊として建制化した第三艦隊が編成された。ところが、組織は変わったものの、指揮官は南雲中将が更迭されずに第三艦隊司令長官就任となった。

母艦搭乗員は生き残った搭乗員はそのほとんどが第三艦隊に組み込まれた。ハワイ作戦からこれまでに戦闘や訓練で、戦闘機五五名、艦爆約六一組、艦攻約四八組を喪失する手痛い被害を受けていた。

戦場はソロモンへ

昭和一七年八月七日、連合軍はソロモン諸島ガダルカナル島に上陸作戦を敢行。連合軍の反攻作戦が早くも開始されたのだ。建設中だった日本の飛行場はたちまち奪取された。

日本海軍はいちばん近い陸上航空基地、ラバウルから零戦、一式陸攻が攻撃を反復。さらに増援を送ると共に第三艦隊も出撃を命じられた。本来八月末以降に向けて準備していたため全力の出撃は出来ず、一航戦「翔鶴」「瑞鶴」に二航戦「龍驤」を編入させ、残った艦から一部機材と着艦経験者を貸し出し出撃させるという、なんともあわただしいものとなった。

八月二四日に空母対空母の海戦、第二次ソロモン海戦が起こった。米空母「エンタープライズ」を捕捉攻撃し、に命中弾を与えたが、第二次攻撃隊が米機動部隊を発見できず引き揚げるなどの錯誤も目立ち、分離していた小型空母「龍驤」を失ってしまった。その上、ラバウル基地航空隊の兵力不足から零戦三〇機を派遣することになり、ブカ島へ進出させて、ガダルカナル島への攻撃隊を制空隊、直掩隊として護った。そして、またもや少なくない搭乗員が犠牲となり、その補填のため商船改造空母「大鷹」「雲鷹」の搭載機定数が削られた。

ガダルカナル島を制する鍵は、なんといっても補給・増援作戦にあった。そのためにはガダルカナル島付近の制空権、制海権を奪取しなければならない。ガダルカナル島至近には日本軍の飛行場はなく、遠くラバウルやブカ島から飛んでこなければならなかった。ようやくブインに小さな飛行場が出来たが、それでも三五〇浬あった。それゆえに第三艦隊はガダルカナル島周辺の制空権、制海権を握るべく、一〇月二六日ソロモン諸島の東方海上で米機動部隊と空母対空母の海戦を挑んだ。

南雲忠一中将が指揮する空母部隊である第三艦隊は、空母「ホーネット」を大破放棄させ、空母「エンタープライズ」を損傷させたが、空母「翔鶴」「瑞鳳」は傷ついた。この結果だけを見れば勝利したように思えるが、制空権は奪えたとはいえず相変わらずガダルカナル島の飛行場は米軍のままであり、戦果の代償として母艦搭乗員は戦闘機一六名（海戦前九七名）、艦爆三一組（同六二組）、艦攻二二組（同六六組）の搭乗員を失う大きな被害を受けた。この戦いを日本側は南太平洋海戦、米側はサンタクルーズ沖海戦と呼んでいる。

い号作戦前

「い号作戦」直前の零戦二一型と日高盛康大尉／日高盛康氏は昭和十七年五月〜昭和十八年五月「瑞鳳」分隊長であった。零戦の尾翼には一航戦三番艦を示す「A1-3-　」と読める。迷彩はまだ施されてはいないが、い号作戦時に進出する直前急遽簡易的に行われた。（提供／日高盛康）

小澤長官の訓示を受ける「瑞鳳」戦闘機隊搭乗員一同／場所はラバウル。派遣されていた「瑞鳳」戦闘機隊員に小澤第三艦隊司令長官が訓示を行った時の写真と伝えられる。（提供／日高盛康）

「い号作戦」時の写真／四月十四日、「い号作戦」最後の作戦となったミルン湾攻撃のために搭乗員が整列したところ。手前に座るのは山本五十六連合艦隊司令長官と草鹿任一南東方面艦隊司令長官。（提供／日高盛康）

第一章　母艦飛行隊、陸上基地へ

母艦飛行隊、陸上基地へ

第三艦隊司令長官小澤治三郎中将誕生

南太平洋海戦後の一一月一一日に、第三艦隊司令長官が小澤治三郎中将（海兵三七期）に代わる。空母を集中する航空艦隊編成の進言から一年半後、ようやくその第三艦隊司令長官に就任できたのである。

当時、日本の攻撃用空母は、歴戦の空母「瑞鶴」と商船からの改造ながら有力な攻撃力を持つ「隼鷹」の二隻が無傷であり、そのほかには機関故障修理中の「飛鷹」、被弾修理中の「翔鶴」、「瑞鳳」の五隻を保有していた。

一方の米攻撃用空母は「エンタープライズ」「サラトガ」の二隻にまで減少し、この数ヶ月で空母対空母の戦闘が発生する可能性は低くなっていた。

ともあれ、まず小澤長官は大きく消耗した空母飛行機隊を再建しなければならなかった。

飛行機隊の再建始まる

損傷し、しばらく修理が必要な「翔鶴」の飛行機隊は一時的に解隊された。

無傷の「瑞鶴」は内地で飛行機隊の再編成を開始した。

戦闘機隊は急速な再建を目指し、射撃や空戦訓練はもちろんのこと、航法通信、昼間と夜間の定着及び着艦訓練とかなり激しい訓練を実施していた。そして本来空戦を行う零戦による爆撃、という新しい戦法も訓練が始まっていた。標的艦（演習弾の命中に耐えられるように装甲を張った艦）「摂津」を目標にした爆撃訓練も実施されはじめた。機材は一八年一月初頭に中島の小泉工場で新しい零戦二一型が補充された。

艦爆隊は、使用機材の九九艦爆がエンジンのパワーがアップした新しい二二型に変わり、攻撃距離延伸のため増槽装備が特急工事で実施される。

新設された艦偵隊は、完成したばかりの二式艦偵二機を受け取ったが、依然、初期的な故障が発生しており実戦にはまだ投入できなかった。

「瑞鶴」は修理の完成した「瑞鳳」と共に再編成された飛行機隊を乗せ翌年一月にトラックに戻っていった。

二航戦の「隼鷹」は、トラックで飛行機隊を速やかに再建し、南太平洋海戦後も唯一の稼働空母として南東方面を行動した。

「隼鷹」艦爆隊の操縦員に、中岫正彦飛曹長がいる。中岫飛曹長は乙飛五期で、卒業後第一五航空隊で中国大陸へ。九六艦爆で陸軍支援を行い、「蒼龍」へ転勤。やはり中国大陸、陸軍の南寧攻略を支援した。その後、百里原空で教員中、開戦の昭和一六年一二月八日を迎え、空襲に備えて東京上空を、九六艦戦で哨戒する任務にも参加している。その後、ミッドウェー海戦後、「隼鷹」に転勤。南太平洋海戦に参加して、空母を攻撃した後に、Ｆ４Ｆの攻撃を受けて

偵察員　香月一利一飛曹（甲飛一期）が戦死。偵察員の航法なしの一機で飛び続け、味方艦隊までたどり着き、不時着して駆逐艦「浦風」に救助される、という経験の持ち主だ。

『各母艦から生き残った搭乗員を集め飛行機を領収して竹島基地で戦闘訓練を始めました。可燃物や不要物件を陸揚げし、燃え易い内舷塗料を削り取り、艦内各所に防火用水を充満した缶が置かれました。これは戦訓に基づく処置でありましたが、白い塗料を完全に削り取った艦内は薄暗く殺風景で、緊張感が高まって来ました。

飛行機隊は敵艦隊に対する新しい攻撃方法の研究に入りました。急降下爆撃についても、地上砲火による被弾の多い小隊順単縦陣攻撃を小隊ごと同時多方向攻撃に変更し、さらに雷撃隊や水平爆撃隊との同時攻撃の研究が進められ、一八年の元旦をトラック島で迎えました』

と回想する。

昭和一七年一一月に行われた第三次ソロモン海戦で水上部隊の上空直衛、一二月にはニューギニアのウニワク上陸作戦支援、昭和一八年一月のウエワク第二〇師団揚陸支援に従事する。

『朝鮮の二〇師団の兵隊を上陸させる時、対潜哨戒をやりました。潜水艦が沈んでいると、そこが黒くなって、まわりに影が出来る。見えるんですよ。だから、上から、まわりながら。一周すーっとまわってくる。そうすると、第二番目、次の受け持つ人がこうやってまわる、そしてまた交代してこうまわる。

南方の方に行くと海が澄んでいるから、よく見えるんです。こっち（内地）は濁って見えるけど、南方は澄んでいた。海水の透明度が違うんだよ。

一兵の損しなく朝鮮二〇師団が上陸出来た、というので、陸軍の師団長から我々に朝鮮人参一箱ずつ搭乗員にくれたわけだ。無事に上陸させてくれてありがとう、という意味でね。

今の飛行機ではとても降りられない、小さな飛行場だったよ』

とは、「隼鷹」艦攻隊にいた古俣豊寿さんの回想である。古俣飛曹長は、昭和八年志願で操練二六期、すなわち昭和一〇年三月卒業の大ベテラン。「蒼龍」乗組となり、九六艦攻や九七艦攻を操り、中国大陸で陸軍支援に参加。横空などを経て、昭和一七年七月、新造空母「飛鷹」乗組となる。二航戦の旗艦であった「飛鷹」は故障を起こしたので、二航戦司令部と共に艦攻隊は「隼鷹」に乗り移った。古俣さんは南太平洋海戦で「隼鷹」から出撃、「ホーネット」を雷撃、致命的な一発を命中させた、という戦歴を持っている。

二航戦のもう一隻の空母「飛鷹」は、トラックで故障の復旧に努めていた。

南太平洋海戦には前述の通り、「飛鷹」は参加できなかったが、「飛鷹」飛行機隊は零戦三機、艦爆一機、艦攻五機を僚艦「隼鷹」に移動し南太平洋海戦に参加させた。その他に飛行隊長兼子正大尉（海兵六〇期、戦闘機）が率いる零戦一六機、艦爆一七機はブインに進出して基地航空隊を支援していた。

ところが、兵力不足の基地航空隊はなかなかブインに進出した「飛鷹」飛行機隊を離さず、復帰が一二月一五日にまでずれ込んだ。結局「飛鷹」の飛行機隊は母艦共々内地に帰ってから本格的な再建が開始されている。

ガダルカナル撤退

ガダルカナル島の争奪戦を繰り広げていたが、ついに我が方は補給が滞り撤退作戦が始まった。この作戦は「ケ号作戦」を呼称され、昭和一八年一月下旬発動された。「瑞鳳」「隼鷹」が支援作戦に従事し、「瑞鶴」飛行機隊は陸上航空隊の兵力不足を補うために陸上基地に派遣される。

一月二七日に「瑞鶴」飛行機隊がラバウルへ進出するため発進したが引き返した。再度二九日に発進し、途中で零戦一機が行方不明となりながらも戦闘機二六機、艦爆一七機、艦攻二一機がラバウル飛行場に到着し、第一一航空艦隊の指揮下に入った。

進出した「瑞鶴」飛行機隊は二月一日のガダルカナル方面の攻撃隊に零戦隊が出撃したのを皮切りに、輸送船団上空直衛、艦爆隊は攻撃作戦に参加して支援した。

成功が危ぶまれていた「ケ号作戦」は、わずかな犠牲でガダルカナルの約一二〇〇〇人を救助し成功裏に終わった。「瑞鳳」「隼鷹」も二月九日にはトラックに帰投し、「瑞鶴」飛行機隊も一二日までに全て復帰が命ぜられ、トラックに帰還している。

開戦前に「瑞鳳」艦攻隊へ配属され、南太平洋海戦に参加して第三次攻撃隊指揮官も務めた田中一郎さん(海兵六七期、艦攻偵察)は、海戦後「飛鷹」、鹿屋空を経て「瑞鶴」艦攻隊（分隊長）に転勤していたが、

『二九日

勇躍颯爽とラバウルへ向かう。快晴、快翔。着陸、直ちに雷装にかかる。

三一日

夜、B17の夜間爆撃により私の搭乗機など数機焼失。

（この空襲で被害を受けたのは零戦三機、艦爆一四機、艦攻一二機でそのうち艦攻六機は炎上、艦爆二機と零戦一機は修理不能となるなど大きな被害を受けた）

二月一日

艦攻隊は空襲に上がる被害を避けるため後方基地カビエンに移動、敵空母出撃に備えたが出現せず（二月一〇日迄待機）。

二月一一日

ラバウルよさらば。別れともなれば、この住み難き眠り得ざる（毎夜B17少数機の空襲あり）街もそぞろなつかしきたたずまい。積乱雲を大迂回し一八三〇模糊たる雲海の中にトラック島を望む』

と敵機動部隊に備えて待機していた艦攻隊の状況を日記に記している。

「ケ号作戦」成功で一息ついた格好になり、昭和一七年一〇月三日に呉を出撃して以来前線にあった「隼鷹」が内地に帰還し、「飛鷹」飛行機隊と共に再編成を行う。零戦は、「飛鷹」の場合も零戦三二型を還納して新たに中島小泉工場で完成した二一型を装備、「隼鷹」も二一型を一二機受領、九九艦爆は一一型を還納して新らしい二二型を受け取り増槽取り付け工事を実施するなど兵力を整えていった。

トラックでは「瑞鶴」飛行機隊が「ケ号作戦」の損害を補充し、訓練や整備に従事していた。

「瑞鶴」戦闘機隊は、ラバウルへ零戦の空輸に従事したり、同じくトラックで訓練をしていた陸軍飛行二〇八戦隊の九九双軽二型と空戦訓練などをしていた。

「瑞鶴」艦攻隊ではそのころ新戦法の訓練をしていた。

分隊長であった田中一郎さんは、

『「瑞鶴」艦攻隊は飛行隊長田中正臣少佐の下、九機ずつ三個分隊二七機だった。

田中隊長の雷撃新戦法

(一)従来の戦法

概《おおむ》ね高度三〇〇〇メートルで進撃、敵発見後は二手に分かれ、左右両舷から攻撃する。(概ね高度二〇メートル)

艦爆と共に雷爆同時攻撃を行う時は、降爆を先にし敵が損傷により速力が減り回避能力が落ちた時に雷撃を行う。

(二)新戦法

(一)の方法は敵戦闘機や防御砲火による被害が大きいので敵のレーダーの届かない距離(当時五〇浬)から全機低空に降下して隊長機を中心に扇形に展開して進撃する。

味方触接機の電波誘導(艦攻搭載のクルシー無線帰投装置で受信)により針路を決め進撃。隊長機のみ時々高度を上げて目標を視認して針路を修正。

この低空飛行はレーダーを避けると共に、敵戦闘機の攻撃を困難にする』

と訓練の内容を回想している。南太平洋海戦のように闇雲に突撃するのでは大きな被害を出すので、触接機と連携をとって出来る限り損害を少なくするという考えであった。ただ、この戦法の場合、触接機は敵邀撃機の妨害に耐えられる優速機であることと、かつ無線連絡が良好なことが必要である。これは共に難題であった。

母艦飛行機隊、基地に投入さる

ガダルカナル島撤退でソロモン方面は一息ついた。この間に防御を固めて隙あらば東部ニューギニアの要衝ポートモレスビーを攻略する、という考えから東部ニューギニアへ速やかに陸上兵力を送ることが必要と考えられた。そこでさらにウエワクに第四一師団を揚陸することとなり、上空直衛のため「瑞鳳」飛行機隊がウエワクの飛行場へ進出を命じられる。

昭和一五年九月一三日、中国の重慶上空で戦われた零戦の初空戦に参加した戦歴を持ち、その後大村空から昭和一七年一一月に「瑞鳳」戦闘機隊に転勤してきた岩井勉(乙飛六期)さんは、

『ニューギニアは以前から未開地とは聞かされていたが、こんなところが地球上に存在するのかと、自分の目を疑いたくなるような光景であった。

ただ南の夜空二〇度あたりに南十字星が、どんよりとにごりながらも光って見えるのが、せめてもの慰めであった』

と占領したばかりのウエワク飛行場の思い出を回想している。

「瑞鳳」飛行機隊は、上空直衛や対潜哨戒に従事し大型機との空戦などがあったもののウエワクへ輸送する部隊が被害を受けることはなかった。任務が終わった「瑞鳳」飛行機隊はカビエンに移動する。そんな中、東部ニューギニアのラエに第五一師団主力を輸送する作戦、「八一号作戦」が発令され、カビエンにあった「瑞鳳」戦闘機隊も上空直衛に参加した。

ところが、二月二八日にラバウルを出港した輸送船団は、三月二日、三日に襲われ、輸送船八隻全部(二日にB-17の爆撃ですでに一隻沈没、その他は三日の被害)と駆逐艦の半数である四隻を撃沈されるという大失敗が発生(米側呼称はビスマーク海海戦であり、戦闘被害はB-17一機、P-38三機)した。三日の被空襲時には「瑞鳳」戦闘機隊の一五機を含む零戦四一機が滞空していたが、全く防ぐことが出来なかった。「瑞鳳」戦闘機隊は三月一二日に機動部隊に復帰、トラックに帰還した。

この戦闘を境にして連合軍の活動活発化が認められ、また我が基

地航空隊の劣勢化も加わり、南東方面の制空権、制海権も徐々に連合軍側のものに傾きつつあった。この事態を受け連合艦隊は、ソロモン及び東部ニューギニア方面の敵水上、航空兵力に痛撃を与え、反攻の企図を粉砕し、その隙に前線に対して補給輸送を実施することを目的に、機動部隊である第三艦隊の飛行機隊の大半を南東方面に投入することを決意した。この一連の作戦は「い号作戦」と総称される。

連合艦隊では、すでに第三艦隊の飛行機隊を基地に投入して作戦することの構想を持っていたが、第三艦隊司令部はせっかく母艦部隊として訓練した飛行機隊の戦力を失う可能性があると反対していた。これに対して連合艦隊は、しばらく米機動部隊が出撃してこないことも視野に入れ、決断したのである。

「い号作戦」発動

ある戦闘機隊員は、

『それまで空母部隊の零戦には迷彩していませんでしたが、進出直前に隊長がスプレーで塗り始め、搭乗員も自分たちでスプレーで迷彩しました』

と回想している。基地航空隊の零戦はすでに迷彩塗装を実施していた。来るべき基地作戦に少しでも支障がないように、ということだろう。

四月二日に第三艦隊「瑞鶴」「瑞鳳」「隼鷹」「飛鷹」飛行機隊の零戦二一型一〇三機、九九艦爆二二型五四機、九七艦攻一二型二七機と小澤第三艦隊司令長官、角田覚治（海兵三九期）二航戦司令官が進出する。

「瑞鳳」戦闘機隊の岩井勉さんは、

『我々一航戦の零戦は、四月二日激戦の基地ラバウルを目指して、再度トラック島の春島基地を飛び立った。去る三月、最初にラバウルに進出したときの、友人の尾関の言葉を思い出した。ラバウルへの道は片道切符で、一たびここに送り込まれると、生きては内地に帰れぬのだと。しかし、我々はトラック島に無事帰ってきた。しかし今度は果たしてどうか。

トラック島からラバウルまでの洋上コースは、一度通ったことがあるだけに、心のゆとりがあった。しかし一離陸後の三〇〜四〇分は、エンジンの調子が気になる。これが一時間も飛んで、ここで故障が起きても引き返すことは不可能と観念したとき、くそ度胸が座り、急に心が落ちつく。

心が安らぐと、こんどは眠気がさす。頭をたたいてみても、腿をひねってみても、睡魔にうち勝つことは容易でない』

と回想するように、海上を移動するだけでものんきに出来るものではなかった。この大編隊の先頭に立っていたのは、最先任の「瑞鶴」飛行隊長田中正臣少佐（海兵五九期）が操縦する九七艦攻であった。

『一八四機は四月二日トラックからラバウルに進出する。率いるは空母攻撃隊総指揮官田中正臣少佐（海兵五九期）、ペアの偵察員として中間席には分隊長の私が搭乗する。艦上機の大編隊としては空前の長距離飛行である。

一年半前、一八二機を率い真珠湾を目指した淵田美津雄中佐（海兵五二期）には到底及ぶべくもないが、しみじみと男子の本懐を噛みしめた次第だった。

無線航法厳禁の戦争中、洋上飛行は時々風向き、風速を測定して針路を修正する推測航法による。

私「偏流測定終り、風向〇度、風速〇メートル、修正針路〇〇度」
隊長「右（左）旋回〇〇度ヨーソロ」
頭を回せば、精鋭機動部隊の大編隊はぴったりと後に続く。跳び続けること五時間余、ラバウル湾の花吹山（火山）がどんぴしゃり眼下に現れた。田中正臣さんと戦後時々お会いする度に、その時の感激を二人で語り合っている』

とは、その偵察席で重責を全うした田中一郎さんの回想である。

翌三日には連合艦隊司令長官の山本五十六大将が総指揮に当たるべく幕僚とともにラバウルに進出し準備が整った。

四月七日、「X攻撃」と称してガダルカナル島付近に零戦一五七機（内基地航空隊六九機以下同様）、九九艦爆六七機（一七機）が六波にわかれ殺到する。一一日の零戦七二機、九九艦爆二〇機のオロ湾攻撃（「Y2攻撃」）、翌一二日は零戦一三一機（六二機）で陸攻のポートモレスビー攻撃を掩護（「Y攻撃」）、一四日にはミルン湾方面を零戦七五機、九九艦爆二三機で攻撃（「Y2攻撃」）した。一六日はブナ方面攻撃の「Y2作戦」として第三艦隊零戦隊のみで一部が六〇キロ爆弾を携行して緩降下爆撃をすることになっていたが、事前偵察で敵艦船を認めず、かつ天候も悪化するおそれもあり中止となった。同時に「い号作戦」の終結が下令される。

大中小輸送船一八隻撃沈、巡洋艦一隻、駆逐艦二隻を撃沈、航空機九六機を撃墜、という大きな戦果を報じ、敵に大きな打撃を与えたと考えられた。実際の戦果は、「X攻撃」にて連合軍の駆逐艦、コルベット艦（小型の護衛艦）、タンカー一隻を撃沈し、F4F七機とP-38一機を失わせ、一一日の「Y2攻撃」で商船一隻沈没、一隻座礁させ、一二日の「Y攻撃」では、P-39二機しか撃墜できなかったものの陸攻が地上に重大な損害を与え、一四日再度の「Y2攻撃」は、輸送船一隻を撃沈し、戦闘機三機を撃墜した、というものであった。

母艦飛行機隊を含め大兵力を投入してまで行われた作戦としては、戦果が少なく、特に「X攻撃」などは一回しか実行されないなど、徹底さが欠けていた。戦果が挙がらなかった要因としては連合軍のレーダーなどの監視網が非常に良く機能し、艦船や飛行機の退避、及び戦闘機の邀撃態勢を十分にとれたことによる。日本側の徹底さが欠けたのは母艦飛行機隊を過度に消耗しないようにという考え方があったためであった。

とはいうものの、「X攻撃」でソロモン方面では連合軍の北上作戦が一〇日間延期となり、日本軍の各地への補給作戦も概ね成功裏に終わるなど、目に見えにくい所での多少なりとも作戦の成果があった。

この「い号作戦」を通じて第三艦隊は零戦二三機、艦爆二〇機と戦闘機一一名、艦爆一二組の搭乗員を失った。そのほかに一一航艦の零戦四機、艦爆四機、陸攻九機が自爆未帰還となっている。

「X攻撃」に参加した「隼鷹」艦爆隊の中岫正彦さんは、

『四月の始めに旗艦の「大和」に集合し、初めて「い号作戦」の話を聞いたのです。この作戦は敵の戦艦とか空母を主目標にする海軍の作戦とは全く別個なので、船団や物資集積地などが主目標でしたから違和感がありました。

私たちはブナカナウという少し高いところにある飛行場に、戦闘機隊は下の方の飛行場に集結して攻撃を開始したのは四月七日でした。だが一気に飛べないので、ブインとかバラレを中継して行くのですが地面の柔らかい所には金網を敷いたりして対応しました。

三百機以上も集結すると実に壮観でした。ガダルカナルを約三百機ぐらいで攻撃しましたのですが、私たちが最初に攻撃したころとはガラリ変わって、B17なんかの掩体様が出来ており、半年くらいの間に、こんな立派な飛行場をつくるんですから敵ながらたいしたもんだと思いました。

ヘンダーソン基地の上空で高度五〇〇〇メートル位でその東北の海上の艦船に向かったので、抵抗板を使用しています。この日はバラレから島づたいにガ島に向かったので、帰途はその逆に飛べば基地に着くから集合地点を特定せず出来るだけ低空で単機で帰るよう指示されました』

と回想する。

また、一緒に進出した艦攻隊は、田中一郎さんが次のように回想するとおり今回も出番がなかった。

『艦攻隊は一旦ラバウルへ全飛行機隊を誘導着陸した後、カビエンへ後退した。これは前回の「ケ号作戦」で敵機の夜間空襲により数機失った戦訓により、ラバウル飛行場に密集させるのを避けたため。

艦攻隊の任務は米空母出現に備えるための待機で、艦爆や基地航空隊の中攻のように、敵の飛行場他陸上施設、泊地艦船に対する攻撃任務からは外されていました。

したがって、前回の「ケ号作戦」全機「い号作戦」の時も待機に終始して戦闘には参加していません』

「瑞鶴」艦攻隊は進出するものの待機が続き、いらいらが募っていたようであったが、ウサ晴らしにジャングルへ出撃し豚狩りを行ってを英気を養ったり、

『田中正臣隊長は雷撃の新戦法を発案したアイディアマンだったが、一面茶目っ気たっぷりでいたずら好きの方だった。

隊長の発案で、ラバウル進出以来艦攻隊准士官以上のアダナ命名のテーマを研究中（？）の私たちは無知を結集して成果（？）を発表することとなった。

命名後は艦攻隊の宴会では必ず八木節の節で囃し立てて騒ぎまくったものであった』

とうまく発散していたようである。

山本五十六大将戦死

ところが、「い号作戦」の「戦勝」ムードを一変させる事件が起こった。

四月一八日に二〇四空零戦六機の護衛のもと、前線視察に向かった連合艦隊司令部が分乗した陸攻二機がブーゲンビル上空でP-38に襲われて撃墜された。この事件で、山本五十六大将をはじめ航空参謀ら連合艦隊の幕僚たちが戦死した。

「瑞鳳」戦闘機隊の岩井勉さんは、

『私は「い号作戦」に全部参加したが、どの出撃のときにも、ラバウルの戦闘指揮所の前には、運合艦隊司令長官・山本五十六大将の白い夏装の軍服姿が見られた。全員が戦闘服を着ているなかで、一人長官のみが純白の夏服を着ておられたので、特に目立った。

我々出撃隊員は、本日の攻撃の序列にしたがって指揮所前に整列し、長官に「頭右《かしらみぎ》」をし、長官は無言のまま、これに挙手の答礼をされたのち、私たちは一斉に機上の人となる。

私は戦闘機隊なるが故に、最初に離陸し、飛行場上空で後続の攻撃隊を待つ間、砂煙の立ちこめる離陸線の付近に立たれ、最後の最後まで軍帽を振っておられる白い軍服姿が、上空からよく見えた。

この長官が、その四、五日後に戦死される運命を背負っておられ

ると は、誰が想像したであろうか』と、思いもよらなかった事態を回想し、「隼鷹」艦爆隊の中岫正彦さんは、

『四月一八日の朝、ラバウルにあった艦隊の飛行機が全部トラック島に引き揚げる前に山本長官が「御苦労」と言って私たちをわざわざ見送ったのです。それで山本長官戦死はこの時点では全くわかりませんでした。

予定どおり四月二〇日「い号作戦」に対する講評を受けるため春島飛行場に集合しましたが山本長官は姿を見せず、第三艦隊司令長官小澤治三郎中将が、「山本長官は都合により来られないので」と前置きして訓示しました。

幾日か過ぎて武蔵に大将旗が掲げられ古賀峯一大将が連合艦隊司令長官として着任され、正式に山本長官の戦死を知らされました』と回想している。

山本長官の戦死は約一ヶ月後の五月二一日大本営から一般にも発表され、六月五日厳粛な国葬が執り行われた。この事件は国民を含め精神的衝撃も大きかったが、連合艦隊司令部が入れ替わってしまったことから、機動部隊の運用方針は定まらず迷走しはじめる。

作戦方針の転換　第三段作戦は「邀撃」

さて、この当時の作戦方針はどうなっていただろうか？

大本営海軍部は、開戦時から昭和一七年四月中旬までの作戦を「第一段作戦」と呼称していた。基本となった作戦指導方針は、戦争遂行の所要地域の占領、敵の在東洋根拠地の覆滅、西太平洋制海権の確保であり、開戦前の想像していた以上の戦果を挙げ終了した。

「第一段作戦」の成果を受け、昭和一七年四月から昭和一八年三月末までを「第二段作戦」とし、戦果の拡大を狙いさらなる外郭要地の占領、同時に米英艦隊を捕捉撃破して、長期持久を目指し、あわよくば戦争終結を促すことを作戦指導方針としていた。

ところが、珊瑚海海戦でつまずき、ミッドウェー海戦で大敗することにより積極的作戦は頓挫し、その後、連合軍のガダルカナル島上陸以降も海軍作戦は思うに任せず、ついに二月にガダルカナル島から撤退する事態となった。

「第一段作戦」は事前に入念な検討の上に実施された作戦であったのに対し「第二段作戦」は勝っていた勢いで考えられた作戦であり、粗さが目立ちうまくいかなかったのだろう。

ガダルカナル島撤退以降の一般情勢は、ヨーロッパの戦場でもアジアでも連合軍の反攻は激化するものと予想され、現占領地域の防備を固めて守勢をとり、連合軍を迎え撃ち撃破する持久的作戦方針をとり、一八年四月以降を「第三段作戦」として区分された。

しかし、「第三段作戦」を発令するはずであった連合艦隊司令部は、四月一八日に司令長官山本五十六大将以下多数が戦死した。古賀峯一大将が司令長官となり、これに伴い司令部職員が入れ替わったこともあって、連合艦隊「第三段作戦」命令は、著しく遅延し昭和一八年八月一五日に発令された。

また、「第三段作戦」発令と同日太平洋正面において敵艦隊来攻時の邀撃作戦である「Z作戦」の要領が発令された。

敵艦隊又は攻略部隊が進攻してきた場合、航空兵力で敵空母を先制撃破し制空権を獲得、その後輸送船団又は艦隊を撃滅する。特に機動部隊飛行機隊は、空母を指示されている。

輸送船団は洋上で撃破し上陸直前または水際で撃滅を目指す、というものであった。

やや遅れて九月二五日にはインド洋正面での邀撃作戦である「Y作戦」の要領も発令される。

「Y作戦」の大きな特徴は、太平洋正面の「Z作戦」より優先度が低いことである。これは主敵である米艦隊はあくまでも太平洋正面に現れるであろう、という情勢分析があった。連合艦隊では米軍来攻時期を九月ないし一〇月、場所をギルバートと判断していたのである。

また、「第三段作戦」に移行するにあたりミッドウェー海戦後に急速整備を進めていた空母の新規起工が見送られる。これは当時の戦況を反映させ小型艦の多量建造を目指した昭和一八年八月の第三段戦備にて資材不足が見込まれ、資材捻出のため昭和一九年末までに完成が見込まれない空母は建造を中止することが決定された。その影響で基地航空隊の整備を第一とする戦備計画となった。

とはいうものの、大規模の基地航空隊は急速に整備出来ず、主力は既存の機動部隊であることは変わらなかった。

航空母艦搭乗員になるまで

第三艦隊は「い号作戦」で戦闘機一一名、艦爆一二組の搭乗員を失った。当然、搭乗員を補充しなければならないが、第三艦隊の搭乗員はある部隊からの転入を基本としていた。

実戦部隊の母艦搭乗員が消耗しそれを補充する時、補充された母艦搭乗員に経験がなく一から訓練が必要であるとすると時間がかかってしまう。それならばあらかじめ着艦訓練と戦術訓練をしておき、必要の時容易に補充することが出来るようにすることで、空母飛行機隊の戦力回復に要する期間を短縮することが出来る。

この考え方により昭和一七年五月二〇日に当時の機動部隊である第一航空艦隊の付属として、航空母艦に配乗する予定の搭乗員の練成、母艦供用器材の整備に対する協力と保管、母艦の基地訓練等に対する協力並びに基地管理を任務とした第一航空基地隊が新設された。当初は、戦闘機一二機、艦爆八機、艦攻四機（いずれも補用機を含む）と非常に少なかった。その上、飛行機の供給も潤沢ではなかったため、戦闘機は予定されていた零戦二一型ではなく固定脚の九六艦戦、艦爆も予定の九九艦爆一一型ではなく複葉の九六艦爆一一型、艦攻も同様に九七艦攻一二型ではなく固定脚で複葉の九六艦攻一一型と全て旧式機で代用された。訓練なのだから第一線を退いた旧式機であっても良い、というのは間違いである。実戦部隊に配属してから再度零戦や九九艦爆といった第一線機で訓練をしなければならず、手間が増えるだけだからだ。

その後徐々に定数を増やし、一〇月一日に艦戦搭乗員を練成する築城空、艦爆及び艦攻搭乗員を練成する鹿屋空に分けられて、空母部隊である第三艦隊に編入される。この時の定数は築城空が戦闘機四八機、鹿屋空が艦爆と艦攻共に四八機（いずれも補用機を含む）まで増やされていた。また、効率化を図るために昭和一八年一月一五日に築城空及び鹿屋空と着艦訓練用の旧式小型空母「鳳翔」、爆撃訓練などに使用される標的艦「摂津」にて五〇航戦が新編され、第三艦隊に付属された。

五〇航戦では、練習航空隊の実用機教程を卒業した搭乗員に対し速やかに母艦搭乗員として練成することを目的とし、教育期間を短縮の可能性も含みながら原則として六ヶ月、教育員数は二ヶ月ごとに練習航空隊を卒業した搭乗員を艦戦五〇名、艦爆三六組、艦攻二四組（艦偵六組を含む）、さらに士官訓練員も受け入れていた。

母艦配員後直ちに士官は小隊長、下士官は三番機搭乗員程度の作戦任務に適することを目標とした教育標準を定めていた。しかし、現実には着艦訓練終了後は基幹員と共に固有の小隊を編成し、母艦には五〇航戦の固有小隊編成のまま転出していた。

母艦部隊であるので、昼間の着艦が可能な程度に訓練することはもちろん、艦戦は空戦訓練以外にも洋上二〇〇浬《かいり》以上の行動が可能なように航法の訓練も組み込まれていた。

築城空で訓練を受けた森田寅三郎さん（丙飛一一期）は、

『初めての実用機は、徳島空出水派遣隊で九六艦戦に乗りました。九六艦戦は頭が大きいので前方視界が悪く、慣れるまで苦労しました。

昭和一八年五月に徳島空を卒業した後、艦隊搭乗員を養成する富高基地（築城基地は工事中のため、一時期富高基地にて訓練をしていた）に同期生と共に着任しました。そこで初めて零戦に乗りました。

最初に離着陸の訓練から始まって、同じ所に降りる定着訓練をやって、ある程度出来るようになると着艦訓練に入りました。着艦訓練は富高からは遠いので、大分空に仮入隊して一週間から一〇日くらい缶詰になって、そこから瀬戸内海の日本で一番小さい空母「鳳翔」に対して着艦訓練を行いました。

基幹員の甲斐巧さん（乙飛八期）とか、今村幸一さん（操練五六期）は良く教えてくれました。着艦するときはとにかく母艦と平行に持っていく、フックは完全に下ろしておく、など艦隊の搭乗員をして必要なことを全部教えてもらいました。

定着訓練はよくやりましたね。九六艦戦の時代から定着訓練はやっていましたが、零戦になって前方視界が良くなったので、これはいい飛行機だな、と思ったものです。こういう飛行機は壊したらもったいない、と思っていましたから慎重に乗りましたね』

と訓練を回想する。

艦爆及び艦攻も夜間などの視界が悪い状態での集団行動、昼間での索敵に備えての単機行動訓練、その行動が可能な程度の通信訓練も予定されていた。

鹿屋空で訓練を受けた艦爆操縦員の星子富士人さん（海兵六九期）は、

『九九艦爆で発着艦訓練や、標的艦「摂津」への演習弾による爆弾投下訓練を実施しました』

と回想し、艦爆偵察員の村上令さん（甲飛七期）は、

『艦爆偵察要員として大井空（卒業は昭和一七年一一月三〇日）から鹿屋空に行きました。

鹿屋空では、降爆訓練（急降下爆撃）、空戦（卍戦《まんじせん》、追躡《ついしょう》運動）、七・七ミリ旋回機銃による射撃訓練、航法通信訓練や、着艦訓練を実施しました』

と回想している。

艦攻操縦員の大須獎さん（丙飛一二期）は、

『丙飛一二期で艦攻操縦は二四名でした。大村空で教育を受け昭和一八年七月二七日に卒業し、鹿屋空に配属されたのは丙飛一二期の艦攻操縦員二四名中四名でした。鹿屋空に配属されるのは、操縦に適性のある者が上位から配属されたと聞いております。

鹿屋空では、艦攻操縦員として雷撃、低空爆撃の訓練をやりました。低空爆撃の訓練は低空で一キロ爆弾を投下するものでした。

私は一回目から命中して、

「おまえよく一回目から命中させたなあ」

なんて言われたことを憶えています。

着艦訓練は瀬戸内海でやりましたが、鹿屋から築城基地に移動して、築城から「鳳翔」に対して初度着艦訓練を実施しました。国東半島の沖の方に出るのに築城の方が便利ですので。擬接艦を二～三回実施して、接艦を実施して、最後に着艦するわけです。「鳳翔」は飛行機を止める制動索を制動するのがスチームでグッといきなり止まります。新しい母艦になると油圧になるためにグゥーッと伸びる。

着艦する時に、着艦すると一番初めに着艦マークがつけるから気をつけろよ、と言われました。フックに引っかけてグッとなったとき車輪なしに胴体着陸した位の衝撃があるのです。ところがやる前に言われていても実際に着艦する時になると緊張と集中している ために忘れてしまうわけで、また海中に転落した際にすぐ脱出できるように肩バンドを外させているので、着艦の衝撃で頭をぶつけて傷を作ることを、着艦マークと言うのです。私は着艦マークを作りませんでしたが、かけていた飛行眼鏡をぶつけてひびを入れてしまい二回目から飛行眼鏡なしでやった記憶があります。人間はおかしなもので、一回体で痛い目に遭うと、二回目から足を踏ん張りますね』

と回想する。

艦攻操縦員で基幹員の大澤昇次さん（旧姓町谷、操練四三期）は、『昭和一八年一月末に筑波空から鹿屋空に行きました。特に言われはしませんでしたが、「翔鶴」に配属する予定で鹿屋空にいったのだと思います。

鹿屋空では根岸朝雄大尉（分隊長・海兵六五期）と編隊を組んで飛び回ったのですが、その時、いやに低空を飛ぶなあと、いう思い出があります。

私は相当乗ったつもりでも（筑波空で）九三中練に一年間乗っていてその間九七艦攻には乗らなかった。ですので、初めは自分の訓練をやっていました。この時はエンジンが大きく前方が見づらい一号艦攻（九七艦攻一一型）ではなく三号艦攻（九七艦攻一二型）を使用していました』

と回想している。

これら訓練が確実に実施されれば、空母部隊の搭乗員が一定の数、補充されるわけである。しかし、指導を行う基幹員が不足していた。昭和一七年一〇月一日の鹿屋空での状況は、艦爆操縦の訓練員は三四名五八名に対して、基幹員はわずか八名。艦爆偵察の訓練員は三四名に対し、基幹員はたったの三名である。理想の比率としては訓練員二、三名に対して基幹員一名で、この状況では当然訓練にも響く。

おまけに機材の供給も良くはならず、昭和一八年一月一五日時点では築城空は零戦三〇機と九六艦戦二一機で、すでに第一線から退き、そのうえ視界が悪く着艦訓練に不向きな九六艦戦が四割を占めていた。鹿屋空は九九艦爆二一機と九六艦爆二二機、九七艦攻四三機で、これまた第一線を退いている九六艦爆が半数を占めていた。

築城空の九六艦戦は、訓練の目的を考え零戦に変えてほしい、との意見具申が通り五月一日には全て零戦（零戦二一型二七機、零戦三二型一六機、零戦二二型四機）となった。一方の鹿屋空の艦爆はどうしてもやりくりがつかず、九六艦爆が保有機からなくなるのは一八年一二月であった。その間やむを得ずに、九六艦爆は定着訓練に限定して使用された。そのせいもあり艦爆の練成は、あまりうまく進まなかった。

そして、激しさを増していた基地航空隊に基幹員や訓練要員を引き抜かれる状態であったので、訓練期間を短縮したりして予定していた訓練が実施できず、所定の練度に達していないことも多かった、と言われる。

「飛鷹」被雷!

「い号作戦」後、一航戦の「瑞鶴」「瑞鳳」が内地に帰還する。内地で訓練を続けていた「翔鶴」と合流、人員の補充や入れ替えを実施して、訓練を始めていた。

南太平洋海戦で受けた損傷の修理を終えた「翔鶴」の飛行機隊は、すでに昭和一八年二月から再編成を始めていた。築城空から戦闘機隊分隊長小林保平大尉(海兵六七期)ら戦闘機搭乗員を(間もなく海兵六四期の瀬藤満寿三大尉が徳島空より飛行隊長として着任)、鹿屋空から艦爆隊飛行隊長小井手護之大尉(海兵六五期)ら艦爆搭乗員、艦攻隊飛行隊長宮尾暎大尉(海兵六二期)ら艦攻搭乗員を、つまり五〇航戦で訓練をしていた搭乗員を中心に、他部隊からの母艦勤務経験者を補い編成された。そして笠之原基地など南九州の基地を使って訓練を始めた。

二航戦の「隼鷹」「飛鷹」は、トラックでやはり人員の補充や入れ替えを実施して訓練を始めた。五月三日に、二航戦飛行機隊の大部をマーシャルに派遣し訓練しつつ米艦隊が出現した場合は所在部隊に協力せよ、と発令される。

ところが、はるか北方のアリューシャン方面に連合軍の積極行動が伝えられ、直後の五月九日に二航戦飛行機隊の進出は一旦中止となった。

アリューシャン列島の緊迫の度合いは五月一二日にアッツ島連合軍上陸で頂点になった。

この事態を受けて、トラック在泊中の「武蔵」にあった連合艦隊司令部は、二航戦「飛鷹」と共に横須賀に向け五月一七日出港した。内地にあった一航戦の戦闘機隊は木更津に、艦爆隊、艦攻隊は瀬戸内海の母艦に収容。その後横須賀に集結し、木更津沖で待機する。

「瑞鳳」艦攻隊に賀来準吾上飛曹がいた。賀来上飛曹は、乙飛八期の操縦員で、実用機教程を終了してまもなく、昭和一五年一一月に「飛龍」乗組を命じられた。空母航空隊の猛訓練に従事したものの、ハワイ作戦前に退艦していた。

『私は宇佐空在隊中一八年四月二三日頃突然私一人に「瑞鳳」転勤命令あり、すぐに退隊して宇佐八幡様そばの実家に帰り、家族や隊から来てくれた八名程の人たちと送別会を開き、その晩、夜中の列車で翌朝鹿屋空へ。

瑞鳳艦攻隊は近くの笠之原基地に居たので直ちに入隊。爆撃嚮導機の操縦員を拝命、い号作戦から帰り、身体の良くない橋本明飛曹長(操練三五期)の後任でした。偵は特爆講習の一番枠の糸川保男飛曹長(偵練二九期)、電信は遠藤浩一一飛曹でした。

直ちに母艦に収容、横須賀港へ。行ってみると日本海軍の全艦隊とも言うべき大艦隊が集まっていた。木更津、館山ほか基地、航空隊に分散、飛行機の耐寒装備を急ぎ、我々も防寒服を支給され、どこに行くのかと思った』

と賀来さんは回想する。

当時、機動部隊飛行機隊の戦力は搭乗員を入れ替えたばかりで、南太平洋海戦時より劣ると考えられていたので不安があった。その上、作戦を予定した北部太平洋は米基地航空圏内で風浪や霧の悪天候が多く機動部隊の作戦には不向きであることと、一度出撃すると内地の燃料がなくなってしまうことから、機動部隊は出撃を取り止められた。

一航戦は約一ヶ月を目処《めど》として内地で急速練成を実施することになった。一方、二航戦の「飛鷹」はトラックに戻るために横須賀港を出港した。ところが……。

『突如、右舷に何かの衝激音を感じた（これは敵潜が発射した一発目の魚雷で不発だった）。

誰かが

「何んだろうか？」

と叫び皆一様に平静になったが誰かが

「なんでもないよ、大きな波が外舷に当たった音だよ」

と言ってその場の緊張を柔らげたのも束の間、次の瞬間、轟《ごう》然たる爆発音と共に艦は大きく揺ぎ碁盤、将棋盤は沖天高く舞上がった。続いてまた一発爆発、艦内の灯火は全部消えてしまった。

「魚雷命中だっ。早く飛行甲板に上がれ」

誰かが呼んだ、闇夜の中やっと探し当てた自分の被服を片手に揮《ふんどし》一丁の姿で飛行甲板へ急いだ』

と「飛鷹」艦攻隊の操縦員、藤井庄輔さん（操練五五期、開戦直後に「瑞鳳」に乗り組み、ミッドウェー海戦、南太平洋海戦に参加。「瑞鳳」艦攻隊は、空母被弾により「飛鷹」に転勤）が回想するように、「飛鷹」は六月一〇日、八丈島沖で米潜水艦「トリッガー」の雷撃を受けた。幸いにも火災は発生しなかったものの、航行不能となってしまった。そして、激しい浸水のため急速にその船体を沈めていった。

その時を藤井庄輔さんは、

『その内、敵潜を撃退したのか銃砲撃は止んだが艦は浸水が激しく右前方に傾斜し、舳先は海上わずかのところまで沈んでいて刻々その差を縮めていく。電動機具は全く使用不能の状態であり、もちろん排水ポンプも使用出来ない。頼るのは人力に依る排水以外に途は無かった。

当直員以外手空き総員、下級士官より一兵に至るまで、人員を二分の一にして一時間交代で下士官兵用の配食鍋をかき集め、幾列かに分かれて、下部格納庫に浸水しつつある水を汲み取って一列になり階段を経て上部格納庫を通りさらに幾段となく階段を下から上へと手送りでの作業でやっと沈没を免れたのである。一時間の作業が終わると次直と交代で一時間の休養。身体被服は重油混りの汚水を頭よりかぶりさながら油人形の様相だった。

食事は乾麺包に漬物に水、これは随所に備えてあり、休憩時に食べて空腹に耐えた。この作業は被雷後軽巡「五十鈴」に曳航されて横須賀入港後、艦首下が海底に座るまで陸岸に接近、この間約二日間、汗と油の激闘で艦を救ったのである』

と回想し、ある戦闘機隊員は、

『排水は大変重労働でした。被雷は薄暮で浸水し、零戦がポカポカと空母の格納庫で浮き沈みして私たちも石油缶で排水に大変でした』

と回想しているように、搭乗員も含めた艦の乗組員総員の努力により、「飛鷹」はなんとか一二日に横須賀に帰港できた。

日本近海で、いくら油断があったとはいえ護衛の駆逐艦もいて貴重な空母が危うく沈没しかかった、というのはゆゆしき自体であった。しかし、有効な対抗策はなく、米潜水艦の活動はさらに活発になっていく……。

空母を乗り換えトラックへ

「飛鷹」は当然修理が必要となったので、その代わりに五〇航戦で着艦訓練に従事していた「龍鳳」が二航戦に編入された。「龍鳳」はすぐさま横須賀へ向かう。そして、「飛鷹」の艦戦二一機、艦爆一八機、艦攻九機と関連人員は六月一五日付で「龍鳳」に一時転勤となった。

「飛鷹」艦攻隊の藤井庄輔さんは、

『一三日の朝を迎えた。誰かが飛行甲板に上り驚きの声を出して搭乗員室に降りて来た。

「オイ、飛行甲板に上がって見ろ。近くに小型空母が碇泊《ていはく》しているぞ」

昨夕は未だその姿は見えなかったが「飛鷹」の被雷により急遽《きょ》呉より回航して来た「龍鳳」だった。

「飛鷹」と「龍鳳」の中間に、クレーン船が来て「飛鷹」の飛行機を瞬く間に「龍鳳」に移した。戦闘機、艦攻は格納庫へ、艦爆一八機は飛行甲板へ繋留、搭乗員もこれに伴って「龍鳳」に乗艦するや時を経ずして横須賀を出港した。出港後東京湾で艦爆隊は発艦、硫黄島、サイパン経由でトラック島に向かった。

我々「龍鳳」艦攻隊は「飛鷹」の二の舞を演じない様、厳重なる対潜警戒のもとに小笠原諸島を過ぎトラック島に入港した』

と回想するように、「龍鳳」は飛行機を積み込むやいなやすぐさまトラックへ向けて出港した。「龍鳳」は空母改造完成後、昭和一七年一二月に陸軍飛行第四五戦隊(九九式双発軽爆撃機装備)を乗せてトラックへ向け横須賀を出港したとたんに八丈島で米潜水艦の雷撃を受けて損傷した前歴を持っていたが、今回は無事トラックへ到着した。艦爆隊を発艦させたのは「龍鳳」が三〇機しか搭載できない小型空母のためで、「飛鷹」飛行機隊五一機を全て搭載すると飛行甲板にはみ出してしまい、航海中搭載機による対潜哨戒が出来なくなるからである。「龍鳳」艦爆隊は陸上基地づたいにトラック島に進出していった。

当時、「飛鷹」艦爆隊分隊長を発令されていた野村浩三さん(海兵六八期、操縦員)は、次のように回想している。

『鹿屋海軍航空隊に勤務中、昭和一八年六月「飛鷹」分隊長に発令されたが、「飛鷹」が雷撃を受け転勤は中止となる。

その後「龍鳳」分隊長の内示があり次の休日に送別会を予定していたところ、六月二〇日午前一一時、司令より、

「午後一時に九六陸攻が横須賀に向け出発するので直ちに出発準備をしろ」

と命ぜられ、二時間後に鹿屋基地を出発した。

横須賀基地では「龍鳳」艦爆隊一八機が私の着任を待っていた。母艦「龍鳳」はすでにトラック島に到着していたようだった。

横須賀基地に着いてまず驚いたことは、酒巻少将(二航戦司令官酒巻宗孝少将、海兵四一期)から私宛の激励の手紙が届けられていたことだ。酒巻少将は今後我々の司令官になられる人であり、以前の鹿屋航空隊では五〇航戦の司令官であり、休日には鹿児島で共に酒を飲んだことのある上司であった。私は当時二三歳海軍中尉であった。

六月は梅雨時期でもあり、当時八丈島の南方に梅雨前線が停滞していた。六月二二日になっても梅雨前線が停滞のままであったため、二三日には天候が回復しなくても出発することとして、二二日には外泊希望者には外泊を許可した。

トラック島への飛行計画は、第一日目硫黄島、第二日目テニアン島、第三日目トラック島(竹島飛行場)への二泊三日の予定を計画した。

各航程約六〇〇浬合計約一八〇〇浬、一日の飛行時間四時間三〇分、予備燃料三〇分間分の計画であった。

六月二三日私が九機を指揮し、残る九機を次席矢板康二中尉（海兵六九期）に指揮させ出発しました。高度三〇〇〇メートルで飛行中、八丈島の南方において前方に雲の壁が現れ、螺旋降下しながら高度を下げ、ついに高度計は〇メートルを指した。雲下の雨域を突破するのに約六分を要し、その後雲は高くなり雨もなかった。しかし、約六分すると二本目の雨域に入り、梅雨前線を突破するのに約一時間を要す。雨域は全部で五本あり、二本目の雨域を突破した時、偵察員が「引き返すなら今ですよ」と残燃料を心配して注意してくれたが、決心変更せず前進を続行した。

私の指揮した九機は六月二三日予定通り硫黄島に到着した。後続九機は途中より横須賀基地へ引き返した。しかし、私の指揮した九機が硫黄島に到着したのを知り、翌六月二四日残り九機は硫黄島に進出してきた。

当時、硫黄島は海軍の通信小隊がおり、平和な硫黄の臭う島でした。一日遅れで六月二六日艦爆隊はトラック島に到着した。ただし、硫黄島出発時一機がエンジン不調となり、トラック島に到着した機数は一七機となった』

なお、「龍鳳」は六月二一日、トラック島に到着していた。さっそく「龍鳳」飛行機隊は、トラック島で訓練を再開する。

ある「龍鳳」戦闘機隊員は、

『春島でランウエイに空母の形の線を描き、それに着陸するようにした。

春島では組んで八〇〇〇メートルの上空哨戒をやりました』

と回想する。

二航戦は、米軍アッツ上陸により取り止められていたマーシャル進出を再開し、トラック島で訓練を続けていた「隼鷹」の内、飛行機隊のみが中部太平洋の動きに備えるべく六月二二日、マーシャル方面に進出した。

「隼鷹」艦爆隊の中岫正彦さんは、

『「い号作戦」後、トラックで敵艦隊に対する同時多方面からの降爆及び編隊空戦に関する研究と訓練をしていました。

六月に入ってからギルバート諸島やマーシャル方面で夜間潜水艦が浮上して砲撃する事があり、この方面に展開していた陸上攻撃部隊からの要請もあって、二航戦の飛行機隊がルオットに進出、さらに艦爆隊がタロアに進出し対潜哨戒を主目的としてそれに対する攻撃訓練をしていました。

ルオット基地に着いた時、まず感じたのは立派な基地だということでした。トラックの竹島やブラウンは一本の滑走路しかないのに、ルオットは巾の広い立派な滑走路がクロスして駐機場も見事で、宿舎も立派でした。

私たちは

「前線に行くほど立派な飛行場があるね」

と言い合っていました』

「隼鷹」艦攻隊の古俣豊寿さんは、

『タロアは、珊瑚礁の、陸地っていったって、山はなく、平らな島が輪になっていました。

地下壕を掘ろうと思ったって、一メートルも掘れば海水がどんどん出てきて掘れない。訓練といっても、ほとんどなかったねえ。訓練のやりようがなかった』

と回想している。

二航戦飛行機隊は、五五二空(九九艦爆装備)が進出してマーシャルでの作戦を終了させ引き揚げた後、約一カ月の母艦部隊としての総合訓練を実施して戦力を整える予定であった。

二航戦飛行機隊消滅す

ところが、今度は南東方面に火の手が上がった。

六月一六日に一一航艦の零戦七〇機、九九艦爆二四機がガダルカナル沖の艦船攻撃を実施したのだが、戦闘機六機を撃墜したのと輸送船二隻に命中弾を与えたのみで逆に被害は零戦一五機、九九艦爆一三機が自爆・未帰還、艦爆二機の偵察員が機上戦死した。特に南東方面唯一の艦爆隊である五八二空の艦爆搭乗員は可動一〇組となるなど被害が非常に大きく、このままでは攻撃兵力が潰《つい》えるのは時間の問題になりつつあった。

そこで一一航艦司令部は、二航戦と入れ替わりにマーシャル投入予定の五五二空を南東方面に進出させ、二航戦をマーシャルにそのまま残留させることを強く要望した。

それに対して二航戦司令部は、内地で一ヶ月間母艦総合訓練を実施すべき、と要望したが、連合艦隊司令部は六月二七日、南東方面艦隊の兵力不足の訴えを認めて要望のあった五五二空ではなくトラックで訓練をしていた「龍鳳」艦爆隊を七月一日付で南東方面に派遣し、一一航艦司令長官の指揮を受けるよう命じた。

しかし、連合軍は「龍鳳」艦爆隊の南東方面進出を待たず、六月三〇日に中部ソロモンのレンドバ島に上陸を敢行した。同じ日に東部ニューギニアのナッソウ湾にも上陸している。現地の基地航空部隊はすぐさまレンドバ上陸部隊に対して四次に渡る攻撃を実施したが、翌七月一日の稼働機は零戦三五機、艦爆六機、陸攻一〇機、偵察機二機にまで減少する。

この事態を受けて連合艦隊は、「龍鳳」艦爆隊のみではなく「龍鳳」飛行機隊の全力を南東方面に投入することを命じた。

ある「龍鳳」戦闘機隊員は、この時の気持ちを次の様に回想している。

『空母を忘れて、沢山《たくさん》空母を忘れて、馬鹿みたいと思いました』

「龍鳳」艦爆分隊長の野村浩三さんは、

『六月二七日から急降下爆撃訓練を実施していたところ、七月一日に

「艦爆隊は七月二日ラバウルに進出せよ」

との命令を受けた。

七月二日ラバウルに進出すると、

「七月三日ブーゲンビル島ブインへ進出せよ」

との命令を受けた。

七月三日ブインに進出すると、五八二空司令より

「君たちが来るのを待っていた。明日から攻撃に参加してもらいたい」

と言われた。

梅雨前線突破の際、危ないと感じて私が引き返していたならば、何時出発できたか疑問であった。「指揮官決心変更せず」これにより作戦がスムーズにできたものと確信している。

私は七月三日より母艦の艦爆隊ではなく、地上の艦爆隊になったと考えた。地上部隊の艦爆隊の任務は主として上陸用輸送船及び上陸部隊の攻撃であった』

と回想し、「龍鳳」艦攻隊の藤井庄輔さんは、

『艦攻隊にもラバウル進出が命ぜられた。私たちは短期間の作戦協

力と言う事でほとんど着のみ着のまま、七月五日、艦攻はラバウル下（海辺）の基地に着陸した。翌日、ニューアイルランド島の西端に近いカビエン基地に移動、五八二空の指揮下に入る事になった。

当時カビエン基地は、空襲もなく、最前線たる気脱は感ぜられなかったが、我が隊はさっそく、夜間爆撃、雷撃訓練を夜まで続けた』

と回想しており、戦闘機隊と艦爆隊がまずラバウル進出し、艦攻隊のみやや遅れて進出したようだ。当時レンドバ島の攻防戦が激化し、制空権をとるために必須な戦闘機隊、爆撃機としては軽快で生存率の高い艦爆隊が主用されており、動きが鈍く被害の大きい陸攻はラバウルなどの後方基地から夜間作戦が主に成りつつあった。このため、進出した「龍鳳」戦闘機隊と艦爆隊はすかさず前線のブインへ向かい、陸攻と同様に動きが鈍い艦攻隊は後方基地カビエンへ向かったのである。

さらにマーシャルに進出していた「隼鷹」飛行機隊も七月一二日にトラックに復帰、戦闘機隊のみ陸攻二機の誘導を受け、七月一五日にラバウルに進出した。

「隼鷹」艦爆隊の中岫正彦さんは、

『七月に入ってレンドバ島方面に戦闘に直接参加するため、戦闘機がルオットからブーゲンビル島のブイン基地に移動しました。この時になって敵潜水艦の行動はソロモン方面の陽動作戦と判断され、前線に向かう戦闘機隊員を羨ましく思って送りました。

ところが、私はこの頃になって原因不明の高熱患者が出始め、私も三九度ぐらいの熱が続きました。七月末頃二航戦の軍医長が「私が呉病に転勤するから一緒に行って病気を治そう」といわれ入院しました。

戦闘機以外の飛行機がソロモン方面に進出したのは八月以降でブーゲンビル島航空戦で戦友たちが戦死したのを知ったのは退院後でした』

と回想している。

進出した「龍鳳」飛行機隊は、戦闘機隊と艦爆隊が七月五日より戦闘に参加する。

遅れて進出した「隼鷹」戦闘機隊も七月一七日から戦列に加わった。「隼鷹」戦闘機隊は当初より四機編隊で参加している。一方トラックに残留していた「隼鷹」艦爆隊と艦攻隊も八月に入ってから南東方面に進出した。

戦闘機隊は当初三機編隊であったが、七日より四機編隊に変更されている。当時機動部隊では三機編隊を採用していたが、基地航空戦に参加するにあたって戦訓を取り入れたのであろう。一一航艦は、すでに六月八日より四機編隊を全面的に採用していた。

この航空戦をある戦闘機隊員は、

『ブインは正に第一線、作りかけでまだ工事中でした。

七～八月航空戦はよくやられました。一カ月で半分やられたと思います』

と振り返っている。

艦爆隊について、「龍鳳」の野村浩三さんは次のように回想している。

『七月四日（記録では五日）上陸部隊攻撃のため一二機（記録では七機）を指揮をして出発したが、直掩戦闘機が空中集合中に断雲のため分離し、艦爆隊は裸で攻撃に参加することとなった。幸いにも対空砲火もなく、また敵戦闘機もいなくて全機無事帰還した。また、初陣であったが被害もなく、訓練に参加しているような気持ちで参加できたため、恐怖感は殆どなく、その後の攻撃において精神的に好影響を与えた。

　ブインにおける衣・食・住に関しては特に問題はなかった。食事に関しては初めてであり一回だけであったが、「大とかげ」の料理があったが、「うなぎのかばやき」のように料理され美味であったと記憶している。昭和一八年七月から八月の間は、主としてブインで作戦に従事し、八月末から九月初めにかけてはブカ基地に移動した。

（使用していた）九九式艦上爆撃機の爆装は二五〇キロ爆弾一発及び六〇キロ爆弾二発であった。急降下爆撃は容易であった長所の反面、爆撃後の低空退避中の速度が遅く、敵戦闘機に撃墜されることが多いという短所があった。

　昼間攻撃は戦闘機の直掩を受けながら、通常一二機で高度七〇〇〇メートルで進撃し、目標近くで降下し、四五〇〇メートルで爆弾三発を投下した。降下角度は約五〇度であった。

　爆弾投下後、超低空で戦場を離脱したが、敵戦闘機が低空（一〇〇〇メートルぐらい）で待機することが多く、退避中に撃墜される場合が多かった。普通一二機中三～四機が撃墜された。

　私は昼間、夜間攻撃二一回のうち、被弾を受けたのは六回あったが、最も多く被弾したのは一回で六四発であった。しかし、全期間かすり傷も負わなかった。

　井塚芳夫飛曹長（乙飛四期）が、作戦中常時私の機の偵察員でした。六四発被弾した時、落下傘降下するかもしれないと話したところ、落下傘を持っていないと言われびっくりしたことがあります』

　艦攻隊については、「龍鳳」の藤井庄輔さんが次のように回想している。

『カビエン基地に於ける、最後の仕上げとも言われた艦攻隊の夜間雷爆撃訓練は（訓練の）頂点に達していたと言っても過言でなかった。七月二〇日、一部（六機位）はブカ島に進出することになり私はその内の一機となった。

　七月三一日、私達二機はコロンバンガラ島に進出を命ぜられた。この時、私の固有のペアは、誰も実戦の経験なきため偵察員に重信常治飛曹長（偵練三〇期）が同乗することになった。同日敵機の哨戒空襲の終わった日没直前に我が最前線基地であるコロンバンガラ島に着陸した。この頃すでに制空権は米軍が掌握りして居り、我が戦闘機の護衛なんか望めなかった。

　空襲の終わるのを待って、二四〇〇頃、唯一個の離陸目標灯を頼りに、陸用爆弾を抱いて離陸。コロンバンガラ島より程近いレンドバ島の魚雷艇基地爆撃に向かった。これが実質的、私の初陣でもあった。爆撃を終えた我機は未明ブイン基地に着陸をした。

　その後、艦攻隊はブカ、ラバウル、カビエンと頻繁に基地を移動しつつ、雷爆撃行に参加していた。

　ブカ基地の宿舎は飛行場より五〇〇メートルばかり離れたジャングルの中にあった。そして、便所たるやお粗末そのもので、五米もあろう断崖にかけ出された数個のもので垂れ流しであり、そこが残飯捨て場でもあった。

　宿舎よりかなり離れたこの残飯捨て場にトカゲが、出没する様になってすでに目撃した人が現れた。特に夜間に多く現れ大きなのは一メートル以上もある怪物で人畜に危害を加えるが否かは不明だったが、夜間便所に行くには必ず拳銃を携行したものであった』

「隼鷹」の古俣豊寿さんの回想は、

『我々はほとんどカビエンにいた。カビエンは少し涼しかったような気がします。ラバウルは町があって、民家がたくさんあったけど、カビエンには民家なんかないんだもの。
攻撃に出る時、いったん他の基地へ進出して行った。
大規模の攻撃ではなく、夜ちょこちょこっと出ていって…。ゲリラ戦だった。
夜間は編隊組むと危ないから、二機ずつで、三〇分ぐらい間隔をとっていったわけだ。大編隊なんて、編隊内で接触して事故を起こすことが多いから、危ない。夜間の編隊は組まないことにしてあった。多くても一番機、二番機の二機。そうしないと味方同士で接触して事故を起こすから。
夜間雷撃は、編隊行動が難しいんだよ。明るくて見えるぐらいならいいけども、暗夜なんて艦影が見えないから攻撃のしようがない。目標が見えないんだから、そんな時出ていっても駄目なわけだよ』と回想している。

空母戦に備え訓練した「隼鷹」「龍鳳」飛行機隊は、ソロモン方面の激しい基地航空戦に投入された。八月末までの搭乗員の犠牲は戦闘機一七名、艦爆一一組、艦攻一組を数える。

そのうえついに九月一日、「隼鷹」「龍鳳」飛行機隊は、二航戦司令部ごとそのまま現地部隊に編入された。後詰め兵力がないこともあり二航戦を引き揚げられなくなったためである。二航戦司令部は二六航戦となり、戦闘機隊は二〇四空に、艦爆隊、艦攻隊は五八二空に編入された。

この結果、二航戦が全く消滅した——。

今まで母艦が沈められたことはあっても、その母艦の飛行機隊が全くなくなることはなかった。二航戦再建にはいちから作り直さなければならず、一度に多量の機材と搭乗員を補充しなくてはならないことから、のちの機動部隊飛行機隊の補充にも非常に大きい影響を与えることとなった。

また、二〇四空と五八二空に編入された旧二航戦搭乗員はその後もますます激しくなる基地航空戦に身を投じ、そして多くが南の空、海で散っていった……。

訓練

空戦訓練中の零戦隊／報道部員が九七艦攻に乗り撮影したもの。（提供／日高盛康）

九七式一号艦上攻撃機／昭和十五年頃、霞ヶ浦空に教材としてあったものに吉本（後に薬師寺）一男少尉が乗る。（提供／日高盛康）

「瑞鳳」で着艦に失敗した九六艦戦／着艦用の拘束鈎がワイヤーに引っかからずにそのまま飛行甲板前端から転落したもののようだ。日の丸は昭和十七年三月二七日の日付がある。（提供／日高盛康）

第二章　一航戦壊滅す

一航戦壊滅す

「ろ号作戦」発動

内地にて訓練に従事していた一航戦は、七月一五日トラックに進出した。トラック島着後も各母艦の飛行機隊は引き続き訓練を続行していた。

その一航戦は唯一の決戦兵力となっていたが、大本営陸海軍部が昭和一八年三月二二日に協定した「南東方面作戦陸海軍中央協定」の使用兵力・海軍・南東方面艦隊司令長官の指揮する航空兵力の末尾に

『状況ニ依リ好機母艦飛行機ヲ転用補強スルコトアリ』

との一文があり、これを根拠として連合軍の激しい反攻に直面した南東方面陸海軍部隊並びに大本営陸軍部は、しばしば一航戦飛行機隊の南東方面作戦投入を要求していた。

それに対し、大本営海軍部、連合艦隊司令部、第三艦隊司令部が念頭に置いていたのは、あくまでも米艦隊主力空母群の撃滅であり、太平洋正面における米艦隊邀撃作戦である「Z作戦」、または状況により印度洋方面の米英艦隊邀撃作戦である「Y作戦」の遂行であった。「い号作戦」以降再編成し二航戦が南東方面に投入された後、唯一の決戦兵力である一航戦飛行機隊を南東方面の基地作戦にて消耗してしまうことを恐れていたため、その都度要求を断っていた。

訓練に精を出していた八月、一航戦の所在するトラックとブーゲンビル島の中間付近にあるグリーニッチ島に大型機がやってきていた。八月二六日連合艦隊司令部は電令作六七八号にて、トラックに待機していた一航戦の戦闘機隊、艦偵隊の一部にグリーニッチ島上空で大型機の邀撃任務を四日間に限って命じた。この作戦は「G作戦」と命名された。

「瑞鳳」のみ行動調書が現存しており、八月二九日零戦一二機がグリーニッチ島上空へ向かったが特に敵を見ずカビエンに到着。三一日に付近の船団の上空直衛でB-24と交戦したものの戦果もなければ被害もなく、九月三日、無事にトラックに帰還した。「瑞鶴」戦闘機隊も作戦に参加し、九月一日に船団哨戒を行って、やはり三日にトラックに帰還している。「翔鶴」戦闘機隊は参加しなかった。

一航戦飛行機隊はこの作戦が終わった後もトラックで引き続き訓練を続けていた。

九月一八日に小澤中将指揮の第三艦隊、第二艦隊の主力が、また一〇月一七日には古賀峯一大将指揮の第一戦隊を加えた部隊が、マーシャル方面のブラウン泊地に出撃した。九月の出撃は訓練の意味が大きかったが、一〇月の出撃は邀撃作戦の遂行を企図したものであった。しかしながら敵情を得ずにトラックに帰還したのは一〇月二六日であった。

一方、二航戦飛行機隊を飲み込んだ南東方面の戦況は緊迫の度をますます増していた。連合軍はブーゲンビル島及び東部ニューギニアをほぼ制空権下に置き、ニューギニア方面の米航空兵力は一〇月一二日以降ラバウルに対して昼間強襲を加えるにいたった。この影

響もあって南東方面艦隊は西部ニューブリテン方面及びダンピール海峡方面情勢を重視し、ソロモン諸島方面には余力なしという状態であった。

その状況を一変させたのは一〇月二七日早暁、水偵一機がモノ島（ブーゲンビル島の南）付近に敵駆逐艦五隻を発見の報である。モノ島には海軍陸戦隊など一八九名が守備についていたが、敵上陸の開始を打電し、まもなく連絡は途絶した。在ラバウルの中原義正第一一航空艦隊参謀長は連合艦隊司令部に対し、昼間稼働兵力八四機（零戦七一、九九艦爆一〇、彗星艦爆三）しかないことを通報し、航空兵力の増勢を要請した。

この増勢要請電が連合艦隊司令部に達したのは、機動部隊がブラウン泊地からトラックに帰還した翌二七日午後であった。この事態に連合艦隊司令部はついに態度をひるがえし、一〇月二八日一航戦飛行機隊を一一月初旬から短期間（一〇日間前後）南東方面に投入することを決意した。

連合艦隊司令部は、突如「ろ号作戦」要領を発令、同日〇七二八中澤軍令部第一部長宛に南東方面へ戦力急速増強のために第一航空戦隊を一時期注入する旨を打電した。

本決定は、連合艦隊司令部の自主的な判断によったものであり、当事者である第三艦隊司令部にとっては突然の命令であった。連合艦隊司令部は米軍の反攻についてはギルバート方面と考えていたが、この「ろ号作戦」で一航戦飛行機隊を消耗しても何とか実施できると考えていた。それに対し連合艦隊司令部の航空参謀や海軍軍令部などの航空関係者では、搭乗員の消耗があとに影響する可能性があるので一航戦の投入には反対する意見もあった。

一航戦の現状

当時、一航戦定数は戦闘機八一機、艦爆四五機、艦攻五六機、艦偵六機の合計一八八機となっていた。南東方面に進出したのは零戦八〇機と九九艦爆四五機、九七艦攻四〇機、艦偵六機といわれており、搭乗員は戦闘機七五名、艦爆四七組、艦攻五三組（艦攻の一部がトラックに残留）、艦偵六組であったと思われる。

戦闘機隊は、「瑞鶴」は飛行隊長の納富健次郎大尉（海兵六二期）、「翔鶴」飛行隊長の瀬藤満寿三大尉（海兵六四期）、「瑞鳳」飛行隊長佐藤正夫大尉（海兵六三期）らが率いる七三名（推測）である。三名の飛行隊長は、いずれも空母勤務経験がある。開戦後、納富大尉は「祥鳳」、「龍驤」と小型空母の飛行隊長を経験したが、いずれも沈没する悲運に遭う。佐藤大尉は「瑞鶴」でハワイ作戦参加、「加賀」でミッドウェー海戦参加後、「瑞鳳」に転勤して飛行隊長を務めていた。なお、使用機種は補給状況から零戦二一型を使用していたと考えられる。

戦闘機隊での訓練は、当然だが主なものは空戦訓練になるだろう。射撃訓練は後上方、後下方、前上方、前下方の基本的なものから、旋回中や宙返り中、編隊での射撃訓練も実施されている。編隊空戦訓練も当初は今までと変わらない三対二から、四機編隊制を取り入れ四対八、二対四の訓練を実施していた。

「瑞鳳」戦闘機隊の岩井勉さんは、

『内地（鹿児島県の各基地）へ帰り三ヶ月近く、新しい搭乗員を各艦空母から集め、黎明、午前、午後、夜間訓練をやり（編隊、射撃、空戦、着艦、発艦等）また第一線へ出撃してゆくのですが、短期間の猛訓練では腕は期待するほど上達いたしません。また、零戦は一人乗りですので、航法の訓練が大切です。場所は太平洋上が戦場ですので、戦場で生き残っても帰りの母艦までの航法がむずかしい。母艦は絶えず動いているので…』

と回想し、同じ「瑞鳳」戦闘機隊に配属されてきた小八重幸太郎さん（丙飛七期）は、

『戦時は航法が最大の難問でした。特に私達母艦戦闘機隊は、南方作戦では洋上航法が主でした。

私は「瑞鳳」戦闘機隊の佐藤隊長の三番機でした。二番機は松井兵曹で佐藤隊長は日本戦闘機で航法の名人とまで言われた方で私はトラック島で隊長より洋上航法（島と島を）結ぶ三角航法をライオンが子供育てるような指導で訓練を受けました。そのおかげでソロモン群島及び比島沖海戦では帰途時一人で飛行することが多かったが、洋上航法で基地まで帰ることが出来ました。現在の私があるのも佐藤隊長の御指導のおかげです』

と回想する。

また、制空隊を兼ね攻撃隊本隊より先行し、敵空母群に攻撃をかけて飛行甲板に打撃をあたえ、敵機の発着艦を不能にする作戦が考えられていた。トラックに進出後も零戦は一キロの演習弾を抱えて爆撃訓練を実施しており、九月にはいると標的艦「矢風」を目標にした爆撃訓練を頻繁に実施していた。九月一日から一八日まで、九月二五日から一〇月一六日までの訓練期間で「瑞鶴」戦闘機隊は八日以上「矢風」を目標に降爆訓練している。

これら爆撃訓練について、幾人かの戦闘機隊員は

『戦闘機の主任務は空戦と射撃であって、爆撃はツケタシです』

と回想しており、戦闘機搭乗員としては爆撃訓練はあまり好まれるものではなかったのかもしれない。

戦闘機隊は、所定の訓練を終え、満を持して出撃を待っている状況と言えるだろう。

艦爆隊は、「瑞鶴」飛行隊長の比良国清大尉（海兵六五期、操縦員）以下二個中隊一八機、「翔鶴」飛行隊長の小井出護之大尉（海兵六五期、操縦員）以下三個中隊二七機で構成されており、旧式化していた九九艦爆二二型を使用していた。

「翔鶴」操縦員だった横山良一さん（甲飛六期）は、

『昭和一八年に入り「翔鶴」に配属された。内地で訓練をしていたがそんなに難しい訓練した覚えがありません。

本格的に訓練を始めたのは、一八年に入ってトラック島春島に移動してから。そこでは今までの訓練とは質の違うものでした。夜間爆撃、夜間着艦、空戦訓練、編隊の宙返り、編隊のスローロールまでやりました。スローロールは一番機がスピードを出しすぎてもついていけない、落としすぎてもいけないので難しいのです。トラックでは訓練ばかりやっていて、それが完全にはまとまらない内にラバウルに進出しました』

とラバウルに進出するまでを回想し、一方、偵察員で「瑞鶴」乗組だった村上令さんは、

『昭和一八年四月に鹿屋空から、甲飛七期偵察の灰田、有馬、私の三人が、「い号作戦」戦死者の補充として「瑞鶴」に配属されました。「瑞鶴」に配属されてから、降爆訓練、航空戦教練（遠距離航法、通信訓練、降爆訓練）を実施しました』

と回想している。

艦攻隊はこのころの正確な保有機、搭乗員組数は不明である。「瑞鶴」飛行隊長の宮尾暎大尉（海兵六二期、操縦員）、「翔鶴」飛

行隊長の小野賢次大尉（海兵六四期、操縦員）、「瑞鳳」分隊長の佐久間坎三大尉（海兵六七期、偵察員）で、すでに旧式化していた九七艦攻一二型を使用していた。

「翔鶴」の小野賢次大尉機の偵察員は山田金十郎少尉だった。山田少尉は昭和六年志願、海軍通信学校を経て、偵練二七期を卒業。水偵の偵察員としてキャリアを積んできたが、第一航空基地隊に転勤、艦上機へ乗り換えると共に、小野大尉と出会った。

『鹿屋空で何回か搭乗員を送り出した後に、ついに我々も昭和一八年六月「瑞鶴」乗組が発令された。しかし、すぐに「翔鶴」に移動になりました。飛行隊長は小野大尉で私はその機の偵察員でした。

トラック諸島にいたころ同室だったのが、偵練同期生の藤野勝。年は藤野の方が上でしたが、「おい、藤野」と呼んでいました。部屋で藤野が尺八を吹いていていたがそれが下手くそで、たまりかねて「おい、俺がやってみる」といってやってみる。しかし、吹いたことがない私だから当然音は出ない。結局スースーやっていたことを思い出します。

艦爆隊の嶋田雅美中尉（海兵六八期）は飯塚（福岡県）の出身で、トラック島の夏島で、私と二人で話していると自然と博多弁での会話になる。艦攻隊で嶋田中尉の同期生、渡辺康弘中尉、渡辺謙中尉らに

「二人で博多ニワカ（博多の祭礼に行われる即興劇）をやってよ」

と言われて、「ニワカ」をやったことがあります』

と当時を回想し、「翔鶴」艦攻隊の操縦員、大澤昇次さんは、

『「翔鶴」艦攻隊は鹿児島県の笠ノ原基地で編成したのですが、若い人が多かったため、始めは航法などの基礎訓練だけでした。

七月トラックに行ってからは訓練も少しばかり進み、夜間の編隊訓練と薄暮の襲撃訓練を一、二回実施した様な気がします。隊長の宮尾大尉は、攻撃を夜間の照明雷撃と決めていた様でした。その後、隊長が小野大尉に変わったのです。

小野大尉は実戦派で、敵艦隊の前で照明弾が落ちるまで待って攻撃する等の細かい事は出来ない、と白昼の単機攻撃に一変したのです。敵艦隊との対戦の直前になって戦術を変更する等少し泥縄的な所があった様に思いますがこれも戦訓から致し方なかったのでしょう。

ただ、あの当時敵の空母は三群の九隻で日本の三隻では勝てない、そこで爆装した六機で敵の二群の六隻を爆撃し飛行甲板を潰してしまった後三対三で戦うという戦法を立て低高度爆撃の訓練をした記憶があります。六機で敵空母六隻の飛行甲板を壊す等少し無理な所があった様に思えるのですが…。

雷撃は、爆撃と違い、一分近く後の敵艦の位置を勘案して発射角を決めなければならないので、その進路・速力それに距離等を正しく見極める必要があります。それで徹底した訓練が必要だったのですが、残念ながらそのため暗夜に船を見て諸元を知るという訓練をした記憶がありません。

トラックでは当時、戦争は南半球でやっているんだ、とのんびりした気持ちでした。休日になれば、遊びに行きましたが非常呼集で呼び出されることなど考えていませんでした』

「瑞鳳」艦攻隊操縦員の賀来準吾さんは、

『瑞鳳隊はアッツ島玉砕の報を聞き出撃取り止めとなり、鹿児島基地へ約一ヶ月訓練。鹿児島基地にて着艦訓練をやり、佐伯空へ基地移動、夜間飛行など一般訓練をした。

六月トラック春島基地（戦闘機は夏島）へ。翔鶴艦攻隊も一緒に

いた。

二～三回ギルバート方面に索敵。母艦ほかも出撃。爆撃訓練、私の機は響導機。爆撃針路に入る前から一番先頭に出て照準、最高六三〇〇メートルにて。

外に潜水艦爆撃、魚雷発射訓練、訓練及び実戦の繰り返しだった』

と回想している。

艦偵隊は、「瑞鶴」には第三艦隊司令部付の馬場朔彦大尉（海兵六七期、偵察員）以下ベテラン操縦員、偵察員の三機、「翔鶴」は木村聡大尉（海兵六八期、操縦）に若い操縦員とベテラン偵察員の三機ずつ配属され、二式艦偵を使用していたといわれる。しかし、第三艦隊向け十三試艦爆（彗星艦爆）三機が一〇月一九日トラック到着の空母「雲鷹」にて輸送されており、一部彗星艦爆を使用していた可能性がある。とは言うものの、二式艦偵と彗星艦爆はたいした差があるわけではないのだが。また、二式艦偵は生産数の少ない固定カメラを常備出来ず特殊な装備であり、この時には供給されていないと思われる。

一航戦飛行機隊二航戦飛行機隊が再建中であるこの時は唯一の決戦兵力であった。総合訓練である航空戦教練も頻繁に実施されていた。空母に飛行機隊を収容しての航空戦教練も行われるなど一航戦飛行機隊の戦力は非常に充実していたと思われる。全体としてハワイ以来の精鋭部隊との評価であった。

ブーゲンビルの空で

「ろ号作戦」の目的は、西部ニューブリテン方面に対する次期進攻企図の破砕並びにダンピール海峡の持久確保を図るとともに南東方面に対する輸送効率を最大発揮し、もってラバウルを中核とする南東方面の持久を一日でも長くする、というものであり、敵航空兵力、海上兵力特に輸送船の攻撃を狙っていた。ところが、一一月一日、連合軍約一四〇〇〇名がボーゲンビル島のタロキナに上陸してきたことにより、結果的にはブーゲンビル島防衛作戦となった。

一一月一日、一航戦各飛行機隊はトラックからラバウル及びカビエンに進出した。艦戦と艦偵がラバウル東基地、艦爆がブナカナウ基地（ラバウル西基地）、艦攻がカビエン基地で、艦攻の一部は第二次進出隊として三日に進出している。

一航戦艦攻隊は二つに分かれた。

『艦攻隊はカビエンに本拠を置き、出撃の時に二つに分かれました。「瑞鶴」の一中隊と我々「翔鶴」の二中隊が一つのグループになり第一次ブーゲンビル戦を戦い、第二次ブーゲンビル戦の時は「翔鶴」の一中隊と「瑞鶴」の二中隊を組み合わせて、というように二つのグループに分かれて戦いました』

と大澤昇次さんは回想している。

一航戦は休む暇なく二日〇四四五に第一次連合攻撃として、零戦五八機、艦爆一八機が基地航空隊の零戦二四機と共に発進。セントジョージ岬の一三五度一五〇浬付近の巡洋艦、駆逐艦各三隻、大型輸送船二隻を発見して攻撃した。

この攻撃で、巡洋艦「モントピリア」に二発命中させたが、艦爆五機が未帰還となり、一機は不時着水し救助されたが漂流中に偵察員一名戦死、さらにもう一機の偵察員一名が機上戦死した。

『「翔鶴」の嶋田雅美大尉（海兵六八期、操縦員）の偵察員、山地徳良飛曹長（偵練三四期）が機上戦死、頭部が砲弾のため無くなっていたのを飛行場列線で迎えました。

偵察席は機体の外まで血が飛んでいましたが、嶋田さんは着陸するまで山地さんの機上戦死を知りませんでした。山地さんは南昌敵飛行場着陸焼き討ち（昭和一三年七月一八日）の勇者で、私の大井空時代の教員でした』

と、「瑞鶴」艦爆隊の村上令さんは回想している。

この戦闘を皮切りに、戦闘機隊は邀撃戦及び攻撃隊掩護、上空直衛に、艦爆隊はタロキナ付近の敵艦船攻撃に、艦攻隊は夜間陸上攻撃及び夜間艦船攻撃に、艦偵隊は索敵に出撃していった。戦果を報告するものの被害も累積していった。

ところが、思ってもみないことが起こった。

一一月五日、周囲の危惧をよそに連合艦隊が水上決戦を考え進出を命じていた遊撃部隊（第四戦隊の重巡「愛宕」「高雄」「摩耶」、七戦隊の重巡「最上」「鈴谷」、八戦隊の重巡「筑摩」、第二水雷戦隊（巡洋艦「能代」、駆逐艦「玉波」「藤波」「早波」）、指揮官は第二艦隊司令長官の栗田建男中将）が到着して、燃料補給を始めた。

このタイミングを見計らって、やや奇襲に近い形で米艦上機が大挙してラバウルの在泊艦艇を空襲、一航戦は零戦四七機、基地航空隊の零戦二四機と彗星五機が邀撃に発進、敵艦上機が引き揚げると、今度はP-38六七機とB-24二四機の空襲を受けた。陸上機の空襲では被害はほとんどなかったものの、艦上機の空襲で恐れていた通り、着いたばかりの「愛宕」「高雄」「摩耶」「最上」「筑摩」「能代」「藤波」が被弾し、トラックに引き揚げることとなった。一航戦は二機が未帰還となり、落下傘降下をした大友松吉上飛曹も翌日に戦死した。

この艦上機は、第三八任務部隊（指揮官C・シャーマン少将）を発艦したものであった。第三八任務部隊は、空母「サラトガ」「プリンストン」と防空軽巡「サン・ディエゴ」「サン・ジュアン」に九隻の駆逐艦から構成され、タロキナ上陸作戦を支援していた。遊撃部隊がラバウルに進出してくることが索敵で判明し、これを攻撃するためにラバウルの南東二三〇浬から攻撃隊を発艦させる。「サラトガ」はF6F三三機、SBD二二機、TBF一六機が、「プリンストン」がF6F一九機、TBF七機の合計九七機を発艦させた。損害はF6F五機とSBD一機、TBF四機の合計一〇機で、その操縦員七名、偵察員もしくは電信員八名が失われた。この攻撃がラバウルに対する母艦機の初空襲となった。

日本側もすぐに索敵機が発進し、米機動部隊らしきものを発見した。

この攻撃の直前偵察に向かった「瑞鳳」艦攻隊の賀来準吾さんは、『索敵触接と幾回となく出されたが、上官が私たちペアの経験と技量を見てのことでしょう。

トロキナ岬の敵の上陸地点付近で盛んに敵が運貨艇などを使って行動していたのでその確認に一〇分ほど時間をとり、索敵コースに戻り高度五〇メートルで電探につかまらないため飛行中、突然前方にマストが林立しているのを発見。直ちに高度を二〇メートルに下げ直進。うんと接近して、ここと思う所で高度を上げ、私は敵機の見張り、偵、電に敵情報告を頼んだ。

薄暮があっという間に暮れて暗夜に。照明弾を投ずべく高度をとっている下方で突然物凄い弾幕の打ち上げが始まり、まるで大花火大会の様になった。

私たちの三〇分後に発進、後続していた攻撃隊は（対空砲火が）打ち上げられてから解散して各個で魚雷発射。何しろ、攻撃隊も高度五〇メートルで飛んでいたので。高度二〇〇〇メートルくらいで今から照明弾をと言うところでした。ちょっとのことで、目的が達せられず攻撃隊に対して申し訳ないの一言です。

　飛行場にようやく帰り、着陸と同時に場周灯、中心線灯が瞬時に消され、何事かと思う間もなく、半分くらい滑走したとき、前方二〇〇～三〇〇メートルくらいに爆弾が落とされ、爆発、艦爆二機が炎上、線香花火のように機銃弾がはじける傍を通った』

と回想している。

「翔鶴」艦攻隊指揮官であった渡辺譲大尉（海兵六八期）機操縦員の大澤昇次さんは、

『四日に「瑞鶴」の一中隊と我々「翔鶴」の二中隊がラバウルに待機して一晩泊まって五日に出撃しました。「瑞鶴」隊を先頭に、我々「翔鶴」隊、「瑞鳳」隊が続いていました。

　ラバウルを出て一時間ぐらいした頃でしょうか、日が落ちてあたりは真っ暗でした。南洋は、日が落ちるとほんとうに真っ暗になるので、ましてや空から灯火を消した船を見つけるのは至難中の至難なワザで、人間ではとうてい出来ない事だったのですね。

　私は一中隊一番機のかすかな編隊灯を見ながら、距離を保って飛んでいました。高度は敵のレーダーにひっかからない様、五〇メートルぐらいだったと思います。

　その暗闇の中で、突然真下から敵艦の砲火が撃ち上げられた。私達は、敵艦隊の真上を高度五〇メートルで、何も知らずに通りかかったのです。私はびっくりして、中隊長に言う暇もなく即座に二中隊を解散し、左前方に避退しました。いちいち隊長の許可など言っていられず、操縦員の独断で編隊を解散し、退避したのです。

　一分ぐらい飛んだ後でしょうか、左旋回し体勢を立て直して敵陣に向かった時大きな船が大火災を起こしているのが見えました。その外、数ケ所から対空砲火が打ち上げられていましたが曳光弾の光だけで船体が見えず、雷撃のしようもありません。ただ火災を起こした船を攻撃するだけでした。火災の船は、空母か輸送船か甲板上に艦橋など、やぐらの無い事だけは火災の火ではっきり分かりました。真っ暗で艦首・艦尾の区別も出来ず、その船の中央に向かって魚雷を発射、避退しました。

　戦果の確認は別に飛んだ戦果確認機に任せ、私達はそのままラバウルに帰りました。ラバウルに帰って聞いた話では、敵艦が砲火を打ち上げたのを編隊の末尾にいた瑞鳳隊の僚機が見つけそれに向かってそのまま魚雷を発射したとの事でした』

　しかし、一航戦が攻撃した「機動部隊」は、実際は第三八任務部隊ではなく別部隊であった。空母ではなくLCTなどの部隊を米機動部隊と誤認して攻撃をしてしまったのだ。一航戦は、思ってもいなかったところで米機動部隊と遭遇することになったが、攻撃することは出来なかった。しかし、この六日後、それは実現する。

敵機動部隊を昼間攻撃す

米海軍の、この地区を担当する南太平洋軍指揮官ハルゼー提督の強い要請で、A・E・モンゴメリー少将の指揮する第五〇・三任務部隊空母「エセックス」「バンカーヒル」「インデペンデンス」が増援として五日、エスピリッツサントに到着した。

　第三八任務部隊と第五〇・三任務部隊は一一日にラバウル再空襲を実施すべく、第五〇・三任務部隊は空母三隻に駆逐艦九隻を加えてラバウルの南東一六〇浬に、空母「サラトガ」「プリンストン」の擁する第三八任務部隊は東微南二二五浬に展開した。

　連合艦隊司令部は、この動きを察知はしていなかった。一航戦は南東方面への進出の期間が予定の一〇日間に達しようとしたこともあり、一〇日早朝、特に情況変化がなければ一航戦を一三日にトラックに引き揚げることを通知している。

一一日、ラバウルから発進した五〇一空彗星艦爆は〇四〇〇に第五〇・三任務部隊を発見し、『空母三隻、巡洋艦、駆逐艦一〇隻以上、輸送船五隻』と報告の上、〇五四〇ラバウルに帰投した。なお、ラバウル東方は索敵が空白となっており、第三八任務部隊を捉えることは出来なかった。

発見はしたものの攻撃隊を発進させるところまではいかず、この日も米機動部隊が先手を取った。ラバウルは〇六五八に空襲警報が発せられ、〇七〇〇に一航戦の零戦四二機、基地航空隊の零戦六八機が邀撃に上がった。

先に現れたのは第三八任務部隊の攻撃隊であった。F6F三六機とSBD二三機、TBF一八機が発進したが、どんよりした天気で有効な攻撃が出来ず、かえってTBF一機が撃墜され、F6F一機が不時着水した。

第五〇・三任務部隊の攻撃隊も時間差を付けてラバウル上空へ到着、攻撃を開始した。在ラバウルの艦艇は、敵機動部隊発見の報を受け港外に出動していたが、駆逐艦「涼波」が魚雷を一発受け沈没、駆逐艦「長波」が爆弾命中により航行不能、巡洋艦「阿賀野」は魚雷一発命中により舵故障となった。米軍の損害は、「エセックス」のF6F一機、TBF一機、「バンカーヒル」のF6F二機、SB2C二機、TBF二機、「インデペンデンス」のF6F三機が空中戦で失われ、「バンカーヒル」のF6F一機、TBF二機が対空砲火で失われた。

艦上機の攻撃が終わると、その次には陸上機(P-38、B-24、PB2Y)が現れ交戦した。空襲警報は、〇八三〇に解除されたが、この一連の邀撃戦で一航戦戦闘機は七機が未帰還となってしまった。

すぐさま〇四四五に発見されていた敵機動部隊攻撃が企画され、攻撃隊発進が一〇〇〇と下令された。〇九四五に触接として艦偵二機が発進したが、一機がラバウル一四五度七〇浬付近にて天候報告後行方不明となり、もう一機は機動部隊(空母三、巡洋艦四、駆逐艦八)を発見報告してきたが、一一〇五に消息を絶った。この機は、操縦員飯田正忠飛曹長(操練三三期)、偵察員近藤勇中尉(乙飛一期)が搭乗していたのだが、このペアは昭和一七年一月十三試艦爆四号機で初めて戦地に向かい、さらにミッドウェー海戦では「蒼龍」から十三試艦爆二号機もしくは三号機で索敵に飛び立ち敵機動部隊発見を報告した経歴を持つ、いわば十三試艦爆、二式艦偵の歴史ともいえる存在であった。

一〇〇〇に発進を予定していた攻撃隊は、前日「瑞鶴」飛行隊長宮尾暎大尉(海兵六二期)未帰還となったため、当時ラバウルには艦攻隊指揮官がいなかったため、艦攻隊指揮官をカビエンからラバウルに進出させるため、一一〇〇に変更された。

艦攻隊指揮官をカビエンで見送った山田金十郎さんは、

『檮原正幸大尉(海兵六六期)が艦攻隊指揮官としてカビエンからラバウルに進出するために、林徹男中尉(偵練一八期)機に乗り換えて進出して行った』

と回想している。

この出撃を見送っていた艦攻整備員の花見重一さん(第四七期普通整備術練習生)は、

『当初カビエンにいたので、陸攻でブナカナウ飛行場に進出し、そこから発進させました。

この攻撃は昼間攻撃で、九七艦攻でしたから昼間攻撃では非常に危ないと思いました。

　たまたま出撃する搭乗員の中に先輩、一〇年志願で同じ故郷、福島県の人がいましてこの一一月に飛曹長になってばかりの鈴木という操縦員（鈴木善六飛曹長　操練四〇期）でしたが、

「生きて還ることは、まず不可能だろう。落下傘はいらないから下ろしてくれ。マットに取り替えて座席を少し高くしてくれ（落下傘は座る際に尻に敷くので、付けないと高さが足らなくなる）」

と言うのでクッションを二枚敷いてあげた。

「これもどうせ助からないのだからいらないので全部降ろす。後で食べてくれ」

と不時着時用航空糧食をくださった。そして、

「大変世話になったが、もう帰ってこないからゆっくり休んでくれ」

と言われた。送り出すのに何と言っていいのかわからない。鈴木飛曹長らは、悲壮感の中出撃していった。


　艦攻隊は基地員総員の見送りの中出撃していき、私たちはただ攻撃隊の武運を祈るのみでした』

と回想する。

　ところが、出撃時刻一一〇〇への変更が各部隊に行き渡らずに、なんと一部が当初予定していた一〇〇〇頃から発進を始めた。これを見た他部隊も発進を開始、一〇一五に五〇一空彗星艦爆が四機発進、一航戦も一〇二九に零戦三四機発進、一〇四二に九九艦爆二三機発進、一〇五四に九七艦攻一四機発進と、まったくバラバラになっていた。

　悪いことは重なるもので、基地航空隊の戦闘機三二機は他の部隊よりも高い高度の四〇〇〇メートルで集合。結局低い高度で集合した一航戦を視認できずに引き返してしまった。よって、基地航空隊では五〇一空彗星四機のみが一航戦の攻撃隊に加わった。

　攻撃隊は、一航戦九九艦爆三機（全て「瑞鶴」機か？）が引き返したが、一一四二ラバウルから約一六五度の地点に敵機動部隊を発見、艦爆隊は一一五〇、遅れていた艦攻隊は一二〇四に攻撃を行った。彗星隊は、攻撃時間が一一三五となっている。

　この攻撃に参加した「瑞鳳」戦闘機隊の小八重幸太郎さんは、

『佐藤正夫隊長はP-38（？）約三〇機と交戦中私の目の前で戦死されました。

　私もP-38と交戦で左補助翼をやられ艦砲により右翼に40センチほどのあながあき操縦不能になり敵艦に自爆すべく急降下中高度三〇〇〇メートルで雲間に亡き母の顔がうかび無意識に操縦桿を引いたところどうにか飛行出来るので海面すれすれ飛行してラバウル基地に着陸できた。これも隊長により洋上航法の指導を受けたたまものです。

　私事ですが、終戦から現在まで毎年一一月一一日隊長戦死の日には私の近所の三社参りとしています。一人で洋上航法が多くありましたが、迷うことはなく基地に帰る事が出来たのも隊長のおかげであり、多く戦友の戦死者や私が撃墜した米軍人等の冥福を祈っています』

と回想している。

　艦爆操縦員の北島三郎さん（操練三六期）は次のように回想する。

『空気抵抗板を使用しました。

　空母を攻撃する直前まで編隊、攻撃後バラバラになった。攻撃後は各自で帰投。

敵戦闘機六機の攻撃を受けて被弾、単機で帰投途中に零戦に遭遇し、ついて参りました。』

横山良一さんは、

『攻撃時ダイブブレーキは使いませんでした。他もほとんど使っていないと思います。使わない方が良いのです。安定はしませんが、ダイブブレーキを使うと遅くなりとてもじゃないけど。

私は「瑞鶴」の櫟栄市さんに

「こんなもん出さんでいいよ。わしゃ出さへんで」

と聞いて、そうした方がいいんだなあ、と思い使用しませんでした。

急降下時、三五〇ノットまででました。分解するんじゃないか、とも思える程でした。

（対空砲火は）撃たれました、あれは凄いですよ。輪形陣の全部にやられました。曳光弾が上がってくるのがわかるのです、これはあたるかな、今度のはあたるかなと思いながら。遂に一発も当たらずに終わりました。

攻撃後、エンジン不調により攻撃隊から大幅に遅れていたので、もう行っても遅いだろう、と思い集合地点には行きませんでした。

帰投中、敵戦闘機一機の追跡を受けましたが、零戦一機が駆けつけてくれてその敵機は離れていきました。飛行機は被弾しましたが、被弾箇所は重要なところではなく、使用可能でした』

と回想している。

一航戦の艦爆隊は、空母一隻中破、空母一隻大火災、巡洋艦または駆逐艦一隻撃沈、巡洋艦または駆逐艦三隻炎上、基地航空隊の彗星隊は空母一隻に六番爆弾三発命中を報じた。

米軍の記録によると、当時、第五〇・三任務部隊には自らの戦闘機隊だけでなく、ＶＦ-17のＦ４Ｕ-４二四機とＶＦ-33のＦ６Ｆ-３二機がソロモンの基地から駆けつけて上空直衛に当たっていた。一一一三にＳＫレーダーが一一九浬にて探知し、一一五〇に四〇浬の地点で上空直衛の戦闘機隊が交戦を始めた。一一五四に上空に現れた降下直前の九九艦爆に対し対空砲火が発砲を始めた。九九艦爆は、激しい対空砲火の中空母「エセックス」に至近弾を与えた。艦攻隊は一二三〇に戦場到着、雷撃を実施したが回避された。

一航戦は、この攻撃により零戦二機、九九艦爆一七機、九七艦攻一四機と多数を失い、特に艦攻隊は全滅となってしまった。他には五〇一空の彗星二機が未帰還となった。米軍はこの邀撃でＦ６Ｆ三機を失った。

艦爆整備員の宮下八郎さん（第三八期普通整備術練習生）は、

『出撃した時間で、帰ってくる、燃料が切れる時間がだいたいわかりますので、飛行場で待っていたら、「ブスブスブス…」という音と共に一機帰ってきた。それは同年兵の北島が操縦する飛行機で、シリンダーに弾が当たっていてそれで変な音がしていたとわかった。

「よく帰ってきた！」

と飛行機に酒一升をあけて、我々も飲んだことを思い出す』

と北島三郎飛曹長（操練三六期）が操縦、白玉守彌飛曹長（偵練三一期）が偵察員として搭乗していた九九艦爆が、生還した時のことを回想する。

一方、危惧されたとおり艦攻は一機も帰ってこなかった。花見さんは、

『愛機の無事帰還を祈りつつ、飛行場に立ちつくしていた。

しかし、残念ながら帰投する我が艦攻隊の機影は一機も認められなかった。苦楽を共にした搭乗員の方々を思い、改めて戦争の現実

の厳しさ、悲惨さを思い、断腸の思いであった』

と、回想している。

艦攻が本隊を置いていたカビエンにもその悲報はもたらされ、「瑞鳳」艦攻隊の賀来準吾さんは、

『私の機は一一月五日、六日、八日と三回続けて出撃したので九日カビエンで休養するように言われ、一式陸攻に便乗してカビエンへ移動しました。

一一日第三次の白昼攻撃が行われたことを聞き、カビエンの飛行場に夕刻待っていたら山下博大尉（海兵六八期、「瑞鶴」艦攻隊偵察員）が降りてきたので聞いたところ全く意気消沈。艦攻隊は一四機が全機やられたと言った。

編制表を見ないので、「瑞鳳」搭乗員の誰が帰らなかったのか不明で沈痛な空気であったのを良く覚えている』

とその時を回想している。

カビエンから遅れてラバウルに進出してきた小野賢次大尉指揮の艦攻四機も一六二〇に、空母夜間攻撃を目指して発進していったが、天候が悪く敵を見なかった。

一航戦がラバウルに進出してから始めての敵空母攻撃であったが、戦果が無く大損害を受けた。基地航空隊の戦闘機が引き返したため攻撃隊が大きな被害を受けたとし、その指揮官に責を求める意見も大きい。確かに原因の一つではあるが、バラバラに進撃する事態になったのは、空襲を受けた後に基地全体が浮き足立った状態の下、敵の第二次攻撃が始まる前に、と慌てて攻撃隊を発進すべく焦り、肝心な発進前の連絡が十分に行われなかったためである。また、昼間強襲の艦爆隊、艦攻隊は、かなり危険であることは覚悟していたようだ。

「ろ号作戦」終結

一一日の激戦で一航戦は戦力を大幅に失ってしまった。第三艦隊司令部は、一一日夜にトラック残留員を含む残存数及び組数が戦闘機三二機五〇組、艦爆六機一二組、艦攻四機二五組、艦偵〇機三組の合計四二機九〇組であると連合艦隊司令部に対し報告した。

翌一二日朝、「瑞鳳」の艦戦一〇機が邀撃戦に参加したが、それ以外の一航戦機は一二日の作戦には参加しなかった。

この結果を受け、古賀連合艦隊司令長官は、

『「ろ号作戦」終結』（一二日一四五八、電令作第七九九号）

を下令し、「ろ号作戦」は、結果はともかくほぼ予定通りの期間、一二日間で終結した。

「ろ号作戦」損耗数は、戦闘機隊二五名、艦爆隊三三組（その他二組の偵察員が戦死した）、艦攻隊二五組（その他三組に戦死者）、艦偵隊二組（その他一名偵察員戦死）、人員一七九名であった。

一航戦は「ろ号作戦」にて大きな被害を受けた。

いったい何が原因だったのだろうか？

九九艦爆の被害率が一番高いが、これは九九艦爆が昼間攻撃作戦の主力を担ったことが大きい要因である。なぜ損害が大きかったのか検討する。

昼間攻撃では、敵戦闘機の邀撃、VT信管などで飛躍的に強化され激烈になった防御砲火、攻撃後も敵戦闘機の執拗な追撃があった。敵戦闘機による被害は攻撃前より攻撃後に多く、二〇〇浬も追躡攻撃を受けたことが報じられることもあった。対策としては戦訓では『掩護戦闘機隊ト詳細打合セ』『退避方向ハ全軍ニ通達セシメ避退中

単機ニ分離セシメザルコト』と艦爆隊単独では対処不能、戦闘機隊頼みのことがあげられた。それは通信が弱い日本海軍では困難なものであった。零戦隊の護衛戦術に有効なものが無く、九九艦爆二二型では最高速は二三一ノットでしかないため、敵戦闘機の追撃を振り切ることが困難になっており、艦爆としては、避退中に敵戦闘機に掴《つか》まった場合、若干機首を下げ気味の横滑りを試すような戦訓があがっている。

また、当時艦爆は『対敵防御砲火又ハ空戦上優速ヲ保持スル為抵力板爆撃ヲ実施セル場合投下時機速ノ変化ニ対シ照準角修正適切ナラザルモノアリ』というように、抵力板（抵抗板、エア・ブレーキなどとも呼ばれる。急降下の速度制御装置）を出さない爆撃を実施していた。これは、敵防御砲火、敵戦闘機の攻撃は激しく、とても速度を制御して攻撃を実施できる状況ではなかったことが原因だが、そのために命中率が悪化しているであろう、と判断されていた。

これらの理由により、一航戦の九九艦爆は大きな損害を出した上に命中率は思ったほどあがらなかったのである。

艦攻隊は、一一日に昼間強襲を実施、一四機出撃し全機未帰還となった。この原因としては、艦攻隊の直掩も兼ねていた基地航空隊の戦闘機隊三二機が合流できずに引き返したことが槍玉に挙げられるが、そもそも当時現地では、現用機である九七艦攻一二型では昼間攻撃は困難、と考えられていた。しかし、母艦航空部隊としては空母決戦は昼間であり、状況によっては昼間強襲を実施せねばならない状況にある。とはいうものの『各種攻撃法ヲ以テスル同時攻撃』などを研究するしかなく、現状では損害覚悟の昼間強襲か夜間雷撃しか方策がなかった。

戦闘機隊は、四回あった連合攻撃（掩護任務）では合計しても戦死者六名（その中には納富大尉、佐藤大尉の飛行隊長を含む）だけで、あとは邀撃戦（二日、五日、一一日）での被害（戦死者一八名）であった。これは掩護任務時がうまくいっていたわけではなく、戦訓には『一般ニ戦闘機ノ攻撃隊掩護法ハ尚訓練研究ノ余地大ニシテ関心ヲ深ムルヲ要スル所ナリ』とあるように、現実は『戦闘機隊ノ之（攻撃隊掩護）ニ対スル熱意一般ニ乏シ極力主任務達成ニ重点ヲ置キ訓練スルヲ要ス』という状態であった。

また、掩護任務について戦訓では『攻撃隊掩護ニハ大兵力ノ戦闘機ヲ用ヒ必ズ直掩隊遊撃隊ニ区分スルヲ要ス』としている。大兵力が必要なわけは、掩護しつつ戦闘するので形勢不利になりやすく、少兵力の戦闘機では自分の空戦だけで手一杯になり、掩護が困難になるためである。直掩隊と遊撃隊（制空隊）に区分する必要があるのは、直掩隊だけでは攻撃隊を掩護しつつ空戦することになり苦戦を強いられ掩護も困難であるので、遊撃隊にて敵戦闘機を牽制し吸収するため、とある。しかしながら、現実に遊撃隊と直掩隊があったとしても、どうやって連携をするのか？　無線を使って連絡をしなくてはならず、無線が通じがたい日本海軍においては難しい問題ではあった。

邀撃戦闘で損害が大きかったのは敵攻撃隊の戦闘機が多かったのが原因と思われ、基地航空隊も同様の被害を出している点からも、基地航空隊と母艦航空隊の性質的差の問題ではない。

艦偵隊は、戦訓にて艦型の誤認が多かったことが指摘されている。実例として二日に輸送船一〇隻と報じたものが巡洋艦三隻と駆逐艦三隻だった、五日には巡洋艦五隻、駆逐艦七隻と輸送船二隻と報じたが、輸送船は空母の誤り(実際はさかさまで空母ではなく輸送船)であったことが挙げられている。しかし、同時に『今次航空戦ヲ通ジ敵ノ艦型大部分未詳ナリ』としている。そもそも敵の艦型がわからないのに正確な判定は無理な話で、研究努力が必要なのは海軍航空中央だろう。

　艦偵隊の被害は、五日、一機が奇襲により撃墜され、一一日、触接中に二機（内一機は天候電報送信中だった）が消息を絶っており、奇襲を受けやすい状態、発進直後や電報送受信中、触接中、二式艦偵の場合は視界の悪い上昇中の時注意が必要としている。

「ろ号作戦」の痛手は確かに大きいものであったが、敵空母部隊への攻撃を実施した。現実には戦果はなかったものの、貴重な戦訓を得ることが出来た。そう、たとえ大きな被害を出しても、戦訓さえ生かせればそれは貴重な経験になるのである。

再建を開始すべく

　一航戦飛行機隊は、一三日午前にラバウルからトラックに引き揚げた。

　その時の様子は、

『艦攻が二機、艦爆が三機、戦闘機が二〇～三〇機ぐらいでラバウルからトラックに向かいました』（艦攻隊の山田金十郎さん）

『ラバウルから引き揚げる時は自分の使っていた飛行機でトラックに向かいました。艦爆は二機か三機だったと思います』（艦爆隊の横山良一さん）

と、わずかな数との帰還となった。

　再建、母艦航空兵力の充実などを、当初、一一月四日には

一．二航戦は一一月末に完成するので一二月中旬～一月に東方面（太平洋方面）に転用。「瑞鳳」を二航戦に加える。

二．そのほか一航戦は西に備える。艦戦は零戦五二型、艦爆は彗星、艦攻は天山にて再編を実施する。

三．三航戦の編成は一二月中旬の予定を、情況に応じ一月以降に改める。

四．「大鳳」一九年三月引き渡し予定で、一航戦の旗艦を「大鳳」とする。情況に応じ五〇航戦を潰す。一航戦の完備は三月、三～五月に一会戦を。

と目論んでいた。現実には「ろ号作戦」の損害で、再建には現在訓練中の五〇航戦の搭乗員を補充するだけではとても足りない状況になるのである。そして、搭乗員の四九％を喪失して帰還した一航戦のうち、約二分の一を新たな基地航空隊の骨幹として早急に再建、残りの約二分の一で一航戦の再建を約四カ月で企図することになった。

今度はマーシャルへ派遣

　唯一、といっても良かった決戦兵力であった一航戦が、その大半の戦力を喪失してしまった今、速やかに代わりを持たなければならない。一一月一四日、連合艦隊は二航戦飛行機隊をトラック方面に進出させる命令を出したが、同隊は「隼鷹」「龍鳳」飛行機隊がシンガポールにて訓練中で、「飛鷹」飛行機隊に至ってはまだ編成を完了して間もない状況でありトラックに進出するには今少し時間が必要であった。傷付いた一航戦のわずかな戦力でも、必要とされていたのである。

　そんな中で、一一月一九日、ギルバート諸島に敵艦上機が襲来してきたのを受け、ほとんど戦力を失っている一航戦飛行機隊を今度はマーシャルに進出させるべく、巡洋艦「筑摩」、駆逐艦「初月」に基地員、航空燃料などのウォッゼ、ブラウンへの輸送を命じた。

「瑞鳳」艦攻隊の賀来準吾さんは、

『ギルバート方面に敵艦隊が来たというので残存の飛行機全機が発進しようとして編隊を組んで、上空で一〇分以上待機したが取り止めとなった。発進前小澤治三郎中将の訓示があった』

と回想している。この移動の中止は天候不良が原因であった。

ギルバート諸島のマキン、タラワに対して二一日の朝から敵の上陸が始まっており、ギルバートに対して艦爆や艦攻といった艦上機を使用できる基地もなかった。そこで二一日夜、連合艦隊司令長官は第三艦隊飛行機隊のマーシャル進出を取り止め、ブラウンで物件の陸揚げ中の「筑摩」らにいったんトラック帰投を命じ、その後「筑摩」らに今度はクエゼリンに回航するように電令した。

当時、二四航戦（五三一空〜天山装備、七五二空〜陸攻装備）のマーシャル進出が予定されていたが、二四航戦は戦闘機を装備した部隊を配下に持っていなかった。二二日、連合艦隊は、マーシャル方面に至急戦闘機隊の増派の要あり、として二七航戦の二八一空(零戦装備)を二四航戦編入を予令し、これを含め全力でのマーシャル進出を命じた。

しかし、二八一空は当時千島列島方面に本隊を置いていたために進出に時間がかかる。連合艦隊司令部は、一度マーシャル進出を取り止めた第三艦隊飛行機隊のうち戦闘機三〇機を速やかにマーシャルへ派遣し、内南洋方面部隊指揮官の指揮を受けさせるように下令した（二二日電令作第八二八号）。

これを受けて「翔鶴」飛行隊長の瀬藤満寿三大尉を指揮官とした一航戦連合戦闘機隊が編成され、二四日トラック発、ブラウン、エンチャビ経由にて二六日ルオットに到着し、内南洋方面部隊に編入された。「筑摩」らは、二三日、基地員のルオットへの輸送が下令され、二四日正午前にルオット着、基地員及び物件を揚搭した。

飛行機隊は戦闘機隊だけ進出していったのだが、艦爆と艦攻の整備員は飛行機隊より先行し「筑摩」で出発していたためにルオットへ向かっていた。

「翔鶴」艦爆整備員だった宮下八郎さんは、

『ラバウルで赤痢にかかったのがだいぶ多かった。トラックに帰ってきて夏島の海軍病院に入れられて隔離されたものもいました。元気なものだけつれて巡洋艦でクエゼリンに行きました。クエゼリンで基地物件を降ろしていたら今度はルオットに行け、という。当時、クエゼリンには何もなかった。クエゼリンにいた設営隊が気の毒だから石鹸などの日用品を渡して、ルオットに行きました。ルオットには中攻隊がいて、兵舎は高床式でした。そうしたら肝心の母艦の飛行機が来なかった。仕方がないので、中攻隊の応援作業をしていた』

と回想している。

一航戦連合戦闘機隊の一部が一一月三〇日マロエラップ環礁タロアに進出し、ギルバート方面に偵察に向かったが天候が悪く引き返し、その日の内にルオットに戻った。一二月三日にもマロエラップに一部が進出し、ギルバート方面へ偵察に向かったがまたもや天候が悪くマロエラップに引き返した。今回は直ぐには戻らずに四日はマロエラップの上空直衛を実施している。

「瑞鳳」戦闘機隊の小八重幸太郎さんは、

『私もルオット、ブラウン、マロエラップと進出しました。特にブラウンからマロエラップに移動する時はエンジンのトラブルで一人遅れて洋上飛行でマロエラップに着陸しました。

マキン、タラワ攻撃に参加が決定された夕方、浜辺に五名で寝ころんでヤシの葉陰の月を見ながら明日は全員死を覚悟して少年のころ歌った「夕焼け小やけ」「赤トンボ」など歌ったことを今でも時々思いだしています。

待機中に敵機との報に私と外《ほか》一名（誰だったか思い出せません）と発進。当日は雲が多く南方特有の何段にもなっており、高度約二〇〇〇メートル付近で大型機を発見。二機で攻撃に入りいまにも二〇ミリを発射しようとした時、日の丸を発見、一式陸攻であり二機とも急上昇して基地に帰り、報告した。晴天ならともかく当日のように雲の多い日は連絡すべきであった。今でも時々思い出します』

と回想している。

一方、二八一空の第一陣零戦二一機が、一二月三日ルオットに到着、第二陣も六日に一六機、八日に二機到着した。このため一航戦連合戦闘機隊は、五日付で原隊復帰を下令された。

これにより基地員及び物件は、三日、第七戦隊に収容されルオット発、五日にはトラックにて原隊に復帰した。戦闘機隊は五日マロエラップからルオットに移動しトラックに撤収を予定していた。

ところが、五日〇四四五、ルオットの電探は方位四〇度八〇キロメートルに大編隊を捕捉した。この攻撃は、C・A・ポウノール少将が指揮する第五〇・一任務部隊（空母「ヨークタウン」「レキシントン」「カウペンス」、重巡「バルチモア」「サン・フランシスコ」「ニュー・オリンズ」「ミネアポリス」、軽巡「オークランド」、駆逐艦六隻）と、モントゴメリー少将が指揮する第五〇・三任務部隊（空母「エセックス」「エンタープライズ」「ベローウッド」、重巡「ポートランド」、軽巡「モービル」「サンタ・フェ」「サン・ジュアン」「サン・ディエゴ」、駆逐艦五隻）から発艦した攻撃隊であった。

ルオットでは、通信連絡不良のため邀撃戦闘機の発進が遅れた。その状況の中、一航戦連合戦闘機隊一一機は二八一空機と邀撃に上がり、マロエラップからルオットに移動してきた一航戦一六機も空戦に巻き込まれていく。

「瑞鳳」戦闘機隊の小八重幸太郎さんは、

『当日は即時待機ではなく、戦闘指揮所で皆と話し中奇襲され、私も自分の飛行機まで走っていきましたが、敵機は低空で銃撃して来ましたので、飛行機まで行くことが出来ずヤシの木の下に身を伏せていて邀撃は行っていません。飛行機全機被害はありませんでした』

と回想するが、マロエラップから移動してきた「瑞鳳」戦闘機隊の岩井勉さんは、

『我々「瑞鳳」戦闘機隊は、マロエラップからルオットを経由して、トラック島に引き揚げることになった。

予備中尉が八機、私が七機を連れて、合計一五機で、幾日かを過ごしたマロエラップを飛び立ち、ルオットに向かった。

この日は洋上一帯にミストがかかり、視界のよくない日であった。途中暑いし、疲労もあったし、トラック島のわが家「瑞鳳」へ帰るという安心感も手伝って、つい居眠りが出る。

だいぶ時間もたって、視界はよくないが、もうそろそろルオットが見え始める頃だがと、大きく目を見開き、はるか前方を見つめていた。そのとき、ぼやけた水平線のあたりに大きな太い火柱が立つのが目に入った。

スワ何事かと、眠気がいっぺんにふっ飛んで、全速でぶっとばしていった。

ルオットは敵の艦載機による大空襲を受けている最中だった。

上空ではグラマンF6Fと零戦が大空戦を演じており、敵機のなかには、どこの基地から来たのか双発の中型機もまじっていた。

私たち一五機は必然的にこの空戦に巻き込まれていった。敵味方、入り乱れての大乱戦が展開されていて、あちこちで格闘戦がはじまっていた』

と、この乱戦を回想している。

この邀撃戦闘で一航戦連合戦闘機隊は、戦闘機五機撃墜、三機撃墜不確実と艦爆一機撃墜を報じたが、六機が未帰還となってしまった。二八一空も邀撃戦に参加し、一一機が未帰還となっている。さらに水偵一機と攻撃に向かった五三一空天山六機が未帰還、零戦一六機、艦攻三機、水偵二機、水戦一二機が大破炎上。輸送船四隻も撃沈、クエゼリンの第六通信隊の大部を破壊されるなど大きな被害を受けた。それに対し、米軍はF6Fが「ヨークタウン」のVF-5の二機、「レキシントン」のVF-16の一機が空戦で失なわれたのみであった。

マーシャル方面は二四航戦が進出し一応形が整ったので、一航戦戦闘機隊の搭乗員は七日になって飛行機を現地に残し、一式陸攻に便乗してトラックに帰還した。

再度ラバウルへ

一二月一日をもって、「瑞鶴」の飛行機定数を減少（戦闘機が三機減少の二四機、艦爆は二七機減少して〇機、艦攻は四機増加の二七機、艦偵は変わらずの三機で合計が二六機減少の五四機）させ、「翔鶴」「瑞鳳」の定数を〇とした。同時に一航戦付属飛行機隊が新編成され、これが新一航戦になった。

「瑞鶴」は一二月七日にトラックを離れており、この「瑞鶴」飛行機隊の処置は一航戦再編成を意識したものではなく、南東方面またはマーシャル方面の増援に対応できるように、「ろ号作戦」で生き残った艦戦、艦攻、艦偵の大半をトラックに残留させたものである。艦爆については、当時トラックに九九艦爆装備の五五二空が配置されていた。

「瑞鶴」飛行機隊の搭乗員は、「ろ号作戦」、マーシャル派遣の作戦に参加して生き残った一航戦「瑞鶴」「翔鶴」「瑞鳳」の各飛行機隊搭乗員から選抜されていた。戦闘機隊と艦攻隊の搭乗員は若手を中心に選抜したようだ。

この選抜方針について、「瑞鳳」から「瑞鶴」飛行機隊に編入された戦闘機搭乗員の小八重幸太郎さんは、

『私たちには知らされませんでした』

と回想している。

編成してからまもなく、シンガポールから内地へ貴重な燃料を輸送するタンカー護衛のため「千歳」に対潜警戒機を搭載することになり、「瑞鶴」飛行機隊のうち艦攻六機が引き抜かれていった。

南東方面の兵力減少を埋めるため「瑞鶴」飛行機隊のうち艦攻隊が、一二月八日一六機、一三日三機がトラックからカビエンに進出した。指揮官は「瑞鶴」飛行長の千葉愛爾中佐（海兵五一期）で二五航戦第五部隊となった。

一二月一五日、在ラバウル航空隊の稼働機状況は、零戦各機種一〇〇機（二〇一空、二〇四空、二五三空）、彗星一一型七機（五〇一空）、九九艦爆二二型一五機（五八二空）、一式陸攻一一型三六機（七五一空）、二式艦偵五機（一五一空）、百式司偵一機（一五一空）であった。この日、ニューブリテン島西部のマーカス岬に連合軍が上陸した報を受けた連合艦隊司令部は、在ラバウル航

空兵力の戦力では不足と見てトラック所在の「瑞鶴」艦戦隊の全力（及び五五二空の九九艦爆全力）に南東方面進出を下令し、一八日ラバウルに零戦一八機が進出した。艦戦隊指揮官は中川健二大尉（海兵六七期）で二六航戦二五三空指揮下に入った。艦偵二機も本来であれば先の艦攻隊と同時期に進出する予定であったが、機材の調子が良くないため進出が遅れ一二月二〇日頃までには進出し、同じ彗星を使用していた二六航戦五〇一空指揮下に入った。指揮官は木村聡大尉（海兵六八期）であった。

南東方面に派遣された「瑞鶴」飛行機隊の戦闘機隊は、連日のように展開されていた激しい邀撃戦に参加した。

小八重幸太郎さんは、

『数ヶ月の内戦友の戦死、空中戦、基地での生活面などその内特に今でも頭の中に焼き付いているのは、

一二月一九日横井川飛長はグラマンと交戦、パラシュート降下するも開かず戦死。一二月二七日沼謙吾飛長が私の目の前でグラマンと交戦、パラシュート着水するも動かないので湾内にいた停泊中の駆逐艦を誘導して救助したが、すでに戦死後であった。

連日の出撃で第二飛行場では原住民と仲良くなり、空襲等ない時は原住民と仲良く原住民がヤシの木に登ってヤシの実を取って私たちにサービスしてくれました。ヤシの水の味は今でも忘れません。何人かの原住民にエノケン、三郎、次郎等名前をつけてやり、あだ名で呼ぶとキャッキャ言って飛んできました。

飛行機を滑走路まで移動する時など、飛行機を押し方などさせるとよろこんでいました。これは空襲や出撃等のない日の一こまです。

昭和一九年一月一日、早朝マーカス岬攻撃に出撃して第二飛行場に着いたら爆撃で滑走路が何カ所も穴があき、ほとんど母艦の搭乗員だったので事故なく着陸はしましたが、爆撃で指揮所がやられていて、正月用の御馳走がなく正月から朝食なしでした。これも思い出の一つです』

と回想している。

艦攻隊は、昼間の作戦はほとんどおこなわず、薄暮、夜間、黎明に小編隊での攻撃を実施した。

「瑞鶴」艦攻隊の電信員の一員だった、永野甫さん（乙飛一二期）は、

『最初の母艦部隊（配属）は第一航空艦隊です。私は「瑞鶴」に乗りました。

ラバウルに於いては毎日交替で夜間爆撃で、ニューギニア、トロキナ岬、ブイン、ブカ等の爆撃です。夜間攻撃に機銃は敵の目標になりますので操作はしません。

（当時、九七艦攻を使用した）昼間攻撃は不可能でした。前線では訓練はやりませんので、昼間は昼寝をしたり花札をしたりです。

ラバウルの生活は、昼はブラブラでした。飛行機の整備などです。現地人と交流してバナナや鶏の交換したりして至極呑気な生活でした』

と回想する。

なお、艦偵隊は機材の調子が悪かったようでほとんど活動をしなかった。

「瑞鶴」飛行機隊は約一ヶ月ほどの活動により、戦闘機隊は激闘で敵戦闘機を七一機撃墜確実、一五機不確実を報じるなど大きな戦果も挙げたが同時に七名が戦死し、一月二〇日には飛行可能な搭乗員が四名しかいない状態となる。また艦攻隊も搭乗員の疲労も大きく、稼働組数が少なくなりつつあった。この現状により、一月二五日に二航戦が進出してきたのを期に「瑞鶴」飛行機隊はラバウル引き揚

げが命ぜられた。

「瑞鶴」飛行機隊がトラックに帰還したのは二月に入ってからと思われ、さらに「瑞鳳」「千代田」に便乗して内地に帰還したのは二月一六日となっていた。すでに一航戦はシンガポールに進出しており、「瑞鶴」飛行機隊の搭乗員が六〇一空搭乗員としてマリアナ沖海戦に参加したものは、一人もいなかった。

トラックの風景／南国リゾートという風景。戦争さえなければだが。（提供／大澤昇次）

ろ号作戦前

翔鶴艦攻操縦員たち／昭和十八年七月頃、笠之原基地でのスナップ。左前が鈴木善六上飛曹、左後が横井一飛曹、右後が町谷上飛曹。（提供／大澤昇次）

ろ号作戦前

急降下訓練中の九九艦爆／トラック島上空で急降下訓練中の九九艦爆。抵抗板を出した状態にすることで速力を制限出来、そのため照準を容易することが出来た。しかし、速力を制限するということはそれだけ自機を危険にさらすこととなる。（提供／横山良一）

定着訓練中の九九艦爆／母艦部隊であれば必修であるが、海軍航空隊であれば誰でもやるといっても過言ではない定着訓練の様子を捉えたものである。この九九艦爆を操縦するのは甲飛六期の野村修さんである。（提供／横山良一）

増槽をつけて快翔する九九艦爆二二型／搭載している増槽は、零戦増槽を空廠などで改造したものである。九九艦爆は当初増槽を装備できなかったが、要望により改造（二二型一三六号機より改造ずみで完成）装備できるようになった。なお、九九艦爆一一型は増槽を装備できない。（提供／横山良一）

第三章　第二航空戦隊も陸上へ

第二航空戦隊も陸上へ

まずは「隼鷹」と「龍鳳」から

昭和一八年九月一日、南東方面に投入され作戦中であった、二航戦司令部及び二航戦飛行機隊は、そのまま現地部隊に編入された。

新たに二航戦司令部が九月一日付で新編され、司令官には、母艦搭乗員を練成する練習航空隊を統括する五〇航戦司令官であった城島高次少将（海兵四〇期）が着任した。やや遅れて二航戦飛行機隊が一五日付にて新編されている。当初の定数は、戦闘機三六機、艦爆一八機、艦攻一八機で、当時の二航戦の稼働空母「隼鷹」「龍鳳」に搭載可能な数であった。飛行機の補充状況は、愛知にて完成の九七艦攻、九九艦爆、中島の零戦二一型などを受け取り、概《おおむ》ね一〇月上旬までにそろったものと思われる。

搭乗員の当初の練度は、母艦経験を有する老練搭乗員、老練ではあるが母艦による第一線経験不足の搭乗員、定着訓練を受けた程度の搭乗員、母艦部隊の経験が全くない搭乗員がそれぞれ同じ比率程度であった、と鈴木正一中佐（二航戦参謀、海兵五二期）及び薬師寺一男大尉（「隼鷹」飛行隊長、海兵六六期）は戦後回想している。

しかしながら、当時の二航戦各空母を見ると修理中か飛行機輸送に従事しており、九月一五日以降翌年一月までに二航戦各空母が着艦訓練に従事した様子が見られない。定着訓練を受けた程度の搭乗員、母艦部隊の経験が全くない搭乗員が配属されたのならば、その搭乗員は訓練未実施のため着艦は出来ないことになるが、そんなことはありえない。よって、二航戦に配属されていた若年搭乗員も、母艦搭乗員練成部隊である築城空（艦戦）、鹿屋空（艦爆、艦攻）にて着艦訓練実施の上に、二航戦に配属されたものであろう。

戦闘機隊の戦闘機隊の森田寅三郎さんは、

『日高大尉、岩城中尉、清末、菅井飛曹長、甲斐上飛曹は富高（築城空の訓練地、一時築城が使えなかったため富高を使用していた）から一緒に二航戦にいきました。丙飛一一期の母艦搭乗員のほとんどが二航戦に集まっていました』

とやはり、築城空の練成中の搭乗員で構成されていた、と回想している。

シンガポールへ

内地では当時練習航空隊や基地航空部隊の編成が相次いでいたので訓練基地不足及び航空燃料が予想された。そのため、二航戦はシンガポールで訓練を行うこととなった。

一〇月中旬、二航戦司令部及び飛行機隊は、岩国基地からシンガポール地区に進出した。空輸されたものと母艦にての二つに別れて進出した。

母艦で進出したものは「龍鳳」にて一〇月九日、岩国沖を「雪風」の護衛をうけ出撃、一〇日、佐伯沖に到着し、横須賀発の南西方面艦隊部隊向けの天山艦攻などを積み込んだ「千歳」と護衛の「初春」「初霜」と合流し、一一日に出撃した。航海中飛行機を満載した「千歳」はもちろん「龍鳳」もぎりぎりまで搭載したので搭載機が使用不能な状態であり、対潜直衛などは陸上基地部隊に依頼していた。一五日三亜に到着翌日出港、一〇月一九日、シンガポールのセレターに無事到着した。

戦闘機隊の森田寅三郎さんは、

『内地で飛行機を受け取ってすぐに「龍鳳」に着艦収容されました。航行中は、夕方になると「龍鳳」の甲板に並んで座って潜水艦の魚雷監視をしました。シンガポールが近づくと発艦してセレター飛行場に着陸しました』

と回想し、艦爆操縦員の星子富士人さんは、

『九州の佐伯飛行場から空母でセレター飛行場に移動しました。豊後水道からシンガポールの沖まで母艦に乗ったままで進出しました』

と空母で移動したと回想している。空母に積みきれなかった艦攻隊は空輸で移動していった。

二航戦はさっそくセレター、センバワン、テンガー飛行場で練成訓練を始めた。一〇月八日に出された『航空基地に関する陸海軍中央協定』によるとセレター、バッパハット第一、第二が海軍担任管理で、センバワンは陸軍担任管理であったが「海軍母艦兵力進出する時は陸海軍共用」とされていた。カラン、テンガーは陸軍担任管理であった。訓練内容は不詳であるが、肝心な母艦は航空機輸送に従事しており訓練に参加できておらず、飛行機隊単体での訓練に終わっており、飛行機隊としては戦力は向上したが、母艦飛行機隊としての能力は訓練未実施により低かったと思われる。

訓練内容は記録がないので、当事者の記憶を頼ってみたい。

森田寅三郎さんは、シンガポールでの訓練内容などを次のように回想する。

『訓練は、上位戦、同位戦、反航戦などやりましたが、それは戦地で役に立ちました。シンガポールでやった訓練は、全然無駄はありませんでした。だいたい一回一時間ぐらいで、空戦や射撃訓練、片銃ずつそれぞれ一回射撃し吹き流しに打ち込むのですが、自分の機銃には色がついているので、吹き流しを後で飛行場に落としてみんなで調べました。「おまえよく撃ったなあ」なんて講評したり。翼の下に一キロ爆弾を積んでの降爆訓練もやりました。毎日二発積んで一〇〇〇メートルぐらいから突っ込んで投弾、そうすると（命中した所から）煙が出る、という訓練でした。何で毎日こういう訓練をやっているのかわかりませんでしたが、空中爆弾（三号爆弾）の訓練だったんだ、ラバウルに進出してからわかりました。

富高にいた古い人は、話を聞くとみんなハワイ作戦参加者で、豪快でしたね。話を聞くと「訓練をすれば自信がもてる」とのこと。セレターまでの期間、私が心配していたのは空戦と射撃。夢中になってやりました。

岩城中尉（岩城万蔵中尉、操練一三期）がセレター基地の全戦闘機を引っ張って、スロ－ロ－ルをやった、これが一番の思い出ですね。エンジンを絞っていないとぶつかりそうになります。また、編隊空戦、二対三、二対四、四対四の練習をやりました。クルシーの使い方、船が何ノットで走っているか、などを示す旗旒信号の教育もやりました、旗旒信号はなかなか難しかった。

岩城中尉が

「今回の編成は飛行機を壊さないなあ」

と感心していましたね。富高から二航戦まで、まわりで飛行機を壊した、というのはめったにありませんでした。

シンガポール、トラックでは着艦訓練はやっていません。空母に乗ったのは移動の時だけです。また、攻撃隊の掩護の仕方など訓練はしてなかったと思います』

艦爆隊の星子富士人さんは、

『シンガポールのセレター飛行場にて、ジョホール水道の真ん中に小屋のような仮設目標があり、それに対し九九艦爆により急降下爆撃訓練を実施しました。

また、テンガー飛行場での夜間離着陸訓練を実施しました』

と訓練を振り返っている。

シンガポールは快適だったようで、森田さんは、

『戦闘機隊が使用したセレター飛行場は、英国軍が使っていたもので、飛行場の端には兵舎がずらっと並んでいて、季候も良く、一部屋に一つ扇風機がついていました。

たまに休みには、シンガポールは景色のいいところで、ジョホール宮殿やジョホール水道を渡っていったりしました。シンガポールでは革製品が安く、士官はどっさりと買い物をしていましたが、我々はいいなあ、と思ってみていました。搭乗員はトラックで歓楽街まで遊びに行ったこともありました。我々が買ってくるのは大量のバナナ』

と回想し、艦爆隊の星子富士人さんは、

『シンガポール市街へ出て買い物あるいはダンスホールでの遊び』

と激しい訓練を続けながらも、シンガポールでは観光などで気分転換が出来たようだ。

二航戦参謀は一二月一五日中央に、シンガポールでの訓練状況を報告した。

二航戦飛行機隊の訓練状況は、着艦訓練はやっていないので不十分であるが艦攻が夜間作戦可能で今後は総合訓練をさせる予定、と現状を報告している。肝心の陸の飛行場は不十分で整備が必要、現地部隊の対応が緩慢、と不満が述べられたが、訓練基地としては不合格にはならなかった。この結果、日本の母艦飛行隊はその後もシンガポールでの訓練が続けられることになる。

「飛鷹」飛行機隊も編成

一一月一日に、二航戦は飛行機定数が大きく変化した。

九月一五日に編成された二航戦飛行機隊が削除のうえ「隼鷹」「龍鳳」飛行機隊に分配され、新に「飛鷹」飛行機隊が新設された。艦戦三三機、艦爆一八機、艦攻九機の合計では六〇機（第二次編成）の増加となった。

この時点の目途は、二航戦第一次編成（艦戦四〇機、艦爆一九機、艦攻一九機）がセレター及びセンバワン飛行場にて一〇月下旬から一二月上旬にかけて実施し、一二月一〇日頃には空母との訓練を予定していた。それに対し遅れて編成された二航戦第二次編成（艦戦三三機、艦爆一八機、艦攻九機）は、昭和一八年二月末に概成する予定としていた。

すでに前述の第一次編成隊はシンガポールに進出していたが、第二次編成隊は内地にて編成された。「飛鷹」飛行機隊の状況は判然としないが、前回同様に築城空、鹿屋空の訓練を終えた若年搭乗員、及びその教官、教員を中心とし、それに母艦経験のある搭乗員を補充したと考えられる。

「飛鷹」艦攻操縦員だった木須奨さんは「飛鷹」配属までを、

『鹿屋空にて着艦訓練を終えてから、「飛鷹」乗組が発令されました』

同じく「飛鷹」艦攻偵察員の臼井喜一郎さん（丙飛一二期）は、

『鹿屋空から一八年一一月に「飛鷹」乗組が発令されました。「飛鷹」を使っては訓練をしませんでした』
と回想している。

二航戦はトラックへ

一一月上旬に南東方面では一航戦飛行機隊を注入した「ろ号作戦」が実施され、一航戦飛行機隊は大きな被害を受け、敵機動部隊に対抗出来得ない状態になった。

これを受け一一月一四日、二航戦飛行機隊をトラック方面に進出、陸上を基地として作戦し得るよう急速訓練が発令された。内地にて訓練中であった二航戦飛行機隊第二次編成分は、空母「千歳」に人員機材を搭載し、駆逐艦「秋月」「谷風」の護衛を受け一一月二四日岩国沖を出港、横須賀発の空母「翔鶴」とその護衛の駆逐艦「玉波」「島風」と合流し一二月一日にトラックに到着した。

木須奨さんは
『「飛鷹」に配属されて、空母「千歳」にて横須賀からトラック島に行きました。
母艦からは着艦も発艦もしませんでした。私たちはトラック島に近づいて当然発艦するものと思っていましたが、我々は母艦に乗ったまま、飛行機は飛行甲板に係留したままトラック島に着いて、トラック島で飛行機を陸揚げしました』
と回想し、臼井喜一郎さんは
『トラック島までは空母で向かいました。トラック島では、夜間発着訓練、昼は索敵、攻撃の訓練を実施しました』
と回想している。

シンガポールにて訓練中であった二航戦司令部及び同飛行機隊第一次編成隊は、一二月上旬訓練を一応打ち切った。「飛鷹」「龍鳳」に分乗し、九日のシンガポールを出港、駆逐艦「若葉」「初春」「若葉」の護衛を受け、一四日タラカン、一八日パラオを経由し、一二月二二日にトラックに進出した。

「龍鳳」戦闘機隊の森田寅三郎さんは
『シンガポールで母艦に収容され、トラックに向かい、トラックに近づいた頃発艦して戦闘機隊は竹島に着陸しました』
と回想し、一一月一日に「飛鷹」乗組が発令されていた艦爆操縦員の星子富士人さんは
『母艦「飛鷹」にて、途中同母艦から哨戒飛行をしながら、トラック島春島飛行場へ進出しました』
と回想している。

練成中の二航戦をトラックに進出させたのは、一航戦南東方面注入後、マーシャル方面来攻に対し東正面の邀撃作戦に備えるものであった。トラック進出後も現地航空基地隊の援助を受けながら訓練を再開した。

『トラックでは機体整備がほとんどでした（戦闘機隊はカビエン進出があり、トラックにはほとんど居なかった）。母艦に乗ると自分の乗る飛行機が決まってしまいますので、一生懸命磨いたり、丁寧に扱いましたね』（第一次編成　戦闘機　森田さん）

『トラック島春島にて対潜、索敵哨戒を実施しました』（第一次編成　艦爆　星子さん）

『トラック島では、夜間発着訓練、昼は索敵、攻撃の訓練を実施しました』（第二次編成　臼井さん）

風雲急を告ぐ　「隼鷹」「龍鳳」戦闘機隊はカビエンへ

一二月一七日連合艦隊司令長官は、カビエン地区に陸軍部隊緊急輸送のため、艦艇を用いた輸送作戦「戊《ぼ》号作戦」を下令していた。

ところが、連合軍ツルブ上陸作戦（二六日実施）の牽制のため、シャーマン提督が率いる米機動部隊が二五日カビエンを空襲した。これを受けて、「戊号輸送」の成功を期すため、二五日午後に

『二航戦戦闘機隊（約三〇機）ヲ南東方面部隊ニ編入ス　南東方面部隊指揮官ハ右ヲ主トシテ戊号輸送部隊ノ警戒ニ従事セシムベシ』

と電令した。

これを受けて二航戦はトラックにて訓練中の「隼鷹」「飛鷹」「龍鳳」飛行機隊（艦戦六九、艦爆三六、艦攻二七）のうち、早期に編成されていた「隼鷹」「龍鳳」艦戦三六機が、二七日カビエンに到着、二九日から戊号輸送部隊などの上空哨戒を実施した。なお、哨戒に当たった半数の機は、三号爆弾を装備していた。三号爆弾は、対爆撃機用の空中爆弾であり、これからも当初、敵機が現れるとしたら大型爆撃機と考えていたことがうかがえる。

一月一日、軽巡「能代」「大淀」、駆逐艦「秋月」「山雲」の四隻がカビエンに到着し、急速揚搭を開始した。ラバウルにあって敵艦隊に備え索敵していた七五一空の陸攻は、敵発見の知らせを続々と報じ、ついには空母を含む米機動部隊発見を報じた。既に日本側の動きは筒抜けだったようで米空母「バンカーヒル」「モントレー」から発進した攻撃隊が先手を取りカビエン沖に殺到する。

電探がこの攻撃隊を捉え、〇八二七にカビエン基地は空襲警報を発令、二航戦二二機、二〇一空四機、二〇四空八機が邀撃に発進し、上空直掩中の二航戦八機とともに敵艦上機と交戦した。

二航戦だけでＦ６Ｆ三機撃墜、Ｆ６Ｆ五機とＳＢＤ八機撃墜不確実を報告したが、二航戦四機、二〇一空一機、二〇四空一機の合計六機が未帰還、二航戦の一機が不時着（人員無事）、五機が被弾した。戦死した二航戦搭乗員の中には、この邀撃の実質的な指揮官であったベテランの岩城万蔵中尉（操練一三期）が含まれていた。

この時、初空戦から無事帰還した森田寅三郎さんは、

『私の初空戦、一月一日のカビエン空襲の際、分隊長の岩城中尉が戦死しました。富高で編成された当初からの分隊長でしたから戦死には実際、困りましたし、ショックでした。細身の人でしたが、編隊を引っ張るのは上手な人でした』

と回想している。

米軍は、空母「バンカーヒル」から出撃したＶＦ-18がジーク（零戦）八機撃墜、六機ほぼ撃墜確実、ＶＢ-17がジーク二機ほぼ撃墜確実、一機撃破、軽空母「モントレー」から出撃したＶＦ-30がジーク四機撃墜、五機ほぼ確実を報じた。損害はＶＦ-30のＦ６Ｆ二機とＶＢ-17のＳＢ２Ｃ一機が零戦に撃墜され、「モントレー」から出撃したＶＴ-30のＴＢＦ二機が損害により廃棄された。

一方、艦船の被害状況は「能代」に直撃弾一、至近弾五、「大淀」「山雲」は損害軽微、「秋月」は被害無しで、この後各艦共に空襲を受けることなく四日午後トラックに入港した。

続いて四日には重巡「妙高」「羽黒」「利根」、駆逐艦「白露」「藤波」がカビエン到着、揚搭を実施し、約一時間半後帰途についた。この日も七五一空の陸攻がニューアイルランド島北東海面一帯を哨戒していたが、やはり空母を含む米機動部隊を発見した。

そして米艦上機がカビエンに来襲したものの揚搭を行った日本艦隊を発見できず、ラバウルに向け帰還中の駆逐艦「皐月」「文月」

を発見攻撃した。運の悪い両駆逐艦は雷爆撃を受けたが、至近弾や銃撃により小破したものの直撃を免れ、午後ラバウルに帰投できた。

二航戦は、戊号輸送部隊の上空哨戒中の一部四機とさらにカビエンから空中退避に飛び上がった三機が敵機を発見、交戦し一機を撃墜、三機撃破という戦果を挙げ全機帰還した。その日の午後、上空直衛に出ていた一機がエンジン不調に陥り行方不明になり、飛行隊長の日高大尉ら延べ六機にて捜索を実施したが、残念ながら発見できなかった。

カビエンに対する輸送作戦は、既述のように輸送部隊がカビエンに到着する日に必ず敵機動部隊が空襲をかけてくる、という「情報漏れ」を感じさせる状況の中、四日に終了した。南東方面艦隊司令部は兵力不足の状況であったので、カビエンに派遣されていた二航戦戦闘機隊を引き続き残留させるように連合艦隊を強く要請した。これに対して連合艦隊司令部は認めなかった。

二航戦は、三六機進出させて、ベテランで二航戦再編成で中心的人物だった岩城万蔵中尉を含む五機自爆もしくは未帰還となり、早くも嫌な予感を抱かせるに十分な結果だった。引き揚げる際何機かを南東方面部隊に引き渡し、トラックに帰還した。

この作戦と訓練中の損耗に対して、連合艦隊司令部は空母「瑞鳳」「雲鷹」にて輸送中の零戦五二型二一機、九九艦爆二機、九七艦攻三機を二航戦に割り当て、再建を図った。零戦五二型は母艦部隊にはいままで割り当てがなかったが、再建中の一航戦に続いて供給されることになった。

二航戦ラバウル投入の経緯

一月八日時点に於《お》ける連合艦隊司令部の判断及び指導方針は、マーシャルに敵空母が出撃してくると予想していながら、敵空母の最も対抗戦力となるはずの二航戦は、南東方面に投入することを検討している。

一三日の連合艦隊と中澤軍令部第一部長との打ち合わせの際に、連合艦隊先任参謀は、二航戦は目下トラックで訓練中であり、二月上旬ラバウル方面に投入の腹案であるが、戦況に応じ一月二〇日以降進出のやむなきことあるを予測している。マーシャル方面の戦況によっては、ラバウル投入をやめ同方面に進出させる、との判断を示し、一五日には二航戦は一月二〇日に一応訓練を終了する。当方面辛抱できれば二月初旬進出と二航戦をラバウルに進出させる旨を示した。この日の在ラバウル基地航空隊の稼働機は、零戦各機種九二機(二〇四空、二五三空)で何とか邀撃戦闘と実施できていたが、昼間の攻撃兵力が彗星艦爆一一型四機しかなく攻撃は困難になっていた。

さらに一八日の再度の打ち合わせ時に連合艦隊は南東方面の航空兵力の増勢は、とりあえず二航戦投入以降は考慮していない。二月末〜三月上旬になると航空戦において敵に対抗できなくなるものと予想、という判断を示した。

二航戦を投入してもラバウル方面の航空戦は、やがて行き詰まるであろうと考えながらも二航戦を投入する、なんとも煮え切らない決意であった。この考えの中には、二航戦は母艦との総合訓練を実施していなかったことも考慮されていると思われる。もし、機動部隊としての作戦参加を果たすのであれば、母艦との訓練も実施しなくてはならないが、それには時間がかかること、また、「隼鷹」は昨年一一月に被雷し現在修理中で、二航戦の作戦参加可能な母艦は「飛鷹」「龍鳳」の二隻しかない。定数にすると艦戦四五、艦爆一八、艦攻一八とわずかな兵力しかなく、敵機動部隊と正面から戦うにはあまりにも少ない戦力、という状況もあった。

一方、現地ラバウルは一月一七日に約二〇〇機による大規模な空襲を受け、南東方面艦隊はその夜に二航戦戦闘機隊の進出を一月二〇日以降成るべく速やかに実施のこと取り計らってほしいと連合艦隊司令部に要請する。

ついに一月二一日、連合艦隊司令部は一月二五日付で二航戦（母艦欠）を南東方面部隊に編入すると発令、同時に参謀長名にて、二航戦の進出に伴い良く戦ったが疲弊した二六航戦をトラックに後退させる件が決定した旨を通知した。

この命令により、城島高次少将（二航戦司令官）が率いる「隼鷹」「飛鷹」「龍鳳」の艦戦六二機、「隼鷹」の艦爆一八機、「隼鷹」「龍鳳」の艦攻一八機は、一月二五日一四〇〇にラバウルに到着した。

「龍鳳」戦闘機隊の森田寅三郎さんは、

『私たちがトラックからラバウルに進出した際、ラバウルはちょうど空襲の最中で降りられず、指揮官はぐるぐる回って時間つぶしてから着陸しました。

到着した時、そのときの気持ちは「やっと、来たな」というものでした。

降りたとたんに、ラバウルの指揮官が

「おまえたちはここが墓場なんだから、そのつもりでやってくれ」

といわれ、ひどいことを言う人だなあ、と思いましたね』

と、厳しいラバウルでの戦闘を伺わせるようなものであったと回想している。

二航戦は第六空襲部隊に編入され指揮官は二航戦司令官となり、艦攻隊（指揮官・大宮稚郎大尉）は、第五空襲部隊に編入され「呂部隊」と呼称された。艦戦隊、艦爆隊はラバウル東飛行場、艦攻隊はブナカナウ飛行場を使用することになった。

その隙をつかれ、マーシャル陥落

二航戦がラバウルに向かう前日の一月二四日夜、大本営特務班は、二二日に米有力部隊ハワイ出撃の通信諜報から米機動部隊がマーシャル方面に来襲の恐れあり、と通報した。

果たして、三〇日早朝から米機動部隊の艦上機がマーシャル方面、クエゼリン、ルオット、ウォッゼ、マロエラップに来襲、その後艦砲射撃を受けた。

マーシャル方面の所在航空部隊は、陸攻の一部がトラック方面に退避できた程度で、所在の戦闘機隊は邀撃戦を実施したものの多勢に無勢でほとんどが地上にて破壊され、三一日〇六三〇にルオット基地は、方法があれば搭乗員だけでもトラックまで引き揚げさせたい、と報じてくる事態にまでアッと言う間に追いつめられた。ルオット基地はそれ以降、無線連絡すら取れなくなった。二月二日〇八五七に米軍が上陸を開始、午後には全島が占領された。マーシャル諸島の中心的な存在であったクエゼリンも二日早朝に上陸を許し、五日には日本軍は組織抵抗不能となり、六日に完全占領された。

このマーシャル諸島中心を巡る戦闘に於いて、日本軍航空部隊は一度も攻撃を実施できず、また増援を送ることも出来なかった。

南東方面に目を奪われた結果、母艦飛行機隊をすり減らし、海軍が元来から考えていた決戦を求めることが出来なかった。決戦のための前進基地を失った二月九日に古賀連合艦隊司令長官は、

一・「マーシャル」方面作戦　不首尾ニテ遺憾ナリ

二、一航戦、二航戦ノ南東方面注入ハ誤リナリキ

と発言したと記録に残っている……。

邀撃戦に追われる戦闘機隊

「龍鳳」戦闘機隊の森田寅三郎さんは、

『二航戦で最初乗っていたのは三二型（？）で、ラバウルで使ったのは零戦の五二型だったと思います。戦地に行くのにそれでは間に合わないと判断され、より威力の大きい機銃を積んだ五二型に乗り換えて。しかし、全部は五二型では無かったと思います。

ラバウルで一番頼もしかったのは二〇ミリ機銃です。威力の強い機銃（二〇ミリ機銃でも威力のある二号銃装備機）はそう何機もなく、早い者勝ちで使用していました』

と、機材について回想している。

当時ラバウルでは連日連夜の空襲が続き、二航戦はその邀撃戦に追われることになった。

戦闘機隊はさっそく二六日の邀撃戦から参加、ほぼ連日の敵空襲に対し邀撃を実施した結果、瞬く間に戦力が低下していき、二九日時点で稼働機はすでに四二機（搭乗員は四八組）に低下、一月三一日までに自爆未帰還二〇機、邀撃参加機も半分以下に低下してしまった。

『搭乗員は山の上の防空壕が割り当てられていました。朝八時半過ぎになるとトラックが迎えに来て、それに乗って、途中ラバウルの海軍病院などを通り過ぎ飛行場まで向かいます。

（飛行場で待機していて）敵がくると「カンカンカン…」と鳴らされ、おい、来たぞーと、自分の飛行機など関係なく、早い者勝ちで乗っていきました。最後の方になると、落下傘も帽子もつけないで走っていくこともありました。

連日空襲を受けており「ラバウルの定期便」と呼んでいました。ある戦闘機全部を邀撃に上げるのですけど、ひどいときは一日に二回来ました。犠牲者も多かった。毎日出撃するので、戦争慣れしてきていました。疲れたことは疲れましたが。夕方になるとトラックが待っていて、また、山の上の防空壕に帰っていきます』

二月に入ってもラバウルはほぼ連日のように空襲があった。

「飛鷹」飛行隊長の小林保平大尉と「龍鳳」分隊長の吉村博大尉が指揮官としてほぼ交互に出撃した記録が残っているほか、この邀撃を支えていたのは小見山賢太飛曹長（乙飛七期）、井村二郎飛曹長（乙飛七期）、菅井三郎飛曹長（操練二五期）や菊地哲生上飛曹（操練三九期）、甲斐巧上飛曹（乙飛八期）ら中堅搭乗員であった。連日のように出撃、そして生き残った。

しかし、やはり連日のように出撃していた清末銀治飛曹長（甲飛二期）が二月七日に戦死、若手搭乗員にも犠牲が相次ぎ、二月中で一六名を喪失した。最後の二月一九日の空戦でも、進出後から連日のように戦闘に参加していた若手搭乗員、後藤英夫一飛曹（乙飛一四期）、世良保教飛長（丙飛一一期）、長谷川一衛飛長（丙飛一一期）が倒れるなど、激しい、そして厳しい戦闘であった。

『ラバウル戦で、二航戦の丙飛一一期（同期生）はほとんどいなくなりましたね。防空壕には、位牌があり、その日三個あったとすると次の日五個に増えている、あれも落とされたこれも落とされた、という状況でした。時間があれば、遺品整理をしました。

みんな目の光が違ってきました。敵機をいち早く発見しようと見張りをしますから。点ぐらいの大きさが、近づいてくるにつれて数が増えてくる。内地に帰り、一〜二日休暇もらって家に帰ったてき

た時にお袋に「おまえの目は光っている」と言われました』と回想している。

一方進出した「隼鷹」艦爆隊及び「隼鷹」「龍鳳」艦攻隊は、既述のようにもはや昼間作戦は困難となっていたため夜間作戦に投入される。もっぱら陸上基地攻撃を少数機にて実施し、確たる戦果は少なくそのかわり被害は艦攻一機にとどまった。

二月一三日にはトラック島にて残留し、訓練や哨戒に従事していた「飛鷹」の艦爆一八機と艦攻九機のうち、艦爆一八機がラバウルに進出した。

一四日と一五日に行われた米艦隊攻撃にて二航戦の艦爆五機と艦攻二機が未帰還、艦攻一機が事故で搭乗員戦死となる。

トラック空襲、二航戦艦攻「イントレピッド」に命中魚雷

二月四日、トラックはPB4Y二機による偵察を受け、連合艦隊司令部はトラック空襲の可能性が高まったと判断した。連合艦隊の水上部隊は一〇日、パラオ及び内地に回航された。

一五日に七五五空陸攻五機がトラックから哨戒を実施したが、二機が未帰還となった。うち、一機は機位を失ったためであったが、この日ラバウル方面のグリーン島上陸が実施され、トラック方面においても正午頃第四通信隊が米空母エセックス搭載機の無線電波を傍受し、敵機動部隊がトラックに接近している兆候と認められた。

一六日早朝、敵機動部隊による空襲を受ける可能性大と判断され、〇三三〇第一種警戒配備が下令され、〇四〇〇に五五一空天山が九機、〇六一二に七五三空陸攻二機が索敵に向かったものの敵を見ずに終わった。このため、一〇三〇には第三警戒配備が下令され、通常配備に戻された。

この時、トラックの「飛鷹」艦攻隊の木須奨さんは、

『「隼鷹」の艦攻搭乗員は、我々より先にラバウルに進出していきました。

我々（「飛鷹」艦攻隊）も明日か明後日《あさって》いよいよラバウルに進出で準備中、敵機動部隊接近中の兆候が見られたので進出が中止され、我々は飛行機に魚雷を積んで待機に入りました。

それから一～二日待機していましたが一旦解除されました』

と回想する。

ところが翌一七日黎明時、トラックの電探が大編隊を捕捉した。同地区の最高指揮官である第四艦隊司令長官小林仁中将は直ちに空襲警報を発令、第一警戒配備を下令し、竹島所在の零戦装備部隊（二〇一空八機、二〇四空二七機、五〇一空二五機）を中心に邀撃に当たった。

しかし、〇五〇〇には第一派の艦上機約一〇〇機が侵入を始めており、発進中に敵戦闘機の攻撃を受けた機も相当数に上る状態であった。また、二〇四空と五〇一空は再編成が始まったばかりの状態で、特に五〇一空は戦闘爆撃隊として艦爆搭乗員を零戦に乗せたものであって、まだ、訓練が始まったばかりの部隊で、各部隊ともたちまち苦戦におちいった。

そんな中、トラック島春島に所在した「飛鷹」艦攻隊の三機は五八二空の一機と共に一七一五敵機動部隊薄暮雷撃に向かい、一機が燃料不足により不時着したものの一機（操縦鈴木恭二一飛曹・甲飛八期、偵察吉倉信念一飛曹・甲飛八期、電信佐々木四郎一飛曹・乙飛一四期）が二〇一二に空母二、巡洋艦、駆逐艦合わせて五以上からなる敵機動部隊を発見、夜間戦闘機が二〇二〇に「ヨークタウン」から発艦して向かってきたのをかいくぐり、二一一五に大型空

母一番艦を雷撃、火災発生を報じた。

この空母は大型空母「イントレピット」で、二一一一に魚雷一発を受けている。沈没には至らなかったが、修理のため戦列を離れた。

内地へ引き揚げ

トラックが空襲される！

しかも、反撃もままならずやりたい放題やられた。この事実は各方面に影響を与えた。陸軍などは海軍に対して不信感を増していくのだが、二航戦にはようやく南東方面、ラバウルから引き揚げる契機となった。

一七日一六二二電令作第九四八号
『一一航艦二航戦移動可能兵力全力ヲ内南洋部隊ニ編入　速ニ進出セヨ』

と発令され、二航戦飛行機隊は、一八日未明にラバウルを発進したが、途中トラック再空襲の電報を受け、二航戦の艦攻は引き返し、艦爆は発進を見合わせた。

トラックにあった「飛鷹」艦攻隊は、一八日〇〇三〇に艦攻二機を索敵に発進させたが敵を見ず、再度一五三〇に艦攻四機にて索敵を実施したが、昨日空母雷撃を報じた殊勲機が燃料不足にて不時着、行方不明になる被害を出してしまった。ラバウルからもこの日「隼鷹」艦爆三機が薄暮攻撃に向かったが、天候不良にて引き返した。

一九日二航戦の艦爆一四機が艦攻六機（二航戦と五八二空？）と共に、二〇日には二航戦の零戦一四機が基地部隊の零戦二三機、彗星三機、艦偵一機、陸攻四機と共にトラックに移動したが、「隼鷹」艦爆二機はラバウルに残留し、二二日黎明時敵艦隊攻撃に向かい、敵を見ず引き返している（いつ引き揚げたのかは不明）。

トラックに引き揚げてきた艦爆及び艦攻は、「飛鷹」艦爆隊の星子富士人さんが
『トラック島（春島）飛行場へ帰還後は、同飛行場から付近の哨戒作戦実施しました』

と回想するように、さっそく同地の哨戒、索敵攻撃に従事したが、敵を発見攻撃することはなかった。

二航戦司令部は、二三日にトラック春島に移動し、機材を失った搭乗員は、二月二七日発の「伊四一潜」でトラックに向かい、三月二日に無事到着した。

その潜水艦に乗った森田寅三郎さんも、

『ラバウル引き揚げ時、飛行機が無くなったので、搭乗員と士官だけ約一〇〇名は潜水艦で三日ぐらいかけてトラックに向かいました。ラバウルで潜水艦に乗り組むとき、敵機がしょっちゅう偵察にくるためなかなか潜水艦が浮上できず、「敵機が来たぞ」となると潜水艦は潜ってしまい、いなくなると浮上するというのを何回も繰り返し。岸壁で待たされること四時間ぐらい、やっとのことで潜水艦に乗れました。

夜間水上を走るのですが、潜っている際に敵艦船を発見して「（魚雷）発射用意」と号令がかかったこともありました。潜水艦内では、煙草を吸う人が「一人一分」と言われて困っていましたね。

トラック島では、空襲を受けた後で現場を見ると、船はひっくり返っているわ、すごい状況でした』

と回想している。

二九日組織上南東方面部隊に編入されていた二航戦は、機動部隊復帰を命ぜられ、人員の復帰も努力された。

艦爆隊の星子富士人さんは、

『内地への帰国は、トラック島春島飛行場からサイパン島かテニアン島を経由、さらにそこから次に硫黄島を経由して横須賀の飛行場へ、九九艦爆で帰還しました』

と自分の飛行機で帰ってきたと回想するが、多くは機材を失っての帰還であった。

『トラック島に着くと敵の空襲を受けるかもしれない、と大艇が待っていてすぐにそれに乗って内地に帰りました』（戦闘機隊の森田寅三郎さん）

『サイパン、硫黄島までは一式陸攻、硫黄島から横須賀までダグラスで帰りました』（艦攻隊の木須奨さん）

『サイパンまで飛行艇、サイパンからテニアンに陸攻で行き、テニアンから追浜まで鳩部隊（一〇二一空）の陸攻で帰還しました』（艦攻隊の臼井喜一郎さん）

と、飛行機に便乗しての帰還を回想する。

二月二〇日の二航戦現状報告によると、稼働機は、戦闘機一三機、九九艦爆一四機、九七艦攻七機と小型空母「龍鳳」一隻分の数しかなかった。搭乗員の保有は戦闘機三三名、艦爆三〇組、艦攻二一組で、激しく戦った戦闘機搭乗員の実働は約半数の一七名となっており、急速な再建が必要と報じている。

結局、三月二五日までに二航戦搭乗員全部がラバウルから帰着したものの、同二五日、基地員はラバウル残留員一二九名が一一航艦に、トラック残留員は二二航戦に転入となった。

母艦飛行機隊を陸上基地に相次いで派遣する理由

母艦飛行隊は昭和一八年〜昭和一九年初頭までの間にたびたび基地航空隊の応援として派遣された。そして、昭和一八年七月に二航戦飛行機隊〝消滅〟、一航戦飛行機隊は「ろ号作戦」に参加して大きな被害を受けた。その上、「ろ号作戦」を生き残った一航戦飛行機隊は、戦闘機隊がマーシャル派遣され、さらに一航戦飛行機隊にて編成された「瑞鶴」飛行機隊を南東方面に再投入された。このことは一航戦飛行機隊の再建に影響を与えた。

さらに再建された二航戦飛行機隊は再度南東方面に投入された。その結果、二航戦の戦力、特に要《かなめ》の戦闘機隊ががたがたになった。昭和一九年一月から二月末までに、激しい邀撃戦に参加していた戦闘機搭乗員は、約六〇％に当たる四〇名を喪失する大きな被害を受けた。開戦以来激戦による消耗で、一番消耗が大きく補充の難しくなっていた戦闘機搭乗員を大きく減らしてしまったのだ。

母艦機を基地航空戦に投入することは「母艦機の運用」という視点で見た場合、大変愚かなことである。なぜならば、母艦機搭乗員には空母に発着艦しなければ作戦が出来ないので「発着艦訓練」が加わる。また、機動部隊と基地部隊では作戦の仕方が違い、実用機教程を卒業した若手搭乗員、また実戦部隊からかなりの期間を遠ざかっていた搭乗員たちには、機動部隊に配属されるものは五〇航戦の築城空（艦戦）、鹿屋空（艦爆、艦攻及び艦偵）にて六ヶ月の訓練を実施することを建前にしていた。それに対し、基地航空隊であれば五一航戦の厚木空(甲戦、乙戦、丙戦)、五〇二空(艦爆、陸偵)、豊橋空（陸攻）で、それぞれ特有の戦法を含めた事前教育を受けるのが建前的になっていた。したがって、母艦機搭乗員を訓練や戦法の異なる基地航空戦に投入してしまうのはロスが大きい。

とはいうものの、現実には南東方面の要衝ラバウルに本拠を置いていた第一一航空艦隊は、前述のとおり昭和一八年六月末で敵基地航空隊に対して単独で立ち向かう戦力が尽きた。この事態に決戦兵力であったはずの二航戦を注入し、なんとか戦線を守った。

しかし、ニューギニアのウエワクに兵力を集中していた日本陸軍第四航空軍を蹴散らした米陸軍第五航空軍が、ラバウルに対して白昼堂々と空襲をかけてくると一航艦の戦力はまたもや減少の一途をたどり、一〇月末時点においてまたもや枯渇し始めた。

基地航空隊では、兵力の転用はその絶対量の不足から非常に難しかった。何とか転用できそうなのは敵の圧力が弱い北東方面にいた航空隊（二八一空、五三一空、七五二空）が転用可能な部隊（昭和一八年一一月中旬に始まったギルバート諸島での戦いでマーシャル方面に転用された）であったが、北東方面にいたので南東方面に進出するには時間がかかったであろうこと、その当時大幅に増勢したかった戦闘機隊が二八一空のみであった点が、一航戦を南東方面に投入した理由と思われる。なお、二八一空、五三一空、七五二空を転用した場合、北東方面の穴埋めとして五一航戦を実戦部隊に変更し、北東方面に配属する必要があった。五一航戦とは、第三艦隊と五〇航戦の関係と同じように、基地航空隊の練成部隊であった。

二八一空、五三一空、七五二空をギルバート諸島戦でマーシャル方面に進出させた後、一二月にはいるといよいよ予備航空部隊がなくなり、「瑞鶴」飛行機隊の再度の進出、さらにはようやく再編成が終わりつつあった二航戦を、南東方面に投入する事態にいたった。

母艦航空隊が本来の用法と異なるからといって基地航空戦に注入されなければ、基地航空戦は破綻を来《きた》す。当時、機動部隊のみの単独で可能な作戦はない。基地航空部隊との連携が絶対的に必要であった。基地航空戦の破綻は同時に機動部隊の作戦がほぼ困難になることと同じ意味を持つことになる。このようなジレンマがあったのだ。

南東方面の基地航空戦の敗北が、母艦機搭乗員の多数を南東方面の陸上基地での作戦で消耗させ、今後の作戦に大きな影響を与えてしまった。

ろ号作戦後

「ろ号作戦」後の「瑞鳳」搭乗員／「ろ号作戦」後、生還した「瑞鳳」搭乗員の大部で撮影されたもの。笑顔を浮かべているのは撮影者のリクエストであり、当然心からのものではない。しみるような日差しの下、夏島の灯台前にて。（提供／賀来準吾）

「瑞鶴」戦闘機隊搭乗員一同／再度、ラバウルへ。一航戦戦闘機隊生き残りの中から選抜された20名が、激戦地の応援部隊として送り込まれた。（提供／小八重幸太郎）

○後列左から

藤瀬文吉一飛曹、伊藤久雄一飛曹、杉野計雄一飛曹、大野安次郎上飛曹、西脇弘之一飛曹、谷水竹雄一飛曹、植木吉行一飛曹

○中列左から

森末記飛長、馬場良助二飛曹、中川健二大尉、鹿田二男飛曹長、横井川未三飛長、浜中治雄一飛曹、杉滝巧一飛曹

○前列左から

坂正飛長、田中件六飛長、谷口信恵二飛曹、小八重幸太郎一飛曹、沼謙吾飛長。松井松吉一飛曹

第四章　次期作戦に備えて

次期作戦に備えて

第一機動艦隊編成

南太平洋海戦などソロモンでの空母戦は、参加していた水上部隊である第二艦隊司令長官近藤信竹大将が空母部隊の第三艦隊司令長官南雲忠一中将より先任であり、空母作戦遂行上具合が悪いという意見が第三艦隊などから出されていた。

その後、昭和一七年一一月に第三艦隊司令長官が小澤治三郎中将に、昭和一八年八月に第二艦隊司令長官が栗田建男中将となり、第三艦隊司令長官が第二艦隊司令長官より先任となり、ようやく空母部隊である第三艦隊司令長官が第二艦隊を統一指揮が出来るようになった。

また、連合艦隊司令長官が指揮していた巨大戦艦「大和」「武蔵」、長年連合艦隊のシンボルであった戦艦「長門」を有する第一戦隊を機動部隊に編入するという意見も生まれていた。いうまでもなくせっかくの有力戦艦を連合艦隊司令長官が直率するのは、戦闘に積極的に投入が出来ずもったいないという考え方である。

その後、第一機動艦隊の構想と連合艦隊独立旗艦として通信設備が新しい巡洋艦「大淀」の構想が浮上する。そして昭和一八年一二月一七日、第三艦隊司令長官は連合艦隊司令長官に対して、空母を主力とし水上部隊を加えた機動艦隊編成と第一戦隊の機動艦隊編入を意見具申する。

この意見具申に近いかたちで、昭和一九年三月一日に空母を主力とする第三艦隊と戦艦と巡洋艦を主力とする第二艦隊に改編し、両者を合わせ第一機動艦隊を編成し、空母部隊の指揮官である第三艦隊司令長官が第一機動艦隊司令長官として指揮を執ることになった。

ハワイ作戦の空母による奇襲攻撃で戦争の幕を開け二年三ヶ月後、やっとのことで日本海軍も空母を中心とする機動艦隊が編成されたのである。

基地航空部隊の第一航空艦隊

基地航空隊では、新編成の第一航空艦隊が猛訓練を続けていた。

この第一航空艦隊はハワイ空襲などを実施した機動部隊と同じ名前が付けられているが別部隊である。「い号作戦」の戦訓等から新鋭の基地機動航空部隊を編成し、重要作戦場に投入して短期決勝を図ることを狙い昭和一八年七月一日に新設された。

兵力は、戦闘機四個、艦爆、陸爆、陸攻、艦偵及び夜戦各一個の合計九個航空隊からなる一個航空戦隊を逐次増勢し、同様の兵力を持つ三個航空戦隊にて航空艦隊を作ることを目標としていた。決戦を担う基地航空部隊として、急速な移動集中により随時適所に圧倒的な優勢を獲得することを狙っていた。

なお、司令部組織は簡素化したものとして基地移動が容易なように工夫する。訓練期間は比較的長く取る予定で編成の早い部隊でも昭和一九年三月頃戦場に投入される予定であった。訓練中は大本営直轄部隊とされ、作戦に使用せず温存できるようにされた。

昭和一八年六月一日の二六一空（甲戦）を皮切りに、七月一日、七六一空（陸攻）が開隊された。続いて八月一日付で艦爆隊の五六一空が編成される予定であったが、装備機が新型機の陸爆及び艦爆に変更となり、八月一五日、五二一空（艦爆は後に五二三空に編入された）として開隊した。

一〇月一日に一二一空（艦偵）、二六三空（甲戦）、三二一空（丙戦）が、一一月五日に三四一空（乙戦）、五二三空（五二一空から分離した艦爆）が、一一月一五日に二六五空（甲戦）続々と開隊した。しかし、当時南東方面の基地航空戦は苦境に立たされており、一航艦のような大部隊が新設されても、搭乗員は今までのやり方ではどうやっても不足するのは目に見えていた。そこで海軍は、今まで実施されていた搭乗員養成のスケジュールから実用機教程を大幅に短縮させ、一航艦に配属する。実用機教程が本来昭和一九年三月まで実施させるはずだった搭乗員を昭和一八年一二月に訓練を打ち切り、配属したのだ。

これにより各航空隊の搭乗員はかなり充実した。特に戦闘機隊は一二月末までに何とか搭乗員の定数を概ね充足させたが、その実体は大量に配属された若手搭乗員にて構成するものであった。二六三空が七二名中五一名、二六五空が七四名中五九名、三四一空は七二名中五八名、昭和一九年一月一日に開隊する三四三空が六八名中六〇名といった具合で、七〇％以上という非常に高い割合で訓練が不十分な搭乗員が配属されていた。

機材も、今までの航空隊でも不足しがちであったものが飛躍的に増産が図れるはずもなく、昭和一九年一月一日現在になっても二六三空が五九機を保有していたが、二六五空は二九機の保有、五二三空は二四機の稼働機という状態で、訓練に支障が出る状態であった。

訓練時間が短縮されていても、機材が充足して、かつ十分な時間をかけて訓練を続けていれば精強な航空部隊となるはずであったが、当時情況がこれを許さなかった……。

昭和一九年一月三〇日に米軍がクエゼリンに進攻した。この事態を受けて二月一日に大本営は、ほとんど兵力が配置されていなかった中部太平洋の穴を埋めるべく第一航空艦隊の一部を進出させ、その他をフィリピンに進出させることを決意する。編成の早かった航空隊にて六一航戦を編成し進出。残った部隊は六二航戦を編成し、内地で訓練に励む。

その後の戦況から進出した第一航空艦隊も作戦参加させなくてはならなくなり、二月一五日に第一航空艦隊は連合艦隊に、第五基地航空部隊として編入された。

第一航空艦隊は練度が高い部隊からマリアナ方面に進出を開始し、二二日までに二六三空の戦闘機一八機、三二一空夜間戦闘機一二機、五二三空艦爆一二機、七六一空陸攻三九機、一二一空偵察機八機の合計八九機がマリアナ方面に進出した。

ところが、二月一七日から一八日にかけてトラックを空襲した米機動部隊は、その矛先をマリアナ方面に向けていた。二二日に第一航空艦隊の索敵機はテニアンの九〇度四五〇浬に空母を含む米機動部隊を発見した。

第一航空艦隊司令部は、果敢に反撃を試みた。陸攻の夜間雷撃、艦爆の黎明攻撃が実施されたが実際の戦果はなく、七六一空の陸攻二〇機、二六三空戦闘機一一機などが自爆未帰還となる大損害を受けてしまう。

この結果、第一航空艦隊の六一航戦は全力でマリアナ方面に進出することになった。飛行機は飛んでいけばよいが、航空隊が作戦するための地上支援機材などを輸送しなければならない。これには高速輸送船が少なくなっていたので空母「瑞鳳」「千歳」「千代田」「龍鳳」の四隻が協力した。

増強される米軍空母

ブーゲンビル沖航空戦やギルバート沖航空戦では、各飛行機隊が数々の戦果を報じた。特に空母については当時軍令部で見積もられていた数以上の撃沈が報じられた。つまり存在していると思われていた数以上を撃沈したことになっていたのである。この状況に当時米空母の数を慎重に見積もっていた大本営海軍部では、この過大な空母撃沈報告は戦車運搬艦を空母と見誤ったものと考えていた。

昭和一九年三月一〇日に、ブーゲンビル沖航空戦からギルバート沖航空戦、マーシャル方面の戦闘における米空母の被害について、軍令部では検討結果が報告された。

米軍のクエゼリン進攻、トラック空襲に参加した空母群より、大本営から発表された空母の撃沈破数を検討した結果、大型空母沈没の可能性はなく軽空母「インディペンデンス」型一～二隻を廃艦もしくは沈没と判断。三月頃の米軍空母の対日戦争に投入されている数は、正規空母(大型、軽空母)約一三隻、特空母二一隻と判断する。

この期間では、一一月二四日に潜水艦「伊一七五潜」が護衛空母「リスカムベイ」を撃沈したのが撃沈された唯一の米空母であり、他は修理が可能な損傷に留まっていた。

四月一三日に出撃した米機動部隊、第五八任務部隊は大型で新鋭空母の「エセックス」型四隻「ホーネット」「バンカーヒル」「ヨークタウン」「レキシントン」と歴戦の大型空母「エンタープライズ」、その他に軽空母「インディペンデンス」型七隻「ベローウッド」「バターン」「カウペンス」「モントレー」「カボット」「プリンストン」「ラングレー」の合計一二隻で構成され見積もりに近く、軍令部は極めて冷静に判断していたといえる。

それに対して我が方の空母は、開戦時のハワイ作戦から数々の海戦に参加してきた大型空母「翔鶴」「瑞鶴」に、商船改造ながらも中型で有力な攻撃力を持つ空母「隼鷹」「飛鷹」と、水上機母艦などから改造された小型空母「瑞鳳」「龍鳳」「千歳」「千代田」の計八隻であった。

さらにこの三月に新たに完成する大型で重防御の空母「大鳳」が竣工し、機動部隊にすぐさま配属となる。日本機動部隊は「大鳳」を含めて九隻で、数に勝る米機動部隊に対抗することになるのである。

新作戦計画

マーシャルでの決戦を構想していたZ号作戦も、機動部隊飛行機隊を「ろ号作戦」などで南東方面ですり減らした結果ほとんど実現せずに、昭和一九年二月の米軍マーシャル攻略時、日本海軍は所在基地航空隊、潜水艦が反撃するにとどまった。

マーシャルの中心だったクエゼリン陥落後、前線は後退しマリアナもしくは中部カロリン方面で邀撃する状況となる。この事態を受けて連合艦隊司令部は三月八日に新しいZ号作戦要領を発令する。

当時の連合艦隊司令部の作戦構想は、マリアナ、カロリン、西部ニューギニア方面の防備を急ぎ、敵の進攻作戦時には集中可能な兵力を挙げ航空作戦を主体として決戦。パラオ方面を策源地とし水上決戦兵力の大半を配備、マリアナ、東カロリン、西部ニューギニア方面に進出可能にするというものであった。

同じ日にZ号作戦腹案が決められた。

航空作戦に於いては、索敵を重視し来襲前日までに発見捕捉を目指す。攻撃目標の第一は輸送船団とし、機動部隊が先制し航空撃滅戦を挑んできた場合のみ敵空母を先制撃破、その際は敵空母撃沈と共に全空母機能喪失を目指す。敵機動部隊や輸送船団攻撃は黎明、薄暮、夜間の少数兵力にて、場合によっては昼間強襲を行う。敵上陸舟艇などに対して極力戦闘機による銃爆撃を併用する、といったものであった。

機動部隊の作戦計画については、第一機動艦隊編成後の昭和一九年三月二五日に発令された。作戦計画は、予想される情況に対処可能なように行動指針を決めておくものである。その作戦計画の概要は……。

海上機動作戦として、基地航空隊の協力が期待できない場合には前衛と本隊による縦深配備をとり、味方基地航空隊の哨戒索敵が十分な場合には包囲配備又は集中配備をとる。一部に牽制陽動を行い、隙に乗じて接敵する。

航空戦は、夜間先制奇襲、黎明時本攻撃を行うよう努力し、状況により昼間強襲により徹底的な打撃を与え、薄暮、夜間、黎明に渡り反復攻撃を実施する。

索敵は、先制して敵艦隊、特に敵空母を発見するように広範囲かつ遠距離を捜索偵察し、敵の全貌を明らかにする。攻撃隊の第一目標は空母、その次が輸送船団である。

索敵機が敵艦隊、特に敵空母を発見した場合、直ちに触接を確保し、敵空母全配備を明らかにする。攻撃目標に対しては、攻撃実施する空母から触接誘導機を派出させる。

攻撃は、まず特殊攻撃（爆装戦闘機による奇襲）により所在する全ての航空母艦からその機能を奪い、本攻撃により撃滅する。本攻撃を加える時間によって、黎明、昼間、薄暮、夜間航空戦に分けられ定められている。

黎明航空戦は、夜間に敵を捕捉して触接を確保し、黎明前に特殊攻撃を行い、続いて黎明時攻撃を加えて空母を先制撃破する、と定義されているが、黎明前といえば月明かりかほとんどまっ暗であり、夜間に敵を捕捉する方法もまだ搭乗員の目視に寄るところが大きく困難、ほとんどまっ暗の中での特殊攻撃は搭乗員の、いくら練度が高くても事実上不可能である。

昼間航空戦は、敵空母を発見し配備を偵知した場合、敵の攻撃圏外より攻撃を開始、その後間合いをとりつつ反復強襲する、いわゆるアウトレンジ戦法をとる。敵空母の機能が失われた時接近し攻撃する、というものであった。

薄暮航空戦は、昼間攻撃で撃滅できずに薄暮になった場合、また発見した時間により薄暮攻撃が有利と認められた場合に実施する。日没時に触接を確保し、攻撃隊が確実に目標を捕捉できるように発進時機を考慮する。この方法では帰投時が夜間となる問題がある。

夜間航空戦は、昼間や薄暮攻撃に引き続きか、戦闘を開始する時のいずれかで実施する。終夜触接を確保した上で、奇襲になる可能性が高いので状況が許せば積極的にやり、空母が見つからない時は他の有力艦を攻撃する、と定義されているが、触接を終夜実施するのは我が方の装備上困難で、夜間攻撃隊の訓練も実施するのには時間がかかり、実現は難しい状況であった。

日本海軍の現状では、昼間航空戦が実現できる可能性が最も高く、帰投時に問題がある薄暮航空戦までは何とか出来るかもしれない。黎明航空戦、夜間航空戦は成功時の効果は絶大で雷撃隊などは望ましいのだが、第一機動艦隊全体として実現するのは困難だろう。

なお、いまだ有力な戦力と見られていた水上部隊は、航空戦の後に投入されることが決められていた。

この機動部隊の作戦計画は、戦前に考えられてきた作戦構想に最後の空母戦である南太平洋海戦の戦訓を大幅に取り入れたものでもあった。いわば約一年半前のものであり、すでに陳腐化しているとも言えた。この理由としてはその間飛行機隊のみ作戦に投入し空母を使用した戦闘を行わなかったことが挙げられる。空母戦を経験してこなかったので、新しい戦法が戦訓によって現れなかったし、南太平洋海戦の戦訓を実行できなかったのでそれの問題点もわかってはいなかった。

そのような問題点は顧みられずに、作戦計画は決定された。

ろ号作戦後

二航戦「隼鷹」戦闘機隊／
昭和一九年一月のラバウル東飛行場で撮影された「隼鷹」戦闘機隊搭乗員一同。（提供／日高盛康）
○後列左から
片岡傳臣一飛曹、比留間義朗一飛曹、不明、前田清三飛長、不明、不明、不明
○中列左から
不明、不明、不明、不明、前七次郎一飛曹、松田益次郎一飛曹、後藤英夫一飛曹、不明
○前列左から
菊地哲生上飛曹、前矗中尉、日高盛康大尉、小見山賢太飛曹長、甲斐巧上飛曹

マリアナ沖海戦へ向けた準備

一航戦艦攻隊下士官兵搭乗員集合写真／一航戦再編成直後の昭和十八年一二月、鹿屋基地で撮影されたもの。一航戦付属飛行機隊といっても一つであったわけではなく、「翔鶴」「瑞鶴」そして「大鳳」の三隻に乗り組めるように三個中隊に分けられていた。（提供／賀来準吾）

六〇一空艦攻隊（提供／賀来準吾）
○最後列左から
清水政雄（操縦）、不明、末安千里（偵察）、大島茂夫（偵察）、吉岡勇（偵察）、井手上二夫（操縦）、細谷清（操縦）
○後列左から
熊谷春夫（操縦）、安孫子秀也（偵察）、池田徳三（操縦）、川崎弘（偵察）、西村（不明）、黄瀬光郎（偵察）、本田英正（偵察）
○中列左から
松久正彦（偵察）、前川晃（操縦）、高杉教太郎（偵察）、賀来準吾（操縦）、芝原茂（偵察）、熊見（不明）
○前列左から
前田重男（操縦）、小原二郎（偵察）、白川裕稔（偵察）

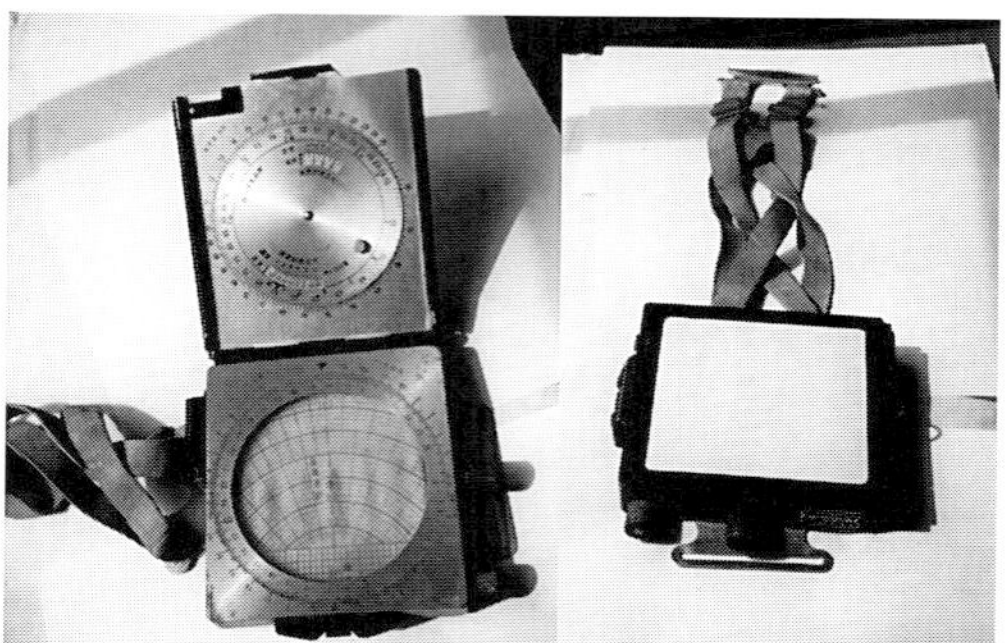

航法計算盤四型／マリアナ沖海戦などで主に戦闘機搭乗員が使用した航法計算盤である。右股に付け使用した。

第五章　低速の商船改造空母たち

低速の商船改造空母たち

〝護衛〟空母になる

ところで、昭和一九年初頭日本には商船から改造された空母である「大鷹」「雲鷹」「神鷹」（元はドイツ客船「シャルンホルスト」）と、ミッドウェー海戦後空母改装が決定され完成した「海鷹」（元は「アルゼンチナ丸」）が存在した。

「大鷹」の同型艦で元「新田丸」の「冲鷹」は、昭和一七年一一月二五日に竣工、早速内地〜トラック間の飛行機輸送に従事していたが、昭和一八年一二月四日〇八四七米潜水艦「セイルフィッシュ」の雷撃にて撃沈されていた。

「神鷹」はドイツで作られた機関関係がやたら故障を起こし、取り敢えず飛行機輸送に限定して使用することを条件に昭和一八年一二月一五日竣工となった。

「海鷹」は改装するにあたって機関をディーゼルから駆逐艦用タービンへ換装することになっていた。当初、主罐を三個搭載する予定であったが、これでは自信が持てないとして「瑞鳳」等と同様に四個に変更され、それにともない完成予定は一八年九月が一二月中旬に延ばされた。「神鷹」と同じ昭和一八年一一月一九日に着艦公試を行い、故障もなかったために「神鷹」より先に一一月二三日に竣工とされた。

昭和一七年九月に「大鷹」の艦爆常用四機、補用一機のみと大幅に削減されたこれら空母は、内地から飛行機を積んで各地へ輸送した。しかし、このような使い方は本筋ではなく、飛行機の都合が付けば第三艦隊か、第二艦隊で使用したい、というのが本音ではあった。

昭和一八年に入ると、シンガポールからスマトラ島で産出された原油や精製した製品などを輸送するタンカーが、連合軍潜水艦の攻撃により撃沈されることが目立ってきた。そこで艦隊の水偵を捻出して沿岸各地に配備して対潜哨戒にあたらせ、そのかわりにこれまで対潜哨戒で使用していた艦攻を集める。その集めた艦攻を今、飛行機輸送に従事している空母に搭載してタンカーなど重要船団の護衛にあたらせよう、という考えが持ち上がった。

そこで昭和一八年一一月一五日、海上護衛に関して所属の区別なく指揮が出来る海上護衛総司令部が設立され、そこに一二月一五日付で「大鷹」「雲鷹」「海鷹」の三隻が編入された。一二月一五日竣工の「神鷹」も、五日後の二〇日付で海上護衛総司令部付となった。

これら四空母は商船改造空母から、輸送船団を守る文字通り護衛空母となるのだ。

商船改造空母の実状

ところが、「大鷹」「雲鷹」「海鷹」「神鷹」の四隻はすぐに護衛作戦には入らなかった。

「大鷹」は、僚艦「冲鷹」と共に駆逐艦「島風」「漣」の直衛の元トラックから横須賀へ航海していた昭和一八年九月二四日、米潜水艦の雷撃を受け魚雷二本命中した。そのうち一本は爆発しなかったが、もう一本が爆発し航行不能となり、「冲鷹」に曳航されてなんとか横須賀に帰港できた。この修理はただ手間取ったのかそれとも手が足らなかったのか、完全に直ったのは昭和一九年四月になってのことだった。

それ以外の三空母は健在ではあったが、優先事項とされた飛行機輸送に従事した。

ところが、「雲鷹」も「瑞鳳」と共にトラックから横須賀へ航海していた昭和一九年一月一九日、米潜水艦の雷撃を受け魚雷三本命中。なんとか、自力でサイパンへたどり着き、応急修理の後に横須賀へ帰港したのは二月八日のことであった。これまた修理はすぐに出来ず、修理完成は七月になってしまった。

「海鷹」「神鷹」は、南西方面へ輸送する飛行機を搭載し、シンガポールへ向けて昭和一九年一月八日、駆逐艦「雷」「響」「薄雲」の護衛を受けて佐伯を出港した。ところが、出港間もなく「神鷹」は不安視されていた機関に故障が発生し、佐伯に引き返さざるを得なくなった。結局、「神鷹」はこのままでは飛行機輸送すら出来ないため、問題の主罐を交換することとなった。「神鷹」が空母として稼働できるようになったのは一九年六月になってからだった。

海上護衛総司令部が設立されてから約一カ月の間で、虎の子の空母四隻は被雷や故障により三隻が戦列を離れ、「海鷹」だけが稼働できる唯一の空母となってしまった。おまけに搭載する飛行機もまだ無かった。

その唯一の稼働空母「海鷹」は、零式水偵を二六機も搭載して一月一二日に佐伯を出港、シンガポールへ向かった。シンガポールで零式水偵を降ろした後に今度は中部太平洋に進出する五五一空の天山一一型、一二型合わせて二六機を搭載してトラックへ向かい、呉に帰港したのは二月二〇日になってからだった。

その間に第三艦隊の「千歳」「瑞鶴」などの艦攻一二機を搭載して、初めての船団護衛を実施した。駆逐艦「天津風」が被雷して漂流する、という被害があったものの護衛の任務は果たして第一回目を飾った。

ようやく飛行機も　九三一空編成

海上護衛総司令部には空母が配属されたものの実際には使えなかった。肝心の空母に搭載する飛行機はどうだったのだろうか？

昭和一八年一二月一五日付(推定)に「大鷹」「雲鷹」「海鷹」「神鷹」へそれぞれ艦攻一二機（すべて常用）の定数が設定され、編成に着手した。さらに昭和一九年二月一日付で各艦の定数は削除され、艦攻常用三六機、補用一二機の九三一空が編成、海上護衛総司令部に編入された。空母部隊を示す六―空ではなかったが、この九三一空から艦攻を空母へ派遣することになる。司令兼副長として大塚秀治中佐（海兵五二期）、飛行隊長は牧秀雄少佐（海兵六一期）で、基地は佐伯とされた。佐伯周辺には佐伯空など対潜部隊の訓練部隊が揃い、空母の着艦訓練を容易に行える場所でもあり、まさしくうってつけの場所といえた。

飛行隊長の牧少佐は既に一八年一二月一五日付で海上護衛総司令部付兼「雲鷹」飛行長発令され、九三一空が編成された二月一日には九七艦攻一二型二三機を保有していた。この状況を考えると海上護衛総司令部創設と共に順調に飛行機は集められていたのだろう。

九三一空に集まった搭乗員の一人、伊藤次郎さん（偵察員、甲飛八期）は、

『九州大分基地から九三一空へ。他の搭乗員は各々の航空隊、基地

から集まった』

と回想している。このころの九三一空は、海兵出身者が大塚中佐と牧少佐しかおらず、士官はほとんど予学出身で占められているという、異色の部隊といえよう。

九三一空は元々四空母の搭載機を纏めた部隊であり、第一〜四飛行隊の四個飛行隊あったのだが、例えば第三飛行隊は「海鷹」搭載予定といったように飛行隊毎で空母に乗艦する形になっていた。これら飛行隊を、〝第三飛行隊〟もしくは〝「海鷹」飛行隊〟といったような呼び方をしている。

九三一空は空母への搭載を第一にした部隊であったのだが、艦の準備が出来なければ出番がないのでその場合は出張にかり出される。九三一空が編成された二月一日時点では九機が硫黄島に派遣され、対潜哨戒に従事していた。これは当面作戦に参加しない「雲鷹」飛行隊で、硫黄島、この後にはサイパンにも派遣されている。

さて、三月に入ると稼働機は三一機まで増加し、一〇日からはいよいよ空母「海鷹」を使用した着艦訓練に入った。九三一空の場合は搭載空母毎に訓練を行うので、この時訓練したのは「海鷹」飛行隊のみで、九七艦攻七〜八機を用いて一六日まで実施された。訓練中一名が殉職している。

潜水艦制圧　九三一空の戦い

三月二九日、訓練が終わって出撃を待っていた九七艦攻一二機からなる「海鷹」飛行隊は、空母「海鷹」に搭載された。

飛行隊を乗せた「海鷹」は海防艦「択捉」「壱岐」「占守」、第九号海防艦、水雷艇「鷺」と共にヒ五七船団（船舶九隻）を護衛し、四月一日門司を出撃した。

航海中、昼間は一機五〇浬程度の前路哨戒を、船団の直衛に二機を出撃させる。夜間の場合、出来れば哨戒に一〜二機を用いて警戒する。敵潜水艦発見と共に発艦し攻撃を加えるために二機を即時待機としていた。

六日に一機が墜落、搭載爆弾が破裂したために搭乗員三名共戦死する事故があったが、船団は一六日シンガポールへ無事到着した。二一日にはヒ五八船団（船舶七隻）として海防艦と共に出撃、無事に五月三日帰り、敵潜水艦を発見して撃沈することは叶わなかったが最低限の任務である油槽船を守ることが出来、上々の滑り出しといえた。航海中搭乗員一組と九七艦攻四機を失い、佐伯基地には八機が帰ってきた。

続いて「大鷹」も四月二五日から二八日まで九三一空の着艦訓練が行い、九七艦攻一二機が搭載して出撃。ヒ六一船団とヒ六二船団を護衛して六月八日帰投した。

五月二五日には「海鷹」が再度九七艦攻一二機を搭載し出撃。ヒ六五船団、ヒ六六船団を護衛し出撃、六月二六日に門司に無事到着。二七日九七艦攻が帰投した。

「海鷹」「大鷹」に搭載された九七艦攻は潜水艦を撃沈することはなかったが、その存在で潜水艦の行動を掣肘《せいちゅう》し、損害を減少させていると考えられていた。

しかし、問題もあった。

最高速力は「海鷹」が約二四ノット、「大鷹」が二一ノットを出せる。無風の場合、その最高速度を出さないと飛行機の発着が難しい。しかし、空母としては鈍足といえる二一ノットはタンカー船団には出せない数字で、下手をすると同行する護衛艦でも場合によっては二〇ノット出せる艦が無い場合もあった。空母が飛行機を発着させるため全速で走り出すと、護衛艦まで脱落して空母が丸裸で航行していた、ということもあった。

その点を考慮したのかどうなのかはわからないが、1TL型タンカーに飛行甲板と格納庫、最低限レベルの発着装置を備えた特1TL型の建造が始められた。速力は一六ノット、飛行甲板は長さが一五五メートルと短いため、飛行機の発着は非常に制限される。中間練習機一二機を搭載する予定としていた。

練習機までもが　九三中練が母艦で作戦する

この将来を見越したのか、それとも九七艦攻が足らなくなったのか、五月一日二一空廠《しょう》から九三中練六機と二式中練一機が、九三一空にやって来た。

九三中練は、その名の通り操縦教程の中程を担当する飛行機で、安定性は良いので操縦、すなわち離着陸が容易であるという長所を持っていた。しかし、車輪のブレーキすらない複葉低速の練習機であるので、当然通常は非武装の飛行機である。ただ、九三中練はその良い安定性に目を付けられたのか、一八年の八月頃から対潜作戦で使用可能な機体、爆弾搭載装置付きの機体が生産されていた。故に九三一空にて、初めて対潜作戦で使用された、というわけではない。

さて、機関故障の抜本的解決として主罐を交換する作業を行っていた「神鷹」は、一九年六月中旬に修理完了。いよいよ飛行機を搭載して船団護衛に出撃することとなったのだが、二機の磁探装置付を含む合計八機の九七艦攻と共に、九三中練六機が搭載されることになった。訓練や連絡用に九三中練や二式中練が供給されることは他の部隊でもあったが、空母に搭載されるのは初めてのことだろう。

九三中練はもともと空母での使用を考えていない陸上機であるのだから、当然着艦するために、制止させるフック、車輪にブレーキをつけるなどの改造が実施されたはずである。

「神鷹」は、六月二八日より第三九掃海艇を従えて、九七艦攻と九三中練の着艦訓練を開始。接艦訓練中、一機が飛行甲板から滑り落ちる事故があったものの、幸いのことに殉職者は出ず、七月五日一人あたり接艦一六回、発着艦七回を終えたところで終了となった。

ところが、「神鷹」は九三中練を積んで出撃しなかった。飛行機緊急輸送が命じられたためである。「海鷹」「大鷹」にそれぞれ零戦五五機と彗星一〇機、それを護衛する「神鷹」にも零戦五機と雷電八機を積み込むことが命じられた。結局「神鷹」は九三中練六機を降ろして、代わりに「大鷹」の九七艦攻六機を搭載、出撃していった。

九三中練はいったん宙に浮いてしまったが、今度は「雲鷹」に搭載されることになった。八月一七日から二〇日まで九七艦攻と共に九三中練を使用して着艦訓練が実施された。

八月二一日、一〇機の九七艦攻と共に六機の九三中練が搭載され、ヒ七三船団（船舶一二隻）を練習巡洋艦「香椎」、海防艦「千振」と第一三、一九、二二、二七号海防艦と共に護衛し、八月二五日門司を出撃した。

九三中練　敵潜水艦を発見す

八月二八日敵潜水艦の潜望鏡を発見した、として九七艦攻と海防艦「千振」、第二七海防艦が協同攻撃を加えたが、効果不明。二九日に日付が変わって間もない〇〇三五、第一三と二七海防艦が大型機の爆撃を受けたものの被害はなかった。

三一日一四〇〇、古畑定基中尉（予学一一期）の操縦する九三中練（ＫＥＢ七一三号）が「雲鷹」を発艦、対潜直衛についた。

このＫＥＢ七一三号機は一四三五、先頭を走る旗艦「香椎」（練習巡洋艦）の右六〇度、二〇〇〇メートルの地点で浮上しつつある敵潜水艦を発見した。発見された敵潜水艦は、浮上を止め、一転潜没を始めたのを視認したＫＥＢ七一三号機は隊内電話で『敵潜没潜水艦見ユ』と報じ、航法目標弾一発と発煙投弾二発を投下して位置を示した。続いて航法目標弾目がけて九九式六番二号爆弾を二発、相次いで投弾。

連絡を受けた「雲鷹」から待機していた九七艦攻三機が発艦、捜索を開始した。そのうちの一機は磁探装置付であったのだが敵潜水艦を探知することは出来ず、他の二機が一五三〇に航法目標弾付近に一式二五番二号爆弾改一発ずつを投弾した。九三中練と二機の九七艦攻が投下したいずれの爆弾も遅動信管を使った対潜爆弾だったが、効果は得られなかった。ここで、飛行機からタッチされて、海防艦が爆雷攻撃を加え、軽油が浮かんできたのを確認した。引き続き、軽油が浮上してくるのを海防艦が確認して、敵潜水艦撃沈概ね確実を報じた。

この敵潜水艦は米「タニー」ではないか、とされている。

九三中練は見事敵潜水艦を発見したものの、撃沈には至らなかった。そもそも日本機は対潜攻撃能力が低いので、九三中練の能力が低いから取り逃がした、とは言えない。一応の働きを示した、といえよう。

「雲鷹」は無事、シンガポールへ到着したものの、内地へ向かいつつあった九月一七日〇〇三五に魚雷二発が右舷に命中。応急修理に努めたものの浸水を止めることは叶わず、七時間二〇分後沈没した。もちろん、搭載機と共に。

その後、九三中練が母艦に搭載されて作戦することは二度となかった。九三中練を搭載するはずだった特ＩＴＬ型が完成した頃には、そもそもタンカーがシンガポールへの航海を考えることが出来なくなっていた。

搭乗員は忙しい?!

飛行機隊の準備は出来ていたにもかかわらず、母艦がなかなか作戦可能とならなかったので搭乗員はずいぶん暇だったように思われるかもしれないが、さにあらず。一例として合田博志さん（偵察員、乙飛一四期）の例を挙げよう。

合田さんは飛練卒業以来、佐世保空の沖縄派遣隊で勤務していた。昭和一八年一二月二一日付で「神鷹」乗組が発令されたのだが、同時に「千歳」臨時乗組も命ぜられ、初めての母艦対潜作戦を体験。内地へ無事帰還すると今度は硫黄島にて対潜警戒。これが終わると今度は石垣島へ派遣された。ようやく「神鷹」が作戦可能となった一九年六月石垣島での対潜哨戒を引き上げることになり、合田さんは先に小禄へ到着していたのだが、続いてやってくるはずの主力は悪天候に阻まれる。ベテラン偵察員の福元実恵少尉（乙飛四期）をもってしても悪天候の前にはどうすることも出来ず、小禄にも、そして石垣島にも九七艦攻五機は戻れなかった。

佐伯に帰還した合田さんらは本来乗艦予定だった「神鷹」で初めて対潜哨戒に従事、これが内地へ帰投すると休む間もなく今度は「雲鷹」に乗艦、そして撃沈されてしまうのである。このように搭乗員は休む暇もなかったのだ。

商船改造空母の価値とは

結局の所、商船改造空母は船団護衛という任務に適していたとは言えないだろう。船団を護衛するには図体が大きく、空母としては遅いのだが海防艦などの護衛艦より速度が速い。したがって、真っ先に攻撃目標となってしまう。

しかし、船団が航空機の護衛を受けていれば少なくともその間は敵潜水艦の攻撃が無いこと。航空機及び搭乗員、そして飛行場どれをとっても不足していた基地航空隊の満足な直接護衛を受けられる可能性が低いことから、空母を船団護衛のために使用すること自体は有効であった。

とどのつまり、空母自体が潜水艦の攻撃を避けられれば良い。そのためには、

○船団の中には入らず船団後方でバリカン運動などをして速度を保つ

○飛行機には出来うる限り潜航中の潜水艦を捕捉できる磁探を装備する

○昼夜を問わず対潜哨戒機を飛行させ制圧する

が考えられていた。

結局の所、日本は航空機による有効な対潜兵器及び戦術の確立がされてはいなかった。潜水艦が潜航してしまっていれば目視で確認するのはよっぽどの好条件下でなければ不可能に近く、そうなれば磁探装置で捕捉しなければならないが、装置を搭載した飛行機の数も少ないし、撃沈された船などの海中の磁気にも反応してしまうために、追いつめるのは至難の業だった。日本航空機の対潜作戦は、極論するといないよりはマシではあるもののただ飛んでいるだけ、潜水艦が潜伏してそうな場所の上空を飛んで制圧すること、と言っても良いぐらいで、しかもその正否は気象条件や搭乗員の経験と能力に懸かっていた。

そんな状況では、戦果を報じてはいたもののそのほとんどは誤りで実際の戦果は得られてはいなかった。つまり航空攻撃で潜水艦を撃沈するまでに至ったのはほんの一部であった。

そんな状況であったのだから、有効な対潜兵器及び戦術の確立さえ完成されていれば商船改造空母も船団護衛で活躍できたかもしれないし、商船改造空母を船団護衛に使わなくても基地航空隊だけでなんとかなったかもしれない。

そもそも商船改造空母が作戦に参加することなく飛行機輸送に従事、その後船団護衛することになったのは、第三艦隊向けの機材及び搭乗員が不足していたためで、その余裕が十分にあれば来るべき海戦に当然参加していたに違いない。

マリアナ沖海戦へ向け再準備

一航戦艦攻隊下士官兵搭乗員集合写真／一航戦再編成直後の昭和十八年十二月、鹿屋基地で撮影されたもの。（提供／長岡智恵敏）

六〇一空艦攻隊
〇後列左から
東出久敏（操縦）、永田光若（偵察）、河合嵩（偵察）、加藤多喜夫（操縦）、天野久雄（偵察）、竹内八朗（偵察）、奥誠（偵察）
〇中列左から
山谷（不明）、竹内謙三（偵察）、久田三城（操縦）、塚崎（不明）、井上秀政（偵察）、式町善郎（操縦）、芝原茂（偵察）
〇前列左から
川上弘（偵察）、塩入十三郎（操縦）、姫路松幸（偵察）、伊勢龍太郎（操縦）、鎌田九郎（偵察）、奥村準平（偵察）、天崎正近（偵察）

小野大尉ら／小野大尉を中心に、右から岸本大尉、千馬大尉、熊野中尉、吉村大尉。ブーゲンビルを戦い抜いた小野大尉の元にあらたに加わった。（提供／千馬良人）

第六章　一航戦再建へ

一航戦再建へ

再建始まる

「ろ号作戦」で大きな被害を出し、さらに残存兵力の大半を南東方面に残した一航戦。

基幹となる生き残りの搭乗員たちは、どのように内地に帰り、再建に着手したのであろうか?

「翔鶴」飛行隊長小野賢次大尉の偵察員だった山田金十郎さんは、

『何時だったか、はっきりしませんが、どのくらいかしてから一航戦再編のために内地に帰りました。田中一郎飛行長、佐藤整備長、小野大尉と私が二式大艇に乗り、サイパン経由で帰りました。

小野大尉が東京で編成の話をしている間、私も東京の第一ホテルで待機していました。どういうように編成したのかはわかりません』

と、「翔鶴」艦攻隊飛行隊長の小野賢次大尉が先行して再建に着手していたことを回想し、「瑞鳳」艦攻隊の賀来準吾さんは、

『昭和一八年一一月二九日、私達帰国する搭乗員は「瑞鳳」でトラックを出港。残留の搭乗員の対潜哨戒中、真昼に「瑞鳳」が敵潜に魚雷四本を撃たれ一発命中。幸運にも「ゴツン」と衝撃があったのみで爆発せずに済み、「ホッ」と。

同航していた「冲鷹」は一八年一二月三日の夜中、物凄い台風の中、航海中に敵潜の雷撃を受け沈没。その「冲鷹」には米兵の捕虜も多数乗せていたが、大嵐のためほとんど全員助からなかったと思う。何しろ我が「瑞鳳」の柵から物が始末のつかないくらい落下した。後続の巡洋艦を見張りが見失う程でした。翌一二月四日横須賀に入港』

と回想している。

一方、艦爆隊の横山良一さんは、

『トラックの夏島にしばらく滞在していました。春島は空襲があるからといって夏島に移されたのです。内地には艦で帰りました。そのとき他の艦爆隊員も一緒だったと思います』

と回想している。

内地に帰った一航戦は、岩国基地や鹿屋基地で再建に入った。

補充状況は明確な資料がないため正確ではないが、「ろ号作戦」を生き抜いた少ない基幹搭乗員が内地に帰還し、練習航空隊の教員、築城空、鹿屋空(機動部隊向け搭乗員錬成の航空隊。五〇航戦所属)にて訓練中だった搭乗員を中心に、実用機教程を卒業して間もない搭乗員も補充したと思われる。例えば戦闘機の実用機を担当していた大分空からは橋口敏郎上飛曹(操練四二期)らが、艦爆と艦攻を担当の宇佐空からは松村努中尉(偵練二二期)らが、中練教程を担当していた霞ヶ浦空からは原田賢次郎中尉(乙飛二期)らが、築城空からは小平好直飛曹長(操練四三期)らが転入してきている。

二月にはいると訓練のためシンガポールに移動するがその際に再度搭乗員の補充として乙飛一六期、丙飛一五期、予備練一三期の実用機教程を卒業したての搭乗員を受け入れたと推定している。

各部隊の状況を見ると戦闘機隊は、「ろ号作戦」に参加した戦闘機搭乗員の内、マリアナ沖海戦に参加したのはわずかに八名に過ぎない。これは「ろ号作戦」終了後、引き続きマーシャル派遣、「瑞鶴」飛行機隊（一九名）に派遣されたことが大きい。残りの搭乗員がいつ、どこに転勤したのかは海兵出身者以外資料がほとんど得られなかった。海兵出身者では瀬藤満寿三大尉が二月一日に大村空に転勤してしまい、後任には大分空から川添利忠大尉（海兵六七期）が転勤してきた。母艦搭乗員を練成する築城空から海兵七〇期／飛行学生三八期を七名補充している。下士官兵は、築城空で練成中であった搭乗員を充当し、それでは人数が不足するために、実用機教程終了後間もない若手を補充したと思われる。

この時築城空から転勤してきた平野恵さん（丙飛一二期）は、

『築城空にて、日本最古の空母「鳳翔」で着艦訓練を終えて、昭和一八年一一月、海兵七〇期、甲飛八期、丙飛一二期、丙飛特一一期と一緒に、一航戦に転勤しました』

と回想し、同じく築城空からの藤本（旧姓池田）速雄さん（丙飛一三期）も

『築城空にて、着艦模擬訓練を行い、昭和一八年一一月に一航戦へ一五～二〇名で転勤した』

と回想する。

艦爆隊は、「ろ号作戦」参加の比良国清大尉、平原政雄大尉（海兵六六期）、嶋田雅美大尉（海兵六八期）を中心に、鹿屋空所属の海兵七〇期の搭乗員を補充した。補充された操縦員は二一名が乙飛一五期出身者、偵察員は二六名が甲飛九期とかなりの割合を占めていたが、鹿屋空で訓練途中であった搭乗員を補充したものと思われる。平原、嶋田両大尉は、もともと艦攻操縦員であった。嶋田大尉は、ミッドウェー海戦後の昭和一七年六月、飛行学生卒業したのち他の同期生三名とそのまま宇佐空で艦爆へ転科している。平原大尉も宇佐空にいたので、同じ時期に一緒に転科したのだろう。

艦攻隊は、「ろ号作戦」参加の小野賢次大尉と、「最上」飛行長から転勤してきた垂井明大尉（海兵六三期）と大井空から転勤してきた深川静夫大尉（海兵六四期）の水上偵察機偵察員だった二名らを中心に、九〇二空からの転勤だった千馬良人中尉（海兵六九期、偵察員）と鹿屋空訓練中だった海兵六九期、七〇期の搭乗員で補充していた。

新機材になる

戦闘機は零戦五二型、艦爆は彗星一一型、艦攻は天山一二型と、一航戦の使用する飛行機は新機材になった。

艦爆隊の横山良一さんは、

『すぐに鹿屋に行って彗星で訓練を始めました。もう九九艦爆には乗った覚えはありません。鹿屋ではそんなに大して訓練をやっていなかったと思います』

と回想し、一航戦に配属されて艦爆操縦員、後に艦偵隊になる徳永俊美さん（乙飛一二期）は、

『一航戦が編成された後、鹿屋から彗星艦爆を取りに行って、工場にもテストパイロットはいるわけですが、自分でもテストをして、それから鹿屋に空輸して使い始めました。彗星は、液冷のエンジンを積んでいたため、頭が重たいために地上滑走中に飛行場に頭をつっこんでエンジンを壊すという事故をよく起こしていました。自分は母艦での着艦事故はなかったけど、一度鹿屋で着陸の時失敗したことがあります』

と艦爆隊は、新鋭機の彗星艦爆を使用して訓練を開始したことがわかる。

また、艦爆整備員の宮下八郎さんは、

『ルオットに派遣されていた時、私に横空（横須賀海軍航空隊）実験部へ行くように命令が出て、一式陸攻に乗ってトラックに帰った。トラックに着いた後、「翔鶴」は横須賀へ出港した後で便がなかった。待っている間に、心に引っかかっていたルオットに残っていた派遣隊員も巡洋艦に乗ってトラックに戻ってきてひと安心。一緒に「翔鶴」で横須賀に帰りました。

横須賀で艦からおりて、すぐに横空の実験部へ行った。九九艦爆から彗星に切り替わるための講習で、横空実験部で彗星の講習を受けたのは、私の部隊では私一人だったと記憶します。

講習が終わったら鹿屋へ行きました。六〇一空編成までに人員が集まってきましたが、三個分隊あり、顔が覚えられずに写真を撮って携帯用の名簿を作った覚えがあります。

飛行機を取りに愛知時計の挙母飛行場へ行きました。会社で出来た飛行機を受け取り、こっちの搭乗員にテストをさせ、良ければ鹿屋に送る。

エンジンは彗星で液冷になりました。噴射ポンプになったので調節の仕方が違ってきていました。前はキャブで混合ガスを流す方式でやっていたのが、キャブでなくなって直接に生（燃料）を噴射して発火させる方式になっただけで、それを除けば、特別変わったわけでもなく、中の構造についてはそれほど違いはなかったと思います』

と、九九艦爆から彗星に替わり講習を受けた時を回想している。

「ろ号作戦」を戦ってきた賀来準吾さん（乙飛八期）は、

『一二月四日横空へ帰着して一日後くらいに岸本篤三大尉（海兵六九期・操縦員）と横空で天山艦攻の操縦訓練を三〇～四〇分行いました。岸本大尉が操縦し三～四回離着陸、次に私が替わって操縦。その後に太田の中島飛行機製作会社に天山を取りに行き、説明を聞いてテストして鹿屋空へ。二～三回空輸。

九七式の水平速度は確か五〇〇馬力くらい違っていたと思う。エンジンの馬力は確か五〇〇馬力くらい違っていたと思う。赤ブーストは計器で一五〇が三五〇になっている。スピードは実際には一六五～一七〇ノットでしたが、これなら少しは敵機から逃れるかなと思い、頼もしかった。

六〇一空で最初に試験着艦したのは小野賢次大尉、浦田豊四中尉（乙飛一期）と私の三人です。鹿屋から大分へ、そして別府湾外で、一回ずつ着艦、どんぴしゃりに終わり、しばらく話をして発艦し帰る。これは士官、特務士官、下士官一名ずつの試験着艦でした』

丙飛二期を卒業し、着艦講習を受けた後に鈴鹿空で偵察練習生から転勤してきた艦攻隊の操縦員、長岡智恵敏さん（丙飛二期）は、

『鹿屋基地に集まってからの訓練は、九七艦攻にて定着訓練と編隊飛行を実施。内地にいた頃は、この訓練に終始していました。しばらくしてから天山が集まってきたと思います。

天山は一二型で、九七式三号艦攻よりも速度も出せて力の強いいい雷撃機だなあ、と思っていました』

艦攻隊で偵察員、千馬良人さん（海兵六九期）は、

『鹿屋では飛行機も集まる途中で偵察員は地上での訓練が大分ありました。機材のそろった分だけ飛行機の訓練も実施しました』

と機材集めから始まった再建を回想する。

艦攻整備を担当していた吉村嘉三郎さん（予備学生整備科一期）は、

『第一航空戦隊司令部付の辞令で、搭乗員は集まって来ましたが、内地ではそんなに訓練はしていませんでした。

九七艦攻から天山に変わったということで、勉強を整備員もやらなければなりません。飛行作業はなかなかはかどらなかったと思います。飛行機もそうでしたが、部品もたりませんでした。

我々の部隊では、メーカーに飛行機を直接取りに行きました。メーカーのテストパイロットがOKとした飛行機でも、我々でテストし直し、不都合点を直しました。テストパイロットは会社の人間ですから早く渡したい、監督官も早く渡さないと困る。しかし、我々は事故を起こしたら困りますので、必ず自隊の整備員に整備させました。飛行隊の搭乗員が来て、整備員を乗せて帰ってくる、という段取りでした。

これは絶対やらなければならないことでした。そこまでやっても事故は起きますから。というのは当時メーカーの試飛行は一時間もやっていないと思います。特に戦闘機であればスタントやったり出来ますが、艦攻ですから長い時間飛ばないと不具合はなかなかわからないものです。私の経験ですが、飛行機自身も一〇〇時間たったものでなければ、戦争にいったらいけない。それは当時の技術では必ず初期故障が出る、ベアリングの慣らし運転などが必要だからです。

試飛行する際には、無理をするな、飛行場に着陸する際にも大きく回るように指示していましたが、それでも心配でした。

昭和一九年一月、鹿屋基地で次々空輸されてくる天山の受け入れ検査中、一機のみ垂直尾翼を特に取り外して（取扱説明書に記された、回頭性や振動発生、特に離陸滑走時の保針難のため）垂直安定板を機軸対し左に二度一五分偏って取り付けられた部分が特別な構造になっているかと、私自身興味半分で調べている時に、安定板側のヒンジ取付部に小さな亀裂を発見、直ちに小野隊長に全機飛行を中止していただき、この種のキズは肉眼検査だけでは危険なので、基地の隣接地にある空技支廠に調査を依頼した結果、たまたまその一機が未改修のまま引渡され、他の機に対しては補強ずみであることが空技支廠経由航空本部への問合わせで確か翌日か翌々日に判明、直ちに飛行作業が再開された』

と、新型機に変わった整備員の苦労を回想する。一部整備員は、一週間ほど横空で天山の講習を実施してから受け入れを行っている。

また、一航戦には輸送機隊が設置された。輸送機隊の搭整員の回想によれば、田中次郎中佐（海兵54期）の指揮下で部隊名は「一航戦司令部田中部隊」と呼ばれ、分隊長は垂井大尉の兼任、飛行機は九六陸攻三機とダグラスＤＣ３三機、搭乗員と整備員が五二名とわりあい多かった。

任務内容は零戦及び彗星、天山の部隊創りのための部品集め、増槽の空輸といったもので、各航空廠、時には中島や愛知時計、横河電気に出向いたものの、製作が間に合わないのか納品出来なかったりしたそうだ。新編成の部隊が多いこともあり各種飛行機の要請はどこへ行っても多いので製作所も生産が追いつかず、特に発動機の火星、金星の部品不足が目立っていた。彗星の部品、天山の部品、新搭乗員輸送と休みなく飛び回っていたと書き残している。わずか六機の輸送機が、二〇〇機になろうかという大部隊の訓練を影ながら支えていたのだ。

一航戦はシンガポールへ向かう、空輸で艦爆隊長を失う

一航戦はシンガポールにて訓練することはすでに決まっており、

昭和一八年一二月末には二月五日「翔鶴」「瑞鶴」共に内地を出発することになっていた。

二月一日現在の飛行機数は、全て稼働機で零戦二一型一二機、零戦五二型五八機、天山艦攻一二型二七機、彗星艦爆一一型四八機、九九式艦爆四機の合計一四九機となっており、まだ「翔鶴」「瑞鶴」分の飛行機しかなかった。

シンガポールへの移動は、飛行機を空輸にてシンガポールに移動する方法と、空母搭載による海路の方法との二つの方法を採った。空輸で移動したのは、零戦四五機、彗星二四機、天山一五機と九六式輸送機三機。

また、搭乗員について艦攻隊の長岡智恵敏さんは、

『シンガポールへ飛行機で進出した搭乗員は、古い人が中心で若い人はあまりいませんでした』

と、ある程度飛行経験を持っている搭乗員にて構成されていた。

内地出撃を当初に予定していた二月二日には出発せず、六日にずれ込んだと思われる。六日も天候不良であったようだが出発、高雄には一八三〇頃到着した。

七日は、大事件が発生した。

高雄から三亜に向かう途中、一一三〇頃、彗星艦爆二機が高雄航空隊の二六五度三〇浬付近の海上に墜落。こともあろうに艦爆の先任であった比良国清大尉（海兵六五期、操縦）、佐久間一郎飛曹長（乙飛五期、偵察）ら四名が戦死した。

この移動に参加していた艦爆隊偵察員の本江博さん（海兵七〇期）は、

『高雄を発進して、最初断雲だったのがだんだん雲が厚くなってきました。これはイカン、と思ったのか比良隊長機は雲の下に出るべく降下しました。

ところが、断雲だと思っていて高度を下げると雲の中に入ってしまう。あれっと思いすぐ雲から出ればいいのだけど、なかなか出てこない。

私は偵察員だからはっきりはしないのだけど、降りていったらどういうわけか、隊長機が私の機の目の前に現れました。その前に行けないものですから、飛行機をぐうっと引き起こし、そのまま雲の中に入ってしまい、そのまま引き起こした状態で進むしかないが、速度計を見ていたらどんどん下がっていく。

彗星は八〇ノットで失速するので私は必死に速度計を読み上げる、操縦員の平迫飛曹長もエンジンを全力にする、そうしたらやっとこ八〇ノットすれすれで雲からスポーンと抜け出せることが出来ました。二番機も続いて雲から姿を現し、三番機も姿を現した、と思ったとたんに失速し、すーっと落ちていきました。

これはいかん！

と思い、三番機を確認するために、雲のないところを縫って降りていきましたが、残念ながら海面に波紋がついていました。しかし、一つは三番機が墜落した後に出来た波紋であることは確かでしたが、どういうわけかもう一つ波紋が出来ていました。

そのときは、三番機は墜落してしまったが、他の機の後についていかなければならない、と考え雲の下を飛び海南島に向かいました。

ところが、他の機がおらず高雄から「引き返せ」と電報で言ってきたので、あれ？　と思いながらも高雄に引き返しました。

高雄に到着し指揮所にいったところ、驚いたことに私たち二機以外皆着陸して待っていました。

どうしたのか？　と思っていたところ、「隊長がやられた」とのこと。しかし、どうしてやられたのか皆見当がつかない様子で、二機が帰ってきたので隊長だと思ったとのことでした。

どうして隊長機が目の前に突然現れたのか、そうすると私たちは前に行けなくなり、引き起こしたのですが、隊長機が雲の中に入った際に他の機と接触して、それで突然目の前に現れたのではないか、と思っています。

結局、私の三番機ともう一つ波紋があったのを報告し、それが隊長機のつっこんだ後で間違いない、ということになり、艦爆隊は平原大尉が指揮官となり移動を開始しました』

と回想している。

比良国清大尉は、「翔鶴」乗組にてハワイ作戦に参加、「ろ号作戦」には「瑞鶴」飛行隊長で参加生還し、再建中の一航戦艦爆隊の中でも最先任であった。

翌八日は、戦闘機と艦攻はサイゴンへ進出、艦爆は三亜に到着した。三亜基地で各機空戦準備の指示が出た。海南島の三亜基地は中国方面からの空襲のおそれがあり、空輸中に鉢合わせになった時に備えなければならなかったのだ。警戒のおかげか、事故は無かった。

九日は、艦攻の大半、艦爆の残りが三亜に進出した。一〇日にはシンガポール方面の天候が悪く進出を見合わせて、三亜にいた残りの飛行機がサイゴンに集まるのを待った。

一二日にまたもや惨事が引き起こされた。この日も悪天候であったのだが、正午過ぎまで待ったものの回復しなかった。そんな中でも一刻も早くシンガポールへ進出したい、との焦りなのか、悪天候をついて出発命令が出された。一時間も飛べば、視界はゼロになるから編隊を崩すな、との注意もあったのだが……。

艦攻操縦員の長岡智恵敏さんは、

『サイゴンにて燃料補給をしてシンガポールへ向かう途中、積乱雲の中に突っ込んでしまってバラバラになってしまいました。

編隊で飛ぶときも接近した方が楽なのです。それは一番機が少し動いてもすぐ反応できるからです。離れると具合が悪いのです。雲の中に入ったりした際は、ぎりぎりまで引っ付かないと見失ってしまいます。離れてしまうと自機がどうなっているのか、編隊がどうなっているのか訳が分からなくなります。私は一番機にぴったりとくっついていたので命拾いしたんです。ところが三番機は離れてしまい、行方不明になりました。一番機は誰だったか忘れましたが、古い人だったと思います。私は二番機として飛んでいました。雲の上に出てみたら一機たらない。その辺をぐるぐる飛んで捜しましたが、わかりませんでした。

シンガポールに着いた後、一週間ほど捜しに行きましたが、結局見つからず、捜索は打ち切られました』

と行方不明機が出たことを回想している。この時は悪天候のため修羅場ともいえるような状況で自機の目と鼻の先を他の飛行機が急上昇していくような有り様だった。結局、収拾がつかなくなり最寄りの基地に不時着するように命令が出される。

そんな中、千馬良人さんは、

『雨がひどかった。翼端の方が見えることは見えるけどボーッと見えている状態でした。

私の機は脚が引き込まなくて、単機で高度を下げて海面を這うように移動しました。シンガポールに到着後、行方不明機を捜索に出ましたが、発見できませんでした』

と単機で向かったために難を逃れたと回想する。

この事故で天山三機が行方不明となり、下士官九名、兵一名の合計一〇名が戦死と認定された。天山は本来三名搭乗で三機であれば本来搭乗員は九名であるが、各機操縦員と偵察員のほか、電信員が不在でそのかわり移動のために整備員が四名便乗しており、一〇名となっている。

結局、飛行機自力による移動は離発着時に飛行機を壊すのはともかくとして、移動中に彗星二機、天山三機、搭乗員艦爆隊員四名、艦攻隊員六名を失うなど大きな被害を出してしまった。特に艦爆最先任の比良大尉を失ったのは大きかった。なぜならば、当時中堅ベテランクラスの海兵出身者が特に戦闘機、艦爆で数少なくなっており、おいそれと補充するわけにはいかなかったからである。現実に、後任は発令されずに終わる。

事故にあった操縦員は若手だけではないので、練度云々の問題より悪天候の中移動を強行したことが原因であろう。例えば、昭和一七年五月八日に伊豆半島上空を飛行していた空母「加賀」の零戦一二機、艦爆一五機は雲の中に突入して編隊が崩れ、二階堂易大尉(海兵六四期)が追突されたらしく行方不明、零戦一機、艦爆一機が不時着する被害を出している。当時の飛行機では雲の中の飛行は困難であった。

海路による移動

二月一日に基地物件の貨物を積込み、四日に鹿屋空基地を撤収、「翔鶴」「瑞鶴」に分乗、五日に昭南に向け、〇五三〇岩国沖を出港した。

艦爆整備員の宮下八郎さんは、

『岩国に戻ってこい、という電報が来て、岩国に行ったところ、皆、鹿屋から集まってきており、あす出港といわれ艦に乗り込みシンガポールへ向かった。

搭乗員もまだ扱い慣れていないので、着艦訓練が出来ておらず、飛行機をデリックで飛行甲板に積みました』

と、飛行機を収容した時を回想する。

航海中では、着艦訓練を行っていない搭乗員も含まれていたことから発着艦装置の説明や、旗流信号訓練、発光信号訓練、通信訓練、艦形識別(操縦員、偵察員共に)、天測(偵察員のみ)と座学を実施した。また、対潜直衛も実施されている。

対潜直衛については、横山良一さんら艦爆隊が担当していたようだ。

『航海中、当番で対潜哨戒が来るのです。艦攻と比べて艦爆が割合多かったと思います。六〇キロを二つ積んで、上がって敵を見なければそのまま、爆弾を積んだまま着艦します。その時は機体が重いので、エアスピードをちょっと多めに降りてきます』

整備員は特に艦爆、艦攻は新機材になっていたので講習を行った。

『私が彗星の講習を受けてきたので、それを座学などで教えたりしていました』(宮下八郎さん)

艦攻整備員は、天山の講習、飛行機の試運転を行っていた。

一三日にはシンガポールに到着した。

戦闘機隊の平野恵さんと藤本速雄さん、艦爆隊の横山良一さんも『シンガポール到着前に、発艦してセレター基地に着陸した』と回想し、搭載されていた飛行機を一斉に発艦させ、セレターに向かった。その中天山一機がシンガポール東方のヤシ林中に墜落大破、下士官一名、兵一名が戦死する事故が起こってしまった。

墜落した艦攻について、同行していた賀来準吾さんは、

『「瑞鶴」からシンガポールのセレター飛行場へ発艦、空輸の時、私の二番機（臨時の）が着陸直前に墜落しました。

この時は、岸本大尉の命令で私が二回現場に飛び地図を書いて帰り、直ちにランチでセレター川を遡行して現場に行き、燃えていた中から操縦員、電信員の遺体を収容して帰った。偵察員は投げ出され、骨折などをしたが助かり一〇一病院に入院していた』

と回想し、吉村嘉三郎さんは、

『シンガポールに移動時、私は「瑞鶴」にて移動しました。「瑞鶴」がシンガポールに到着した際に搭載機を発艦させてセレター基地に向かわせることになりました。余った整備員は艦の荷物を持って来るのですが、私は艦攻の二番機に乗ることを予定していました。ところが、整備長から呼ばれたのか乗れなくなり、先に行ってくれ後から追っかけるから、と予定した飛行機に乗らなかったら、その飛行機が飛行場の手前、椰子の木に突っ込んでしまいました。』

と回想している。

一航戦は編成されてから二ヶ月は経っていたが、飛行機及び搭乗員の充足が思うようにいかず、飛行訓練が思うように実施できていなかった。それゆえに飛行機隊だけでもいち早くシンガポールに進出し訓練を実施しようという焦りから、悪天候の中、移動を強行し結果として事故が多発し戦力を減少させてしまった。空母にて全て移動することはもし潜水艦の攻撃により被害を受けた場合を考え、大半を空輸にて移動させたと思われるが、もう少しゆとりを持って空輸にあたらせても良かったのではないか、と悔やまれる。

六〇一空編成される

シンガポール到着後、セレター基地には艦攻隊が、センバワン基地には艦爆隊が二月一六日に進出し、バトパハ基地には戦闘機隊が二月一九日に進出した。

二月一五日に、第一航空戦隊付属飛行機隊より第六〇一海軍航空隊が編成された。司令は二月七日に第三艦隊司令部付となっていた入佐俊家中佐（海兵五二期）が六〇一空編成と同時に発令された。実際に六〇一空に着任したのは二月二〇日であった。副長は松田秀雄少佐（海兵五五期）で霞ヶ浦空松島分遣隊長から三月二八日に、飛行長の大野義高少佐（海兵五九期）も鈴鹿空飛行隊長から三月二八日に発令された。司令は「大鳳」飛行長、副長は「翔鶴」飛行長、飛行長は「瑞鶴」飛行長を兼職し、「あ」号作戦に望む。

シンガポール移動後に艦偵隊が発足した。

艦爆偵察員の本江博さんは、

『艦偵隊は、シンガポールに移動してから艦爆隊の人員で編成されました。当時、艦爆隊の海兵出身者偵察員は山下卯兵衛（海兵七〇期）君と私しかいなかったので、どちらかが艦偵隊に行くことになりましたが、結局山下君が行くことになりました』

と回想し、艦爆操縦員だった徳永俊美さんは、

『シンガポールまでは、自分の彗星を空輸にて移動しました。シンガポールでは、センバワンやテンガーなどの飛行場で訓練を実施しました。私は艦爆の操縦員であったので、艦爆と思っていたのですが、急遽偵察隊にまわれということになり、運良くこうして生きているわけです。

内地にいるときは、艦爆搭乗員と同様の訓練を実施しており、艦

爆専門だったので、攻撃隊に入るんやろなあ、と思っており、偵察隊に行くという予想もしていませんでした。

機体はいままで使ってきた彗星を使用しました。シンガポールでも、ずっと彗星を使用していました』

と回想している。機材は偵察任務に向くように改修されたという。

機材の充足を急ぐ

三月一日の使用可能機数（整備または修理中）は、零戦二一型一二機（なし）、零戦五二型五七機（一二機）、天山艦攻一二型二二機（一機）、彗星艦爆一一型四三機（三機）、九九艦爆三機の合計一三七機（一六機）と、二月一日の機数に比べて彗星二機、天山四機の事故機分減少し、零戦五二型が一一機増加している。九九艦爆の一機減少は理由がわからない。

三月七日に待望の空母「大鳳」が竣工し、同日一航戦に編入された。一二日には「大鳳」が、零戦一八機、彗星二三機、天山五機（以上六〇一空向け）、司偵三機、月光四機、零観五機、零式水偵六機(以上南西方面艦隊向け）の合計六四機をシンガポール進出時に輸送する予定であることが通知された。

この対潜直衛に、天山五機を当てる予定であったが、搭乗員の手配が出来ずに結局二航戦の九九艦爆六機を搭載した。この九九艦爆増加により、変更が出たのかは不明である。

「大鳳」は二八日に平郡水道を出撃、四月四日にはシンガポールに到着、六日にリンガ泊地に回航された。

「大鳳」に搭載されて運ばれた飛行機もあれば、空輸も行われた。

艦攻操縦員の長岡智恵敏さんは、

『シンガポールに一度進出した後、名古屋に飛行機を取りに行ったことがありました。

岩国までダグラスで飛び、岩国から汽車で名古屋まで行って、そこで飛行機を受け取りますが、ある程度のテストをして不都合な点を直してもらい、その飛行機でシンガポールまで帰ってきました。

飛行機を取りに行く際には、電信員は搭乗しないので、そこに整備員を乗せていました。それは途中で我々ではわからない故障が起きることもありますので、整備員を乗せていたのです。単機ではなく二機以上であったと思います。私も二回ほど飛行機を取りに内地に帰ってきました』

と回想し、同じく艦攻隊の操縦員井手上二夫さん（乙飛一五期）は、

『シンガポールに移動した後、空母「瑞鶴」で横須賀に戻り、横須賀に天山を集め、空輸に参加しました』

とやはり機材を空輸したことを回想している。

二回目の空輸作戦は、一回目が終わるとすぐに企図されたのだが、機材、特に艦爆がなかなか集まらずにようやく鹿屋基地から三〇機で出発したのは三月一一日のことであった。

『一回目のような失敗をするな』

との訓示のもと、慎重に行われたこともあり、高雄、サイゴンを中継して一七日にはセレター基地に到着している。

このころの一航戦実状

三月二日の一航戦飛行機隊の状況は、四月中旬には約三分の二が空母からの洋上作戦が可能であり、残三分の一は四月末になれば辛うじて可能。ただし艦爆分隊長一名、南西方面航空隊より艦爆及び艦攻偵察員一五名、電信員三名、電波探信儀員一名、電探指導士官一名、彗星の照準器が故障続出中につき優秀なる兵器整備員五名を

至急配員してほしい、というものであった。

　また三月六日には、三月末に於ける一航戦飛行機隊の練度到達予想を報じている。

　全機昼間基地作戦及び空母から発艦して基地に帰投する作戦は可能になるだろう。艦偵全機と艦攻艦爆約半数は夜間空母を発艦し基地に帰投することは情況が平易であれば可能、さらに空母から発艦する昼間の機動戦も可能になる見込み、技倆は各機種共にAが五分の一、Bは三分の二でCが残りであること、電波探信儀指導のためにエキスパートの有坂磐雄中佐（海兵五一期）派遣の件と艦偵の偵察准士官一名下士官一名と艦攻電信員下士官一名が戦死のため至急配員の件を相談したいと報じた。

　これに伴って、鹿児島空附教官であった米田信雄大尉（海兵六八期、偵察）が、三月一〇日付けにて六〇一空分隊長が発令されるが、三月一五日付けで鹿児島空附教官に再度発令があり、霞ヶ浦空附教官であった小山田豊彦大尉（海兵六八期、偵察）が、同三月一五日付けにて六〇一空分隊長が発令された。米田大尉は、「瑞鶴」艦爆偵察員として第二次ソロモン海戦、南太平洋海戦、「い号作戦」に参加していたのに対し、小山田大尉は、約一〇ヶ月の「那智」分隊長の経歴を持っていた。これは、当時六〇一空が必要としていたのが艦偵隊長であったのだが、伝わらずに米田大尉がいったん発令され取り消されたのではないか、と思われる。

　大井空に教官（三月一五日少尉に進級）としていた森永隆義さん（乙飛四期）にも辞令が舞い込んできた。

『三月になって辞令が来ました。それには「六〇一空付を命ず（電探指導員として）」とありました。

しかし、私はそれまで電探など見たこともない。（おかしいな、と思いつつ）作っていた無線の教科書を全部作り上げ、日航の飛行機で行ったのです。

　台湾、海南島の海口で燃料を補給して、サイゴンまで飛んで一晩泊まり、翌日シンガポールまで飛ぶ。予科練一期で、日航に行った須藤さんが機長をやっていました。途中で「おまえ、操縦室来て偏流を測ってくれ」と言われ、操縦席に行ったところ、しまいには「おまえ、持って行け。俺は休むから」と言われ、とうとう海口まで私が操縦していきました。

　台北で飛行機に乗ったところ、同乗していた機動部隊先任参謀の大前参謀に
「どういう任務で行くんだ？」

「一航戦に行って電探をやるようになっています」

「電探といえば、昭和一一年にアメリカから売りに来ていたんだ。そのとき五〇万だった。その時に買っておけば良かったなあ」

と言っていました』

と転勤時のエピソードを回想している。

戦闘機隊の訓練は？

　記録や当事者の回想から、どのような訓練を実施していたのかを見ていきたい。

　三月中は射撃空戦、応用射撃、曳的射撃、射撃空戦、単機空戦、空戦と射撃系訓練から空中戦闘のための訓練を実施していたことがわかる。遠距離飛行が予定されていたこともあり航法の訓練も実施しており、飛行中の風の影響を測定する偏流測定、航法通信という訓練も記録されている。帰投装置のクルシーについてもしっかり訓練されていた。

藤本速雄さんは、

『クルシーは、一航戦編成以来、全員訓練していたので心配はなかった。取り扱いは簡単なので疑心暗鬼にならぬことが必要だと思った』

と回想している。

四月に入っても空中戦闘の訓練が中心で、追躡《じょう》攻撃、優位戦、劣位戦、曳的射撃、基本攻撃 特殊攻撃とそれぞれ何度か実施している。また、編隊飛行の訓練もたびたび実施しており、編隊離着陸の訓練も実施していた。

なぜか戦闘機隊は着艦訓練が全く記録されていない。

『築城空で着艦訓練をしていない飛練二九期以降のものは、シンガポールで着艦訓練をしています』(平野恵さん)

『シンガポールで全員着艦訓練を行っています。一航戦の操縦員で着艦未経験者は、五月末時点で一人もいません。着艦の出来ない者を、母艦に乗せて洋上戦闘をすることはありません』(藤本速雄さん)

と回想しており、記録がないだけのようだ。

四月二七日～二九日、降爆訓練を実施しているが、一回当たりの訓練機は、最大でも零戦二八機で、艦戦隊全体の訓練とは思えない。

『一航戦戦闘機隊は、降爆訓練はしていない』(藤本速雄さん)

ということから、戦闘爆撃隊の訓練のことなのかもしれない。

シンガポールでの訓練について、平野恵さんは、

『戦闘機隊は、シンガポールのセレター飛行場と、マレー半島のバトパハ飛行場に別れていましたので、訓練内容についてはあまり記憶がありません。

シンガポールでの外出は二回ほどと思います。私はバトパハの方が永かったと思います。革製品か何か買っていたようにも思います』

と回想している。

零戦を使用した戦闘爆撃隊は、戦闘爆撃隊としての記録がないが、艦爆及び艦攻搭乗員により四月初旬に編成され、隊長は、

『当初、同期生の丸山明(戦闘機出身)が隊長であったが、タウイタウイで交代し丸山は私が乗る「翔鶴」に移ってきた』

と乙飛四期で艦攻隊の森永隆義さんは回想する。

戦爆搭乗員は、新機材である彗星、天山を乗りこなすのが難しい実用機教程を卒業して間もない若手搭乗員にて編成された(下士官兵は、全員昭和一九年一月に実用機教程を卒業した若手)。四月初旬といえば出撃まで一ヶ月もなく、いきなり新機材となり、果たして戦闘爆撃隊としてどれだけの訓練が実施できたか疑問ではある。着艦訓練をやっていなかったので攻撃後着水するように指示が出されていたと回想する方もいる。しかし、後述する五月四日の報告を見る限り、戦闘爆撃機は所定の練度に達し、機動艦隊司令部は手応えを得ていた。

艦爆隊の訓練は?

当然といえば当然だが、降爆訓練が主だったもので、降爆擬襲、降爆を中心に実施している。航法の訓練も、航法通信、測風を頻繁に実施している。三月一五日に一部がテンガー基地に進出した。

三月三日には燃費試験、九日には彗星で二五番爆弾投下を実施している。操訓編隊、操訓離着陸、夜間航法、高々度飛行、高々度接降爆旋射(旋回銃射撃)と飛行訓練から、静爆、動爆(標的艦「波勝」を使った爆撃訓練)、特に四月にはいると「波勝」を使った爆

撃訓練を連日のように実施している。

また、低爆という訓練も実施されているが、これについては、

『「低空爆撃」という訓練は、スキップ爆弾を使うものだとおもいます。あまり訓練はやらなかった。実際には全然使いませんでした。爆弾もどんなものか見たことがありません。理論的にこういうようになるんだ、という話は聞きました。飛行訓練は一回ぐらいはやったかもしれません。それがどの程度効果があるのかもわかりませんでした。早く言えば雷撃みたいな攻撃法です』

と操縦員の横山良一さんは回想している。

着艦訓練は、三月二五日に擬接艦訓練、四月三日定着訓練、五日～九日午前まで擬接艦を繰り返し、九日午後に接艦を始めたが、着艦訓練を実施と記録されているのは二三日で、間があいている。

艦爆操縦員の横山良一さんは、

『当初はセレターでしたが、その後移動してバトパハで訓練しました。この飛行場は両側には木が立っている急増飛行場で、整地はしてありましたが、舗装はしてなかったと思います。夜になると猿が出没して部屋の中をあらされたこともありました。

射撃訓練で吹き流しを落として拾いに行くと大きな蛇が出て腰を抜かしそうになったこともあります。

シンガポールに行ってからもとにかく訓練時間が少なかった。若手が多かったので飛行機を壊していた記憶があります。我々みたいのがベテランの顔をしていました。若い人はまず着艦があまりうまくできなかった。なかなか着艦訓練自体が出来ず、二～三回ぐらいでは、そんなにうまくはならないでしょう。困ったもんだなあ、と思っていました。ちょっと状況が悪いと駄目でしたね。そのような若い搭乗員が編成に入ってきているので、訓練が限られてしまう状態でした。

基地の周辺を飛ぶことはよくやっていましたが、敵空母攻撃を想定して飛んでいく訓練は数少なかったと思います。（若い人が多かったので）定着訓練をよくやりました。総合訓練は一～二回やったかな、という程度でそれほど大規模のものではなかったと思います。爆撃訓練では、ダイブブレーキを使用した正規の訓練を実施していました。戦争の最中（「ろ号作戦」時）と全然違っていました。

この時液冷の彗星に乗っていましたが、飛行機の不具合が多かったですね。時おりエンジンの変な振動が出ていました。後で聞くと液冷は振動が出るものだ、とのこと。液冷エンジンになれていなかったからそう思ったのでしょう。それに比べて、九九艦爆は、脚も出ているし、安定性がありました。九九艦爆に比べて彗星は、着艦速度はちょっと速いが、肩ベルトをしているので、フックをかける時、別に衝撃が強いとかはありません。

一番遠くまで飛行したのはシンガポールから一五〇浬くらいです。シンガポールでは買い物はしませんでした。休暇で新世界みたいなところに行ったのですが、何も買いませんでした。基地がマレーの方でしたからシンガポールに出るのにもトラックに分乗していくので、そんなに機会もなく、あまりゆっくり出来ませんでした』

とシンガポールでの訓練を回想する。

整備員の宮下八郎さんは、

『私は、セレターからセンバワン、最後はテンガーに行きました。シンガポールにいた頃は、私は先任下士でした。

彗星は、脚が弱く、シンガポールでやっている時も脚が引き込まない、脚が出ないということがよくありました。そのため、両翼を支えて機体を浮かし脚の動作検査をするのです。

シンガポールでは、諸井勇太郎さん（大正十一年志願、七期高整）、特務大尉で横空の実験部にもいたことがある整備の神様的な人と一緒にシンガポールの工廠をまわって部品を集めていたので、部品がなくて飛ばせない、とか困ったことはなかった。

彗星はそれほど扱い難い飛行機ではなかった。金星は分解して確認はしましたが、熱田エンジンは分解をしたことはありませんでした。

テンガーは英軍が使用していたので設備が良く、ゴルフのクラブが落ちていたり、水洗でお風呂は蛇口をひねると出てくるので、ずいぶんいい生活をしていたんだなあ、と感心しました。

シンガポールははじめて行ったので、サイドカーで出歩く最初の時はピストルと軍刀を持って物々しい格好でいったら、なんてことない、治安のいいところで、その後飛行場から外出する時はトラックで町の中心まで行き、帰りもトラックに乗って帰ってくる。

わずかな期間でしたが、ゆっくりできました』

と回想している。

事故もよく起こっていた。五月二日の彗星二機、爆撃訓練中墜落した件を本江博さんは、

『艦爆隊では、新しく採用された二式爆撃照準器が、爆弾投下の寸前にレンズが曇る障害があるため、何とかしなければ、と研究を重ねていた。

特別熱心な本多孝英（海兵七〇期、操縦）は、その日も照準器の先端に缶詰の空き缶を取りつけ、実験をかねて動爆訓練に飛び立った。たまたまその日、三番機が抵抗板を出し忘れたため異状な高速で降下し、一番機の下まできているのに彼は気付かなかった。空中衝突だった』

と回想する。

艦攻隊の訓練は？

艦攻隊は到着後、まず離着陸、編隊飛行の訓練から始め、単線航法の訓練や燃費の試験に入っていった。

艦攻といえば雷撃訓練と思いがちであるが、艦攻隊分隊長の千馬良人さんが

『雷撃訓練はそれほどやっていません』

と回想するように、三月七日発射運動、八日から二日間に編隊発射運動を実施したぐらいでさほど実施してはいない。

むしろ爆撃訓練の方が目立ち、三月二一日低爆擬襲から始まって、低爆、爆撃訓練が実施され、四月に入っても、四日「波勝」低爆、四月二五日編隊爆撃、二七日と二八日「波勝」低爆と、爆撃訓練を中心に実施していた。

なお、この低爆訓練は反跳爆撃訓練であろうと当事者の回想は一致するのであるが、

『シンガポールで低空爆撃、反跳爆撃の訓練、すなわち低空で爆弾を落とすと海面で跳ね敵艦の土手っ腹に当てる訓練をやっています』

とシンガポールで実施した、と回想するのは山田金十郎さんだけである。艦攻隊や艦爆隊で実施した「低爆訓練」は、回想の通り反跳爆撃訓練の可能性もあるが、むしろ以前から実施されている低空での水平爆撃訓練の可能性の方が高い。

艦攻は、時には索敵にも使用されるので、航法関係の訓練の測風、編隊測風、計器航法通信、編隊航法通信、航法通信、無線帰投も実施していた。

『飛行訓練、航法通信訓練をよくやっていました。飛行距離は長くても一五〇浬程度の距離でした』（千馬良人さん）

着艦訓練は、三月二五日擬接艦訓練に始まり、四月四日と五日で対「翔鶴」擬接艦訓練を実施し、六日午前に「翔鶴」着艦訓練を実施している。また、七日から一〇日午前まで対「翔鶴」擬接艦を再度行い、一〇日午後から翌一一日、一四日に着艦訓練（対「翔鶴」）を続けている。

操縦員の長岡智恵敏さんは、着艦訓練について

『着艦訓練の時に、尾輪を飛行甲板の一番後ろに引っかけ大破したり、真っ直ぐ行けばいいのですが、左の方に寄って索に引っかけてしまい、舷側の方に滑ってしまい機体が宙ぶらりんになって止まる、ということもありました。若い人たちが三点着陸をやらないで、操縦桿をぐいっと引いてしまい、飛行甲板上をどーん、どーんと跳ねる飛行機もありました。私が見ている限りでは、着艦訓練でそれ以外にひどいことはありませんでした。

発艦したあと、そのままズブズブズブ…と沈んでいってしまった飛行機もありました。艦はすぐ舵を切って沈んだ飛行機とぶつからないようにして、カッターを出して拾いに行く。

上空から見れば母艦は本当に小さく見え、そこを降りていくのですから難しいのですが、慣れてくれば陸上基地に降りるよりも着艦の方が楽に感じました。風がなければ艦の方が走って合成速力を出し、風向きも風上に艦が走り必ず向かい風、という具合に艦の方で全て設定してくれますので、飛行機は艦尾をかわったらエンジンを絞って降りればいいだけです。しかし、飛行機になれていない人にとっては、なかなか難しかったと思います』

と回想し、森永隆義さんは、

『飛行訓練は、最初に定着訓練をやって、擬接艦、接艦をやって着艦訓練をやりました。

ベテラン操縦員、乙飛二期の中村吉兵衛さんは、着艦訓練を終えて帰りかけたらエンジンが止まって、無人島に不時着した。その日は連絡もなく、帰ってこなかったが、予科練二期で同期生の浦田豊四さんが、

「中村のことだよ、今にバナナでも下げて帰ってくるよ」

と話していました。

中村さんは、無人島から木でこしらえた筏で隣の島に行き、その村の連絡手段である一週間に一回沖を通るシンガポールへ魚を運ぶ船、相手の中国人に筆談をして送ってもらえた。魚とバナナを持って一週間後に帰ってきた。

浦田さんは

「ほうら、帰ってきた」

なんて笑っていました』

と、ベテランでも事故とは無縁ではなかったことを回想している。

夜間飛行については、三月八日薄暮定着、九日夜間定着、飛行と簡単に訓練をしていた。

『夜間飛行、夜間定着もやりましたし、夜間着艦訓練もやりました。夜間着艦といっても灯りできっちり線も出ていますので、上空からみれば艦の形が見えます。飛行機になれていればそう難しいものではありません』（長岡智恵敏さん）

しかし、山田金十郎さんが、

『マラッカ海峡に母艦を走らせて着艦訓練などをして、若い搭乗員を一生懸命に育ててきていましたが、難しかった』

と回想するように、新機材である点、若い搭乗員である点もからみ

訓練は難しかったと考えられる。
シンガポールの思い出は、
『鞄とかを買いました』（山田金十郎さん）
『外出もありましたが、特に買い物はしませんでした』（千馬良人さん）
『シンガポールでは、一週間に一回外出できたと思います。ジャワに行ったことがあり、革靴が安く家内に買って帰りました』（長岡智恵敏さん）
と買い物を回想される人がいる中、森永隆義さんは、
『シンガポールでは、飯が細長く、箸でつまむとぱらぱら落ちるのでご飯を食べられなかった。おかずを少し食べるだけで、痩せましたよ。マリアナ沖海戦が終わった頃には、体重は四三キロしかありませんでした』
と食事が合わなかった苦い思い出を回想されている。
遠く離れたシンガポールでは整備員は苦労が多かった。
艦攻整備分隊長の吉村嘉三郎さんは、
『着艦事故の前にも、鼻を突く飛行機はありまして、プロペラのブレードを曲げてしまったので、私が交換、と言うと予備品がもうなくなっていました。
一枚だけ先端が曲がってしまっていたので、ボール紙で型を当てて、工作科の下士官を呼んできて全部切り、振動試験を行ったところ何ともない。
それで隊長に
「どうなるかわからないけど、試飛行願います」
と報告したところ、曲げた本人にやらせることになった。
そうしたら、まずいことに
「八ノット増えました」
との報告に、小野隊長が
「吉村、良くやった。全機切ってくれ」
ただのまぐれですから、困ってしまいました。戦後聞くところによると、当時プロペラの先端というのは設計者の自由にやっていて、理由は特になかったのです。それがたまたま当たって八ノット増えたのでしょう。他の機も切ってくれ、といわれたところで自信も無いので「隊長、飛行機の改造には海軍大臣の許可がいりますよ」といったところ、隊長は笑っていました。そんなことがあるほどで、訓練期間もなかったが、飛行機の部品もない状態でした』
と遠いシンガポールで部品に困った思い出を回想し、艦攻整備員の花見重一さんは、
『シンガポールで私の受け持ち機で一機がジャングルに落ちました。昭和一九年四月だったと思います。聞いた話では、火を噴いて、裏返しになって落ちた、とのこと。救難作業に向かいましたが一週間ぐらいかかりました。現場は、ジャングルで湿地帯でしたので、満潮になると水がだんだん上がってきます。看護科が棺桶を持って先行していました。操縦員は片手に操縦桿、片手にレバーを持っている状態で亡くなっていました。
最初の日は遺体を収容して終了し、次の日、丸太を持っていき土台を作り、機体を持ち上げて原因究明を行いました。たまたまシリンダーの一つに吸入弁が折れて脱落しているのが確認でき、これ以上調査は無理、と判断され原因の一つが判明して終わった。
地元の原住民が、落ちた飛行機があれば持っていけるものはみんな持っていく状態でした』
と、何時の事故であるかは定かではないが、事故の後始末について

回想している。

操縦員で先任搭乗員でもあった賀来準吾さんは、

『やはり搭乗員、特に操縦員が若く練度や経験不足が目立った。私は病気のために入院していたが、見舞いに来てくれた部下から、編隊飛行中前方編隊の二機が接触墜落したのを後の編隊が見て、自分たちも接触、三機一度に接触墜落したことも聞き、許可を得て二～三日退院して部下たちに私なりにいろいろ注意しました』

と事故について回想している。

艦偵隊（彗星艦偵と天山の偵察隊）の訓練と輸送機隊

シンガポールに着いてから編成された艦偵隊は、航法通信、編隊通信、測風訓練など、索敵に必要な訓練を中心に実施している。基本的な訓練である、離着陸訓練や操縦訓練も四月に入った段階ながら実施されていた。また、九九艦爆を使用して訓練をやることもあったようだ。四月下旬にはいると、定着訓練を実施しているが、着艦訓練の記録が全く抜けている。

天山の一部には電探（レーダー）が装備されていて索敵接触を任務としていた。三月一日に電探講習、そして一五日には索敵触接訓練を実施している。

それまで艦攻操縦員として訓練をしていた長岡智恵敏さんは、

『シンガポールに行ってから飛行機に電探を取り付け、それからは電探の訓練が多かったです。

電探も最初に見たとき「(これをつけて) 飛ぶのかいな?」と思ったほど大きかったですが、ちゃんと飛びました。

自分で電探を操作していないので詳しいことは知りませんか、高さ、幅、大きかったら戦艦、小さければ駆逐艦ということで、実際に艦を目標にして、スコープに映し出して、ということをやりました。

訓練では、そんな長い距離飛ぶ訓練はやりませんでした』

と回想している。また、電探指導員の肩書きで一航戦に転勤になった森永隆義さんは、

『私は偵察隊が、航法を担当する精神的負担が大きいので、嫌でした。

そこで、攻撃隊の垂井明大尉に

「わし、偵察隊は嫌だから、攻撃隊で取ってくださいよ」

と言った。昭和一四年の「赤城」で垂井さんが中尉で艦爆の偵察員をやっていて、電信機の調子が悪くなると私の所に直してくれ、としょっちゅう来ていた。その頃、垂さんと呼んで、親しかったのです。垂井さんは

「喜んで取りますよ」

といってくれた。

ところが、偵察隊隊長の深川静夫さんと引っ張り合いになって、最後の決め手になったのは辞令の電探指導員として、という文で、結局偵察隊に配属されました。

シンガポールに着いてから、電探を初めて見ました。初めてでしたから取り扱いもわからなかった。講習を受けた人間がいたのですが、理論だけしかわからない。

私は、中学の二年ぐらいに鉱石ラジオから始まって、飛行機乗りになったあとも壊れた無線機を修理したり、給料をつぎ込んで作ったり、好きでやっていましたので無線に詳しかった。結局、まず最初に電探の取り扱いを習って、テスターを持って、だいたい理論そのものは一緒だから、わかることから始めました。

当時の電探は、一回飛ぶともう駄目。翌日使えるようにするために、夜眠れないこともあった。有坂さんがシンガポールで一緒に士官室にいましたので、色々話を聞きていました』

と電探で苦労した思い出を回想している。

彗星艦偵も事故が続発していた。その一例として、四月二七日に彗星艦偵が一機、黎明訓練に出発したものの、離陸直後視界不良であったため地平線が見失い山林中に突入、機材大破した事故がある。

艦爆隊で同じセバンワンで訓練をしていた本江博さんは、

『うす暗い朝、一番に離陸した山下卯兵衛機が、ジャングルの中に墜落炎上する事故が起きた。すわ！　と救助隊を編成して救助に向ったが、ジャングルが意外に深く捜索に予想外の時間を要した。だめだとばかり思っていた山下は全身やけどを負いながら生存していた(操縦員は即死)。不死身な男だから助かってくれ！　と祈っていたが、約一週間後、そのかいもなく第四海軍病院の一室で静かに息を引きとった』

と事故後の模様を回想している。

輸送機隊は、サイゴンにある司令部への連絡、後述する敵機動部隊パラオ空襲時はバリクパパン進出し索敵に従事、基地設営の準備をするなどスラバヤ方面を奔走していた。四月一五日に編成も一段落ついたということから輸送機隊は解散、艦隊、原隊、一〇〇一空に配属されることになった。しかし、二四日ダグラスＤＣ３の離発着訓練中に、離陸後低空でそのままゴム林に突っ込み、操縦員二名、搭整員二名のほかに地上員四名が殉職する事故が起きてしまった。

総合訓練

戦闘機隊、艦爆隊、艦攻隊を集めて、総合的な訓練も実施されていた。これを当時は航空戦教練と呼んでいた。

第一回航空戦教練は三月一七日に行われ、全体としては第四回、艦攻隊のみ第五回が実施されている。

艦攻隊飛行隊長の小野賢次大尉機の偵察員山田金十郎さんは、

『小野大尉の元、戦闘機隊、艦爆隊、艦攻隊による総合訓練が行われた。小野大尉は操縦員であるため、空中での集合、攻撃態勢への散開などの指示は、自ずと私の役目でした。

目標の手前で、隊内電話で

「艦爆隊、戦闘機隊、前へ」

の号令を出し、艦爆隊は直掩戦闘機を伴い、高度を上げる。艦攻隊と艦攻の直掩戦闘機隊は、速度を下げ、艦爆隊とのバランスをとる。

電信で

「突撃準備隊形作レ」

の号令を発す。艦攻隊は、指揮官中隊を中核にして、敵艦隊を取り巻くように馬蹄型に散開する……

訓練終了後、私が訓練内容を報告する』

と回想し、戦闘機隊の藤本速雄さんも、

『日本艦隊を仮想敵として、実戦さながら機動部隊攻撃訓練もしました』

と回想している。

六〇一空を速にダバオ方面に進出せしむべし

一航戦はシンガポールで猛訓練を実施していたのだが、またもや陸上基地への派遣が命ぜられる。

三月二七日、連合艦隊は通信情報に基づき、西カロリン諸島、ニューギニア昼間に敵有力部隊の行動の算ありとして警報を発した。

二八日に空母を伴う敵艦隊をメレオン発の索敵機が発見、二九日にはペリリュー発の索敵機が空母を含む敵機動部隊を発見、パラオ空襲が確実となった。その事態を受けて、二九日パラオ在泊中の連合艦隊旗艦「武蔵」からパラオ陸上に将旗を移した連合艦隊司令長官は、第一機動艦隊司令官に対して六〇一空ダバオ方面進出準備を命じた。

果たせるかな、三〇日〇六〇〇から一七三〇の間、パラオは敵機動部隊による空襲を受けた。所在の二〇一空と五〇一空の零戦三二機が邀撃し、自爆未帰還一四機、大破炎上一六機、不時着二機で全機消耗した。連合艦隊司令部は、

『第一機動艦隊司令長官ハ六〇一空ヲシテ速ニ「ダバオ」方面ニ進出セシムベシ』(三〇日〇九〇三)

と再度催促した。それを受けて第一機動艦隊司令部は、

機動部隊電令作第一四九号(三〇日一四四六)

一. 六〇一空ハ第一機動艦隊電令作第二号ノ進出要領ニ依リ速ニ「ダバオ」ニ進出スベシ　進出兵力飛行機隊全力、整備員ノ大部

二. 七戦隊(筑摩、利根)、一〇駆逐隊(風雲、秋雲)ハ七戦隊司令官之ヲ指揮シ六〇一空整備員並ニ基地物件ノ昭南島、「ダバオ」間輸送ニ任スベシ

と下令した。

四月一日〇八〇〇、ダバオ基地に向け飛行機隊が発進していった。一六〇〇、第七戦隊「筑摩」「利根」、第一〇戦隊「風雲」「秋雲」は六〇一空の人員、基地物件(魚雷、二五番爆弾、二〇粍機銃弾、燃料車など)を搭載し、ダバオに向かった。

命令が出た以上、従うのは当然のことだ。その命令が現実にそぐわないものであれば、取り下げてもらうしかない。機動艦隊司令部は、中継基地のスラバヤにあった南西方面艦隊司令部で打ち合わせを行った。当時、古賀連合艦隊司令長官が三月三一日二二〇〇以降パラオからダバオに向かい行方不明となったことに伴い、高須南西方面艦隊司令官が四月二日に連合艦隊の指揮を継承していたためである。機動艦隊司令部は六〇一空が二週間訓練すれば昼間機動戦可能の練度に到達するので、ダバオ進出を取りやめるように要望した。

南西方面艦隊司令官はパラオに対する空襲も止んでいる現状も考慮してか、第一機動艦隊司令部に対し進出の中止を許可した。

しかしながら、飛行機隊はすでにダバオに一部進出、またそのほかにも進出中のものがあった。センバワンにあった飛行機隊が進出していったとも言われる。もっとも、飛行機隊は進出していったはずなのだが、自分が進出した、と記憶している搭乗員はほとんどいない。

そんな中、艦攻隊整備分隊長の吉村嘉三郎さんは、

『私たちは岸本大尉などと共に先遣隊としてダバオに進出しました。移動中に二番機に乗っていましたが、三番機の飛行機が大きく揺れ始めました。隊内電話もほとんど通じませんでしたから、何をしているのかなあ、と思っていましたが、後で聞くと操縦員が居眠りしていたとのこと。九機で出発しバリクパパン(一機カウリングを開きっぱなしにしたためにシリンダー温度が低下して、速度が出なくなり不時着。一ヶ月ほどして帰還してきた)、タラカン、イロイロ、セブ島を経由してダバオに進出しました。

ダバオ到着後、調査して驚いたことに掩体壕一つ設けられていない。椰子林《やし》に飛行機を引き込むにも誘導路の整備不良。不時着基地程度の防備力であって航空基地の強靱性への配慮は全く見られなかった。

その内にシンガポールへ帰れ、と命令を受けバリクパパン、バタビア経由シンガポールへ。

バタビア出発前に「シンガポール天候極めて不良、直ちに引き返せ」と入電。整備終了後「両舷上陸を許す！」して予想外の予定変更に全員喜び勇んで、英気を養うべく外出できました』

と回想している。本当に六〇一空が全力で進出してきた場合、果たしてダバオ基地が受け入れられたのか、は疑問である。

足の長い輸送機隊は三月三一日に二機でバリクパパンに進出、翌四月一日から索敵を実施していた。七日になって命令が出てセレターに引き返している。

結局、何かにつけて母艦飛行機隊を陸上基地に進出させていた、古賀連合艦隊司令長官はそのまま消息を絶った。古賀司令長官がもし生存していたら、マリアナ沖で空母決戦は起こったのだろうか？

興味深いイフに思える。

今度はホーランディアへ

パラオを空襲した第五八任務部隊は、四月六日にはメジュロ泊地に帰還している。

一八日にトラック発進の索敵機が、空母を含む米機動部隊を発見、一九日はメレオン発進の索敵機が米機動部隊を発見、さらに陸軍偵察機が輸送船団を発見した。二〇日も引き続き敵機動部隊発見を報じていたが、どこに向かっているのか判断がつかなかった。

二一日には米機動部隊が、ニューギニアのワクデ、ホーランディアに対し、陸上機と協同して早朝から終日空襲を加えた。その上に、ホーランディア地区には艦艇が出現して、ホーランディア地区上陸の公算が大きくなった。

空母一二隻からなる第五八任務部隊は四月一三日にメジュロ泊地を出撃、トラック南方を航行してホーランディアに接近する。二一日に第五八・一任務群（空母「ホーネット」、軽空母「ベロー・ウッド」「カウペンス」「バターン」）がワクデとサルミを空襲、第五八・二任務群（空母「バンカーヒル」「ヨークタウン」、軽空母「モントレー」「キャボット」）はワクデとホーランディア飛行場を空襲し上陸支援、第五八・三任務群（空母「エンタープライズ」「レキシントン」、軽空母「プリンストン」「ラングレー」）はホーランディア飛行場を空襲し上陸支援を行った。ホーランディア飛行場には日本陸軍の第四航空軍がおり戦闘機隊などがあったが、奇襲を受けたため邀撃がほとんど実施できずに地上で撃破されていった。

この事態を受けて、連合艦隊の指揮を執っていた南西方面艦隊司令長官は、連合艦隊に対して〇一一〇にニューギニア北岸方面敵上陸部隊を海上に邀撃撃滅せんとする作戦である「Ｚ一作戦用意」、一六二四に「Ｚ一作戦発動」を発令した。

二二日〇五〇〇頃、連合軍はホーランディア上陸を開始し、二〇二五には同地所在の海軍部隊は早くも連絡を絶つ。陸軍も肝心の地上戦を担当する部隊がほとんどおらず、わずかな食料と共に徒歩で退却していった。

南西方面艦隊司令長官は、

『第一機動部隊指揮官ハ昭南方面ノ艦上機隊ノ「ケンダリー」方面転進準備ヲナセ』（二二日一二一二）

と下令された。ダバオ進出命令からまだ一カ月も経っていないというのに、また陸上基地へ行け、というのは納得がいかないだろう。第一機動艦隊司令部は進出準備を行いつつも、再考を求める具申を行った。

一．昭南方面所在第一航空戦隊実動兵力零戦七〇、彗星六〇、天山四〇

二．右兵力ハ昼間機動航空戦可能ノ練度ニ達シアルヲ以テ敵ノ躍進上陸等緊急ノ要アルニ至ラバ寧ロ機動航空戦ヲ実施セシメラルルヲ有利ト認ム右ノ場合ハ玄洋丸、国洋丸、鶴見ヲ当艦隊補給ニ専用スルコトトシ受令後概ネ一〇日ヲ以テ「パラオ」方面ニ於テ作載可能ノ見込(基地作戦ノ場合モ略同時機作戦開始可能)

三．当艦隊トシテハ一航戦、二航戦、三航戦ヲ含ム全力作戦ヲ行フニアラザレバ大局ヲ制スルコト困難ナリト認メアルヲ以テ緊急事態生起セザル限リ既定方針ヲ堅持セラルルヲ可ト認ム

また軍令部も、第一機動艦隊の航空兵力は五月上旬に戦力概成し、その時に一航戦、二航戦、三航戦の全力を一挙に投入して決戦を行う必要があり、一航戦の使用はそれまで差し控えるように指導した。

結局、南西方面艦隊司令部は二七日以降所要の発令を行い、二九日には「Z一号作戦用意」に復した。満足な飛行場の少ない地区に一航戦飛行機隊の約一七〇機にもなる大部隊を送り込んでいれば、訓練も阻害され戦闘に参加しなくても事故消耗などでますます兵力の減少を招いただろう。結果論でいえば、第五八任務部隊は四月二四日にはホーランディア方面から去り、四月二九日と三〇日にトラック方面を空襲して五月四日メジュロ泊地とブラウン泊地に帰投しているので、一航戦が展開したとしても米空母を捉えることは不可能であった。一航戦飛行機隊はすんでのところで助かったのだ。

一航戦訓練終了

五月四日には、これまでの六〇一空の訓練を総括した報告を実施した。

築城空、鹿屋空による母艦搭乗員訓練は一月一日をもって築城空に統合され、その築城空も二月二〇日をもって五五三空に改称され、作戦部隊となり母艦搭乗員訓練は中止されていた。これをふまえて、今回の機動艦隊飛行機隊再編に時間がかかっているので予備母艦搭乗員の養成を早期に実施すべきで、旧五〇航戦を復活させてほしい。

天山及び彗星隊の若年搭乗員（飛行時数八〇から九〇時間と報告されているが、一航戦配置時には若年でも概ね一三〇時間程度は飛行していた）が昼間海上作戦可能の練度に達するには最小限三ケ月半から四ケ月かかるのに対し、戦闘爆撃隊（零戦）は二ケ月半にて同一練度に達したと考えられ、戦闘爆撃隊の練度向上には手応えを得ていた。今後の急速練成はその一部を戦闘爆撃隊にて編成訓練したい。攻撃隊は、戦爆三六機、誘導の天山九機、掩護戦闘機一八機が適当である。

圧倒的多数空母群をもって来攻する敵機動部隊に対処するため、飛行機運搬中の小型航空母艦全部を速に機動艦隊に編入、その際は戦闘爆撃隊を搭載する。

一航戦司令部は機動艦隊司令部が兼務していたが、陸上基地派遣に備えて一航戦司令部の新設を要望する。

というものであった。戦闘爆撃機の件のみ実現したものの、それ以外は実現していない。

シンガポールでの訓練では、どの機種でも事故が多発している印象をうける。着艦訓練の事故も、殉職に至ったものは零戦三機、彗星三機と決して少なくはない。

原因は、

○彗星や天山などの新機材が安定していなかった

○新機材に搭乗員及び整備員が慣れる時間がなかった
○着艦訓練で事故多発期間はダバオへ一部兵力派遣と重なっており
　指導法に問題があったのではないか
ということが考えられ、搭乗員、整備員にはどうしようもないことでもあっただろう。

　ともあれ、一航戦は四日にシンガポール基地を撤収作業開始、六日には空母に飛行機隊を収容し、一二日に第一機動艦隊集結の地であるタウイタウイに向けて、リンガを後にした。

マリアナ沖海戦へ向けた準備

一航戦艦爆隊下士官兵操縦員集合写真／一航戦再編成後に撮影されたもの。18名が写っているが、これも艦攻隊と同じ理由で三個中隊のうちの一個中隊のものなのだろう。写真を見ていると、とても寒そうにしているので二月頃の進出直前のものかもしれない。（提供／横山良一）

六〇一空艦爆操縦員
○後列左から
能登善清、野村誠吾、松枝良典、鬼崎善吉、多比良_、高橋為吉
○中列左から
岸本誠二、松本静樹、田中正、山本淳一郎、尾茂田数義、河野内勘吾
○前列左から
河野義次、早田一夫、横山良一、竹林益生、大庭久司、荒川實

飛行中の彗星艦爆／昭和十九年四月にリンガ上空を飛行する山本淳一郎一飛曹操縦の彗星艦爆。画質がよくないのが残念だ。きれいなものであればれば決定的な写真となったのだろう……。（提供／横山良一）

マリアナ沖海戦へ向け再準備

長岡上飛曹（左）と天山艦攻／昭和二十年頃の撮影である。写真の天山は爆装しておりこの状態での写真はめずらしい。（長岡智恵敏）

当時のシンガポール市街／搭乗員、整備員らは、休日になると市街に繰り出し、英気を養った。（提供／宮下八郎）

昭和六年志願の同年兵／シンガポールで撮影された艦攻隊昭和六年志願の諸氏。後左の山田中尉は偵練二七期卒業（昭和九年一一月）、後右の原田中尉、前左中村中尉、前右浦田中尉ら乙飛二期操縦課程卒業（昭和十年四月）から九年以上の月日が経っており、ベテラン搭乗員として隊を引っ張っていた。（提供／山田全十郎）

第七章　三航戦（六五三空）編成

三航戦(六五三空)編成

『六五三空は「瑞鶴」飛行機隊を基幹とした』説は誤り

本来三航戦は、「千歳」と、空母「千代田」の改造が終わる昭和一八年一二月に編成される予定であった。ところが一航戦の南東方面投入の影響で一月以降となり、現実には昭和一九年二月一日付で小型空母「千歳」「千代田」と一航戦であった「瑞鳳」の三隻で編成された。飛行機隊は定数が常用機のみの各空母艦戦二一機、艦攻九機であったが、二月一五日付で、各空母飛行機隊で六五三空を編成した。

六五三空は、「瑞鶴」飛行機隊を基幹として三八期飛行学生出身者の一部及び三九期飛行学生（兵学校七〇期及び七一期、練習航空隊卒一九・一・二九）で補充し編成された、とされている。

「瑞鶴」飛行機隊は先述の通り、「ろ号作戦」、ルオット派遣（戦闘機隊のみ）を生き残った第一航空戦隊搭乗員の内、一航戦再建のため内地に帰還した搭乗員を除いたものである。零戦二〇機、九七艦攻一九機、二式艦偵二機がラバウル地区に配属され（零戦隊は二五三空の指揮下、二式艦偵は五〇一空の指揮下に入った）、戦闘機搭乗員七人、艦攻搭乗員五ペアと電信員一名を喪失してトラックに引き揚げた。

ラバウルでの活動を終えた「瑞鶴」飛行機隊はトラックに帰還し、二月一〇日にトラック出港、二月一六日呉着の「瑞鳳」「千代田」に便乗して内地に帰還した。その帰路の一二日に艦攻一機が「瑞鳳」から発艦し前路哨戒に向かい、天候不良にて不時着未帰還となっている。

さて、「瑞鶴」飛行機隊で内地に引き揚げてこられた搭乗員は、戦闘機搭乗員一二人、艦攻約一三ペア、艦偵隊は約三ペア。しかし、帰還してきた搭乗員と、六五三空四月時点の編制表を比べてみると、一致するのは戦闘機隊の中川健二大尉（海兵六七期）、索敵隊の木村聡大尉（海兵六八期）、平野飛長（予科練丙飛出身・操縦）だけである。

それでは「瑞鶴」飛行機隊の面々はどこに転勤したのか？

「瑞鶴」艦攻隊の指揮官であった松村平太大尉（海兵六三期）は六五三空に配属されるも昭和一九年四月一日に転勤（後任に伊藤敬四郎大尉が同日付けにて宇佐空より転勤）しており、下士官兵については、艦攻隊員は五五三空（母艦搭乗員の練成を担当していた築城空を、昭和一九年二月二〇日に外戦部隊に改変した航空隊）飛行機隊行動調書、また横須賀空戦闘詳報に見いだすことが出来る。（特務）士官、准士官は、二月一日付で艦攻の山野一郎飛曹長が横須賀空に、町谷昇次飛曹長は築城空、艦偵の古川武飛曹長、樋口清治飛曹長は横須賀空に転勤している。

すくなくとも、『六五三空は「瑞鶴」飛行機隊を基幹とした』という従来からの説は間違いである。この『六五三空は「瑞鶴」飛行機隊を基幹とした』という説は昭和一九年一月一五日に連合艦隊主席参謀が話したあくまでも予定のもので、実施はされていなかった

のだ

六五三空隊員はどこから来た？

それでは、六五三空の搭乗員はどこから来たのだろうか？

幹部については、開隊後しばらくは三航戦司令官大林末雄少将が兼任していたが、三月二九日付にて木村軍治中佐（海兵五二期）が横須賀海軍航空隊から発令された（着任は四月六日）。副長は川村匡中佐（海兵五五期）、飛行長は進藤三郎少佐（海兵六〇期）であった。

戦闘機隊は、中川健二大尉が「瑞鶴」分隊長から二月一五日六五三空分隊長となり、四月一日からは飛行隊長となった。

野村邦夫中尉、堤丈夫中尉（海兵七〇期）は、築城空付から二月一五日六五三空付となり、四月一日に分隊長となっている。塩坂博中尉（海兵七〇期）は大分空分隊長兼教官から二月一五日六五三空分隊長となった。また、昭和一九年一月に飛行学生を卒業（飛学三九期）したばかりの大坪次男中尉（海兵七一期）も配属されている。

准士官以上は、横川一男飛曹長（操練四〇期）、中仮屋国盛飛曹長（乙飛八期）が配属された。

戦闘機隊の福田（旧姓坂本）清さん（丙飛一一期特）は、

『昭和一九年二月に六五三空に配属されました。それ以前は台南空で訓練生（九六戦）の教員助手をしていました』

と回想する。

戦闘爆撃隊（特別攻撃隊、略して特攻隊と呼ばれた）は、松村平太少佐（海兵六三期）が前述のように「瑞鶴」飛行隊長から二月一五日六五三空飛行隊長になったが、病により四月一日に横鎮付となり転出した。

その後先任になったのは、江畑孝大尉（海兵六七期）で、宇佐空分隊長兼教官から二月一五日六五三空分隊長となっていた。

松村大尉転出に伴い、伊藤敬四郎中尉（海兵六九期）が宇佐空分隊長兼教官から四月一日六五三空分隊長となった。

八木勲中尉（海兵七〇期）、古沢英一中尉、岩野正中尉（海兵七一期）や岡崎慶夫少尉、井原哲少尉（予学一二期）ら昭和一九年一月に卒業した若手士官、准士官の原義雄飛曹長（操練三四期）、住吉一馬飛曹長（乙飛五期）、北村富佐士飛曹長（乙飛八期）が配属された。

戦闘爆撃隊の池田岩松さん（丙飛一四期）は、

『自分は宇佐空にて飛練三〇期艦爆教程を昭和一八年一一月に卒業し、鹿屋基地、佐伯基地を移動した後昭和一八年一二月に岩国基地で大林部隊（後の六五三空）に配属された。

私は先発部隊で、原さん、緒方さん、南雲さんも同様に早くから集まっていました。中島飛行機にダグラスでいって、帰りに飛行機を受け取り帰るというようにして集めていたうちに搭乗員が集まってきました。戦爆隊の鈴木二飛曹、武井二飛曹、福田二飛曹は自分が宇佐空にいたとき教員をしていたと思います』

と早い時期に、岩国に行っていたと回想している。

誘導隊は、中本道次郎大尉（海兵六五期、操縦員）が霞ヶ浦空分隊長兼教官から三航戦司令部付を経て、二月一五日六五三空飛行隊長となっていた。

准士官以上は、杉本康二中尉（乙飛二）、栗田厚吉飛曹長（甲飛三期、高雄空から二月七日「千代田」乗組を経て二月一五日配属）らが配属された。

誘導隊電信員だった黒田好美さん（乙飛一六期）は、

『昭和一八年一二月二四日鈴鹿飛練（三二期）を卒業し、艦攻搭乗員を命じられ勇躍、鹿屋航空隊へ旅立った。
　胸躍らせながら鹿屋空に着いてこれからの予定を聞くと、母艦搭乗員の要員養成ということがわかった。古参搭乗員はほとんど艦隊経験者でもちろん翌日から猛烈な訓練が始まった。九七艦攻による航法・通信・雷撃訓練である。年明けて一九年一月一日、五一航戦は訓練基地を築城空に移し、二月七日には早くも航空母艦千歳乗組の発令が出て、岩国基地へ移動し、二月一五日には六五三空（三航戦）編成があった』
と配属されるまでを回想している。

　索敵隊は、山上正幸少佐（海兵六三期）が岩国空飛行隊長から二月一五日、六五三空飛行隊長となっていた。宇佐空分隊長だった佐藤良大尉（海兵六七期、偵察）、「瑞鶴」分隊長から木村聡大尉が、二月一五日に六五三空分隊長となった。

　昭和一九年一月に飛行学生を卒業（飛学三九期）したばかりの偵察員、雪竹太郎大尉（海兵七〇期）や志賀素良中尉（海兵七一期）が配属されていた。

　准士官は、操縦員では渡辺惣治郎飛曹長（操練二四期、築城空から二月七日「瑞鳳」乗組を経て二月一五日 六五三空）らが、偵察員では雨宮享勇飛曹長（築城空から二月七日「瑞鳳」乗組を経て二月一五日 六五三空）らが配属されていた。

　検討すると、六五三空は練習航空隊の教官及び教員と、練習航空隊卒業間もない、もしくは築城空にて訓練中の搭乗員を中心に、「瑞鶴」飛行機隊の一部を含めて編成された部隊、と結論する。

戦闘機隊の訓練は？

　編成当時、三航戦は岩国飛行場であったが、三月二日に松山飛行場に移動した。

　まずは戦闘機隊であるが、昭和一九年三月一日及び四月一日現在の使用可能飛行機数（整備又は修理中）は、零戦五二型一七機（一機）で、ほぼ充足している状態であった。

　訓練内容は、当然ながら空戦訓練が目立つ。三月中は射撃、優劣位戦、同位戦、編隊空戦を実施していたことがわかる。四月に入ると射撃、射撃曳的という記述がでてくる。

　三月下旬から定着訓練が目立ってきており、四月八日に擬接艦、接艦、四月一七日に着艦、二三日は着艦収容を実施していた。

　さらに夜間訓練も、四月一七日から夜間定着、黎明訓練離陸実験、夜間編隊、夜間飛行と、訓練が順調に進んでいたことが伺える。

　福田清さんは、
『岩国から松山に移動後、空母に配属となり、定着、夜間定着、黎明、夜間飛行その他の訓練を実施いたしました。クルシーの取り扱いも、内地にてやりました。
　戦爆隊と誘導隊を含めた総合訓練は実施の記憶がありません』
と回想する。

戦闘爆撃隊　戦闘爆撃機はどのように生まれてきたか

　三航戦の搭載機は、約半数を戦闘爆撃機が占めていた。

　マリアナ沖海戦時に機動艦隊にて大規模に使用された戦闘爆撃機は、零戦二一型に二五〇キロ爆弾を搭載し、緩降下爆撃を実施するものであった。

零戦の翼下に六〇キロ爆弾を左右にそれぞれ一個ずつ搭載して戦闘機搭乗員に爆撃させることは、昭和一七年六月のミッドウェー島攻略後進出する予定だった六空で検討されたのが嚆矢《こうし》だろう。同島には艦爆隊が進出しないために対空母攻撃のために爆装零戦を検討しなければならなかった。しかし、ミッドウェー海戦は敗北に終わり六空では実現しなかった。その後のFS作戦での機動部隊を使用する構想の中で本格的に打ち出された。この計画は零戦の優れた航続力を重視しており、ミッドウェー海戦で空母四隻を失ったことから空母の保全を第一に考えたものであった。すなわち、四〇〇浬から先制奇襲をかけ、飛行甲板を破壊し空母の機能を失わせることを狙っていた。一〇月の南太平洋海戦の後、戦闘機隊での降爆訓練が行われ標的艦「摂津」に対する降爆訓練も実施されている。

昭和一八年三月一二日の報告では、零戦が六〇キロ爆弾二発装備の場合、急降下（四五度以上の降下角）爆撃は不良であるが緩降下（四五度未満）は可能である。気になる命中率は対「摂津」爆撃実績で三五〜四〇%であり、爆撃用照準器も無い爆撃のわりにはまずまずと言えるだろう。機体の強度は空中において爆弾並びに増槽落下は六G以内引き起こしであれば差し支え無しということで、実施可能という判断がなされたと思われる。

その一カ月後の「い号作戦」最終日に第三艦隊零戦隊の一部が緩降下爆撃を行うため六〇キロ爆弾を装備し待機していた。しかし、天候などにより初出撃はならず、六月ソロモン戦域にて基地部隊の二〇四空により実施されたのが嚆矢となる。所見として『戦闘機用爆弾投下器ハ性能低下ヲ少カラシムル為改善ノ要アリ』と報じられた。爆撃後に空戦を行う時、空気抵抗などで性能が低下したのだろう。

その後はあまり実施されなかったが、ソロモン方面では艦爆隊の戦力が少なくなるとしばしば戦闘機が爆装して出撃、マーシャル方面でも出撃している。

一方、出撃できなかった第三艦隊の一航戦戦闘機隊は、内地では標的艦「摂津」、トラックでは標的艦「矢風」を目標にした爆撃訓練を実施するなど引き続き爆撃訓練を続けていたが、前述のように昭和一八年一一月の「ろ」作戦、マーシャル作戦、ラバウル再投入で一航戦戦闘機隊はすり減ってしまった。

やがて零戦で爆撃する方法には別の動きが出てきた。艦爆搭乗員に零戦を使用させて爆撃させる、というものである。昭和一八年六月一六日にソロモンで作戦していた五八二空艦爆隊が大きな被害を出した後に零戦による艦爆代用が研究され始めた。

七月二五日には戦闘機の爆撃について報告された。六〇キロ爆弾二発の爆撃は対飛行場攻撃で有望、訓練をすれば精度も上がる。対艦船攻撃では三〇〇メートルの低高度爆撃となるが照準器はなく腰だめであり、出来れば照準器、エアー・ブレーキを付けられると良いだろう、という内容であった。

その後も九九艦爆の昼間攻撃では犠牲が大きく、五八二空は一〇月一五日には一五機出撃一四機未帰還となる壊滅的な被害を出すことがあった。高性能の彗星艦爆を装備した五〇一空もソロモンへ進出してきたものの機材がそろわず、また、昼間索敵不足に伴いその少ない機材を索敵に取られている現状であった。一二月一五日、マーカス岬方面の攻撃には九九艦爆九機と共に爆装した零戦も一五機が掩護の零戦四〇機と共に出撃していた。一六日には零戦のみの出撃で、爆装一六機が三八機の直掩を受けて出撃している。

当時五八二空の分隊長で艦爆操縦員であった野村浩三さんは、

『私がラバウルにいた時は五八二空艦爆隊には爆装した零戦はいなかった。ただし、艦爆の被害が多いため戦闘機に爆装したいという考えはあったようだ。

私も戦闘機の緩降下を研究するように言われ、自分で零戦を二回操縦したことがある。

点目標の爆撃は困難であるが、地域に対する爆撃は可能であろうと返事しておいたが、その後どうなったかわからない』

と回想しているが、同じく五八二空艦爆操縦員だった浜園重義さん（丙飛特一一期）は、『私たちが、着隊（五八二空）した時は操縦、偵察合わせて百名以上の仲間がいたが、一二月下旬には五〇名程度になっていた。方面指揮官、司令隊長が協議した結果、あまりにも損害が大きいので艦上爆撃機による昼間攻撃は中止するとの話であった。そして操縦員だけ零戦に配置換え』

艦爆の装備機を昼間攻撃の実施が困難になっていた九九艦爆に代え、すでに戦闘機隊で爆撃を実施し生還率の良い零戦に切り替えてしまおうとの考えと思われる。

昭和一九年一月になって、在ラバウルの五五二空と五八二空の艦爆隊が零戦で訓練を始めた。五五二空と五八二空の本来の機材は九九艦爆であったが、損害が累積しており一二月三一日にも昼間攻撃を実施した九機中七機が未帰還になるなど昼間作戦が困難になっていた。おまけに九九艦爆の機材供給は滞りがちで、昭和一九年一月一日の五五二空と五八二空を合わせた保有機の合計は一四機と、搭乗員の保有組数合計四〇組よりはるかに少なかった。それに対し零戦の機材供給は良好でむしろ戦闘機搭乗員の方が少なかった。

九九艦爆より入手がしやすい零戦を装備して搭乗員の稼働率を上げたい、という考えがあったのかもしれない。一月六日に五五二空は二〇四空から零戦を四機譲り受け操訓を開始する。さらに一〇日にはカビエンから零戦六機（元二航戦のもの）を空輸し、零戦の稼働機を一〇機とし訓練に拍車を掛けた。訓練は、分隊長の山口友治郎中尉（海兵六九期）を中心に定着訓練に始まり、降爆訓練、空戦訓練（追躡運動）、射撃訓練といった内容であった。

五八二空もほぼ同様な経緯をたどったと思われる。

五八二空艦爆隊操縦員の浜園重義さんは、零戦の操訓を受けたと回想する。

『（零戦について）地上で五分間の機内説明、必要事項の教育があり、燃料満タン、ラバウル西方海面上空で訓練して来いとのことである。機体が軽く、操縦性が良い。これならグラマンと対等の喧嘩が出来ると確信した。機銃も射ってみた。二〇ミリ、七・七ミリ。曳光弾が黄色い炎を吹いて真っすぐにとんでゆく。

次は、一キロの爆弾を付けて降爆訓練である。三〇度の降下であるが、速力も三〇〇ノット（五五五キロ）位は軽くでる。しかし、これ位の速力となると浮力が増大して、操縦桿を押さえ切れないほど機首をもたげる。降下速度を浅くもってゆくと着弾は艦爆とほとんど変わらない位、着弾がよい。

私は今でも思うのであるが、あの時零戦に配置換えされたことが、その後の何十回もの苦しい戦闘を乗り越えることになり、今日あるのは零戦と当時の司令隊長の配慮に深く感謝すると共に、私にとって零戦は、神様です』

と、訓練の様子を回想している。

一月一九日に零戦四機（五五二空及び五八二空）が三号爆弾を抱えて邀撃に参加、その後も二四日まで連日邀撃に参加したが、確たる戦果は得られなかった。

三号爆弾は普通の零戦隊でも使用していたもので、主に大型爆撃機編隊に対し、より高い高度から投下し空中で炸裂させ撃墜するものであるが、それらのほかにも『爆弾投下実験』をしている。六〇キロ爆弾であれば通常で使用可能であるので、わざわざ実験する必要もなく、より大型の二五〇キロ爆弾を搭載できるように改造して実験したのかもしれない。

浜園重義さんは、

『基地の航空廠では二五〇キロ爆弾を装着できるよう改造を始めたらしい。飛行機改造も強度の面で問題があったのか、スムーズには進まなかった』

と回想している。

二航戦進出によりトラックに引き揚げた後は、五五二空は九九艦爆にて再建を開始し、零戦にて邀撃に参加していた搭乗員も九九艦爆に戻っている。

一方、五五二空と共にトラックに引き揚げた五八二空艦爆隊は九九艦爆装備のまま二月一日付で五〇一空に吸収され、二月一〇日付で戦闘機三六機が同隊に新設された。戦爆搭乗員は分隊長が山口友治郎中尉のみ五五二空からの転入であったが、その他は五八二空の搭乗員によって構成され、練成を開始した。

しかし、昭和一九年二月一七日に敵機動部隊がトラックを空襲し、五〇一空戦爆隊は零戦約二五機にて邀撃を実施。二月に入ってから本格的に訓練を実施している状況であったこともあり、一〇機が自爆・未帰還となる大きな被害を受けてしまった。浜園重義さんもこの邀撃に参加し、一機を撃墜したものの落下傘降下、大火傷の重傷を負う。

トラック空襲後の三月四日に飛行機隊の改変により、五〇一空戦闘爆撃隊は特設飛行隊の戦闘三五一飛行隊となり、五〇一空所属でパラオに後退した。

三月三〇日にそのパラオまで敵機動部隊の空襲を受け、一二機で邀撃を実施し五機の自爆未帰還を出してしまった。その後、ダバオに後退し戦力の充実を図ったが機材が集まらず訓練は思うようにはいかず、マリアナ沖海戦後の六月二二日になって飛行隊長横山岳夫大尉以下零戦一二機が到着しやっと組織的訓練が実施できた状況であった。

結局、基地航空隊の戦闘爆撃隊は、邀撃作戦に巻き込まれ爆撃作戦どころか爆撃訓練も思うように実施できず、「戦闘爆撃隊」として作戦行動するには至らなかった。艦爆もしくは艦攻搭乗員が操縦する零戦にての組織的な爆撃は、マリアナ沖海戦前には実施されていない。

六五三空戦爆隊編成の理由は?

基地航空隊は損害軽減のため艦爆隊を爆装零戦で作戦をさせようとしたが、三航戦は違う事情があった。

三航戦の攻撃隊の主力を戦闘爆撃機にした理由として、九九艦爆の性能が劣り戦闘爆撃機の方が効果ある、との考えともいわれるが、六五三空のあと編成される六五二空（二航戦）では九九艦爆をほぼ攻撃兵力の約半数近くとしており、変である。

昭和一八年一〇月一二日の源田中佐出張報告で、第三艦隊（一航戦）の話題の中に『飛行特別攻撃隊（主として艦攻搭乗員をもって編成）「千歳」「千代田」「瑞鳳」』とある。これは戦闘爆撃機による特別攻撃隊と考えられ、三航戦編成以前からすでに予定されていたことになる。

三航戦戦闘爆撃隊の特徴は、飛行機が戦闘機に関わらず搭乗員が艦爆、艦攻専修者にて構成されていることである。搭乗員を戦闘機専修者で構成しなかったのには、その数を確保できないことが原因と考えられる。

搭乗員は、開戦以来多数が失われていた。海軍航空隊搭乗員は、下士官兵及び准士官や特務士官（以下これを特務士官以下の搭乗員と称す）が主体となって構成されていた。人事局作製の昭和一六年一二月八日時点の搭乗員数を見てみると、士官及び予備士官が五七六名に対し特務士官以下は六一三二名という値が裏付けている。この時点の戦闘機操縦員は六二七名、艦爆操縦員は三五四名、艦攻操縦員は五八三名であった。

昭和一六年一二月から昭和一八年一二月までに戦没／殉職搭乗員数は、戦闘機操縦員九二〇名、艦爆操縦員は三九〇名、艦攻操縦員は一九八名と、戦闘機、艦爆操縦員は開戦時の搭乗員数と比べると、あくまでも計算上の話であるが開戦時の搭乗員が全て失われてしまった数になる。

圧倒的に戦闘機、艦爆搭乗員の戦没者数が多く、それは当然、前線に配置されている熟練者、中堅搭乗員が失われ、若手搭乗員がかなりの割合を占めていく、すなわち戦力低下が発生していたのだ。戦闘機隊は、防戦に入ったこともあり各航空隊の定数も増加の一途をたどっており、ますます悪循環に拍車を掛ける。

それに対して艦攻操縦員は、元々数が多く比較的損害数も少なかった。

マリアナ沖海戦時、攻撃の主眼はまず敵空母の機能を奪うことにあった。空母の機能を奪うには爆撃による飛行甲板の破壊が有効、当然主戦力としては爆撃となる。しかしながら命中率の高い急降下爆撃を実施する艦爆操縦員は、甚大な損害を受け戦力が低下していた。それに対し、艦攻操縦員はまだ余裕が生じていた。よって、操縦が容易な零戦に爆装、艦爆操縦員のみならず艦攻操縦員も配属した、と考えられる。

それでは機材はなぜ零戦二一型なのだろうか。

艦爆の生産は、九九艦爆が昭和一八年一二月五六機、翌月が五七機、彗星は七六機、八六機といった具合で、各部隊に配給する数を満たすのがやっと。それに対し零戦は三五五機、三六三機の生産であり、ちょうど量産していた中島が零戦二一型から零戦五二型に切り替えている最中で、古い型式である零戦二一型は入手がしやすい状況にあった。艦攻はというと、天山三三機、二九機で、新鋭の天山は再建中の一航戦必要数を満たす程度であった。

つまり、飛行機としても零戦二一型が一番入手しやすかったためであろう。

また、三航戦参謀井口兼夫中佐（海兵五四期）は、『戦闘爆撃機に二五〇キロを積んで爆撃することは、三航戦編成後、同司令部からの意見具申により決まった』と回想しており、三航戦の戦闘爆撃機は、当初六〇キロ爆弾を使用することになっていたものを、戦闘爆撃機は二五〇キロ爆弾を使用可能に急いで改造された。昭和一九年四月には、零戦に二五〇キロ爆弾を搭載し、なおかつ増槽を付け航続距離の増進を図ることは可能と報告されている。

誤解を招く『特別攻撃隊』という呼称

三航戦の戦闘爆撃隊、その後フィリピンで始まった『神風特別攻撃隊』と同様に零戦に二五〇キロ爆弾を装備したこと、その上名称が『特別攻撃隊』ということもあり、体当たり攻撃のテストケースと思われることもあるだろう。

戦闘爆撃隊が特別攻撃隊と呼ばれた理由は、戦爆隊の池田岩松さんは、

『特攻隊の名称は、出撃して南方に行ってから聞きました。何日かその話になり、士官同士でもめておりました』

と回想し、誘導隊電信員の黒田好美さんは、

『零戦の古い二一型を使って、艦爆の代わりに降下爆撃をやる、まず母艦に穴を開けるシステムで初めてであるから特別攻撃隊の名前を付けたんだ、ということは聞いていました。

当時としては、艦爆より身軽だし、爆弾を落としたら空戦が出来る、良いアイディアだと思っていました』

と回想しており、特別な任務の攻撃隊、という意味で命名されたと考えられる。

ちなみに体当たりをした「神風特別攻撃隊」にて散華した搭乗員は二階級特進となったが、六五三空戦爆隊員のうちマリアナ沖海戦戦没者では二階級特進者はいない。

また、「戦闘爆撃機」を略して「爆戦」とすることもあるが、略したら当たり前のことだが「戦爆」となるはずで「爆戦」では逆さまだ。マリアナ沖海戦当時の資料を見てもほとんどが「戦爆」としている。「爆戦」という言葉は、その後出撃した体当たり特攻機に使用されており、「爆装戦闘機」の略称と思われる。

結局、三航戦戦闘爆撃隊は、艦上爆撃機、艦上攻撃機の不足、搭載機数の増加、搭乗員の節約（偵察員が不要）が可能という複合的な要因により、零戦使用による艦爆代用として戦闘爆撃機を採用したのだ。

戦闘爆撃隊（特別攻撃隊）の訓練

さて、戦闘爆撃機の訓練はどのようなことをしていたのだろうか？

昭和一九年三月一日及び四月一日現在の使用可能飛行機数（整備又は修理中）は、零戦二一型四一機（三機）を有しており、当初の搭乗員数四八名より若干少ないものの訓練に支障はない数であった。

戦爆隊の池田岩松さんの回想によると、

『岩国で飛行機が集まってから松山に移動しました（三航戦は三月二日松山に移動）。松山には、一航艦の戦闘機部隊であった「豹」部隊（二六三空）がいました』

○空戦訓練について

『巴戦の練習はやっていないが、曳的射撃の練習は何度かやっています』

空戦関係の訓練は、四月一九日に基本攻撃曳的機、二〇日射撃擬襲曳的機と記録されている。訓練はやってはいるものの、戦爆隊は艦爆、艦攻操縦員を充当しており、普通の戦闘機に比べて空戦能力が低かったのは事実であろう。

○爆撃訓練について

『松山に移動してからは、瀬戸内海で降下爆撃訓練を実施していました。だいたいは瀬戸内海に数多くある小さな島を目標にして、島をめがけて突っ込んで引き起こす訓練をやっていました。小型演習弾にて、標的艦「摂津」を目標にした爆撃訓練もありましたが、一〜二回程度でした』

戦爆隊は降爆訓練を中心に訓練を実施、三月二八日より対「摂津」降爆訓練開始、四月一七日には「大和」に対する降爆擬襲も実施し

ている。

『爆撃の照準器は零戦にはありませんので、目見当を付けて落とす形になっていました。まあ、当たることが出来る高度までつっこめということだったのでしょう。艦爆のように、エアブレーキがありませんので、緩降下で降りていきます。艦爆のように四五度ではつっこめません。零戦で角度を付けすぎると過速になり、操縦桿が利かなくなります』

艦爆との違いとして、爆撃照準器、エアブレーキ（抵力板、抵抗板とも呼ばれる）の有無をあげられているが、先の「ろ号作戦」時にもすでに艦爆もエアブレーキを使用していなかったので、エアブレーキの使用有無の差はないといっても良いのかもしれない。

『最後は一五〇〇までおります。当たるか当たらないか位まで落として、爆弾を投下、そうすると今までの惰力で飛行機が沈下し、海面すれすれで這うように高速で逃げます。その時間は一〇秒か二〇秒です。

戦爆隊は、四機編隊で、離脱するときには二機、二機にわかれてお互いに交差するように飛行します。そうすれば、敵戦闘機が来ても片方の機が攻撃すればよいわけです』

○航法について

戦闘爆撃機は艦爆など二座以上の機とは違い偵察員が同乗しておらず、航法の問題があった。そのため、行きは天山の誘導を受けていた。

『単座機の帰還はかなり無理があったと思う。単機帰投の練習はしていない。

天山は誘導として戦爆機の前を三機飛んでいた。敵が来たら天山は退避して集合地点（基点から何度何浬と指示された）の海に目標を投じて、一五～二〇分待っている手はずであったと思う。

しかし、飛行機隊は進むにつれて針路はめまぐるしく変わるので、基点への針路は単座機ではなかなか追いきれないものがありました。また、単座機では見張りもしている必要もあり、計器を見るのを、ちらっちらっ程度がやっとでした。

帰投装置のクルシーは全機についていました。無線電話は私たちも付けていました。ただ、そういうものの使い方を専門に習わなかった』

○増槽について

戦闘爆撃機は、航続距離を伸ばすために増槽を装備していた。

『増槽タンクは翼の下に一つずつ付けました。

増槽を付けて巡航飛行すると抵抗が大きかった。戦闘機や誘導機についていくのにも増槽を付けていると抵抗が大きく、苦労しました。

増槽を付けたのは松山で、それから母艦へ持っていきました』

○着艦訓練について

『空母を使った発着艦訓練も、慣れない搭乗員が多かったので、何遍もやりました』

（着艦収容訓練については四月八日擬接艦、接艦、一六日に着艦訓練、二一日から「千代田、瑞鳳、千歳」の収容訓練実施）

やはり夜間訓練も実施していて、薄暮夜間、編隊夜間定着、黎明総合訓練などを実施し、訓練自体も充実していたように感じられる。

索敵隊、誘導隊の訓練

昭和一九年三月一日及び四月一日現在の使用可能飛行機数（整備又は修理中）は、九七艦攻一二型一六機（二機）であった。

三月中は計器飛行訓練などの記述が見られるが、三月下旬には着艦訓練に備えて定着訓練が頻繁となる。

四月にはいると暗号書取扱、艦型識別などの電信員や偵察員の訓練を実施され、雷撃の訓練は、編隊発射運動、襲撃運動、魚雷発射を三日ほどで、それほど実施されていない。

着艦訓練は、四月八日に擬接艦、接艦訓練を実施、一六日には着艦訓練を実施している。

索敵隊は九七艦攻を使用していたが、これには電探（レーダー）が装備されていた。しかし、電探の電波輻射中に電信機の受信能力が低下してしまい、機体改装には最小限四〇日かかると三月二七日に報告しており、作戦中あまり有効に使われなかったのではないか、と推測する。

三航戦索敵隊は、六月以降になれば天山に更新することが可能になる見込みであった。しかし、五月初頭には内地を出撃しており機材を天山に更新することはなかった。

一方、誘導隊は、昭和一九年三月一一日に天山一二型の完備機九機を七五二空から命令により引き渡されている。この出来事でせっかくの完備機を取り上げられてしまった七五二空の士気は下がった。

誘導隊電信員の黒田好美さんは、訓練について次のように回想している。

『九七艦攻と天山にわかれたのは、誘導隊と索敵隊にわかれてから、松山に行ってからです。

だいたい三五〇浬のアウトレンジ攻撃を行なうのに、一〇〇浬ぐらいの航法訓練をやっている状況でした。松山基地を出て佐多岬を経由して、太平洋方面の一〇〇浬前後の洋上航法、通信訓練、帰路瀬戸内海周辺航行中の艦船に対する雷撃訓練を実施していました。訓練で一〇〇浬で実戦は三五〇浬というのはどだい無理な話だと思います。

特別作戦全般の説明は特になかったが、機種ごとの訓練の内容によって作戦要領が日を追うごとに理解できました。それと共に、訓練を共にする六五三空全般の搭乗員の顔ぶれも見えてきた。各機種共に約半数は実戦の経験を得たベテランであることがわかってきた。日が経つにつれて夜間訓練を含む猛訓練をくり返された。

訓練の最中、飛行場周辺の国防婦人会の方々が直径五〇センチもあろうかザルにゆで卵を入れて、指揮所に慰問に来てくれて、激励を受けたことがあった。訓練終了後は割合自由時間が与えられた。瀬戸内に夕日が沈む頃、ペアの山元と二人で砂浜を歩いている内に村に出ました。老婆と出会い、もう暗くなるから、今晩良かったら泊まって帰りなさいと、役場に務める渡辺さんの家に案内してくれた。瀬戸内海でとれた蛸飯を御馳走になり、久方ぶりの家庭の雰囲気につかり、明日の訓練の英気を養いました。

隊内では特別に配慮された加給食として果物のほか、各種缶詰、各種菓子、煙草（桜、光、きんし）が支給されたが、桜だけ残して他は整備、通信科に配布した。酒類は酒、ブドー酒、ウイスキー（スコッチ）など外出時または夕方、村へ出る時は持って出た。

土曜日の午後から日曜日にかけては制服に着替えて松山市内、道後方面へと各ペア、同期生ごとに出かけた。

機長の海藤兵曹（先任下士官）は当時二七歳で真珠湾攻撃以来の歴戦の勇士。口髭を蓄えているが、心優しく「黒」々と呼び、今日は搭乗員の酒の飲み方を教えてやるから俺についてこいと、松山市内の城の南側花園町、立派な門構え古い料理屋に連れて行かれました。

上品に着飾った幾人もの仲居さんの出迎えを受け、こそこそと機長の後ろについて行った。当時街はかなり食料難の時代にもかかわらず、瀬戸内の見事な料理でもてなしを受けました。立派な踊りを見せてくれたり、これからの我々の行く末を案じてくれたり、いろいろのことを教えてくれました。

三月末になると道後温泉の桜が見事で、心なしか出撃を控え、一層美しく見えました』

索敵隊と誘導隊は、四月二日に洋上訓練の都合で訓練基地を鹿児島飛行場に移動することになった。

鹿児島での訓練について、黒田好美さんは、

『鹿空を離陸するとすぐ洋上で、より遠距離までの夜間訓練を含めた洋上航法、通信、暗号取扱、見張り訓練及び航行中の船舶に対する雷撃訓練が真剣に行われた。そのころから特に自然と己の技量の程を意識し、生死をかけた訓練及び気構えが見え始めた。

日を追うごとに夜間着艦も考慮した訓練が多くなりました。

夜食を早めに終え、総員で飛行場照明を設置しました。滑走路両側に約五〇メートル間隔でカンテラ（石油燈）を設置。また、操縦員が着地する地点に接地角度に応じた高さにカンテラを設置する。

操縦員はその角度を睨んで降下着陸しました。訓練から帰投した機は、オルジス（スイッチ付懐中電灯）のモールス符号で指揮所に着陸許可を受け態勢に入っていく。

そんな訓練の合間、ある休日に機長は谷山の古寺を訪ね、座禅を組まされた。

和尚は猛訓練の様子を庭から眺めており、戦局の重大さを認識しておられて、覚悟に対する心構えについて話をされました』

と回想する。

着艦訓練は、四月八日に擬接艦、接艦訓練を実施は他隊と同じであるが、すぐ翌日には着艦訓練に入っている。

索敵隊は九七艦攻より重い天山を使用しており、黒田好美さんは、

『周防灘沖を全力で航行する「千歳」へ向けての発着艦訓練が開始された。

電探装備の天山では特空母の「千歳」の飛行甲板は短すぎ、エンジン全開にしてスタートしても艦首から落ちる感じがしたが、さすがベテラン操縦員（機長）で見事な発艦でした』

と回想している。

誘導隊はその名の通り、航法能力が低い一人乗りの戦闘機隊と戦闘爆撃隊を誘導するものであったが、雷撃訓練も襲撃運動、魚雷実射というように実施していた。

四月一七日、一九日電探訓練、二一日電探試飛といったように電探についても訓練を行っていた。変わったところで旋回銃の射撃訓練か、射撃曳的というのがある。

それにしても誘導隊は、実際に戦闘機隊と戦闘爆撃隊を誘導する訓練を実施していたのだろうか。

この点について、黒田好美さんは、

『戦闘機隊や戦爆隊との総合訓練は実施していません。会敵の時、それぞれがどのように動くか、どのように連絡を取りあうのか、訓練をしていなかったのです』

と回想している。各隊とも激しい訓練を実施していたが、総合訓練については、実施されていなかった、もしくは各人に記憶が残らない程度の訓練しか実施されていなかったのだろう。

内地出撃す

五月五日、飛行機隊はいよいよ各空母に着艦収容された。翌六日午前中に全部隊が航空戦教練を実施。七日から九日は整備作業、座学、散歩上陸で過ごした。

「千歳」乗組の黒田好美さんは、

『搭乗員最後の上陸、訓練中お世話になった渡辺さん宅を訪れ、南方出撃を告げたところ、取れたての鯛と蛸飯で出撃を祝ってくれました。

一〇日早朝、一〇キロ近くある三津浜まで自転車のに台に乗せてもらい、三津浜港についた。

走行中に渡辺さんが

「必ず生きて帰れよ」

と励ましてくれました』

というエピソードを回想している。

一〇日午前に三津浜出港、同日午後、二航戦が待つ佐伯に入港。

一一日〇八二九佐伯出港、内地を後にした。

タウイタウイまでの航海中、航空部隊では九七艦攻が対潜直衛に当たったほかは、もっぱら整備作業であったが、「千歳」「千代田」が各機種飛行機を試飛行させている。そんな中、事故は起こった。

一三日に下田實穂上飛曹が操縦、偵察には桑原平二郎上飛曹といずれも甲飛九期生が乗る九七艦攻五四号が「千歳」に着艦の際、墜落し沈没。桑原上飛曹は行方不明となった。

この事故を見ていた「千歳」誘導隊の黒田好美さんによると、

『下田上飛曹操縦の九七艦攻が着艦に失敗し、母艦上にいた戦爆隊の八木大尉はなにか飛んできたものが当たって、負傷しました』

ということがあり、戦爆隊の八木勲大尉も負傷してタウイタウイで下船することになる。

三航戦各母艦は二航戦と共に、タウイタウイに一六日一九四三に入港した。

一航戦

マリアナ海戦前　タウイタウイ

タウイタウイで待機中、多くの記念写真が撮影されている。出撃を前にして撮られる恒例のともいえるが、胸中は自信？それとも不安？それとも……。写真から読み取れるだろうか？

六〇一空艦爆第四中隊一同
（提供／横山良一）
○後列左から
市野武上飛曹、不明、河野義次一飛曹、早川豊彦上飛曹、山本淳一郎上飛曹、荒川實上飛曹
○中列左から
大脇為親上飛曹、不明、不明、不明、高橋為吉二飛曹、不明
○前列左から
横山良一上飛曹、大坂雄治飛曹長、嶋田雅美大尉、松岡孝飛曹長、坂本重雄上飛曹

○後列左から
不明、不明、長岡智恵敏上飛曹、伊勢龍太郎飛曹長、姫路松幸上飛曹、三島輝夫飛曹長、不明
○前列左から
不明、神野藤雄一飛曹、松村努中尉、北尾圭三大尉、不明、横森茂上飛曹

瑞鶴偵察用天山搭乗員一同／昭和十九年五月二五日撮影の偵察用天山搭乗員の集合写真。十五名であるから五組乗り組んでいたことになる。堂々と座る歴戦の松村中尉に対しやや遠慮が見られる若い北尾大尉、この二人の関係が表れている一枚といえよう。（提供／長岡智恵敏）

第八章　第二航空戦隊、またもや再建

第二航空戦隊、またもや再建

六五二空となる

三月一〇日、二航戦各母艦は飛行機隊を削除され、六五二空が岩国基地にて編成された。同日、司令として二航戦司令官城島少将が兼任している。幹部は、三月二九日に、司令は二航戦参謀兼「隼鷹」飛行長の鈴木正一中佐（海兵五二期）、副長には以前「飛鷹」飛行長でゆかりのある中西二一少佐（海兵五七期）、飛行長は大村空飛行隊長から山下政雄少佐（海兵六〇期）が発令された。

三月一〇日時点の保有機は、岩国基地に零戦一八機があり、艦爆、艦攻はなかった（艦爆は移動中）。艦攻隊の天山講習のために、横空に派遣されていった。

一二日に移動していた艦爆一五機がトラックより岩国基地に到着。一三日から飛行作業が始まり、一五日から訓練飛行が始まった。

他の航空隊から補充員も続々と集まってきており、その中の一人、大分空からの転勤だった戦闘機隊分隊長の香取穎男さん（海兵七〇期）は、

『六五二空が岩国で編成が始まる、ということで岩国に向かいましたが、休暇でほとんど誰もいませんでした。

飛行機は無いし、どうしていいかわからない。そのなか、岩国では防空戦闘機隊が張り切って訓練をしていました。そこに大分空にいたころ仲が良かった同期生の田中瑞穂がいまして、そこにいって「乗る飛行機がない」と言ったところ、「うちの飛行機を使え」と言ってくれ、そうこうしているうちに腕に自信がある下士官兵が「香取さん、一丁行きましょうか」と呉空岩国分遣隊の連中と上がって格闘戦の練習をやっていました。

そのうちに二航戦の搭乗員もラバウルから帰還して来ました。補充される搭乗員も帰ってきた搭乗員もそろって一ヶ月くらい訓練しました』

と回想し、薬師寺大尉と入れ替わりに艦爆飛行隊長になった阿部善朗（善次）さん（海兵六四期）は、

『百里空から岩国に着任した時、宮内大尉がいてそこで始めて九九艦爆が三個中隊に彗星が一個中隊というのを聞きました。このような編成になったのは、彗星の生産が間に合わなくて、二航戦が要求した結果やっと一個中隊分を確保できた、と理解しています。宮内大尉が彗星をやりたかったらしいけど、俺がやる、ということで彗星隊には与えられた四個中隊の内、レベルの上の搭乗員を集めた記憶があります。

九九艦爆は、制式採用が開戦の二年前で、搭乗員も整備員もマスターして使い慣れたいい飛行機ではあったが、固定脚だからスピードが遅かった、旋回性能はそこそこあったけど。急降下爆撃をするために、機体を頑丈にしなければならないことで、艦戦、艦攻に比べて一ランク遅れていたと思う。彗星はまだ整備員が十分に使いこなせてなく難しかったけど、乗る方から言えば九九艦爆とは段違いで、スマートでスピードが出るし良かったと思う。自由に発着艦で

きるのであれば、彗星の方がよかった』

と、彗星と九九艦爆にわかれたエピソードを回想している。

ちょうど、彗星艦爆は一一型から一二型へ切り替え中であった。一二型は出始めなので不具合も多く使用に不安ある状態で、一一型では機数が揃えられなかったのだろう。ちなみに九九艦爆は完全に時代遅れとなり、工場に余っている状況になっていた。

戦闘機隊の香取穎男さんは、

『岩国にいるときに艦爆隊と航空戦教練を二回ほどやりました。そのときの相手は九九艦爆だったのでのろくて、零戦に乗っている我々はつんのめって苦労した思い出があります』

と艦爆との協同訓練を回想している。

二航戦は編成が遅かったこともあり、自分の部隊で精一杯のはずだったのだが、機動部隊司令部(一航戦兼務)では理解していなかったのか、本来一航戦でやるべきことを押しつけてきた。

三月一二日に機動部隊司令部は、「大鳳」がシンガポール進出する時、対潜直衛に二航戦の艦攻搭乗員約六ペアを六〇一空の天山五機にてあたるように下令した。しかし、二航戦の艦攻隊員はまだ天山の講習も受けていない状態であり、出来る話ではなかった。

そのかわり三月二五日に、二航戦の九九艦爆六機が「大鳳」に搭載され、指揮官は九九艦爆隊の指揮官である宮内安則大尉で、合計して艦爆搭乗員八組が「大鳳」に臨時乗組、同艦シンガポール回航中に対潜直衛に従事した。

九九艦爆隊は、搭乗員の顔ぶれが二航戦ラバウル投入時とそれほど変わらないとはいえ、二航戦としては余計な任務で貴重な時間を浪費した。なお、「大鳳」に派遣された搭乗員は、四月一四日に帰隊している。

戦闘爆撃隊編成

二航戦でも戦闘爆撃隊が編成され、三月二〇日から訓練が開始された。

艦爆隊飛行隊長の阿部善朗さんは、

『戦爆にはびっくりした。戦闘機に爆弾をつけて降爆するっていうんだから、いよいよ死にものぐるいだな、と思いました』

と回想している。

二航戦の戦闘爆撃隊がなぜ編成されたか、については資料を得られない。旧式化した九九艦爆や艦攻に替わって、新型機である彗星、天山がまとまった数を供給される可能性はないので、飛行機を集めやすい零戦で戦闘爆撃隊を編成。戦闘爆撃機は、もともと戦闘機である零戦を使用するため生存力が高く昼間強襲に適している、と考えられていたので、これで第一撃を、との判断かと思う。

この戦爆隊には、ラバウル、トラック方面に進出した二航戦の艦攻隊だった若手搭乗員四名も含んでおり、「飛鷹」艦攻隊だった木須奨さんもその中の一人だった。

『内地に帰還後に戦闘爆撃隊が編成され、まず岩国基地に向かいました。そこで飛行機に乗り始めました。

訓練は、実戦に参加した搭乗員と飛練を卒業して間もない者も一緒にやっていました。システム的にわければいいのですが、そういうことはやりませんでした。これはシステムの欠陥だと思います。戦後自衛隊に入り、やはりパイロットとしてジェット機に定年まで乗っていて、アメリカ式の訓練方法も体得しましたが、比較すると飛行時間の短いもの、実戦経験のあるものはわけて訓練すべき所、当時それをやらなかった。現実には古いパイロットは来るが若いパイロットも来る、そして一番若いパイロットに合わせて訓練を実施していました。

飛練卒業したての若いパイロットが配属されてきたのだと思いますが、編隊飛行中、プロペラで兵学校出の中尉が操縦していた一番機の胴体を叩き切ってしまい、その中尉は殉職しました（海兵七〇期の島田良作中尉）。戦爆隊の訓練は、岩国では殉職者が出たりしたので、そんなにやる暇もなかったと思います』

また、二航戦艦爆隊からも人員を供出したようだが、その中の一人、星子富士人さんも病に倒れ、二航戦艦爆隊から戦闘爆撃隊員としてマリアナ沖海戦出撃者はいない。

四月に入り訓練本格化

二航戦は四月一日になっても完備機（修理機）は、零戦五二型一二機（一機）、零戦二一型三〇機（四機）、九九艦爆一四機（四機）という状態で機材も順調に集まっているとは言えなかった。

戦爆隊の木須奨さんは、

『佐伯にいた頃、中島の小泉に、新しい零戦を受け取りに行きました。

小泉で作られてばかりの零戦を受け取り、厚木まで飛ばし、そこの航空廠で機銃などを装備する手筈になっていました。

編隊を組んで、小泉から厚木に向かって飛んでいた途中、エンジンが止まり陸軍の立川飛行場に不時着したのです。その頃は大量生産を行っていたものの今のように品質管理というのが出来ておらず、これは後でわかったのですが、私の機は燃料系統の切り替えが表示と実際が異なっていたのです。何かの弾みに燃料が流れなくなり、エンジンが止まったのです。エンジンが止まったらまずポンプをつけ、と指示されていたとおりにつきましたが、動かず。燃料コックも両方から吸うようになっていた。仕方なく下を見たら立川の飛行場が見え、そこに脚を出して着陸しました。

さて、陸軍の飛行場だから、零戦の整備は出来ない。海軍の整備員を待って二晩泊まりました。厚木から立川までそんなに離れていないのに。

零戦に詳しい整備員がようやくやってきて、エンジンの調子を見てみたらすこぶる良い。

整備員は、

「厚木はすぐそこだから、この状態で行けば大丈夫だから、飛び上がってくれ」

という。やはり機材を分解してみないとわからないらしい。

私も地上で調子が良かったので、通常戦闘機ではあり得ないのですが、飛行場のエンドまで行って離陸しました。機体が浮き上がり、脚が半分ぐらい入ったところ、高度二〇〜三〇ぐらいのところでエンジンがストップ。

脚をすぐ降ろしたが、当時は油圧で働くのでゆっくりしか動作せず、飛行場内に胴体着陸となりました。新しい飛行機はパアになりましたが、私自身は着艦経験があったので怪我は何もありませんでした。くだんの整備員は申し訳なさそうな顔をしていましたね。

飛行機がなくなったので、仕方がなく汽車で厚木には行かず、佐伯に帰りました。

佐伯に帰って報告したら

「なぜ脚を出しっぱなしにしなかったんだ」

と文句を言われました』

と機材空輸中のことを回想している。

三月一八日に空輸していた天山が墜落、宮崎昌敏大尉（海兵六九期）が殉職、四月一七日には受け入れのために鈴鹿でベテランの中村士五郎少尉（操練二四期）が操縦する天山を試験飛行中していたところ墜落、中村少尉と同乗していた偵察員と整備員も殉職した。新機材天山の事故が目立っていたが、飛行機の受け入れを続けていた。

九七艦攻から天山に変わり速度がカタログ値で五六ノット（約一〇四キロ）も向上していた。ハワイ作戦にも雷撃隊に参加した経歴を持ち、「隼鷹」艦攻隊としてラバウルで戦ってきた浦田直さん（操練五三期）は、それでも『もっとスピードが欲しい』と回想している。艦攻隊は、昼間の攻撃には十分な制空隊もなく夜間攻撃が主になっていた。天山が速度が向上していてもＦ６Ｆなどの敵戦闘機にはやはり劣り苦しかった。『若い人独りで基本訓練』（浦田直さん）を中心に訓練をしていたが、天山は機材の集まりも悪かったのでなかなか思うようには進捗《しんちょく》しなかった。

四月一日の現状は、零戦隊と九九艦爆隊は基地兵力として約六〇％使用可能で、彗星隊と天山隊は横空での基幹員講習が終了したのだが、機材受入れが彗星六機、天山はなしで本格的な訓練開始はまだ行われていなかった。戦闘爆撃隊も三月一九日に訓練を開始したばかりで当分訓練が必要な上に、戦闘爆撃機に改造に対する諸準備が終わっていなかった。

着艦訓練は零戦隊、戦爆隊、九九艦爆隊は四月一一日から彗星、天山は四月下旬から開始する。南東及びトラック方面よりの基地員の集結、補充員の転入を行っていたが、集合出来たものは約六五％、特に整備員、兵器員が不足するという状況であったが、四月末に母艦兵力として作戦可能になることを目標に急速練成を行っていた。

二日に戦闘機隊の三六機と戦闘爆撃隊八機が飛行機の数が増えてきたのと着艦訓練のために佐伯基地に移動した。翌日の三日には横空に派遣されていた天山、彗星関係員が岩国基地に帰還した。ここでようやく彗星、天山を受け入れる態勢になったのである。

彗星隊の阿部善朗さんは、

『私は横須賀に行った記憶はありません。彗星はぽつりぽつりと来たと思います』

と回想する。

六日に六五二空司令兼任であった二航戦司令官城島少将が兼任を解かれ、新司令の鈴木正一中佐が着任した。

ところで、内地訓練の利点を生かして搭乗員の補充も柔軟に行われていた。戦爆隊の野口八郎さん（乙飛一二期）もその中の一人であった。

『私が六五二空戦爆隊に転勤命令を受けたのは昭和一九年三月末で、茨城県の谷田部海軍航空隊で第一三期海軍予備学生の中間練習機の操縦教員をしていた時です。

私は艦上爆撃機の専修ですから艦爆隊に行くものと思っていました。当時艦爆隊は山口県の岩国海軍航空隊を基地として訓練をしていましたので岩国航空隊に行くように言われ降りる駅は山陽本線の麻里府駅（現在の岩国駅）であると教えられました。

岩国航空隊に着任して、先任下士官に着任の挨拶を済ませると、ちょっと待ってくれといってどこかに行き、しばらくして

「野口兵曹はここではない、センバク隊だ。センバク隊の基地は佐伯航空隊だ。今から飛行機で送ってやるからすぐに準備するように。」

と言われました。

センバク隊とは初耳だったが聞き返すのも悪いと思って黙っていました。その日の内に艦爆の後席に乗せられて佐伯航空隊に着きました。この佐伯基地が私の赴任先である六五二空戦闘爆撃隊だったのです』

一一日はいよいよ「隼鷹」に於いて第一回着艦訓練が実施された。一二日には「飛鷹」にて、一四日は「隼鷹」にて引き続き実施した。

戦闘機隊の香取穎男さんは、

『私は着艦訓練をやったことがありませんでしたが、海軍の飛行機ですから定着訓練をずいぶんやっていましたて、実際やってみたらたいしたことはありませんでした』

と回想する。

一五日に二航戦司令官は実状を報告した。まずは各隊の状況に触れている。

戦闘機隊は、平易な状況で全機着艦可能であったが、戦闘訓練が不充分であるために辛じて簡単な作戦が可能。

戦闘爆撃隊は、爆装改造工事が四月三〇日に終了するが、空技廠の空中実験が終わっていないため、発艦性能、航続力など至急検討する必要があった。搭乗員は二七名中約二二名が初度着艦訓練を終了するが、新編成であるため、爆撃訓練などが不充分であり五月下旬まで訓練する必要がある。

九九艦爆隊は、ほとんど入れ替わりがなかったために、訓練は不充分であったが平易な状況であれば母艦兵力として作戦可能である。彗星隊は一〇機を領収しており、着艦拘捉鉤は未装備で四月二〇日以降装備。四月一五日に訓練を開始したので五月末に概成する。彗星を九九艦爆に転換する件に関しては、機材の準備と訓練などの関係で急速な実現は困難である。

天山隊については、天山一二型を現在五機領収し、全機領収は四月末。着艦拘捉鉤は五月初旬以降に装備、電波探信儀の装備工事は五月中旬とする。五月末にて概成する予定であった。

着艦訓練は、戦闘機及び戦闘爆撃機、九九艦爆に対し四月一一日より「隼鷹」が二日、「飛鷹」も一日実施　二三日より天山を除いて二航戦三艦が三日実施の予定。

各隊の索敵訓練が概成した後、重要な飛行機隊の綜合訓練、母艦との連合訓練に約一〇日間が必要で、夜間訓練はとても実施出来ない。

このように機材、補用品や諸要具などは集まらず、訓練も不十分な状況下では、予定通り五月上旬に出撃するのは難しい。二航戦の希望としては、全兵力の訓練概成がなされる六月上旬まで出撃を待ってほしいが、「隼鷹」「龍鳳」に訓練の概成した戦闘機五四機、艦爆二七機を搭載(「龍鳳」に戦闘機三〇機搭載)し受令通り出撃、「飛鷹」を残し五月末まで戦闘爆撃機二七機、彗星九機、天山一八機の訓練に従事させるか、実施は相当困難であり効果的でもないが天山以外の全兵力を母艦に収容か空輸にて前進基地に進出し、速やかに訓練飛行、着艦訓練をする、などの方法を採りたいと具申をしている。

訓練が遅れているのは、戦闘爆撃隊、彗星隊、天山隊で、どれも次期作戦の鍵を握る部隊であり、二航戦司令部としてはこれら部隊の訓練を何とか続けたい意向であった。

しかし、二航戦の希望は許されなかった。

結局、二航戦の母艦は、三艦同時の出撃を目標とし極力戦備を促進する。具体的には、戦闘機隊及び九九艦爆隊は出撃までに全機が昼間作戦可能になることを目標とし、遅れている彗星隊、天山隊、戦闘爆撃隊は作戦可能の見込がある一部を急速に訓練する。彗星隊及び天山隊は最小限の偵察、戦闘爆撃隊の誘導が可能であれば作戦に参加させる。彗星隊は一部でも九九艦爆隊にて作戦が可能になるように万難を排して手配をする、ということになった。

それにしても、二航戦も好きでこのような状態になったのではなく、二航戦を南東方面からなかなか引き揚げさせなかったつけが回ってきているのだが、訓練延長は許されずに終結を急がされた。これは、五月中旬頃に敵が来攻するという判断があったものと思われる。結果論では五月末まで訓練していてもマリアナ沖海戦には間に合ったのだが。

訓練延長を許さずに終結を急いだ結果、二航戦の戦力は九九艦爆隊のみ整っている状態で、機動艦隊司令部から予備兵力的に扱われる。

訓練途中でタウイタウイへ

話を訓練の話に戻そう。

四月一六日から第一回標的艦「矢風」爆撃が開始され、二一日に終了している。

予定通り、二三日から再度着艦訓練が開始された。この時彗星隊も最初の着艦訓練を行ったのだが、いきなり一機着艦に失敗して殉職者を出してしまった。二四日に艦攻隊が着艦訓練に備えて大分基地に移動した。二六日からは第二回「矢風」爆撃を実施し、五月一日、二日は、艦爆隊は対「矢風」動爆を実施、戦爆隊は着艦訓練を実施した。

戦闘爆撃隊の木須奨さんは、

『佐伯にいる時、「飛鷹」に対して着艦訓練、連続収容訓練をやりました。

連続収容は、着艦した飛行機を一機ずつ格納庫に降ろすのは時間がかかるので、飛行甲板の前に運び飛行機を貯めていく方法で、飛行甲板には着艦機が飛び込まないようにバリケードをたてるのです。

その時に零戦で着艦して飛行機を飛行甲板の前の方に進んでいった。母艦は風上に走っていますから強い風を受けるので、エンジンを一三〇〇回転ぐらいにして進むのですが、バリアーをかわって、いざ止めようとしても、当時の零戦はブレーキの利きが良くなかったので止まらない。前には飛行機が置いてあるので向かい風も当たらなくなってきた。

これはいかん、と思いエンジンのスイッチを切りブレーキを一生懸命踏みました。ところが飛行機は惰性で前に進んでいく、これは前の飛行機にぶつけるかな、と思っていたらポケットにいた整備員がチョーク（車止め）を投げてくれました。しかし、車止めは片側にしかはまらず翼端がクルッと回ってしまい、その回った翼端で整備員をはねてしまって、その整備員はポケットに張ってある、転落防止用の網に跳ばされてしまいました。

艦橋から見ていた人には、その整備員が海中に跳ばされたように見え、トンボ釣りの駆逐艦が誘導するためその方向に発煙筒を投げるということもありました。

私はやはり冷や汗が出ました。それで整備員にブレーキがちゃんと利くように整備してくれ、といったことを憶えています』

とのエピソードを回想している。

五月三日は、艦爆隊が引き続き対「矢風」動爆を実施した。四日になって、やっと天山隊の着艦訓練が実施された。

さて、あまり記録に出てこない彗星隊はどのような訓練をしてい

たのだろうか。彗星隊隊長の阿部善朗さんは、

『分隊長の久我純一大尉（海兵六九期）が非常に優秀な男で、彼が訓練の計画を立てて私の所に持ってくるので、私は彼が立てた計画通りやっているだけでした。

よし、戦闘にいつでも来い、というほどの訓練は岩国でやってないことは事実。射撃訓練はやってないと思う。演習弾をつけて爆撃訓練はやっていないが、急降下運動は何回かやったと思う。高度三〇〇〇メートルで突っ込み始めて高度二〇〇〇で降下角度を五〇度にして高度四〇〇で引き起こすと何ノットになるのか、どこまで加速するのか、というのを見た記憶がなく、そこまで訓練出来なかったのだと思う。

九九艦爆では四〇〇〇メートルぐらいしか上がったことがなかったけど、彗星では八〇〇〇メートルまで上がれるということで、八〇〇〇まで上がるとどれくらい空気が薄くなるのか岩国上空でやりました。日本海と瀬戸内海と太平洋が一望した思い出があります』

と、彗星を使った訓練があまり出来なかったと回想している。

次期作戦のもう一つのカギ、戦闘爆撃隊について、戦闘爆撃隊の木須奨さんは、

『佐伯に移って、そこで緩降下訓練とかそういうものをやりましたが、戦技訓練なんて幼稚なものしかやりませんでした。

当時私は、もっと空戦とか射撃とかを段階に応じてなんで訓練しなかったのかな、ということをつくづく思っていました。空戦や射撃を教えると爆撃せずに空戦をしてしまうから、と思っていたのかもしれません。

艦攻の操縦員から、戦爆の操縦員に変わり、緩降下爆撃をすることになったのですが、別に苦労したことはありません。

照準の仕方も難しいものではなく、緩降下してだいたい高度三〇〇メートルぐらいで投弾する手筈になっていました。しかし、緩降下やって三〇〇まで落とすとほとんど撃墜されます、つまり（体当たり）特攻みたいなものです。（体当たりする）特攻隊が出来るまで、私たちが特攻隊だと考えていました。一緒にやっていた吉野兵曹（甲飛八期）と「これは特別攻撃隊だなあ」といいよったものです』

と回想している。

また、二航戦は空戦訓練も実施していたことは関係者の一致した回想、といわれるのだが、二航戦戦爆隊は編成時期が遅いのでとても空戦訓練をやる時間があったとは思えない。

また、戦闘爆撃隊の野口八郎さん、木須奨さんは共に
『佐伯基地での訓練は主に緩降下爆撃と着艦訓練でした。曳的射撃訓練や空戦訓練も実施していません』

と回想しており、空戦訓練をやっていない。

戦闘爆撃機は、航続距離を出すために増槽を翼下に装備する。零戦は、増槽を本来胴体下に装備するので、翼下に装備するには改造が必要となる。

それについて木須奨さんは、

『戦爆機がつけた、翼の下につける増槽タンクは、丸くてベニヤ製だったと思います。

大村航空隊の隣に（第二一）海軍空廠があって、増槽タンクをつける工事をやりました。普通は増槽を翼の下には設置していませんから、燃料パイプをつけるのです』

と回想している。

二航戦は訓練をまだまだやりたいところだったはずだが時間切れとなった。いよいよ五月六日、二航戦の三隻の空母は岩国沖出港、岩国にあった飛行機を着艦収容し、七日には母艦は佐伯湾に入港、佐伯基地の部隊を各母艦に配乗させた。

そして一一日の〇八〇〇、タウイタウイに向けて三航戦と共に佐伯湾を出撃した。

タウイタウイに向けての航海中は、艦爆が対潜直衛、哨戒を実施し、他は整備作業、補修教育を実施していた。航海中の一五日に、今まで出来なかった航空戦教練が実施され、艦戦五機、戦爆九機、天山六機が参加したが、いきなり天山二機が着艦の際に事故により大破してしまい、訓練不十分さを再認識させられた。そんな中、タウイタウイに到着する。

隼鷹戦爆隊（提供／佐藤吉雄）／後列左から、藤井員正二飛曹、吉野礼男上飛曹、松香史郎二飛曹、佐々木規雄二飛曹、西山慶美一飛曹、橋本俊市一飛曹。前列左から、大川豊信上飛曹、石見丈三少佐、佐藤逸郎大尉、太田満上飛曹

マリアナ海戦前　タウイタウイ

二航戦

「隼鷹」戦闘機隊搭乗員一同（提供／日高盛康）
後列左より、中尾敏夫二飛曹、元木正博上飛曹、河津計太郎一飛曹、井ノ口保生上飛曹、鈴木正一上飛曹、真鍋重信上飛曹、今村幸一上飛曹。中列左より、安井孝三郎飛曹長、高沢謙吉大尉、吉村博大尉、菅井三郎飛曹長、甲斐巧飛曹長。
前列左より、浜田四郎一飛曹、井上勇二飛曹、高田二郎一飛曹、森萬也飛長、栗山一平一飛曹、森田寅三郎二飛曹、渡辺有明上飛曹

「飛鷹」戦闘機隊搭乗員一同（提供／日高盛康）
後列左から、折原由雄上飛曹、阿部正夫上飛曹、真田栄治上飛曹、小丸政己上飛曹、山城武夫上飛曹、竹下賢太朗上飛曹、野口作二飛長。中列左から、井村二郎飛曹長、香取潁男大尉、小林保平大尉、竹中義彦飛曹長。後列左から、川崎助二一飛曹、片岡音上飛曹、西海由夫二飛曹、大久保友次飛長、松村信男二飛曹、大森茂一飛曹、小柳俊一上飛曹、横山泰平一飛曹

第九章　タウイタウイ

タウイタウイ

タウイタウイでの飛行訓練

四月一〇日に軍令部は、第一機動艦隊に対し五月一〇日頃までに中南部フィリピンに進出を目標とするように発令した。それを受けて、第一機動艦隊では、五月一〇日頃までに比島中南部方面に集合することを目標に、現在地付近で急速練成をする。集合期日、地点は後令する、と発令した。つまり、まだどこを集結地点にするのかをハッキリとしていなかった。

その後、検討の結果、集合地点はタウイタウイとなった。油槽船の関係で連合艦隊司令部は四月二九日に、第一機動艦隊の比島中南部進出時期を五月二〇日まで、と改めた。

タウイタウイに向けシンガポールを出撃した一航戦は、飛行機隊は一部が対潜直衛を実施、その他は整備作業を実施し、一五日タウイタウイ泊地に入港した。

二航戦及び三航戦は、一航戦より遅れて一六日にタウイタウイに入港した。一航戦はシンガポールで訓練を行っており機材の補給が「大鳳」進出後受けておらず、タウイタウイにて二航戦もしくは三航戦から天山二機を受け取っている。

通常空母部隊が入港する場合、搭載機発艦させ付近の飛行場に向かわせる。それは空母が停泊状態であると搭載機を発艦させるのが困難になるためである。しかし、タウイタウイの至近には、第一機動艦隊の搭載機を収容可能な大規模な飛行場はなく、各空母は飛行機を搭載したままの入港となった。

とはいうものの、これだけの大艦隊が集結しているのだから上空警戒は重要である。ではどうしていたのかというと、敵機が現れた時は碇泊している空母から戦闘機を発艦させることになっていたのだ。

派出担任艦は、一航戦と二航戦の持ち回りで各二隻、甲板上の戦闘機は碇泊発艦可能最大機数として、戦闘機を発艦させた場合には空母が出動して揚収するか、一番近いホロ飛行場に向かう手筈になっていた。しかし、実際には行われなかった。

さて、訓練が十分に出来たから待機場所のタウイタウイに集まってきたわけではなく、あくまでも、その時期に敵主力が出現されることが予想されていたために、集結が命じられていたのである。

よって集結直後、飛行訓練は再開され、五月一八日に一航戦の「大鳳」が巡洋艦「矢矧」と駆逐艦「秋月」「初月」の護衛のもと、同じく「翔鶴」が駆逐艦「野分」「山雲」「満潮」の護衛を受けて出動し訓練を実施した。

二航戦も航空戦教練を実施し、戦闘機二四機、戦爆九機、九九艦爆八機を参加させたが、戦闘機一機が故障のため最寄りのホロ飛行場に不時着して、搭乗員は翌日に帰艦した。

続いて三航戦は、二一日午後に打ち合わせを実施の上、翌二二日の午前に航空戦教練を実施した。天候は悪くはなかったのだが、飛行訓練中に「千歳」戦爆一機が墜落する事故があり、搭乗員は殉職した。

　その上「千歳」は敵潜水艦からの魚雷攻撃を受けた。

『一一二八基点一六五度二六浬ニテ千歳敵潜ノ雷撃ヲ受ク雷跡六本命中セズ』

　魚雷は命中しなかったものの、一本は駆逐艦の近くで爆発した。幸いにも損害はなかった。

　当時、「千歳」乗組の黒田好美さんは、

『半日ほど泊地外に出て発着艦訓練を実施しました。その際には、私の乗っている天山艦攻は飛ばず、電波管制中のため電子機器の調整は出来ませんでした。

　その際「千歳」が潜水艦に襲われたのですが、着艦コースに入っていた同期生多田羅一飛曹搭乗機（九七艦攻）が見つけて、艦に連絡して回避できたのです。同機に搭乗の小西上飛曹、佐藤一飛曹、多田羅一飛曹は、その功績をたたえられ特別善行章をもらいました』と回想している。

　母艦を泊地外に出動させて、訓練したところその貴重な母艦が雷撃を受ける事態となり、三航戦だけではなく、その後の第一機動艦隊出動訓練に大きな影響を与えた。ほとんど飛行作業が出来ない状態となってしまったのだ。

　三航戦の飛行訓練は、その後一度も実施されなかったし、それっきり一航戦でも実施されなかった。

　ただ、編成が遅かった二航戦は飛行訓練の実施する必要が一航戦、三航戦より高く、厳重の警戒のもと、三一日に二航戦の航空戦教練が実施された。

　戦闘機一九機、戦爆九機、九九艦爆六機が参加し、戦爆九機が増槽試験を行い、九九艦爆三機が対潜直衛を実施した。またもや、戦闘機二機が事故により大破し、九九艦爆一機がフラップ故障のためホロ飛行場に不時着し、搭乗員だけ六月二日に帰艦している。

　飛行機の事故はあったものの、空母が雷撃されることはなかった。

　二航戦飛行隊長で、「隼鷹」彗星艦爆隊の阿部善朗さんは、

『タウイタウイに行ってから、二航戦は二、三回環礁外に出て飛行訓練をやったけど、彗星は風が足らなくて出来なかった。九九艦爆は対潜哨戒などもかねて飛ばしていたと思う』

　「飛鷹」戦闘機隊の香取穎男さんは、

『戦闘機隊や艦爆隊、それぞれ内部での訓練は、十分とは言えないまでも一応戦闘が出来る程度の訓練が出来ていましたが、艦爆隊、艦攻隊と協同して攻撃に行く訓練、攻撃隊が集合する訓練……当時、我々は航空戦教練と呼んでいました……が必要でした。入港して一週間くらいたってからか航空戦教練の時、一回だけ飛び上がりました』

　「飛鷹」戦爆隊の木須奨さんは、

『一回だけ飛行訓練を実施しました。そんなに難しい訓練ではなく、飛び上がって緩降下爆撃の訓練をしたと思います』

と飛行訓練を実施したことを回想する。

飛行訓練出来ずに

　飛行訓練がほとんど出来ない状態となり待機期間が続いたため、各部隊は整備作業や座学などを実施していた。

　しかし、座学をやるために待機していたわけでもなく、実際に電波など飛ばすわけでもないので、一航戦では「大鳳」乗艦の六〇一空艦攻整備分隊長の吉村嘉三郎さんは、

『タウイタウイでは分隊士が交互に教官になって、飛行機の各部に

ついて度々座学を行いましたが、しまいには座学の種がなくなってしまいました』

「瑞鶴」艦攻隊の千馬良人さんが、

『タウイタウイでは座学もやったかもしれませんが、特に重点を置いてやった覚えはありません。何もすることはなかったと思います』

と回想するような状態であった。

そんな中でも「瑞鶴」乗組の艦爆整備員先任下士官であった宮下八郎さんは、

『飛行機は常に整備をしていないといけませんから、まわすまわさないに関わらずプラグを外して油がついていないかどうか、エンジンはまわさないでいると、発火が悪くなり油がでてきます。それを外して手入れをしていました。また、キャブ、発電器のマグネットの火花を出すところを常に手入れをしていました。

これら整備をしたおかげか、私の経験では飛行甲板に上げてエンジンが動かない、ということはなかった』

と回想するように、整備員は飛行機が飛ばなくても整備をしていた。

二航戦は、「飛鷹」戦闘機の香取穎男さんが、

『当時無かった戦闘機用の航法図板を、当時我々は四〇〇浬出されるという話を聞いていましたので、彗星や天山の偵察員が使っていた航法図板の縮小版のようなものを作って練習しました。

飛行機の磁差修正、遠距離出撃ですのでコンパスの修正を念には念を入れてやりました。が、艦の上、鉄のかたまりの上でやったわけですからどれくらいの効果があったか』

「隼鷹」艦爆隊の阿部善朗さんは、

『タウイタウイでは、格納庫にある自分の飛行機のコクピットに入って、ペダルに足をかけたり、スティックを動かしてみたり、ゲージを見たりと体が忘れるといけないから何回かやりました。整備も実際に飛ばしてみないとうまくいかない。格納庫で油をつけ錆を落としているだけでは駄目です』

と回想するが、「飛鷹」戦爆隊の野口八郎さんのように
『毎日訓練もなく暇を持て余していました』

と回想される方もいる。

三航戦の戦闘機隊と戦爆隊は、クルシー電話整備及び取扱法、通信訓練、航法座学を実施していた。

戦爆隊の池田岩松さんは、座学について次のように回想している。

『タウイタウイでは、座学をするといってもそんなに項目があるわけではないので、軍艦の形を憶えたりするものはやりましたが、特攻隊はそんなに通信などの座学をやっていなかったと思います。

戦爆隊では、何百キロ出て帰りがどうするのかといった内容の座学は、このとき実施はしていません。反方位（進撃方向の反対）で帰って、偏流がどうのこうのといったことは、予科練の飛練の時に教わりましたが、そのときには我々は操縦員で専門家（偵察員）ではなかったので、あんまり力を入れませんでした。それが戦爆隊に配属され、（航法の知識が必要となったので）えらいこっちゃなあ、と思いました』

索敵隊及び誘導隊は、電探を装備していたので電探整備があり、航法のための地点図講義、距離判定法見張天測図演、夜間のための星座研究、クルシー電話受信試験、索敵のための見張戦務、通信、暗号書取扱などを実施していた。

「千歳」誘導隊電信員の黒田好美さんは、

『機種ごと、職種ごとに別れて、暇を見て実戦経験による各種の教

育が実施され来るべき決戦に備えていた。空母の型を見分ける訓練はしょっちゅうやりました。

「はい、これは？」

「エンタープライズ！」

「それではこれは？」

といったように艦型模型を使ったもの、戦艦、巡洋艦の判別などです』

と回想する。

　五月二五日に三航戦各索敵隊及び各誘導隊は、「千歳」において電探講習員による講話が実施された。

『三航戦電信員全員に対し、暑い艦の中で裸一貫になった八木秀次博士による、電探の取り扱い方法、簡単な修理方法、実際に目標の見分け方を二日間に渡って説明がありました。

　もちろん電波輻射は出来ず、出撃用天山受領が遅れたため通信科の担当者から若干の説明を受けたが、実際の運用についての不安は隠せなかった』

思わぬ休暇

　タウイタウイに全空母が集結したところまでは良かったが、飛行訓練は、第一機動艦隊の搭載機を収容できる大規模な飛行場が付近になく、その上敵潜水艦の跳梁《ちょうりょう》により実施が困難になった。対潜掃討に出撃した駆逐艦「早波」が六月七日、駆逐艦「谷風」が六月九日に、逆さまに米潜水艦の攻撃を受け撃沈され、重苦しさを増した。

　かといって、座学をしたところで実際に飛行、通信などが出来ず、効果は限定的。何よりも赤道付近の蒸し暑い艦内で根気も続かない。

　そうすると休暇が楽しみになるところだが、タウイタウイは軍港として整備されてはおらず、ましてや商業地でもなく娯楽施設などは全くない。

　そんなタウイタウイでは、搭乗員はどのように過ごしていたのだろうか。

　一航戦の「瑞鶴」艦爆隊、横山良一さんは、

『タウイタウイでは飛行訓練を行っていません。

　飛行甲板から亀が泳いでいるのを見ていたり、私はもっぱら趣味の写真を撮っていました。写真は、残念ながら現在残っていませんが』

と趣味があると良い。

「翔鶴」艦攻隊の井手上二夫さんは、

『タウイタウイで、憶えているのは「大和」か「武蔵」の見学をしたことと、私が中練の時教員をやっていた近藤上飛曹（三航戦、戦闘機）に母艦上で会ったことです』

と思わぬ再会を回想する。

　もっと思わぬ再会を果たしたのは、「伊七」に乗り組んで真珠湾偵察を成功させた岡本無類雄さんだった。「伊七」で南太平洋のエスピリッツサント島偵察などを成功させたが、「伊七」がキスカ輸送へ向かうことになり、飛行機を格納する塔は食料、物資を搭載。その代わり、飛行機と搭乗員は艦を降ろされた。その後、岡本さんは大井空で教員をやり、一八年一一月五日のラバウルで損傷しドックで修理している巡洋艦「高雄」へ転勤、タウイタウイへやってきた。

『タウイタウイの「大鳳」で、「伊七」で一緒に真珠湾に行った加賀さん（加賀三信中尉、乙飛二期、六〇一空戦闘機隊）と会いました。

　机上作戦をやった時ですよ、全部集まって「大鳳」で。

　そこで、言ってました。

「今度は、命ねえよ」

戦闘機にはかかわりたくなかったようでした。水上機の二人で乗っている方が楽みたいでした。それに、水上機の搭乗員がいきなり空戦って、無理ですよ。全然違うんだもの、戦闘機と。

加賀さんと会ったのは、それが最後でした。さっぱりとした感じの良い人でした。』


二航戦の「隼鷹」艦爆隊飛行隊長の阿部善朗さんは、

『タウイタウイは、本を読んでいたと思う。何もしていなかった』

と、暇を潰すのに逆に苦労していたようだ。

やはり、釣りが流行ったようで、「飛鷹」戦闘機隊の香取穎男さんは、

『夕方になると、魚釣りが許可されて、一〇〜二〇キロぐらいあるひらあじが釣れました。烹炊所《ほうすい》に行って肉のかたまりや魚の腸をもらい餌にして、魚は針なんか見たこと無いから入れたとたんに食いついてきました。

最初に釣ったその晩に軍医長に「この魚は食べられるかどうか」と聞いたら、軍医長は魚類大鑑を出し調べ、「ひらあじに間違いない。ただ若干毒を持つと書いてある」との回答。若干なら、命に差し支えはないだろう、とのことですぐに刺身にしたらおいしいし、誰も腹痛を起こすものはない。その次の日から夕方になると一杯釣り糸がたれていました。

ホロ島に飛行場を作っていたのですが、未だ完全には出来ていなかったのですが、飛行機隊を上げて訓練をやれないか、という話もあって、一回見に行きました。母艦からランチで行っている途中鰹の大群が海面のところにいて、すごいなあと思っていました。

飛行場の工事現場に着き、働いている労働者に我々が支給されていた虎屋の羊羹一本とダイナマイト一本を交換してもらって、帰りは鰹の大群の中にダイナマイトを放り込んで鰹を取り食べましたが、ダイナマイトで獲ったので美味しくはありませんでした』

また、二航戦ではタウイタウイ島の見学が実施された。「飛鷹」戦爆隊の野口八郎さんは、

『ある日行楽に、と内火艇に乗ってタウイタウイ島に出かけました。途中川のように狭くなったところを通った時に小さな魚(熱帯魚?)がたくさん泳いでいました。内火艇に驚いて直径約一メートル位ある海藻の中に数十匹が一斉に吸い込まれるように素早く隠れるのを、面白く眺めていました。

島に上陸すると、兵隊さんを見ようと十数人の三〜六歳ぐらいの子供たちが集まってきて珍しそうに見ていました。なんとその子供たちはパンツもはかず素っ裸。そして全員が煙草のようなものを吸っている。これは驚きました。住居は地上ではなく椰子の木と木をロープで四角に囲って地上約三〜四メートルぐらいの所に床を作り屋根はバナナの葉っぱで葺《ふ》いてあります。大人は何を食べているのか口の中は真っ赤。

素足で裸ですが下半身は何かをまとっています。煙草をくれと言って口に手をやって吸う仕草をします。一〇本入り一箱を渡すと必ず箱を開けて新品か否かを確かめて一本でも欠けていると受け取りません。新品であれば、代償として約五メートルぐらいある椰子の木に登り、実を取り上手に下に落とします。

帰りの途中で、ダイナマイトでの魚獲りなどをして一日を楽しく過ごしました』

三航戦では、「千歳」で軍楽隊による演奏が行われたり、「千歳」「千

代田」の各隊もタウイタウイ島を見学したりしていた。

「千歳」戦爆隊の池田岩松さんは、

『タウイタウイでは、ちょうど以前乗艦していた、七戦隊の「鈴谷」(機銃分隊にいた)がいたので、隊長に頼んで許可を取って訪問をしました。

「鈴谷」時代の上の人は、まだ兵長で、こちらはすでに二等下士になっていました。搭乗員は、兵科に比べて進級は早く、そのころ半年ごとに進級していたためです』

と古巣を訪問したことを回想し、「千歳」索敵隊の黒田好美さんは、タウイタウイでの思い出を、

『転々とした小島に囲まれ、波静かな南の海でした。日中時間帯によって舷側一面クラゲ、夕方涼しくなると舷側から釣り糸をたれると、色々の魚が面白いように釣れました。

泊地で夜、陸上(島)付近で発光信号らしき光も見受けられ、潜水艦に通知していると思われていました。

艦内は暑く、日が暮れて海面を渡る涼風を求めて飛行甲板上で車座になり、南十字星を眺めながら、大きな薬缶の熱燗で、それぞれ、ふるさとの夏の思い出を語り合うのが楽しみでした。

そのころコックリさん(占い)が流行していました。三人がテーブルを囲み、箸を三本上端を結び、三脚を作り、立てる。三人は目を閉じて人差し指を箸の先端におき、心の中でそれぞれ願いごとをする。しばらくして指がぴくぴくと動くと共に答えを出してくれる。(今回の出撃は成功しますか？ などなど)』

と回想している。

タウイタウイ集結功罪

機動部隊(第一機動艦隊)がタウイタウイに集結したのは敵に備えてのことで、訓練を主眼としたものではなかった。

タウイタウイは、大艦隊の集結が可能で泊地内は安全であり、産油地が近いこと、そして決戦場と考えられていたパラオ方面が近いという利点であった。燃料が逼迫し、その原因は慢性的なタンカー不足による輸送力不足であり、それゆえに産油地に近いことは計り知れない利点があった。

しかし、現実にはタウイタウイで約一ヶ月弱の期間を過ごし、その間飛行機隊の訓練はほとんど実施できなかった。理由は、敵潜水艦の遊弋《ゆうよく》もあるが、付近に飛行場がそもそもないことが最大の原因である。飛行場及び付帯設備さえあれば、飛行機隊は訓練が出来るのである。母艦との総合訓練は必要なものであるが、それは飛行機隊の訓練という土台があっての話である。

それではなぜタウイタウイなのであろうか、となると他に適地が少ないこともある。パラオやダバオなどは決戦場に近いだけで、大艦隊が安全に碇泊することは困難。あとに残るはこの後向かうギマラスである。

ギマラスは治安が不良で防諜上の不安はあるにしても、艦隊の碇泊はタウイタウイと同程度で、飛行場は付近のネグロス島で陸軍がせっせと造成しており、完成の暁には大部隊の飛行機隊も収容が可能になるはず、しかも集積地マニラが近く、飛行機隊が訓練をする際にかならず必要となる機材、部品類の補充がある程度望めるという利点があった。しかし、当時タウイタウイとギマラス両方を整備する力は無く、まずはタウイタウイから整備を始め、その後ギマラ

スを整備し始めた。

　また、たとえギマラスを最初に整備したとしても、陸軍が造成中の飛行場はまだ完成とは行かずに使える飛行場は少ない。完成している飛行場も、急造されたため、訓練はかなり難しいものとなったであろう。

　訓練をすれば機材・人員は消耗し、飛行場が不良であればさらにその割合は増す。その時戦力を維持するには予備兵力が鍵となるが、予備機材、人員を保有していない。その機材人員の策源地である内地から離れたギマラスでは、訓練には自ずと限界があるだろう。新鋭機の彗星や天山艦攻、また実験がきっちり出来ていない戦闘爆撃機を装備し、思っても見なかった不良があらわになるやもしれず、その際内地から離れている地点ではその分サポートが得られにくい。

　基地航空隊が活動する地点では概ね航空廠が設置され、その活動をサポートする。機動部隊が訓練をする時にもサポート態勢は非常に重要になってくるが、それを完全に叶えられたのは内地と外地ではトラック島ぐらいであった。

　また、機動部隊の訓練には多くの燃料が必要となることも事実で、輸送力が低い状況でその条件を満たすのは、シンガポールなど産油地の近くであった。

　この二つの重要な用件が相反した。妥協し、その結果がタウイタウイ集結なのである。

マリアナ海戦前　タウイタウイ

タウイタウイ島での「龍鳳」戦闘機隊搭乗員ら／待機中、ずっと艦に留まっていたわけではない。たまには陸地に足をつけなければ、と「龍鳳」戦闘機隊搭乗員がタウイタウイ島に上陸した記念に撮影されたもの。しかし、娯楽施設が何もないためか表情からは楽しそうには見えない……。（提供／日高盛康）

「飛鷹」「龍鳳」六五二空戦闘爆撃隊搭乗員一同／「飛鷹」艦上で「飛鷹」と「龍鳳」の戦闘爆撃隊員で撮影されたもの。（提供／東芳江）

後列左から、占部正道二飛曹、不明、不明、佐藤孝治上飛曹、不明、不明、不明、金高菊雄二飛曹。中列左から、不明、東冨士喜飛曹長、村上武大尉、矢田義治一飛曹、富田勝夫飛長。前列左から、不明、木須奨二飛曹、野口八郎上飛曹、小泉繁造上飛曹、岡澤清忠上飛曹、植竹巧上飛曹

マリアナ海戦前　タウイタウイ

龍鳳艦戦隊（提供／日高盛康）
後列左から、大川武雄一飛曹、酒井正上飛曹、岩渕良雄上飛曹、中沢晟一飛曹、前田清三二飛曹、内田隆夫二飛曹。中列左から、小見山賢太飛曹、澤田萬吉飛曹長、日高盛康大尉、山下政雄少佐、中島玳大尉、佐々木齊飛曹長、菊地哲生上飛曹。前列左から、石原泉上飛曹、松田益次郎一飛曹、大角文雄上飛曹、小山一也上飛曹、片岡傳臣上飛曹、長与走飛長、山本元三二飛曹、松重幸人二飛曹。

「千歳」の戦闘爆撃隊搭乗員一同（提供／池田岩松）
後列左から、緒方忠孝上飛曹、池田岩松二飛曹、不明、不明、石井正男飛長
中列左から、南雲保司上飛曹、丸野忠上飛曹、鈴木鈴孝二飛曹、河野浩上飛曹、浜大二郎飛長
後列左から、谷口正憲上飛曹、住吉一馬飛曹長、中本道太郎大尉、古沢英一中尉、原義雄飛曹長。

第十章　サイパンへ

サイパンへ

問題の多い「あ」号作戦

タウイタウイに集結した第一機動艦隊とマリアナ、パラオ、トラック、西部ニューギニアに展開した基地航空隊の第一航空艦隊の戦力が概成することが見込まれ、新作戦計画が立案された。その作戦は「あ」号作戦と呼ばれる。

決戦海面に第一機動艦隊の全力と第一航空艦隊のほとんどを集中、敵情偵知、奇襲による敵戦力減殺を重視していた。

まず全力で敵空母を先制撃破、その後輸送船団を主目標とし、敵に痛撃を与えた後は全航空兵力を集中して追撃、水上部隊、潜水艦を策応させ戦果の徹底をはかるものであった。

ところが、その決戦海面として想定されているのは、パラオ近海、西カロリン方面の二カ所だけであり、マリアナ方面、西部ニューギニア方面に上陸作戦をした場合の方策が示されていなかった。また、我が方は守勢であり敵が攻勢という状況の中であるから、当然我が方は受け身になるはずだが、敵艦隊は我が方の企画により誘出する、としていた。その上、誘出する方法も我が方の若干の兵力で行おうとする自分勝手なものとなっていた。

「あ」号作戦で第一機動艦隊は、出撃から会敵まで極力秘匿に務め、会敵時は敵全容を明らかにする。主目標は米機動部隊で、敵空母の航空攻撃圏外より大兵力の昼間先制攻撃、その後適当な間合いを取りつつ反復攻撃を加える、いわゆるアウトレンジ攻撃を重視し、敵の翼側から攻撃を加える、という作戦である。

ただでさえ米軍の情報収集能力は勝っていたのだが、三月三一日パラオからダバオに向かい不時着水、一時ゲリラに拘束された福留繁中将一行が保持していた昭和一九年三月八日作成の兵力配置の書かれたZ号作戦腹案が米軍の手に落ちてしまった。ますます秘匿は困難となっていた。

また第一機動艦隊は、基地航空部隊に対して緊密な連携、できれば協同攻撃、すくなくとも索敵を期待していたが、敵部隊を発見したらどの様に通報するのか、第一機動艦隊と基地航空部隊の協同攻撃の方法についてなどの具体策は何もなく、単なる願望に過ぎなかった。

ちなみにこの作戦が成功したらどうするのか。

戦火拡大の追撃は、戦術的には徹底的に、しかし戦略的には行わない。その後は航空兵力の急速再建を行いつつ、戦闘機三〇〇機、爆撃機攻撃機二〇〇機程度を中心とした兵力で補給遮断戦を実施。一〇月にはラバウルへふたたび進出。第一機動艦隊は、一航戦、二航戦、三航戦の再建を年末までに再建し、昭和二〇年三月に第二航空艦隊を整備した上で大反撃作戦を行う、という構想を持っていた。

なんともあらが目立つ作戦計画になっていたが、五月三日に発令される。

四航戦も編成されたが…

昭和一九年五月一日に、航空戦艦「伊勢」「日向」とその搭載部隊となる第六三四海軍航空隊（定数は艦爆、二座水偵各常用一八機、補用六機）、第四航空戦隊が編成された。六三四空司令は天谷孝久中佐（海兵五一期）であった。

霞ヶ浦空で教官をしていた木塚忠治大尉（海兵六七期、偵察）が艦爆の飛行隊長となり、水上機は田村与志男大尉(予学四期、操縦)が飛行隊長となった。

航空戦艦「伊勢」「日向」は、ミッドウェー海戦後に空母を急速補充する必要が発生した時から検討され、生まれたものである。航空戦艦の名前の通り、戦艦「伊勢」型の後部第五、六番主砲砲塔が取り外され飛行甲板を設けたもので、発艦はカタパルトを用いて行えるが、着艦は不能であった。したがって、搭載機は発艦すると収容できないので、他の空母に収容されるか、陸上基地に向かわせる計画であった。おそらく作戦段階で念頭にあるのは陸上基地へ帰投させる方法であろう。他の空母では位置が不明となり帰投できなくなったり、帰投できても飛行甲板を損傷などして着艦できなかったりするなど失われるおそれがある。それに対して基地であれば使用不能になっている可能性もなくはないが、位置は当然固定されているので迷う心配がない。ならば不時着水して、とも考えられるが不時着水は衝撃で負傷したり風防が閉まり開かなくなったりする不慮の事故が多い。以上のことから陸上基地へ向かわせるのが搭乗員の負担を考えればよりベストであろう。また、搭載機種は艦爆のみで、発艦は可能であるが着艦が不可能という特殊な形態で企図されたのは、攻撃目標が厳重な警戒下にある機動部隊ではなく商船改造空母であるためだろう。

発艦はカタパルトを使用するので時間がかかる。甲板上にある一一機が発進するのに一五分、格納庫内にある一一機を引き出し発進させるのに三〇分、両艦が搭載する四四機全機を発進させる目標時間を四五分としていた。

六三四空の飛行機は、彗星艦爆と水上機でありながら急降下爆撃が可能な瑞雲であった。彗星艦爆はそもそも艦上機でありそのままではカタパルトで射出出来ないので改造が必要である。彗星一一型を射出用に改造したものは彗星二一型、彗星一二型を改造したものが彗星二二型となる。

彗星艦爆をカタパルトで射出される実験が行われたのは昭和一八年八月に遡る。鹿屋基地にカタパルトを設置して射出実験が行われ、その後いつかは不明であるが「伊勢」か「日向」からの発艦試験も行われているようだ。ここまでは順調に来たのだが、肝心の実戦配備とも言える航空戦隊の編成は遅れた。一九年二月の第一機動艦隊編成時ですら「伊勢」「日向」は航空戦隊編成に向けて準備する、とされたのみだった。ようやく五月一日に四航戦が編成されたのである。ここまで遅くなった理由は、彗星艦爆二一型ではなくエンジンを強化した彗星二二型や、瑞雲の量産を待っていたなど機材の問題があったかもしれないが、判然としない。

さて、四航戦は編成直後に、瀬戸内海西部で基礎訓練が終わったらリンガに進出、訓練を続けるように命じられた。燃料逼迫のためであった。ところが、六三四空編成から一ヶ月後の六月一日になっても、彗星艦爆は発動機生産遅延や射出用に改造が必要なため、作戦用機材が一機も供給されていなかった。そして「伊勢」「日向」も整備が必要で、六月二〇日までかかる見込みであった。六月一一日時点では、七月二〇日頃内地を発って、リンガ泊地へ向かい、八月一〇日の戦備完成を目指す予定で訓練をしていた。

四航戦がもたもたしている間に次の五航戦の編成が予令された。完成間近のの空母「雲龍」「天城」で編成される予定で、六月七日には七月一日付で第六〇五海軍航空隊を大分で編成し五航戦に充当する、と予令されている。この航空隊は母艦飛行機隊としては初の特設飛行隊編制となり、戦闘第一〇一飛行隊（艦戦）、攻撃第一一〇飛行隊（艦爆）、攻撃第二〇一飛行隊（艦攻）が編入される予定であった。作戦可能時期は、一〇月下旬を目標にしていた。

米軍の攻勢時期が遅ければ、一〜五航戦の空母一一隻、航空戦艦二隻が揃ったのかもしれないが、四航戦は編成が、五航戦の空母は完成があまりに遅すぎた……。

基地航空隊も準備を進める

基地航空隊の主力をなす第一航空艦隊は、昭和一九年二月二三日の米機動部隊マリアナ諸島空襲で痛手を受けた後も主力のマリアナ進出を続けていた。

ところが、米機動部隊は予定していた西部ニューギニアのホーランディア上陸支援のため三月三〇日にパラオ、ペリリューを空襲した。二六一空、二六三空の零戦五五機と五二三空の彗星一二機がサイパン島とグアム島から薄暮攻撃に向かったが、彗星一二機は戦闘機隊と合流に失敗し護衛無しで先行する。その結果、護衛なしで敵艦隊を捜索していた彗星隊は敵戦闘機の奇襲を受け八機が自爆未帰還となった。合流できなかった戦闘機隊はペリリューに移動し翌三一日に二六一空、二六三空の零戦四六機はペリリュー島で邀撃する。この時の邀撃戦は三五機が未帰還となる大きな被害を受けた。攻撃も出来ずに練度が高いと考えられていた二六一空と二六三空、五二三空が大損害を受け、一航艦の攻撃能力は大きく損なわれた。この一連の作戦で七六一空の陸攻も八機が未帰還となっている。

大損害を受けた一航艦は、内地で訓練中の六一航艦各航空隊のマリアナ諸島への進出を急いだ。五月一五日までに二六一空、二六三空、二六五空、三四三空の零戦一五六機、三二一空の月光一六機、五二一空の銀河一九機、五二三空の四〇機、七六一空の陸攻二二機、一二一空の彗星一六機、彩雲三機の合計二七二機がマリアナ各基地に展開した。しかし、これでは常用機定数の五二二機に遠く及ばない。

なお海軍航空隊では、機動集中など基地から基地への移動を容易にするための組織変更、いわゆる〝空地分離〟と呼ばれる特設飛行隊制度が昭和一九年三月から進められた。航空隊ごとの転進は多大なる労力がかかるので、最小限の飛行機と搭乗員、基幹整備員からなる特設飛行隊を編制し、転進時は編入された現地の航空隊のものを使う仕組みであった。三月四日付で中部太平洋に展開する一四航艦二二航戦、二六航戦と一一航艦の二五航戦、一五日に一航艦六二航戦新編成部隊、四月一日には一一航艦の五一航戦、一三航艦の二三航戦各航空隊、すなわち、一航艦を除くほとんどの外戦用航空隊が特設飛行隊に移行した。

ところが、どういうわけか、本家本元ともいえる〝機動〟基地航空隊である一航艦は、機動を目的とする特設飛行隊制度を適用されなかった。

もちろん予定はあり、三月一日付の一航艦命令第二五号で、特設飛行隊への移行が四月一日付に予定しているので、さしあたって各航空隊は一航艦部内限りで特設飛行隊を二隊仮編成することを命じている。呼称は各航空隊で一貫番号を付与する、虎戦闘第一飛行隊といったように。

適用されなかった理由はわからないので推測するしかないが、各航空隊はもともと機動を考えられており実戦参加を直前にして変更しても混乱を招くであろうこと、そもそも肝心の航空隊の整備兵力が戦場に展開できていないので、特設飛行隊にして展開しても整備員がおらず意味がない、などが考えられる。

しかし、現存する二六五空戦時日誌で二六五空は戦闘第七飛行隊を名乗っており、正式なものでなく部内限りながら特設飛行隊制度を採用していたようである。

一航艦は五月五日に内地で訓練中である六二航戦を除かれ、トラック島方面の二二航戦、西部ニューギニア方面の二三航戦、フィリピン南部方面の二六航戦が編入された。一航艦は作戦部隊のみとなり、その定数も常用機と補用機を合わせる併せて一七五〇機とかつて無い大規模な航空部隊であった。五月一五日の時点で、二二航戦は二〇二空と二五三空の零戦五六機、二五一空の月光七機、五〇三空の彗星一八機、五五一空の天山一機と九七艦攻八機、七五五空の陸攻二三機の合計一一六機とまずまずの勢力を保有していたが、西部ニューギニア方面に展開していた二三航戦は一五三空の零戦六機、彗星一機、百式司偵三機、七三二空と七五三空の陸攻一八機の合計二八機しかなかった。フィリピン方面に展開していた二六航戦は三月三〇日のパラオ作戦で再建途中のところ大被害を受けており、二〇一空の零戦三二機、五〇一空の爆装零戦一機、艦爆二機、七五一空の陸攻一三機の合計四八機しかなく再建を急いでいた。

陸軍航空隊はニューギニアを担当する第四航空軍がホーランディアで壊滅的打撃を受け再建を急いでいたが、再建がなるのは九月以降になる見込みであった。したがって、海軍は陸軍に航空兵力の支援を求めたのに対し、協力をしたい気持ちは十分にあるが肝心の兵力がなかった。協力どころかニューギニアのぽっかりと空いた穴も海軍が埋めなければならなかった。それでも、一式戦闘機（隼）を装備した飛行第二四戦隊、百式司偵を装備した飛行第二戦隊と飛行第一五戦隊を海軍一航艦の指揮下に入るよう命令された。飛行第二四戦隊と飛行第一五戦隊は、同方面で作戦していた第四航空軍ではなく海軍の二三航戦の指揮下に入る。

日本本土ではマーシャル方面で苦戦した二五二空の零戦、七五二空の攻撃七〇三の一式陸攻、攻撃二五六の天山で構成されていた一二航艦が再建中であった。また、航空に関する実験、研究などを担当していた横空の零戦約五〇機、彗星艦爆約一五機、天山艦攻約二〇機、一式陸攻一七機、艦偵八機が内地から作戦に参加することが見込まれていた。

一航艦から離れ連合艦隊付属となった六二航戦は、敵機動部隊本土接近に備えた東号作戦が発動されれば兵力を集中し参加させる予定になっていた。

このように航空兵力が整った印象を与えるが、各地飛行場が整備されていないこともあり広大な地域に分散され、各拠点一つ一つの兵力は少なかった。完成している飛行場も防御火器や通信、電探や防空壕などの設備は貧弱で、特に決戦を考えていた西部ニューギニア方面は多数の飛行場を同時に整備しようとしたのと資材が届かないことも手伝って設備不良の半完成の飛行場がいくつもできる状況であった。航空隊の数も増強されていたが、それぞれが少ない兵力しか無く、こぢんまりとした航空部隊があちこちに点在している状態で、全体としては兵力が増したとは言いかねる状況であった。

また、前線に対する飛行機輸送態勢は貧弱で補充も難しく苦しい状況が続いていた。また敵機動部隊に備えるだけではなく、敵基地航空隊との戦闘も続けていかなければならなかった。特にB-24に対しては零戦の邀撃を実施していたが戦果よりも被害の方が多い状態であった。

そんな状況ではあったが、困難の中で各航空隊は少しでも戦力を増強しようと努力を続けていた。

なんとかしてほしい！　一航艦の実状

このころ、一航艦参謀長の三和義勇大佐が、航空本部関係者に対して実状を吐露している。

飛行機の故障続出は、操縦員、整備員の技量未熟に基因するものも多数あると認めつつも、事故の八〇％の原因は工作及び素質不良に基因するものである、としている。

この方面の大半の基地は転圧によるものなので、打ち続く乾季と猛訓練のため、表土は飛散して刃先状の土台石が露出している。飛行場の補修も思うようには出来ず、その結果、小型機の零戦、彗星の脚と尾輪関係の破損が特に著しい。

機材の急速増産が進められていたものの、各航空隊に配当される機材が予定通りにならない。しかも領収飛行に日時を要し、その上工作及び素質不良欠陥により致命的事故が増えている。そのようなことが新型機のみではなく、一式陸攻二二型のような経験済みのはずの機材でもその傾向が出ていた。実施部隊としては、量が少なくなってでも質の低下を使用できる最低限に止めて欲しい。

飛行機の中でも銀河、彗星一二型、彩雲といった期待の新鋭機の実働機数が激減していた。その原因はやはり工作上の不良、工場における整備不良、材質不良、補用品の不足などによっている。補用品がないのでクルシーの使える機はわずかとか、旋回銃がほとんど全部動かないとか数々の問題が発生している。

彗星は1A（熱田二〇型）から1P（熱田三〇型）へ発動機を切り替え中であったが、今のままでは彗星隊は当分全部機能停止するのではないか、と危惧を抱かせるに十分だった。一五一空の機材を受け取りに行った空輸員が、発動機が1Pとなったためになかなか動かせず、一カ月以上経っても帰れない。譽もそうだが、十分な実験過程を経ずして実施部隊に出されているのか、あるいは工作未熟不良によるものなのか。

機種型式更改に関しては、予告して基幹整備員を内地に派遣し十分な整備技能を習得させるとか、改造取扱要領を懇切丁寧に示した書類通牒と共に一、二機の新規を予め借用するとか、又、技術指導官を派出するなどの処置を講ずることが絶対に必要であろう。

銀河は機体関係、油管系の事故が多い。また、高度を取ると苦労していた。油冷却器の能力不足が疑っている。もっとも、油圧の過昇は銀河だけでもなく彗星も顕著であり、彗星の離着陸訓練は早暁、夜間は連続可能であるものの、日中は一回一回冷却して実施している有り様だった。

機体発動機の補用品が足りないので、移動転進で立ち寄った飛行機が壊してくれると「補用品が出来た」と駆け出す始末。

一部の部隊で導入されつつあった特設飛行隊編制は、現案のように飛行機搭乗員のみならば無くても良い。ややこしくなるだけなら前の方でも良いが、機動性を発揮させることを本旨とするからには、極力空地分離式に行かなければ動けない。所要の基地には基地隊を予め土着させる必要があり、警備隊を全部基地隊として速やかに辻褄を合わせる必要がある。

今、第一航空艦隊には船が一隻もなく、わずかに輸送機実働二〇機があるのみであった。転進する部隊の苦難が次第に大きくなっている。あるところでは飛行機搭乗員は翼の下でカバーをかぶって眠らされる一方、警備隊の方は宿営しているという状況も現出する。酒保物品などはなかなか分けて貰えない。これらは法的に規定や義務がないことによるのは明らかである。速やかに処置しなければ部隊の不平は爆発するおそれがある。

今、当隊は南鳥島より南比、濠北迄に隷下部隊が進出した。しかし、その基地たるや概ね滑走路だけぐらいにして、兵器需品の集積は極めて乏しい。各地よりやれ機銃弾送れ、それ電信機送れ、と毎回叫ぶ。ところが、当隊は船が一隻もないので、しばらくダグラス二〇機足らず、深山二機、晴空若干を動かして緊急の人員兵器輸送をやっている。苦しいがなんともならず。連合艦隊に頼んでもなんともならず、中部太平洋艦隊よりわずかに駆逐艦「卯月」一隻を時々借りられるのみ。なんとかしてほしい。

渾作戦

第一機動艦隊がタウイタウイに集結し終わった直後の五月二七日、連合軍はビアク島に対して空襲し艦砲射撃を行い、上陸を開始した。当時この方面にはわずかな航空兵力しかなく、陸軍第四航空軍約八〇機と海軍の第二三航空戦隊の二〇機が展開していた。ビアク島に敵が上陸するのは、日本軍はある程度覚悟しており、ビアク島では決戦を行わない予定であった。それゆえにタウイタウイで待機していた第一機動艦隊は動かない。

ところが、連合艦隊は二八日に一二一空半兵力、まだマリアナ方面にも進出していなかった三〇一空戦闘三一六及び第三攻撃集団（二〇二空、五〇三空各飛行隊全力）をこの方面に投入することを命令した。

当初連合艦隊では「あ」号作戦を実施する上におけるビアク島の重要性は充分認識されていおらず、喪失はやむを得ないものと考えられていた。しかし、連合軍上陸の報に接してからビアク島の重要性が痛感された。特に米軍が大航空基地を建設してしまったならば、我が作戦は困難になるという考えが急速に浮上する。敵機動部隊誘致のために第一機動艦隊を投入する意見が生まれるなど急激にビアク島の確保の必要性が感じられるようになり、差し当たり航空兵力の投入を発令したのである。しかし、投入された兵力が過少であり、これでは敵を撃滅するのも、敵機動部隊を誘致するのも難しい。

そしてビアクを確保しなければならない、とする意見具申を受け、陸軍部隊（海上機動第二旅団）をビアク島に投入することになった。陸軍部隊を輸送する輸送隊は本隊が第一六戦隊重巡「青葉」、軽巡「鬼怒」、駆逐艦「浦波」「敷波」と支隊が「厳島」「津軽」、第一二七輸送艦、第三六、三七駆潜艇が担当し、陸軍部隊を乗せ六月一日ダバオに到着する。

タウイタウイに集結していた第一機動艦隊の一部兵力も投入する。警戒に第五戦隊「妙高」「羽黒」と駆逐艦「白露」「時雨」「五月雨」「春雨」が、間接護衛には「扶桑」と駆逐艦「風雲」「朝雲」があたることになり、三〇日タウイタウイを出港し、三一日ダバオ到着した。

ともあれダバオに集結した渾部隊は六月二日に出撃し、ビアク島に向かったものの、三日にB-24二機の触接を受けたことを発端に検討の結果、同日二〇二五に作戦を中止し、輸送隊はソロンに陸軍部隊を揚陸し、警戒隊、間接護衛隊は、原隊に復帰を命じられ、五日ダバオに到着した。

連合艦隊司令部は、三日に第一航空艦隊に航空兵力の移動、マリアナ地区にあった二六一空と二六五空を中心とした第二攻撃集団をハルマヘラ方面に進出するように命じた。

そんな中、五日にはビアク島輸送作戦が隠密揚陸作戦に変更され、駆逐艦による輸送に変わっていた（第二次渾作戦）。そんな中、第五戦隊「妙高」「羽黒」と駆逐艦「風雲」「朝雲」は再度渾部隊に編入され、ダバオからバチャン泊地に進出中「風雲」が敵潜に撃沈された。

八日〇三〇〇にソロンを出撃した第一回輸送隊、駆逐艦「浦波」「敷波」「白露」「時雨」「五月雨」「春雨」は一二三三に航空攻撃を受け、「春雨」が沈没した。そのまま進撃したが、二二〇五に敵有力部隊と遭遇、退避し離脱には成功したものの第二次渾作戦は不成功になった。

このビアク島沖に敵有力部隊が出現した報と、第一航空艦隊機の索敵によりメジュロ泊地から敵機動部隊が姿を消したのが確認されたことを考慮して検討された結果、戦艦「大和」「武蔵」を使用して渾作戦を実施、敵有力部隊を撃破し、敵機動部隊を誘致することを企画した。積極的に敵をこちらの用意した決戦場へ誘致しようという考えである。

第一戦隊「大和」「武蔵」及び第二水雷戦隊「能代」「島風」「沖波」及び、第四駆逐隊「野分」「山雲」は、一〇日一六〇〇タウイタウイを出撃し、一二日〇八〇〇、駆逐艦「朝雲」の先導を受け、バチャン泊地に到着した。

六月七日の当方面航空部隊現状は、一五三空は兵力をすり減らし後退が命じられ、第三攻撃集団は連日の攻撃で兵力が減少していた。昼間作戦兵力は第三攻撃集団の二〇二空零戦一三機、五〇三空彗星七機と陸軍飛行第二四戦隊の一式戦一八機しかなかった。その苦戦中のおりにマリアナ方面から第二攻撃集団の零戦約四〇機、彗星約一〇機、銀河一〇機が六月八日までに進出してきた。当然、この兵力は目を付けられて第二攻撃集団使用の要望があり、連合艦隊司令部は戦闘機のみ使用を認めた。

第五戦隊、第一六戦隊ともにすでに進出済み、航空部隊の戦力も整い、第三次渾作戦が動こうとしていた。しかしながら、後述するようにサイパンに敵機動部隊が来襲、敵の上陸もありうる事態となり、渾作戦は中止となった。第一機動艦隊から渾部隊に派遣されていた艦艇は一三日にバチャン泊地を出発し、合同点へ向かうのである。

挺身偵察す　敵空母を探せ！

一航艦には付属していた偵察隊の他に、一二一空という偵察部隊があった。昭和一八年一〇月一日に定数陸偵常用一八機、補用六機で開隊され、雉部隊を名乗り、搭乗員は一二月一日時点で二二組を数え、機材は当初、二式艦偵を装備していた。

二式艦偵は、航続力が必要なため増槽を装備しなければならないし、挺身偵察するならば固定式のカメラも必要だ。

一二一空で操縦員だった梅本正信さん（乙飛一六期）は、

『二式艦偵の落下増槽は左右各一個ずつ（三三〇リットル）。胴体下にはなし。ただし、雉部隊では特別に固定銃を取り外して、爆弾架に二〜三〇〇リットルの特設タンクを装備したものが僅かにあった。K八カメラ搭載機には、香取で訓練の時、飛行したが、実戦では乗っていない』
と回想する。

そこへ、ようやく試作が終わったばかりの、高速で長距離の飛行が可能な艦上偵察機、彩雲の試作機か増加試作機三機が供給された。三月二五日のことであった。本来なら、空母部隊、決戦を控えていて大型空母に配乗予定の六〇一空が望ましいと思われる。しかし、六〇一空は内地から遠いシンガポールへ進出して訓練をしていたこと、彩雲の発艦距離がかなり長くなんらかの補助装置が必要であったこと等も影響したのかもしれない。

『彩雲は、香取で最初に見ました。
中島から顔面を火傷した技師が来て色々調整、説明を聞いた。あまり良いスタイルとは思わなかった』(梅本正信さん)

五月二二日一航艦司令部は、敵機動部隊及び輸送船団の動静偵知を目的に、一二一空が陸偵二機でマーシャル方面、一五一空は陸偵三機でソロモン、アドミラルティ方面を担当する第一次挺身偵察を命じた。敵、特に空母がいる泊地を発見しようとする考えであった。

五月二八日ブインから一五一空彗星一機(偵察　田中三也上飛曹・甲飛五期、操縦は森田繁夫上飛曹、丙飛二期か?)がガダルカナル方面を偵察、空母一と特空母二その他を発見報告した。三〇日に同機はラバウルからフィンシュ方面の索敵を実施したが、若干の輸送船を認めたのみで、翌三一日にアドミラルティの偵察を実施してトラックに帰還した。空母一、戦艦一、巡洋艦一などの在泊を報じている。

一方のマーシャル方面は、彩雲を以てすれば本拠地としていたテニアンからでも十分に偵察作戦が可能であった。しかし遠いので、時間がかかり、途中の天候情況にも左右されてしまう。それを嫌い、日本の飛行場があり、米軍の攻撃をあまり受けずに取り残されていたナウルから発進させることになった。

五月二九日に一二一空彩雲がナウルに到着。当時ナウルは、島民一五〇〇人程度が暮らしており、食料は米がないものの魚はもちろんメロン、スイカなども作ることができていた。到着した搭乗員は、椰子水で歓待を受けたようだ。飛行機の整備員も、燃料も十分にあり、掩体もあるので、葉っぱなどで迷彩して隠した。

翌三〇日〇九四〇、彩雲一機(操縦　習田忠夫少尉・乙飛三期、偵察　千早猛彦大尉・海兵六二期、電信　大内武文一飛曹・乙飛一六期)がマーシャル方面のメジュロ環礁を偵察、停泊中の正規空母五、特空母二など機動部隊を発見した。駆逐艦にはタンカーから給油を受けており、出動が近いことを伺わせた。通信情報もマーシャル方面で五月二六日以降活発になっていた。(二六日第五艦隊司令長官スプルアンス大将がハワイを出撃)

翌三一日には同じ一二一空の彗星(機長　後藤義男飛曹長・偵練三一期)がクエゼリンを挺身偵察し、輸送船の在泊を確認した。

この結果を受けて三一日連合艦隊司令部は第二次挺身偵察を命じ、六月二日に一航艦司令部は一二一空がメジュロとクエゼリンを、一五一空がアドミラルティ等を挺身偵察するように命じた。

一五一空は、まず六月二日にトラックからブラウンを偵察して巡洋艦二、駆逐艦一、輸送船多数を発見報告する。ところが、六月四日ブイン進出した一五一空彗星一機は破損してしまい挺身偵察が出来なくなった。この代機としてペリリューにあった一二一空彗星一機がトラックに向かったが、トラックに着くことはなくそのまま消息を絶っている。

もう一方のマーシャル方面は、六月五日に再度一二一空の彩雲(機長　長嶺公元大尉・海兵六八期、偵察)による索敵が実施された。この日は雲が多かったが、北側を高度九五〇〇メートルから高度を下げつつ三〇〇ノットで偵察。彩雲がナウルからメジュロを偵察する場合でも増槽が必要とされていたが、増槽を付けると目視に不便だったと報告がされている。

さて、偵察結果は、正規空母六、特空母八などの在泊を確認。泊地内は出港の気配が濃厚と観測された。この判断は正しく、実際に高速空母による機動部隊である第五八任務部隊は翌六日にメジュロを出港している。

この後、再度挺身偵察が命じられた。九日に一五一空彗星一機がアドミラルティを偵察したが空母はおらず、一二一空の彩雲一機(機長　千早猛彦大尉)もマーシャル諸島の米軍泊地であったメジュロを挺身偵察し、五日に確認された空母群がいなくなっているのを確認した。

泊地に空母がいないとの報を受けて、陸攻などを使用したメジュロ奇襲を中止、また泊地を変えた可能性を考慮してブラウン泊地とクエゼリン泊地の偵察を命じた。このことから、この一連の挺身偵察は、本来の目的である敵動向の偵知がうまくいったために欲が出て、あわよくば銀河や陸攻を使用した、泊地に在泊中の空母を奇襲することを重視して行ったと思われる。

しかし、銀河にしても陸攻にしても攻撃に使用出来るのはせいぜい各二〇機程度で、奇襲攻撃の訓練を特別にしているわけでもないので、奇襲がもし成功したとしても期待した通りの戦果が得られたかは疑問である。結局のところ、成功する可能性は少ない、いわば「勝算の少ない賭」にさえもすがらなければならなかった、というのが現実だったのだろう。

メジュロから空母群が消えたことについて連合艦隊司令部は、まず泊地を変えたことを疑い偵察を命じ、続いて我が方の「渾」作戦の企画に沿って西部ニューギニア方面、西カロリン方面に現れることを期待して同方面の索敵強化、攻撃集団の準備を命じた。マリアナ方面の索敵は特に強化を命じられてはおらず、むしろ懸念されていた本土への来襲を察知できるように哨戒兵力が無い硫黄島や南鳥島に横空から哨戒兵力の進出が命じられたにとどまった。

訓練の機会を求めて

一方、機動部隊が五月一六日タウイタウイに集結したが、それ以降に主力である米機動部隊が現れることが無かったので出撃はなく、その上付近に適当な飛行場がなかったために母艦に搭載していた飛行機隊はほとんど訓練できなかった。

六月六日に機動部隊司令部は、敵の進攻時期が予想に比べて遅くなることが見込まれることから、急速に飛行機隊の猛訓練を再興する必要があった。しかし、タウイタウイで警戒碇泊待機のままでは付近の陸上基地は未完成でかつ付近を警戒中の敵潜水艦に対する注意も必要で、所期の訓練は到底不可能であり、練度の低下が免れないので訓練部隊をギマラスに進出させる考えを連合艦隊に対し伝えた。

そして一〇日、第一機動艦隊参謀長は、海軍部、連合艦隊宛に『当部隊一三日発「ギマラス」ニ進出セシメラルル予定』と通知しているので、意見は受け容れられたのだろう。

ペリリューには、第一攻撃集団と飛行場の関係からハルマヘラ方面に進出できなかった第二攻撃集団の残部が展開していたが、六月九日に第五爆撃軍団のB-24による初めての昼間空襲がなされた。このB-24四機と七機が時間差を置いて現れ、零戦二四機と二五機で邀撃したのだが飛行場や指揮所付近に命中弾を受けてしまった。銀河三、月光二、零戦三が炎上し多数機が被弾した上に、搭乗員一九名が戦死、五七名が重軽傷を負うという大きな被害を受け、第一攻撃集団は大きく兵力を減らしてしまったのである。

同九日にメジュロの米空母群がいなくなっていることが判明。翌一〇日に〇六三〇テニアンを発進した索敵機四機のうち二機未帰還となった。S-19を飛んだ機は〇九五五以降連絡無く、S-17を飛んだ機が一二二〇テニアンの八一度五五〇浬付近大型機と交戦を報じていた。〝大型機〟という情報であったので、機動部隊が接近している兆候とは判断されていなかったのだが……。

VB-109所属のPB4Y-1(機長 ジョージ・A・メラード大尉)が一〇二八にテニアンの九八度四五〇浬付近にてベティー一機、VP-13所属のPB2Y(機長 ジョン・P・ホイートリー大尉)が一一二五にテニアンの八〇度六四〇浬付近にてベティー一機の撃墜を報じている。すなわち、二機ともブラウン島から発進した哨戒機に撃墜されていた。

翌一一日にはやや繰り上げて〇四二〇〜〇四三〇ごろ索敵機が放たれた。その内の一機が、〇六二〇にVB-108のPB4Y(機長 ジョン・E・マルドロー少佐)と交戦して撃墜された。グアム島の七三度二三〇浬付近、アーヴィング(月光)と識別されているところから、銀河であろう。またしても大型機の犠牲となってしまった。

同じくグアム島から発進した銀河一機、G一八索が、一〇一〇駆逐艦三隻発見を報じてきた。さらにやや時間が経った一一五〇『空母ヲ含ム敵機動部隊見ユ 空母数隻「グアム」ヨリ方位九〇度一七〇浬』を報告してその後消息を絶った。

すぐに攻撃が企画されたが、マリアナ地区には戦場ではなく後方と考えていたために、肝心の攻撃集団が配置されていなかった。マリアナ地区は敵がやってこない訓練地を考えていたのだ。そこで、哨戒や訓練のためグアム島にあった五二一空の銀河を使用することを考え、一二三〇に二六一空零戦八機(指揮官 黒川昌輝少尉・予学一一期)がグアム島に移動すべくサイパン島から発進した。その直後の一三〇〇からマリアナ各島に対し米機動部隊のF6F二〇八機とTBF八機による空襲が始まる。グアムに移動中の二六一空八機も空戦に入り、たちまち五機が未帰還となった。

各島に分散されていた零戦隊も邀撃に上がる。サイパン島からは二六一空零戦一二機が邀撃に発進、全機未帰還。グアム島では二六三空の零戦八機が邀撃に上がり四機が未帰還となった。サイパン島には他に二六五空の零戦約一〇機、テニアン島にいた三四三空と昼間戦闘訓練を始めたばかりの三〇一空戦闘三一六のうち約一二機が邀撃に上がっているが、記録がなく詳細は不明である。

どちらにしても、各島から約一〇機程度のグループで合計しても約五〇機の邀撃ではあまりに多勢に無勢で未帰還や地上で撃破される零戦が相次ぎ、所在邀撃兵力はほとんど失われてしまった。また、一五三〇にテニアン上空で空輸されてきた三二一空の月光六機が空中戦に巻き込まれ二機が撃墜されるなど移動中の飛行機も犠牲になっている。その他、哨戒や攻撃用飛行機も地上で撃破・炎上するものが相次いでいた。

メジュロ挺身偵察を成功させた一二一空の千早猛彦少佐は、空襲の中、彩雲に搭乗して敵機動部隊索敵に向かい帰ってこなかったといわれている。一五三〇に第五八機動部隊の南三〇浬の地点でＶＦ‒８のＦ６Ｆがジル（天山）一機の撃墜を報じており、これが該当するのかもしれない。

この猛烈な空襲で連合艦隊司令部はマリアナ攻略の可能性が大きいと判断していたようだが、大本営はこの空襲を単なる機動空襲で二日程度にて終わると判断した。協議の結果「あ」号作戦は発動されず、様子を見ることとなった。連合艦隊司令部は、ハルマヘラ方面に進出させていた第二攻撃集団をヤップ島に戻す命令を出した。

なお、当日来襲した兵力は、一一日二一四五に在サイパンの中部太平洋方面艦隊が、撃墜され捕虜となった搭乗員の所持する呼出符号表により、

第一群　エセックス、カウペンス、ラングレィ
第二群　エンタープライズ、レキシントン、サン・ジャシント、プリンストン
第三群　バンカーヒル、ワスプ、モントレィ、キャボット
第四群　ホーネット、ヨークタウン、ベローウッド
外ニ空母一隻アルモ紙破損ノ為不明
合計一五隻

であることを報告した。

飛行機の反撃が困難であるのならば、潜水艦を用いたい。このころ、中部太平洋方面にあった日本の潜水艦は、

トラック南方海域「伊五三潜」「伊四一潜」「呂一一一潜」「呂一一三潜」「呂一一五潜」「呂一一七潜」
マーシャル方面「伊一〇潜」「伊三八潜」「呂四一潜」「呂四二潜」「呂四四潜」
トラック在泊「呂一〇九潜」「呂一一二潜」
サイパン在泊「呂三六潜」「呂四三潜」「呂一一四潜」
輸送作戦「伊五潜」（ポナペ）「伊一八四潜」（ミレ）「伊一八五潜」（ウエワク）

が展開していた。「あ」号作戦で決戦を考えていたパラオ近海、西カロリン方面へ備えてトラック南方海域を重視しており、マーシャル方面の潜水艦には泊地偵察を命じていた。サイパンに在泊していた三隻に対し直ちに出撃させたが、それ以上は命じなかった。

翌一二日は、グアム島を発進した七五五空陸攻は〇二二〇頃敵機動部隊を発見し雷撃を行ったが戦果はなかった。この攻撃で一機が未帰還になり、残りの七五五空陸攻は硫黄島に帰投した。

在グアム島の五二一空銀河七機、在テニアンの七六一空陸攻四機、一二一空の彗星二機が〇四〇〇に発進させるように命令されており、その通り実施されたようである。一二一空の彗星は〇五〇〇に敵部隊発見を報じたが、直後に撃墜された。トラック発進の七五五空陸攻一機（機長　石橋二男飛曹長）も〇五〇〇に、グアム島発進の五二一空銀河も〇五五五に空母を含む敵部隊の発見を報じた。しかし、攻撃兵力は無く〇二四〇早くもグアム島が空襲されるなど、引き続きマリアナ方面の各基地は空襲を受け、残っていた殆どの在マリアナ航空兵力を消耗するに至った。

敵の空襲をかいくぐるように発進させた索敵機は、敵空母を含む艦隊を相次ぎ発見したものの一二一空彗星一機、五二一空分隊長で偵練一五期首席卒業の渡辺福松中尉が搭乗する機を含む銀河五機、七六一空陸攻一機が未帰還となった。急降下爆撃が可能な双発爆撃機であった銀河は、零戦と同程度の最高速二九五ノットを発揮

可能な優秀な爆撃機であったが、所詮爆撃機としては高速、ということであって戦闘機のF6Fの三二七ノット前には劣速であった。

VF-2などのF6Fが、グアム島付近でアービング（月光）二機、ニック（陸軍双発戦闘機の屠龍）とサリー（陸軍重爆の呑龍）各一機を〇七三〇〜〇九一〇の間に、サイパン付近でベティ（一式陸攻）一機を〇九三〇に、リリー（陸軍双発軽爆の九九双軽）一機を〇九四五に撃墜したと報じている。

トラック島にあった一二一空彩雲二機は、三一〇度と三四五度へ向かいそれぞれ機動部隊を発見し、テニアン島に着陸した。テニアンにあった一航艦は、これら索敵情報を総合し空母は四群一一隻と判断した。

また、伊一〇潜は甘道二三夫上飛曹（甲飛八期　操縦）と安部良平飛曹長（甲飛四期　偵察）が搭乗する零式小型水偵にてメジュロ偵察に成功。しかしながら、輸送船一隻しか発見できなかった。やはり、メジュロ泊地は空っぽになっていたのだ。なお、この偵察が潜水艦の搭載機を使った最後のものになった。

この状況でも大本営の判断は変わらず、慎重な判断を続けていた。

連合艦隊司令部は、マリアナ方面来攻の敵機動部隊の企図は不明だが、マリアナ方面に敵攻略を企図する場合及び敵機動部隊がマリアナ諸島を突破してヤップ及びパラオ方面に機動する場合は「あ」号作戦決戦に転じる。したがって、ヤップ及びパラオ北東方の哨戒を強化し、奇襲に備えつつ現編成のまま第三次渾作戦を強行する。機動部隊はフィリピン中南部において速やかに決戦に転じられる姿勢を維持しつつ待機及び訓練に従事する、といった作戦方針を提示したにとどまった。

タウイタウイ出撃

そのさなか第一機動艦隊は、予定通り六月一三日〇九〇〇に、約一ヶ月に亙《わた》って在泊したタウイタウイを出撃し、一路フィリピン中部のギマラス泊地へ向かった。

そのときの判断は、

『敵機動部隊「サイパン」来襲ハ「サイパン」攻略作戦ノ前徴ナラズヤトノ見解アリシモ飛行機隊ハ決戦前短期間ノ飛行訓練自差修正実施ノ要切ナルモノアリ（中略）且敵ノ「マリアナ」作戦ガ今後攻略作戦ニ進展スル場合ニ於テモ「ギマラス」進出ハ戦機即応上寧ロ有利ナリトノ理由』

というものであった。敵機動部隊がマリアナ方面に来襲したのでこれを撃滅するためだけにタウイタウイを出撃したわけではなく、とにかくギマラスに進出して飛行機隊の訓練を再開することが一番で、マリアナ方面がより緊迫の度を増してきた場合でもタウイタウイよりも近いので問題もないだろうという判断である。

各母艦は久しぶりに洋上に出た。この機会に試飛行や対潜哨戒で飛行作業を実施する。一航戦は、一一二〇に対潜直衛として九九艦爆五機を発艦させ、敵を見ず一四〇〇に収容、さらに一一五〇に同じく対潜直衛として九九艦爆三機、天山二機を発艦させ、敵を見ず一四二〇に収容を始めた。ところが、天山一機が着艦操作を誤って、先に着艦していた九九艦爆に追突し、火災を発生させた。

その時九九艦爆に搭乗していた本江博さんは、

『私は九九艦爆三機の一番機だった。その日の天候はよかったように思う。何事もなく先ず零戦が着艦し、次に対潜直衛機の先頭で私が着艦した。バリケードの前に出てゆっくり機から降りて艦橋に上り、後続機の著艦を見守っていた。すでに艦爆は着艦し終え、艦攻一番機が着艦、続いて二番機の着艦のとき大事故が起きた。

やや、オーバーぎみに接艦したため着艦フックが制動索に引っかからない。そのままでは、バリケードで止るはずだった。ところがエンジン全開、やりなおしを図った。やや浮き上りはしたもののスピードがつかずバリケードを飛び越えただけで失速し、前に降りていた艦爆のなかに飛び込んでしまった。あっという間の出来事であった。

我が三番機の操縦員がやられたというので跳んで行ってみると、突込んできた天山のペラで頸部をはねられ即死だった。私は部下搭乗員の遺体を収容し、処置を済ませて飛行甲板に上ってみると、悄然と首うなだれて整列している、事故を起した天山の搭乗員の姿があった。隊長から、戦場でつぐないをするよう言われたと聞いて、何ともやりきれない気持になったことを覚えている』

と回想し、その時飛行甲板上にいた艦攻整備分隊長の吉村嘉三郎さんは、

『当日は午後より雲が出てきたが、南海の太陽が時々照りつけていたように思う。

私は前部リフトの直後、飛行甲板の中央に突っ立ち、第四旋回を廻る最後の直衛機を見つめていた。艦に近く、高度も高い。てっきり着艦のやり直しと、降りてくる機を見ながら、飛行甲板から左舷の作業員控所に近づいていった。

飛行機は、艦尾に一番近い第一四制動索の手前で大きくジャンプ、飛行機のフックは引っかからずに、二度、三度ジャンプしてバリケードに急接近し、一度絞っていたエンジンを急に吹かした。機はフワリと浮いてバリケードを飛び越すと同時に、艦橋に接触しそうになった右翼を上げた。横っ飛びに倒れ込むと同時に、頭上を越す青白い天山の腹が眼に入る。私の頭上を通り過ぎた事故機の両輪は、先に着艦していた九九艦爆の主翼上を走って、前方の収容機の上に左側の主翼から落下、試運転中の零戦の翼下から火が噴き始めた。

事故機に馬乗り通過された艦爆を見て驚いた。主翼に事故機の車輪通過の痕跡を残すのみで、幸い小破程度であるが、飛行作業を終わり操縦席から立ち上がった操縦員は、事故機のプロペラで叩き落とされたか、首がない。遺体の収容は搭乗員に任せて、押しつぶされた零戦の方に向かう。事故機の落下の衝撃で、二機の零戦は脚が折れたまま、作業員を下敷きにしてでも動こうとしない。牽引車を一台も搭載していなかったので、救助に集まった決死の同僚の人力に頼る以外、方法がない。

一方、事故機は潜水艦爆撃用爆弾を抱えたまま、燃え始める。放水員にホースで爆弾を冷却するよう指示すると共に、

「兵器員、爆弾の信管を外せ、急げ」

と叫び続けた。

信管を外してくれたのは、誰かは記憶にないが、沈着冷静に作業を完了、最後に

「信管！　外しました！」

と報告してくれた。

後は消火ホースから放水しつつ、機体を持ち上げ、負傷者を救出し終わると、炎上する機を艦首から海中投棄を試みる。作業は遅々として進まず、唯《ただ》焦り続けた』

と回想している。

この事故で零戦二機、九九艦爆二機、天山一機が焼失、天山一機が大破、九九艦爆一機が小破した。この光景は他艦からも遠望され、

晴れの出撃にしかもよりによって旗艦で発生した事故であったので、見た人間に前途に不吉なものを思わせた。

事故は起こったものの引き続き対潜直衛は実施され、その中の九九艦爆一機が敵潜水艦を発見し、直ちに攻撃、効果概ね確実と報告した。二航戦も、対潜直衛に九九艦爆一〇機を従事させている。

三航戦も、やはり「千歳」索敵隊が午後対潜哨戒を実施。「瑞鳳」艦戦隊、戦爆隊は試飛行を実施、艦戦の九四号機が不時着した。「瑞鳳」戦闘機隊の福田清さんは、

『和野内上飛曹機が不時着水して、駆逐艦に救助され帰艦しました』

と回想する。これにより三航戦保有機は、零戦五二型が一機減り一七機となり、本来戦爆隊の零戦二一型一機を戦闘機隊が使用することになった。

一方マリアナ方面では

一三日になるとマリアナ方面の索敵兵力は、未帰還機、地上で撃破されたり、硫黄島へ避難したために無となった。そこで硫黄島にあった七五五空陸攻四機はマリアナ方面の索敵（硫黄島より一三〇度〜一七〇度）に一一〇〇発進した。その内の一機が一五二〇に空母二からなる機動部隊を発見したほかは連絡無く、一機が一七三〇グアム島に帰投したがそれ以外の三機はそのまま未帰還となった。この帰投した一機はさらに索敵に発進し硫黄島に無事帰還している。さらに硫黄島からは横空陸攻五機が索敵に向かい、一機が戦闘機と交戦して自爆、もう一機は未帰還となった。トラック島からは七五五空陸攻三機が発進し、一機は連絡無く未帰還となったが一機が〇七〇七敵機動部隊を発見し触接した。

性能の低い陸攻を昼間索敵に使用して無事ですむわけもなく、未帰還機が続出している。陸攻の昼間索敵では戦闘機による被害も多いが各地に出没していたB-24などの大型機哨戒機につかまって撃墜されるものも続出していた。速度も機銃も、そして防弾も相手の方が優れていることが多く、陸攻に残されている手段は先に見つけて逃げることしかなかった。

この日も引き続き敵機動部隊はマリアナ方面に空襲を続けると共に、〇五〇〇にテニアン、〇六四五にはサイパンの視界内に敵水上部隊が出現した。

この事態を受けて、中部太平洋方面艦隊司令部は〇九三八『敵ハ明日又ハ明後日ヲ期シ当方面ニ上陸作戦ヲ企画シアリト判断ス』と報じる。それを裏付けるように〇九四五にはサイパン、一〇一五には戦艦がテニアンに対し海岸や砲台を徹底的に狙って砲撃を開始し、一二四五には駆逐艦による掃海が認められた。

ところが大本営は、マリアナ付近で輸送船団が発見されていないこと、六月一二日にラバウルの吉沢徳重二飛曹（丙飛一〇期）が操縦する零戦一機がアドミラルティーを偵察し、大型空母二、中型空母二、戦艦五、輸送船五〇など大部隊が停泊中であり、大型空母二、新型戦艦五、巡洋艦一〇、輸送船三〇がカビエン沖を航行中、と報じていたためにマリアナ攻略企画について慎重な判断をしていた。偵察員の搭乗しない零戦であったのでやむを得ないのだが結果でいうとこの艦種判定はまったくの誤認であり、大本営の指導に大きな影響を与えたと言える。また、第一機動艦隊が一回出撃すると燃料の都合で再出撃に一五日かかってしまうことも慎重な判断の一因であろう。

そんな中、連合艦隊司令部はついに決断する。

連合艦隊電令作第一四六号
『あ号作戦決戦用意』（一七二七）
続いて、潜水艦を敵機動部隊邀撃のために東カロリン諸島東方海面への移動と、機動部隊から派遣されていた渾部隊の原隊復帰を命じた。

ギマラスに着く（六月一四日）

一四日になると、敵艦艇が〇五〇〇頃からサイパン及びテニアンに対し前日以上の砲撃を行い、さらに〇七四五頃小型舟艇がリーフ付近の偵察を行ったが、これを一時、中部太平洋方面艦隊は敵上陸と報じ、後にこれを取り消した。しかし、現地では敵上陸はもはや時間の問題と考えられていた。中部太平洋艦隊司令部は、一四三〇『今夜半若ハ明朝敵上陸ノ算最モ大ナリト認ム』と報じ、連合艦隊も一七四五『敵攻略部隊来攻ハ切迫セルモノト判断ス』との考えを通報しているが、大本営の状況判断はまだ変わらなかった。

潜水艦に対しては、輸送作戦中の「伊五潜」「伊一八五潜」以外にマリアナ方面へ移動するように命じられた。内地からもこの日「呂四七潜」が、その他在泊潜水艦もマリアナ方面へ出撃していった。

この一四日にもラバウルの零戦二機はアドミラルティー方面を索敵し、空母一〇、戦艦一〇、中型以上の輸送船八〇の在泊、及び出港中を確認した、と報じた。このように大部隊がアドミラルティー方面にあるような報告がされており、マリアナ方面で輸送船団が発見されていなかったので、大本営はこの大部隊がカロリン方面へ進攻することを考慮して、マリアナ方面攻略作戦に対してはなお疑念を持っていた。

トラックからは七五五空陸攻四機が索敵に向かい、一機は〇六三〇に敵戦闘機と交戦を報じ未帰還となったが他の二機が〇六一五以降機動部隊を発見した。硫黄島の七六一空の陸攻二機も硫黄島から索敵に向かったがいずれも未帰還となっている。

六一航戦はヤップ島に攻撃兵力を集中しようとしていたが、一四日までにヤップまで移動してきたのは二六五空零戦六機、五二三空彗星三機、五二一空銀河四機にとどまった。

ハルマヘラ方面に転用されていた第二攻撃集団の一五日までにヤップに集中可能な兵力は、二六一空と二六五空の零戦二四機、五二三空彗星七機、五二一空銀河一六機であり、その他の搭乗員はデング熱で当分使用できない、と報じた。これに対して、同じくハルマヘラ方面にあり機材をすり減らしていた第三攻撃集団の余剰搭乗員を当てるよう指示している。

この状況に在テニアンの一航艦司令部と在ペリリューの六一航戦司令部は、三つあった攻撃集団を一つにまとめることとした。それでもすでに各攻撃集団の戦力はかなり低下しており、集まったとして戦闘機二〇機と艦爆もしくは陸爆二〇機の攻撃隊が二つ、戦闘機三〇機の制空隊が一つ出来るというものであったので、劇的な戦力向上とは行かなかった。

このように基地航空隊は哨戒兵力を消耗し、攻撃兵力はなかなか集合しないという状況の中、第一機動艦隊はギマラスに向け進んでいた。一航戦は、前衛の対潜直衛に天山と九九艦爆を発艦させ、二航戦も対潜直衛にやはり九九艦爆を従事させていたが、敵潜水艦を発見することは出来なかった。三航戦は「千歳」艦戦隊、戦爆隊を試飛行、「瑞鳳」索敵隊も試飛行を実施させた。

第一機動艦隊は一六三〇ギマラスに入泊した。前日すでに『あ号作戦決戦用意』が発令されており、さっそく一七〇〇から急速燃料補給を開始した。一三日に発生した「大鳳」での着艦事故にて負傷した整備員らもここで降ろされる。

敵はサイパンに上陸を開始せり(六月一五日)

一五日〇四三〇遂にサイパン沖西方に敵輸送船団が出現し、〇七四〇上陸を開始した。日本軍守備隊の抵抗を排除しつつ後続部隊の上陸が続き、夕刻までに南北約一〇キロメートル、縦深数百メートルの海岸堡を設定した。

直ちに、連合艦隊は次のように発令した。

連合艦隊電令作第一五四号（一五日〇七一七）

一．敵ハ一五日朝有力部隊ヲ以テ「サイパン」「テニアン」方面ニ上陸ヲ開始セリ

二．連合艦隊ハ「マリアナ」方面来攻ノ敵機動部隊撃滅　次デ攻略部隊ヲ撃滅セントス

三．「あ」号作戦決戦発動

連合艦隊機密電第一五〇八〇〇番電

皇国ノ興廃此ノ一戦ニ在リ　各員一層奮励努力セヨ

トラックの七五五空陸攻一機が〇七二七にトラック三三五度四五〇浬に特空母六、その他一〇以上を発見した。南鳥島へ移動した横空陸攻は〇四二〇までに発進し、一機が〇八四〇に敵飛行機見ゆを報じて未帰還となったが、もう一機は〇九一〇敵機動部隊を〇九三〇には第二群を発見報告した。しかし、索敵兵力があまりにも少ないために断片的な情報が入るのみで、敵の全貌を明らかにすることはまったく出来なかった。

連合艦隊司令部は、基地航空部隊に対して〇七二一に『第五基地航空部隊ハ攻撃ヲ開始セヨ』と発令した。これを受けて、トラックとヤップ島から攻撃隊が発進する。

一三〇〇にトラックから雷装の天山一一機（指揮官　橋本隆正大尉・海兵六八期）が出撃した。制空権が失われた空域に白昼で戦闘機の直掩も付けず天山攻撃隊を発進させたのは無謀に思えるが、攻撃隊は第一中隊六機と第二中隊五機に分離して進撃していった。

第一中隊はトラック五度方向にあった米機動部隊を攻撃し、戦果はなく四機が未帰還となる。第二中隊はサイパン付近の輸送船団を攻撃し、やはり戦果はなく二機が未帰還となった。残りの天山は航続力の問題からトラックに帰れずグアム島に着陸した。

ヤップ島にはまだ予定した兵力が集結してはいなかったが、所在兵力による攻撃が実施された。まず直前偵察に一二一空の彗星一機（機長　偵察員後藤義男飛曹長・偵練三一期）がサイパン方面に向けて一一三〇ペリリューから発進したが、その後連絡がなくそのまま未帰還となった。

一四〇三に二六五空の零戦六機（指揮官　浮村安彦大尉・海兵七〇期）と五二三空の彗星三機（指揮官　寺井栄中尉・乙飛一期）が発進していく。一五〇〇には零戦五機（指揮官　二六一空伴健二大尉・海兵六九期）、五二一空の雷装の銀河一〇機（指揮官　江草隆繁少佐・海兵五八期）が攻撃に向かった。このうち、二六一空はガドブス（ペリリューの至近にあった飛行場）から移動してヤップには一三〇〇に着いてばかり、銀河六機も移動してきたばかりであった。

夕刻、第五八・二任務群と第五八・三任務群がサイパン西方四〇浬で飛行機を収容していた。我が攻撃隊の接近を探知し、上空直衛に

当たっていたVF-51のF6Fが邀撃し一七二〇頃トニー（陸軍の三式戦闘機、名称飛燕）五機撃墜、ハンプ（零戦三二型）一機を撃墜したと報じた。この攻撃隊は一四〇三に発進した彗星隊と思われる。

日没後の一八一二に第二波が現れた（時間的に銀河隊と思われる）ので、夜間戦闘機が邀撃に向かい直掩の零戦を追い散らしたがその隙に雷撃機は突入した。VF(N)-76のF6Fがジュディ（彗星）一機撃墜、VF(N)-101のF4Uはトージョー（陸軍の二式単戦、名称鍾馗）一機ほぼ撃墜確実、サリー（陸軍の双発爆撃機、九七重爆）一機に損害を与えただけにとどまった。雷撃隊は第五八・三任務群の空母「レキシントン」と「エンタープライズ」を雷撃したが、魚雷を全てかわされてしまった。

このようにほとんど戦果を得られず零戦二機（二六五空）、彗星一〜三機、銀河八機、天山六機が失われた。トラックからの攻撃隊は想定していた攻撃兵力の全力でありやむを得ないが、ヤップは本来集中できる兵力（零戦七〇機、彗星二〇機、銀河二〇機）が整ってからの攻撃であった方が有効な攻撃が可能であったろう。司令部の余裕のなさが感じられる。

ヤップに対する攻撃兵力集結は続けられており、攻撃に参加したものも含み零戦二六機、彗星五機、銀河六機がペリリュー方面から進出している。

一方、日本本土とマリアナ諸島の中継地点に当たり、本土からの増援機が集中すると考えられた硫黄島周辺に対し、一四〇〇から一五四五まで米機動部隊による空襲が行われた。実際に同地にあったのは、空戦訓練をするためにマリアナ方面へ進出中の三〇一空戦闘三一六、零戦を空輸中の三四一空、一〇〇一空の零戦などであり、マリアナ方面への増援部隊はまだ硫黄島には来ていなかった。

所在航空隊は全力で邀撃する。三〇一空戦闘三一六の一八機（指揮官　従二重雄大尉・海兵六八期）、三四一空の零戦約一一機（指揮官　金子元威大尉・海兵六九期）と一〇〇一空など合計零戦三七機が邀撃した。

しかし、どの部隊も対戦闘機用の訓練が十分になされていなかったことが大きく響き、三〇一空は一五機、一〇〇一空は四機、三四一空が八機未帰還となるなど合計零戦二八機未帰還の大きな被害を出してしまった。これで硫黄島の実働兵力は大きく減少することになった。

一四日からギマラスで燃料補給をしていた第一機動艦隊は、一五日〇七〇〇までに約一八〇〇〇トンに及ぶ燃料を補給した。補給を終えると直ちに決戦に向けてマリアナ沖に向かうべく〇八〇〇に出港する。

この日は南西方面部隊の哨戒部隊が対潜飛行警戒を実施した関係で、第一機動艦隊は飛行機による警戒は実施しなかった。一七三〇にサンベルナルジノ海峡を通過しつつあったが、二〇三八に敵潜水艦が第一機動艦隊の動静を捉え、電報を送信したのを探知した。この潜水艦は米海軍の「フライングフィッシュ」であった。

第一機動艦隊では、六月一五日夕刻の情況判断として、敵兵力についてはマリアナ列島線方面の敵は中部方面艦隊の情報通り大型空母七隻、巡改空母八隻計一五隻を基幹としている。特設空母や護衛空母も決戦前後には相当多数列島線に来攻の算大、と正確に予想している。敵潜水艦に発見されたこともあり、我が企図が敵に察知されている可能性が大きいとも考えていた。

決戦前後のマリアナ方面敵兵力配備の予想として、

○一部機動兵力を遠く西方に先遣し我機動部隊に対し横懸り又は奇襲攻撃の企図
○我が航空基地の飛行機等補給線の遮断、北寄に一部西進機動
○列島線に特空母を相当数配し陸戦を支援
という考え方はわかるのだが、肝心の敵機動部隊兵力を
○列島線には最も兵力を多く配する場合でも空母一〇隻前後を基幹とする兵力であろう、列島から西進する場合でも三〇〇浬以内
○列島線西方に空母五〜八隻を配し残余は陸戦協力、後方に予備兵力とする
と、都合良く見積もっていた。これにはそうあってほしいという願望もあったのかもしれない。

作戦指導上の考慮が必要なこととして、燃料関係や基地航空兵力の最も充実する時機、マリアナ列島線防備力の耐久性から、機動部隊の決戦参加は予定の一九日より遅延する余地はなく、むしろ繰上げるべき、とあり厳しい状況を伺わせる。

機動部隊の採るべき作戦方針は、結局『予定通リ一九日ヲ期シ「マリアナ」列島線付近ノ敵機動兵力撃破ヲ当面ノ作戦目的トシ爾後「あ」号作戦要領ニ依リ追撃戦ヲ行ヒ敵ヲ撃滅ス』とし、場合によっては一八日に決戦が前倒しになる可能性も持ちつつも一九日決戦を予定することに決した。また、戦法も『我攻撃ハ縦深配備ニ依ル第一戦法昼間航空戦第二法トシ二航戦ヲ敵ノ奇襲機動ニ対スル予備兵力トシテ控置シ北寄ノ警戒ヲ厳ニス』とすでに決していた。

もはや、第一機動艦隊は引くことは出来ず、進むほかなかったのだ。

思わしくないサイパン陸上戦(六月一六日)

サイパン陸上戦では、一六日になると日本軍は水際第一線配備の兵力を消耗して島内部に後退した。深夜には、サイパン守備隊の主力である第四三師団を中心として夜襲を実行したものの不成功に終わった。グアムも〇七一五から約二時間艦砲射撃を受けた。

トラックの七五五空陸攻二機は索敵に向かい、一機は〇八三五以降消息を絶ち、もう一機も一三三〇に敵艦上機見ゆと報じて未帰還となりトラックの陸攻は全機失われた。南鳥島の横空陸攻二機も索敵に向かったがこちらは無事帰還している。トラックと硫黄島の陸攻が皆無となったように基地航空隊の兵力減少は著しく、細々と行っていた索敵はついに実施が困難になりつつあった。

グアム島から〇二四〇に五二一空の銀河一機が発進、サイパン西方泊地の艦艇を雷撃したものの戦果はなく、ヤップ経由ペリリューに帰還した。さらに前日攻撃でグアム島に着陸していた五五一空天山四機が〇四三〇にサイパン沖の巡洋艦を攻撃し、全機トラック島に帰還している。この日、基地航空隊の攻撃はグアム島からのわずかな攻撃だけで終わった。

ヤップ島には、ペリリューから零戦一〇機と彗星四機が、ワシレから五二三空彗星四機が進出してきた。また、昨日の攻撃隊でグアム島に到着していた零戦五機、銀河二機が早朝グアム島からヤップ島に帰還する。ヤップ島には兵力の集中が進みつつあり、明日一七日には零戦三二機、彗星一三機、銀河一二機という有力な攻撃隊を発進させることが可能と考えられていた。

硫黄島方面は悪天候の中、午後再度艦上機による空襲があったが、前日に零戦のほとんどを失ってしまったので邀撃は困難となってい

た。当然のことながら在硫黄島の航空兵力はほとんどゼロになってしまった。

そんな中、連合艦隊司令部は、

『発見報告ハ単ニ空母トセズ当時視認セル艦型識別ノ確度ニ従ッテ大型（正規空母）小型（巡洋艦改造型）及特空母（商船改造型）ニ区別シ識別正確ヲ期シ難キ場合ハ「ラシキ」ヲ付スコト』

と、発見した際に正規空母群と特設空母群を明確にし、正規空母群の動向を明らかにした上で、まず撃破することを指示した。敵部隊の中で一番脅威であったのは正規空母群であり、それを撃破できればあとの部隊は撃滅できるだろうと考えていたのだろう。

連合艦隊司令部はさらに一八五〇、サイパン上陸戦に楽観的な見通し、敵空母機は一一日以降の作戦にて相当損害がありその補給時に好機が訪れるだろう、と都合の良い判断や、日本側機動部隊は敵潜水艦により察知されたであろうこと、決戦が一八日に前倒しとなる可能性があること、基地航空隊は一八日以降全力で索敵を強化する、空母の（正規、特設などの）区別を機動部隊でも明確にすること、という情報を伝えた。

第一機動艦隊は、敵機動部隊が西方に挺進攻撃を仕掛けてくることはない、と判断して、無線諜報のパラオ西方にあるとされた敵部隊に対する索敵を実施したが敵情を得なかった。

二航戦は、なるべく多くの飛行機を試飛行も兼ねて飛ばそうとしたのか対潜直衛に九九艦爆を延べ二五機も従事させた。合流を予定していた第一補給部隊が現れないために、艦爆二機が捜索のため発艦し、無事発見している。三航戦は、〇六三〇「瑞鳳」索敵機三機にて前路哨戒を実施し、午後も「瑞鳳」は前路哨戒に九七艦攻を出撃させた。

一五三〇に前衛が渾作戦復帰部隊の一戦隊「大和」「武蔵」、五戦隊、二水戦「能代」「島風」「沖波」、一〇戦隊の四駆逐隊（「満潮」欠）と第一補給部隊に合同、続いて本隊及び前衛の巡洋艦以下に対し、洋上補給を開始した。

第一機動艦隊は一気にマリアナ諸島に近づくのではなく、ゆっくりと接近していった。

敵を求めて之を撃滅せんとす（六月一七日）

一七日になるとサイパンの陸上戦は第一線将兵の大半は組織的な戦闘が困難になりつつあり、全般的に逐次後退している状態でアスリート飛行場にも侵入を許す状況となっていた。また、サイパンの泊地に飛行艇四機が着水するのが認められた。これはマーシャルから飛んできたPBM飛行艇五機で、レーダーを装備し六〇〇浬の索敵が可能であった。日本海軍の在マリアナ諸島基地航空隊は索敵出来なかったが、米軍はこのPBMで可能になる。

トラックと硫黄島は兵力が無く索敵を実施できなかった。南鳥島の横空陸攻二機は硫黄島へ移動させ、一九日ペリリューの陸攻三機をトラックに増勢するように指示され、索敵兵力の整備を図っていた。

一二一空の彗星艦偵二機はペリリューを発進、経由地のヤップ島を〇四〇〇に出撃してマリアナ方面の索敵に向かった。一機はマリアナ列島の西側に向かったが連絡なくそのまま未帰還となった。東側に向かった一機は、一三一五サイパンの一五〇度三〇浬にて空母二隻、駆逐艦四隻を発見報告した。

この報を受けて、一三四五にヤップより零戦三一機（二六一空と三四三空が主）、彗星一七機（五〇三空二機、五二三空一五機）、銀河二機（五二一空）の攻撃隊（指揮官　五二三空渡部俊夫大尉・海兵六五期）が発進する。一六日の予定では銀河は一二機の予定だったがどういうわけか二機しか参加しなかった。

この攻撃隊は、薄暮時にサイパン東方沖に到着し上陸支援中の護衛空母群に襲いかかった。FM-2ワイルドキャット四六機が邀撃に向かってきたがうまくすり抜ける。まず、空母に見えたのかLST-84に爆弾一発を命中させ火災を発生させた。しかし、他の機は空母を捜してついに護衛空母群を捉えた。

護衛空母「ガンビア・ベイ」と「コーラル・シー」を各彗星二機が攻撃し、対空砲火で撃墜されたものの至近弾を与えている。さらに護衛空母「コレヒドール」を彗星一機と銀河一機が攻撃したが、両機とも撃墜された。この銀河は撃墜される時、突入を図ったように見受けられた。護衛空母「ホワイト・プレーン」と「ファンショウ・ベイ」を何機かの彗星が攻撃し、一〜二機が撃墜されてしまったが「ファンショウ・ベイ」に爆弾一発を命中させた。この爆弾は格納庫で爆発して「ファンショウ・ベイ」は修理が必要となり戦線を離れた。

FM-2隊は、ハンプ（零戦三二型）三機の撃墜ほぼ確実、ケイト（九七艦攻）三機、トニー（陸軍の三式戦）一機、ベティ（一式陸攻）二機の撃墜を報じるにとどまった。FM-2は、着艦の際に二機が失敗して飛行甲板上の飛行機を壊すか舷外に落とす事故があったのみで犠牲は無かった。

日本の攻撃隊はグアム島に帰還した。六一航戦戦闘詳報では零戦一六機、彗星一一機、銀河一機が未帰還とされているが、戦没者名簿には二六一空と三四三空の各二名しか記載されておらず、米軍の交戦記録もそれほどないので、零戦の犠牲はもっと少なかったのかもしれない。彗星は五二三空が九組、五〇三空一組で合計一〇組の戦没、銀河は逆に三組の戦没が記録されており、そもそもの出撃した数が異なっているのか、この攻撃以外にも記録にはない攻撃があったのか判然としない。

また、トラック島からも攻撃隊が発進していた。

一三三五に月光一機が先行偵察として発進したが未帰還となった。一五四四にVC-65のFM-2が同じ双発のリリィー（九九双軽）一機の撃墜を報じていており、撃墜されてしまったのだろう。

一四一〇に五五一空の雷装の天山五機が発進、トラックの三三〇度四〇〇浬で一六五〇に輸送船団を発見し攻撃し、LCI-468に魚雷一発を命中させ撃沈した。この攻撃で天山一機が自爆している。天山は一機がトラックまで帰還し、残りはロタ島などの飛行場に帰還した。

『ロタ島の飛行場は出来たばかり、整備科を主体とする一部が上陸したばかりでしたが、ガソリンはあるということで私たちは出発前に攻撃後はロタ島に着陸して燃料を補給して帰れとの指示をうけておりました。

敵輸送船団を発見して、雷撃後ロタ島に着陸して休んでいると、二日前に出た天山一一機の一機のペア三名漂流中今朝ロタ島警備隊に救助されたということで飛行場に来ました。栗野忠孝飛曹長（操、甲飛二期）、山本茂上飛曹（偵、乙飛一四期）、菅原真上飛曹（電、甲飛九期）の三名です。

菅原上飛曹は二人の肩にすがり、ようやく歩いていました。三人を我々の二機に分乗して帰ることになり、私の機に山本上飛曹と菅原上飛曹を、他の一機に栗野飛曹長を乗せて離陸しましたが、私の機は離陸直後にエンジンが止まり海中に着水しました。五名の内四名は脱出しましたが、菅原上飛曹は脱出出来ず戦死しました。他の一機はトラックに帰り着いた様です。』

と、この攻撃に参加した落合正さん（乙飛一五期、電信員）は回想している。結局、落合さんらはロタ島から出られなくなってしまった。

第一機動艦隊では一七日に入っても補給を続けていた。マリアナ方面に接近しつつもあったので一航戦が敵機動部隊索敵に四番索敵線から二番、一番、三番、五番索敵線まで、計五線で基準の一番線を一八三度として、進出距離三五〇浬、側程は四〇浬で、天山三機、彗星二機を〇五三五から〇五四〇までに発艦させた。敵を見なかったものの、三番索敵線を担当した偵察用天山三六六号機は、機位を失い不時着水、搭乗員は駆逐艦「秋月」に救助された。

マリアナ沖海戦時の機動艦隊索敵は、一番線は側程なしの単純往復で、時計回りに三番線、五番線、七番線……、反時計回りに二番線、四番線、六番線……と扇形を構成する。進出距離を飛んだら奇数偶数索敵線共に、一番線側に側程をとり、側程を飛び切れば母艦へ引き返す。

やや時間をおいて、敵機動部隊索敵として基準索敵線四四度、八番線から九番線まで計九線、進出距離三五〇浬で側程は四〇浬として、天山四機、彗星五機を〇六三〇から〇六四〇に発艦させた。二番線担当の彗星が脚不良のために引き返し、天山艦攻三一四号機が代機として〇七一〇発艦し、それを含めて敵を見ず一一三〇から一二一〇に着艦した。

「瑞鶴」艦爆隊の横山良一さんは、

『三〇〇浬程の索敵に行きました。あのときは特別に指名され、着艦が怪しい搭乗員が多かったために、私が出される羽目になった、と思っています。艦から発艦後右前方方向に飛んでいき、その後敵も見つけずに帰ってきました、天気が悪かったと思います』

と回想し、「翔鶴」艦攻隊の森永隆義さんも、

『何回か索敵で飛んだ覚えがある。そのうちの一回は、発艦の時メタノール噴射をやるのですが、発動機からパンパンパンパンと音がしてスピードがつかずに、飛行甲板を出たらストーンと落っこちて、あっ駄目か、と思ったら、海面すれすれで上がり始めた、ということがありました』

と危うく事故になりそうだった索敵行を回想している。

補給部隊の「速吸」船団に命令を伝達するために、河村武雄中尉指揮の九九艦爆二機が発艦し、船団を発見報告球にて命令を伝達し、無事に着艦収容された。また、この日も天山と九九艦爆で対潜直衛が行われているが、敵を見てはいない。

第一機動艦隊は、一一〇〇に次の電報発信のため、彗星一機をパラオに派遣した（一六四〇帰投）。

第一機動艦隊機密第一七〇八四四五番電

機動部隊ハ一七日夕刻「E」点ニ於テ補給終了後敵ノ西方進出並ニ北側ヨリノ機動ヲ警戒シツツ「C」点（一五度〇分北、一三六度〇分東）ヲ経テ一九日黎明「サイパン」ノ概ネ西方ニ進出先ズ敵正規空母群ヲ撃砕シ次デ全力ヲ挙ゲテ敵機動部隊及攻略部隊ヲ覆滅セントス

基地航空部隊ノ協力要望

（一）決戦前日夕刻以後ノ「マリヤナ」附近敵正規空母ニ対スル触接持続　不能ノ場合ハ正子頃ノ正規空母配備状況ノ速報

（二）決戦前日「マリヤナ」西方海面ニ対スル各基地哨戒ノ強化特ニ硫黄島ヨリスルu32乃至u42哨戒重視

（三）八幡部隊兵力ノ展開遅延ノ場合ハ決戦ヲ一日延期スルモ亦已ムヲ得ズト思考セラルルニ付見込速報ヲ得度

「大鳳」艦爆隊の本江博さんは、

『この任務には隊長（平原大尉）が自ら当ることになり、後席に私が指名された。艦隊からパラオまで三〇〇浬前後だったと思うが、任務を無事果たし終えた』

と回想している。

二航戦は、対潜直衛に九九艦爆一六機を従事させ、艦戦、九九艦爆が試飛行を実施、「飛鷹」から「隼鷹」へ九九艦爆一機を移動させた。タウイタウイでの訓練中不時着した猪狩進大尉（海兵六九期・偵察）機を補充したものと思われる。

三航戦は、艦戦隊、戦爆隊、誘導隊が銃試射、座学、飛行機手入れをしながら待機、索敵隊が対潜直衛（「千歳」が午前二機、「千代田」が午前午後に延べ六機）、対潜哨戒（「千歳」が午前三機、午後二機）を実施した。

機動部隊は、一五三〇昨日から続いていた補給を終了、第一軍隊区分を発令した。機動部隊指揮官は、一三五八に『機動部隊ハ今ヨリ進撃敵ヲ求メテ之ヲ撃滅セントス　天佑ヲ確信シ各員奮励努力セヨ』と機動部隊各部隊に決意を信号する。

基地航空隊から、一四一〇ペリリューの五三度、六五〇浬に艦上機二機を発見（どの索敵機が明確ではない。ペリリュー発進の索敵機のうち、Ｐ０５索敵機とＰ０９索敵機が敵機との遭遇をした。Ｐ０５は左記の通り連絡があり、Ｐ０９は一五二〇敵艦上機見ゆを報じて未帰還となった）、一四三七ペリリューの三〇度五〇〇浬に四機編隊の敵味方不明機と遭遇（Ｐ０５）という情報が得られ、機動艦隊司令部は、予定の一九日ではなく、明日一八日の会敵する算が大きいと判断した。

夜に入ってから連合艦隊司令長官は、次の天皇の御言葉を全軍に伝達する。

『連合艦隊機密第一七二一二九番電

大本営海軍幕僚長ヲ経テ左ノ如キ御言葉アリタリ　謹ミテ伝達ス

此ノ度ノ作戦ハ国家ノ興隆ニ関スル重大ナルモノナレバ日本海々戦ノ如キ立派ナル戦果ヲ揚グル様　作戦部隊ノ奮励ヲ望ム』

基地航空部隊は最後の力を振り絞り

一七日、トラックの陸攻による索敵は出来なかったが、木更津から飛来して〇一〇〇トラックに到着した横浜空の二式大艇一機が〇四四五横浜に向けて発進し、〇七五四に駆逐艦二隻、大型油槽船一隻を発見触接し、〇八二八には空母二隻、大巡二隻を発見している。この二式大艇はどういうわけか一九二三天竜川に不時着したが、翌日無事に横浜に到着した。硫黄島からは横空の陸攻二機が〇五二七に発進、敵を見ずに帰還した。

この日の索敵はペリリューからが最も数が多かった。七六一空陸攻八機がＹ（ヤップ）哨区に向かい、Ｙ12索は〇九〇〇にテニアン一二〇度八〇浬で空母三を含む敵機動部隊を発見、続いてＹ10索は一三〇〇ヤップの五五度三四五浬で小型機一二機を発見報告したのだが、両機とも未帰還となった。その他の二機も未帰還となっている。

一航艦はもはや力尽きようとしていた。飛行機材の減耗が激しく、特に昼間に爆撃や雷撃を行う艦爆、艦攻、陸爆の稼働機が一桁に陥っていた。このため、一部戦闘機隊に急遽爆装をすることにして攻撃力を補おうとしていた。この爆装零戦隊は、今まで爆撃訓練をしてきたわけでもないので当然命中率も良いと考えていたとは思えないが、苦肉の策であろう。

六月一八日〇三〇〇、グアム島第二飛行場から昨日の攻撃の生き残りであろう、彗星艦爆四機が出撃してサイパン周辺の艦艇を攻撃、グアム島に帰投した。五二三空一機が未帰還になったと思われる。

また、昨日サイパンに現れたのが確認された敵飛行艇を攻撃するためにグアム島より一六〇〇と一六一〇に各零戦二機が発進した。しかし、敵飛行艇を認めず、後者は戦闘機と交戦し一機を失った。

前日に続きマリアナ列島線索敵が企画され、一二一空彗星二機が〇九〇〇、〇九四八にヤップを出撃した。前日と同じく西側の索敵に向かった一機が未帰還となり、東側の索敵に向かった一機が、一三五五に空母四隻、巡洋艦二隻、駆逐艦六隻からなる機動部隊をサイパン一八〇度六〇浬に発見した。続いて、一四一五には空母三隻、駆逐艦四隻からなる機動部隊をサイパン一八〇度三〇浬にて発見した。このように一二一空の彗星が敵機動部隊（位置から考えて護衛空母部隊であろう）を発見していたが、この日はもともと索敵状況にかかわらずサイパン方面には敵空母があることを見越して、ヤップ及びパラオ方面の残存攻撃兵力を結集した攻撃を実施する予定であった。

零戦七機と爆装零戦二一機（二六三空と二〇二空が主となり、指揮官は二六三空飛行隊長　重松康弘大尉・海兵六六期）、これを誘導する一二一空陸偵一機（彗星、永元俊幸大尉・海兵六九期　操縦）がペリリューを〇五三〇に発進してヤップ島に進出する。そして休む間もなく、一二二〇にヤップより零戦一五機（内八機はヤップ島から発進した栗原博飛曹長・甲飛一期が指揮する二〇一空機）、爆装零戦二〇機、誘導陸偵一機が、同時に在ヤップの零戦一三機（二六一空）と五二一空銀河八機、五二三空彗星二機が発進、それぞれサイパン付近の艦艇を攻撃に向かった。

銀河・彗星隊は、サイパンの六〇度一一〇浬にあった空母三隻を含む機動部隊を攻撃した。爆装零戦隊はサイパン付近の輸送船団を攻撃した。戦果は給油艦「ネシャーニック」「サラナック」に損傷を与えたのみで、攻撃隊はグアム島に帰還している。

この攻撃で零戦一三機（このうち二〇一空が栗原博飛曹長を含む三名）、爆装零戦一機、誘導陸偵一機、銀河七機が未帰還となっている。この攻撃にてヤップ及びパラオ・ペリリュー地区の攻撃兵力は尽きてしまった。後はダバオ方面に展開していた二六航戦の兵力が移動してくるのを待つしかなかったが、二六航戦の二〇一空と五〇一空にしても零戦一三機、彗星三機しか派遣できず、期待に応えられなかった。

硫黄島には一五～一六日の空襲の後、横空と二七航戦兵力が進出すべく関東地方の各基地に集結していた。兵力は、零戦約九〇機、彗星艦爆約一五機、天山艦攻約三五機、一式陸攻約四〇機、艦偵約一〇機と合計一九〇機という有力なものであった。そして局地戦闘機である雷電を装備していた三〇一空戦闘六〇一飛行隊も零戦に乗り換え約四〇機の戦力を有していた。

一七日に二五二空戦闘三〇二の零戦二四機が硫黄島へ向けて館山を発進したが、引き返した。ところが梅雨ということもあり天候が悪く、特に航法が難しい戦闘機が進出できなかったのだ。一八日は七五二空陸攻三機、天山一二機と横空陸攻七機が進出できただけで、硫黄島には零戦三機と天山一二機、陸攻一三機があるだけだった。

前哨戦始まる（一八日）

第一機動艦隊は、昼間航空戦第三戦法（集団戦配備）第二法により、前方第一段索敵として索敵機を九七艦攻一四機（「千歳」四機、「千代田」四機、「瑞鳳」六機）、「妙高」「羽黒」から零式水偵各一機が一八日〇五〇〇に発進、索敵を実施した。

〇六五〇　五索　敵艦上機一機東進スルヲ認ム
　地点「キツ四テ」

〇六五五　五索　敵味方不明ノ飛行機見ユ
　地点「キソ四テ」進行方向西　高度五〇〇

〇六五五　一索　敵味方不明機三機東進スルヲ認ム
　地点「ツシ一ア」

〇七〇〇　一索　敵味方不明機一機東進スルヲ認ム
　地点「ホヲ一ア」

〇八一九　四索　敵艦上機見ユ

一〇〇〇　九索　敵双発飛行艇一機西進スルヲ認ム
　地点「ホロ一タ」

敵機とは遭遇したものの敵艦隊は発見できず、一二〇〇までに帰着した。損害は「瑞鳳」索敵隊指揮官雪竹太郎大尉（海兵七〇期・偵察）機の九七艦攻が「エセックス」の戦闘機と艦爆、「妙高」一号機は「エンタープライズ」の艦攻に撃墜され未帰還になっている。

続いて、一一〇〇から彗星八機が「翔鶴」から発艦、一～一六番線（四番線欠、一番線二〇度、進出距離四〇〇浬、測程四〇浬）のそれぞれの索敵線へ向かっていった。

六番索、一〇番索は天候不良のため引き返し帰投した。一二索は燃料コック不良のため、進出距離二六三浬にて引き返し、一四一八に帰投している。

それ以外の索敵機は、所定の索敵コースを回り一七二〇～一七五〇までに帰投してきた。

やや遅れて、一一三〇～一一三五に彗星四機が「大鳳」から、彗星一機が「翔鶴」から発艦し、九～一七番線（進出距離四四〇浬～四一〇浬、測程四〇浬）に向かっていった。

一三三二　一三索　艦上機見ユ　進行方向西
　地点「レシ二チ」

一三五二　一七索　敵味方不明ノ艦上機三機見ユ、進行方向南西、
　高度五〇〇　地点「ヌロ三ス」

一五番索敵線に向かった一三号機は、ついに敵空母を発見した。

一四〇三　一五索　敵部隊見ユ　空母ノ在否不明

一四一四　一五索　空母ヲ含ム敵部隊見ユ　空母数不明
　地点「チソ四エ」一四一五

一四四五　一五索　敵ノ兵力ハ空母数隻　戦艦二
　ソノ他数不明

この一五番索敵機は、退避中に前席の風防を破損し帰投針路に入った。この報告により、隣の一三番索敵機と一七番索敵線を飛行していた一七号機が発見位置に集まり、続々と敵機動部隊発見を報

じる。

一五〇四　一三索　空母ヲ含ム敵大部隊見ユ　空母数隻其ノ他数隻　進行方向西　地点「チラＤヲ」
一五〇九　一七索　空母ヲ含ム敵部隊見ユ　空母数不明　ソノ他十数隻　地点「チイ四ケ」
一六一〇　一七索　敵ハ三小群ヨリナル　皆進行方向西　上層雲九〇〇〇米雲量七、下層雲一〇〇〇米雲量七、一〇〇〇米ニ於ケル風向一〇〇度、風速五米　敵第一群　空母正規二「サラトガ」型駆逐艦一〇―一五　地点「ウイ二チ」　敵第二群　空母正規二　ソノ他十数隻　地点「ウラ四エ」　第三群　空母ラシキモノ二、ソノ他数隻　地点「ウラ一ア」

九番索敵線に向かった一一号機は敵を見ず一八〇〇に帰投した。

一一番索敵線は連絡無く、一三番索敵線はその後連絡が途絶えた。機位を失い未帰還となったとある。

一五番索敵機は離脱後、一四四五に右前方より敵戦闘機（グラマン）一機反航してきて、そのあと後方より追跡をしてきたが一五一五には振り切った。敵浮上潜水艦一隻を発見し制圧、一六三〇には敵味方不明の油槽船団（油槽船六、巡洋艦一、駆逐艦五ないし六隻）を認め近接し、これを敵と判断して直ちに退避した。しかし、これは兵力から考えて味方の補給部隊だろう。一八五〇になって帰投できた。

一七番索敵線を担当していた一七号機は、帰途味方艦隊を見つけられずに一九一五に自爆した。この状況は後述する。

なお、五番、七番索敵線は五戦隊水偵が担当し、七索が未帰還となった。これは「羽黒」二号機で、ＶＦ-2のＦ6Ｆに撃墜された。

司令部の判断、帰らざる索敵機

機動艦隊司令部は、午前中の索敵結果、及び午後の索敵機が先端についた時間である一三三〇頃になっても、敵艦艇の発見をどの機も報じていないことを考慮し、この日の攻撃をあきらめ一旦敵との間合いを取るため反転を決意した。

機密第一八一四〇〇番電
一四三〇反転　針路二〇〇度　速力一五節　一四〇〇

そのさなか、一五索は一四〇八「敵部隊見ユ」、一四一五「空母ヲ含ム敵部隊ヲ見ユ」を報じ、一五番索敵機の一五と第一段索敵のイでこの目標は一五イと命名された。機動艦隊司令部は、次のような判断を示す。

機動部隊信令作第一六号（一五一〇）
一、敵機動部隊ハ一四〇〇頃硫黄島ノ二二〇度三五〇浬附近及「サイパン」西方一六〇浬ニアリト認ム
二、当隊ハ一時退避シタル後北上　明朝北方ノ敵ヲ捕捉撃滅シタル後東北ノ機動部隊ヲ撃滅セントス

当時、位置暴露を防ぐために、機動艦隊では艦船の電報発信を禁じていたので、艦隊の進路変更は飛行機を飛ばし、艦隊から離れたところにて機上から発進する必要があった。

発飛行機　宛「あ」号部隊
機密第一八一六一八番電

『一四三〇反転ス　針路二〇〇度　速力一五節　一四四〇　前方一段索敵機』

という電報を発信した。しかし、一六一八では敵を見なかった索敵機も、母艦予定位置に到着してくる頃であった。よって、何も発見しなかった一索～一六索を飛んだ索敵機も、母艦予定位置に行ってしまってから、帰投してきたと思われる。

この影響を最も受けたのは、敵機動部隊に触接していた索敵機で、すぐに触接を止め離脱した一五番索敵機ですら一六三〇には油槽船団を発見し敵と判断していたが、これはおそらく味方部隊（補給部隊）でおそらく母艦予定位置あたりまで帰ってきていたと思われ、それから一八五〇に着艦するまでの時間、母艦を捜していたと思われる。

一七番索敵機は一五〇〇頃から一五四〇頃まで触接を実施していたと思われ、敵は三群であることを報告した。これから離脱を図ったと考えられるが、一七索は一八一六一八番電を受信できずに当初の母艦予定位置に向かったと思われる。艦隊でも煙幕を時々展張したり、探照灯の上空投射を行ったりしていた。一九〇〇頃索敵機から、探照灯を点ぜられたし、と電報してきたが、ついに母艦に辿り着くことはなかった。一九一〇に米潜水艦「フィンバック」は、探照灯の光芒を視認し報告している。一九〇〇の時点で当初の母艦予定位置と、実際の位置は一〇〇浬以上離れており、さらに触接行動にて燃料を消費していた状況下では、電報を受信できず、もしくは一八一六一八番電が、何が反転したのかはっきりと書いてなかったため、電報の内容を正しく理解できなかった可能性もあり、母艦に帰投するのはかなわなかった。

この一七番索敵線の搭乗員は、操縦員・伊東三夫飛曹長（甲飛一期）と偵察員・山元利郎上飛曹（甲飛九期）であり、全軍に布告、二階級特進となった。

その時を本江博さんは

『好漢伊東飛曹長からの無電が入る度に祈るような気持で帰還を持っていた。夜に入り空は真暗になった。そのうち「探照灯を点ぜられたし」の入電、隠密行動中の艦隊で果して応えられるかどうか心配したが、探照灯が上空に投射されるまで長くはかからなかった。だがそれも空しく「われ自爆す」の無電を最後に消息を断った』

と回想する。

基地航空隊は、「翔鶴」機が一五一〇に発見した敵機動部隊に対して触接を図るべく、在パラオの一一偵察隊の零式水偵四機に対し、ヤップ四一度三八〇浬を中心とした一〇〇浬を捜索し、グアムに帰投するよう下令し、一八〇〇パラオ出撃、三機は敵を見ずにグアムに到着したが、一機は未帰還となった。なお、グアムに到着した三機とも燃料補給がうまくいかず、地上にて撃破された。

「千代田」攻撃隊発艦

発見した敵機動部隊（一五イ）に対し攻撃指令が出され、「千歳」より触接機として、九七艦攻が二機発進したが、

機動部隊タナ三五号（一五三〇）

『各航戦攻撃待機ヲ解キ各艦上空警戒第十一法甲配備トナセ　昼間戦闘機第一待機』

により中止となった。

その際に、信号不達のため「千代田」は全機発艦させてしまったが、すぐに収容した。なお、発艦の際に発動機不調のため、戦爆が一機墜落した。これにより三航戦零戦二一型は四五機となる。

「千歳」誘導隊電信員の黒田好美さんは、

『敵機動部隊発見を受けて、攻撃隊発艦用意の発令あるも、しばらくして中止されました。夕刻、搭乗員集合がかかり、マストにはZ旗が翻っていました。

艦長訓示は「いよいよ決戦の時来る。百年兵を養うも六月一九日のためである。諸君には六月二〇日はないものと覚悟せよ」というものであった。

その後、「下士官搭乗員集合」と次席先任下士官が艦内千歳神社に奉納してあった御神酒と軍人精神注入棒を下げてきた。

「エンジンが止まったら黙って死んでいこうじゃないか」といって先任順に目を真っ赤にして注入棒で三発ずつ気合いを入れました。各人のコップには御神酒がなみなみと注がれ、幾人かはロッカー内に準備して置いた位牌に御神酒をかけロッカーの上に飾っていました』

と決戦前の状況を回想している。

この時、すぐに攻撃すべきだった、という意見もあるが、この時間から攻撃隊を発進させれば訓練をしていない薄暮攻撃になる危険がある。その状況で敵艦隊を確実に捕捉することが可能なのか。また、帰投時は完全に夜になり、ほとんどの搭乗員にとっては初めての夜間着艦でどうなるかわからない。基地に降りるにしても、当時使える飛行場はグアム島とロタ島ぐらいで多く見積もっても一五〇機程度。すでに基地航空部隊の飛行機が五〇機以上集結している中、第一機動艦隊の一〇〇〜二〇〇機が突然現れてキャパシティも夜間設備も不十分な基地側が受け入れられるわけがない。

第一機動艦隊司令部では混乱していたのか発見していない「幻の目標」、硫黄島二一〇度三五〇浬に敵機動部隊があると判断していた。一八日の索敵自体、マリアナ方面の敵機動部隊はもちろんのこと一五日と一六日硫黄島を空襲した敵機動部隊が北から回り込んでくることを考えたものであったので、この方面に敵機動部隊があるものだという思い込みかもしれない。この「幻の目標」に牽制され、挟撃をおそれ攻撃を実施できなかったとも考えられる。また、この一八日の決戦をあっさりと諦めた判断には、以前から「決戦は一九日の予定」と考えていたことが少なからず影響していたと思われる。

翌日の決戦に備えて

一八日、第一機動艦隊は敵機動部隊と交戦することを想定し、戦闘機の上空直衛を実施していた。一航戦が〇五三〇から一二三〇まで戦闘機延べ二三機　二航戦は、〇六〇〇から一五五〇まで戦闘機延べ三九機にて実施したが、敵を見なかった。

一三五〇に、PB2Y一機が機動部隊の一二〇度一〇八浬に在り、との情報に基づき、一航戦零戦八機が邀撃に向かい、高度二〇〇〇米、針路一四〇度一二〇浬進撃したが敵を見ず、一機が「隼鷹」に不時着(「大鳳」配乗機)した以外は、一五一五に帰投した。この日は、我が機動部隊上空に敵機が現れることはなかった。

一七一七になって、機動艦隊司令部は隷下に対して次のような判断を示した。

機動部隊信令作第一九号

一．信令作第一六号中硫黄島南方ノ敵ハ誤リ

二．機動部隊ハ明朝列島線西方ノ敵ヲ撃滅セントス

三．信令作第一七号中前衛本隊ノ位置ヲ一四四度三三〇浬（「ノサユ〇〇」「ノコマ〇〇」）移動ス

機動艦隊は前述の通り硫黄島南方はもともと重視してはいたが、

発見されていない敵機動部隊が発見されたかのように突然現れ、そして、どのような理由により間違いであったことに気がついたのか、判然としない。

機動艦隊司令部は、一八日午後時点で次のような判断をしていた。

（一）敵情判断

敵空母群三ハマリアナ西方ニ進出シアリテ　懸念シアリタル北方ヨリスル敵ノ横懸リ部隊ヲ認メズ（午前中ノ索敵ニ於テ零度方向ニ発見セル敵戦闘機ハ誤報ト判明セリ）敵ノ索敵攻撃機進出距離ハ概ね三〇〇浬ト判断ス　尚「サイパン」方面戦況ニ関連シ敵機動部隊ノ大部ハ過大ニ西進シ来ル算勘キモ列島線ヨリ三〇〇浬程度進出スルコトハ予期スルノ要アリ

（二）処置

一八日ノ攻撃ハ飛行機隊ヲ陸上基地ニ移動セシムルコトヲ前程トセザレバ実施不可能ナルヲ以テ之ヲ取止メ一九日決戦当日全力ヲ挙ゲテ攻撃スルニ決ス　一九日ノ航空戦ニ於テハ先ズ列島西側進出ノ敵正規空母群ヲ撃滅セントス

之ガ為攻撃開始ハ南寄リノ方向ヨリ進撃シ敵進出母艦群トノ間合三〇〇浬ヲ取ルヲ目途トシ列島線ヨリ約五八〇浬離隔シ若シ進出母艦群ナキ場合ハ一九日列島線附近ノモノヲモ攻撃シ得ル如ク計画セリ　尚一八日夜間敵機動部隊ニ対シ友軍触接機ガ触接ヲ確保シ得タル場合ハ索敵攻撃ノ実施ヲモ腹案セリ

右ニ基キ二〇〇〇前衛ヲ分離シ航空戦配備ニ就カシム

こうして、第一機動艦隊は一八日の攻撃を実施せずに、所期の予定通り決戦を一九日に延期したのであった。決戦に備え、錯誤を防ぐために味方潜水艦はサイパン～ウルシー間以北かつ東経一四五度以西の海面への立ち入りが禁じられた。

第一機動艦隊を取り巻く状況は極めて悪かった。マリアナ方面の基地航空部隊は前述の通り支援できる航空攻撃を実施できる兵力はなく、硫黄島の八幡部隊もまだ展開できていない。その中を第一機動艦隊は予定通り距離を取り縦深配備をしき、アウトレンジ攻撃を加えるのである。

マリアナ海戦前　タウイタウイ

「龍鳳」艦攻搭乗員一同／どういうわけか「飛鷹」艦上で撮影されたもの。実際に出撃するのは四組だったのだが、18名、六組が乗り組んでいた。（提供／日高盛康）
後列左から、中村勇哲飛曹長、宮串力富飛曹長、吉田勲上飛曹、不明、森本良朗上飛曹、平崎秀雄少尉、不明、不明、不明、亀田稔飛曹長。中列左から、竹内康二大尉、中西二一少佐（六五二空副長）、黒川和直中尉。前列左から、不明、岡本季壽上飛曹、不明、空閑恒雄上飛曹、不明、不明

「瑞鳳」搭乗員一同（提供／福田清）
○後列左から
濱田三仁一飛曹、渕上太助上飛曹、戸倉正良一飛曹、飯田正人一飛曹、柴森勇一飛曹、菊地徳一飛曹、宮川源吾一飛曹、伊達三郎上飛曹、清水一男二飛曹、根井淳一飛曹、北村信一上飛曹、小池重光一飛曹、藤田博一一飛曹、橋口政二上飛曹、中村長一飛曹、谷平三郎上飛曹、和野内泰三上飛曹、竹内英三上飛曹、中村義信上飛曹、山口勝巳一飛曹、坂本清二飛曹
○中列左から
北村富佐士飛曹長、岸川保雄飛曹長、井原哲少尉、杉本康二中尉、西昇士中尉、伊藤敬四郎大尉、川村匡中佐（六五三空副長、海兵五五期）、中川健二大尉、雪竹太郎大尉、堤丈夫大尉、雨宮享勇飛曹長、中仮屋国盛飛曹長、斉藤昭飛曹長、山口忠雄飛曹長、南祐臣一飛曹
○前列左から
中嶋新衛上飛曹、鶴岡儀飛長、渡辺清一飛曹、伊藤栄吉二飛曹、末武常夫上飛曹、元木弘一飛曹、武井福弥二飛曹、小栗光夫二飛曹、大原仁一飛曹、宮川政雄上飛曹、佐藤武男飛長、菊川嘉信飛長、飯田和夫一飛曹、本藤知司一飛曹

第十一章　決戦の日（六月一九日）

決戦の日(六月一九日)

基地航空隊の攻撃

米軍は一八日〇五三〇にF6F一五機、SB2C一七機、TBF一〇機、一三三〇にF6F一二機、SB2C二機、TBF一二機を用いた索敵を実施した。日本艦隊を捉えることはなかったが、一八日一九二三に米軍の短波方位測定所が北緯一三度、東経一三六度に日本艦隊の無電を捉えていた。また、前述の潜水艦「フィンバック」が探照灯を発見した報告が一九日〇〇五〇にもたらされていた。

しかしながら米機動部隊は、その位置に接近したりすることはなかった。これは司令官のスプルーアンス提督が、米機動部隊がサイパン沖から離れた隙に、日本艦隊が回り込み、上陸部隊に攻撃を加えることを恐れていたためであった。

一九日〇一〇〇に「エンタープライズ」のTBF一五機が、夜間索敵に向かった。このTBFにはレーダーが装備され、これにより二五浬先の大部隊を発見できると考えていた。まず、二五五度に一〇〇浬飛行し、二四〇度から二七〇度の範囲を五度ずつ、さらに二〇〇浬飛行したが日本艦隊は発見できなかった。

一九日の〇二五九には、ペリリュー基地から第一航空艦隊、第一機動艦隊各司令長官に対して、『ペリリュー基地発進ノ陸攻〇一〇〇敵艦上機ヲ見ユノ電ヲ発シタル儘連絡トレズ推定「ヤップ」ノ四〇度三三〇浬』と貴重な電報を送っているが、機動艦隊では受領していない模様である。この陸攻は七五一空所属で、一一偵察隊と同様に敵機動部隊触接のため二一〇〇にペリリュー基地を出撃した二機の内の一機で、もう一機は〇五〇〇に帰投している。

グアム第二飛行場から〇三四五に彗星二機と銀河一機が発進しサイパン西方に向かった。彗星に対してはVF-28のF6F四機が邀撃に向かい、一機が撃墜された。そして、もう一機は米機動部隊のピケット駆逐艦「ストックハム」を攻撃して撃墜される。銀河はサイパン西方の大型輸送船を雷撃したが、効果はなかった。

グアム第一飛行場からも、〇三四五に零戦三一機、爆装零戦三機(指揮官　二〇二空戦闘六〇三飛行隊長　池田利晴大尉・海兵六七期)が発進した。零戦三一機は混成部隊であったためか意の如くならず、ほとんどは引き返した模様で二〇一空一機など数機が未帰還となった。爆装零戦三機はサイパンの一〇〇度六〇浬の特空母四隻を攻撃、二隻に命中したと報じたが実戦果は無かった。このようにグアム島からは、もはや最後の攻撃と言ってもいい散発的な攻撃が行われたが、効果は得られなかった。

グアム島では制空に努める動きがあった。前日の一六〇二に連合艦隊司令部は一航艦司令部に対しトラック、ヤップ、パラオ、ダバオの全所在戦闘機にて二〇日一七〇〇を期しグアム島上空の敵機を掃討し制空するように命令した。〇三〇〇に零戦八機が発進し、〇四〇〇にさらに零戦四機が発進してグアム島第一飛行場来襲のF6F約三〇機と交戦、〇六〇〇に零戦一一機が戦爆連合三〇機と交戦した。この一連の戦闘ですくなくとも二六一空の三機が未帰還となった。

米側の記録には、レーダー情報により誘導された「ベローウッド」VF-24のF6F四機が、〇六〇七グアム島第一飛行場上空でジーク約二〇機を発見し報告。次々にグアム島上空へF6Fが集まってきた。「カボット」VF-31のF6F八機が、〇六一五第一飛行場上空に到着。「ヨークタウン」VF-1のF6F八機が、〇七二〇グアム上空に到着。「ホーネット」VF-2のF6F八機が〇七三〇第一飛行場上空に、「ベローウッド」VF-24のF6F八機も、〇七四五グアム島第一飛行場上空へ到着し、ジークを発見し交戦した。

戦果として、ジーク一九機撃墜、五機撃破、三機不確実、トニー二機撃墜不確実を報告し、被害は四機被弾であった。

断続的に敵機の攻撃を受けている状況の中、連合艦隊司令部の命令によりトラックを〇四四〇に発進した二五三空の零戦一三機（トラックを一五機が発進したが、二機が引き返していた。指揮官は岡本晴年少佐・海兵六〇期）、五五一空の天山二機（指揮官　肥田真幸大尉・海兵六七期）、月光一機が〇八〇〇にグアム上空到着した。着陸を始めたところ待ちかまえていたかのようにF6Fが襲いかかってきて、零戦四機を自爆する被害を出した。グアム島所在部隊も零戦六機を発進させ、制空に努めたが二六一空の二機が未帰還となった。少数機による邀撃では効果はなかったようだ。

「ホーネット」VF-2のF6Fか〇八〇〇第一飛行場に接近するジュディ四機を認めたが交戦せず、「レキシントン」VF-16のF6F一〇機が、第一飛行場で滑走中のジーク数機と駐機中の二〇〜三〇機を発見攻撃、ジーク五〜六機の破壊を報じた。「バンカーヒル」VF-8のF6F一二機が、アプラ湾上空などで〇八二〇〜〇九一〇ジーク二〇機、ハンプ一〇機、〇八二五トプシー（百式輸送機、月光の誤認か？）一機を発見交戦、また四機は第一飛行場を銃撃した。ハンプ四機、ジーク八機、トプシー一機撃墜、ハンプ一機不確実、ジーク一機撃破を報じ、一機が未帰還となり、一機が被弾している。

この後も〇九〇〇に基地見張の警報により零戦二二機が発進、〇九〇五より敵機と交戦している。ところが、敵機が一〇〇〇には引き揚げていく。いよいよ第一機動艦隊攻撃隊が接近してきたのだ。この第一機動艦隊の攻撃隊を邀撃するために米戦闘機はグアム島上空から引き上げていった。

結局、第一航空艦隊の各戦闘機隊は機材の減少が主因で一〇機前後の行動が精一杯だった。幾つかの航空隊が集まれば数は揃ったが、今度は他部隊との総合訓練を行っていなかったので組織的行動が出来ずに結局バラバラになる。努力空しく制空権の確保は出来なかった。攻撃も散発的なものに終始し、目立った戦果は六月一七日の護衛空母「ファンショウ・ベイ」撃破にとどまった。一航艦は制空権の確保も、攻略企図を攻撃により粉砕することも叶わず潰えようとしていた。

索敵開始

第一機動艦隊の索敵は、〇三四五に第一段索敵として第二艦隊水偵一六機が飛び立っていった。この索敵に参加したのは、第三戦隊「金剛」「榛名」各一機、第四戦隊「愛宕」「鳥海」「摩耶」各一機、「高雄」二機、第七戦隊「熊野」「鈴谷」「利根」「筑摩」各二機、第二水雷戦隊「能代」一機の合計一六機であった。

「高雄」から発艦した一機に、岡本無類雄飛曹長が偵察員として搭乗していた。

『この時、爆弾を一発積んでいきました。参謀が積んでいけ、っていうんだから……。敵の空母を見つけたら一発落とせ、ってそういう馬鹿なことをいう。あんな鈍重な偵察機では、搭乗員を殺すようなものでしょう。

　発艦は四時近かったのを覚えています。夜中でしたね、真っ暗。夜間射出でしたよ。射出されると一時意識不明（気を失う）になりますよ。

　夜間飛行では、翼端燈から計器灯の明かりまで全部消すから、エンジンの排気管から青い火が見えるだけ。

　先端で夜が明けました、行きは真っ暗でしたよ。』

　第一段索敵機は、発艦して二時間以降から敵戦闘機と遭遇したことを報じ始めた。

○五五五　不明　飛行機見ユ　敵艦戦ノ追躡ヲ受ク
　地点「チハ一ア」
○六〇〇　五索　我敵艦戦ノ追躡ヲ受ク
○六〇五　一一索　飛行機見ユ　艦上機数機

　第一一番索敵線を担当した「熊野」二号機はこの後消息を絶った。○五〇〇索敵に発進したVT-16のTBMを護衛していたVF-16のF6Fが○六〇五にジェイク（零式水偵）一機を撃墜を報じている。

　その隣の九番線を飛行していたベテラン秋田耕中尉（乙飛一期）が操縦する「熊野」一号機（偵察員　財部静夫上飛曹・偵練五六期、電信員　秋山孝次上飛曹・乙飛一三期）は、敵艦隊を捉えた。

○六二九　九索　敵部隊発見　空母の所在不明
　地点「ナソ四テ」

　ほぼ同時に、その隣七番線を担当していた「能代」機も、空母を含む敵機動部隊を発見。

○六三〇　七索　母艦ヲ含ム敵機動部隊（西進）ヲ発見
　兵力空母一以上　上空ニ艦戦四ヲ配ス
　「ナソ四テ」

「能代」機は操縦の田端節上飛曹（乙飛一二期）、偵察で機長の濱田金稔少尉、電信の永岡惣一郎上飛曹（乙飛一三期）が乗り込んでいた。

　濱田金稔少尉の人となりを、通信学校同期で偵練も二一期の同期生だった中筋鼎さん（昭和一二年上海の九五水偵で活躍）は、

『私の佐世保空時代、濱田と佐世保の白南風町の下宿で七〜八ヶ月一緒でした。濱田は、夜間偵察機といって妙な格好、プロペラで推進していくような飛行機に配乗されたこともあり、ずうっと艦隊でなかったかと思います。

　彼の人物は、温厚で頭が良く、酒も飲まないし、おおらかな人物でした。文学的なことが好きで、音楽とか映画に凝っていて休みになると映画を見に行くことも多く、シャンソンなどレコードもたくさん持っていました。当時三〇円ぐらいだせば格好のいい蓄音機を手に入れることが出来ました。家でおとなしく音楽を聴いているような印象があります』

と回想している。

　先に敵を発見していた「熊野」一号機（九索）は、触接を続けつ

いに空母発見を報じた。

○六四五　九索　敵兵力　戦艦四ソノ他十数隻空母不明
　進行方向西　「ナソ四テ」
○六四九　九索　空母ヲ含ム敵部隊見ユ　空母数不明
　「ナソ四テ」
○六五二　九索　空母ヲ含ム敵部隊見ユ　空母数不明
　針路南西　「ナソ四テ」
○九五七　九索　空母大型艦橋アリ一以上
　上空に艦戦認ム
○七〇二　七索　付近天候晴　雲量八　下層雲三〇〇
　視界一〇浬
○七〇三　九索　我敵艦戦ノ追蹤ヲ受ク
○七二六　九索　敵ノ南方五〇浬圏内敵ヲ認メズ

最初に九番索敵機（「熊野」機）が〇六二九に敵機動部隊発見を報じ、続いて同一地点に七番索敵機（「能代」機）が〇六三〇に空母を含む敵機動部隊を発見し、〇六四九に九番索敵機が空母を含む敵部隊発見を報じた。この二機の索敵機が同一目標を捉えたと判断され、七索が先に空母を発見したとされたためこの目標は「七イ」と命名された。九索（「熊野」機）は帰還したが、七索（「能代」機）はそのままとどまり続けたが〇八四五にＶＦ‐50のＦ６Ｆに撃墜され、帰還できなかった。「能代」のペアは米機動部隊発見し未帰還となったことにより全軍に布告され、二階級特進となった。

この第一段索敵で未帰還となったのは、第二水雷戦隊「能代」機と第七戦隊「熊野」機の他に、第四戦隊「愛宕」「高雄」「摩耶」各一機、第七戦隊「利根」「筑摩」各一機の合計七機と思われる。

帰還した機のうちの一機、「高雄」の岡本無類雄さんは、

『私達が一番索敵線でしたよ。

夜飛んでいる最中に、機長の操縦員（瀧澤宇一少尉、乙飛四期）が、「右折しろ」っていうんですよ。右側に敵がいるらしいから、と言って。

また、元に戻ってやったんだけども、そこで狂っちゃったんでしょうね。敵の戦闘機にも全然会わずに、索敵線帰ってきたら、到達点になっても艦がいない。

スコールにつっこんじゃって、

「これは駄目だ、一〇年近く飛行機に乗っているけどこれは駄目だな」

と思った。

しかし、とにかく航法目標燈をどーんと落として、その上を四角に高度をとりながら捜索を始めたんです。

そうしたら、高度三〇〇〇とったら、なにか見えたんですよ。洋上に。

敵か味方か、わからないが、いってみよう、といってみたんですよ。そうしたら味方の、前衛部隊の駆逐艦だったのです。

無電出すわけにいかなかったけれども、駆逐艦が砲塔をこうやって曲げて、旗流信号で何マイルと出してくれた。

それでずーっと帰ってきたら、水平線の彼方から、一番先に見えたのは、やはり「大和」でした』

と九時間にもわたった飛行について、回想している。

〇四一五に発艦した第二段索敵（合計一四機）、第三段索敵（合

計一三機）からはまだ敵機動部隊に関する情報はなかったが、この「七イ」に対して攻撃隊を発艦させることを第一機動艦隊司令部は決意する。

第一次特別攻撃隊(三航戦第一次攻撃隊）発艦

敵機動部隊「七イ」を攻撃すべく攻撃隊を発進させた。

出撃の前を、「千歳」戦爆隊（特攻隊）の池田岩松さんは、

『攻撃隊出撃に際して、搭乗員整列がかかり訓示を聞くわけですが、私たちは誘導機について行くだけなので、細かい話はありませんでした。

戦爆隊は、戦闘機に乗っているとはいえ、本当の戦闘機乗りではないし、空中戦の練習をしているわけではないので、爆弾落としても出来るだけ速やかに引き返せ、空中戦には巻き込まれないように、と指示が出ていたと思います。そうしないとやられてしまいます。空中戦をやると、下手なことをするからやられた、搭乗員と飛行機がもったいない、ということになります』

「千歳」誘導隊電信員の黒田好美さんは、

『眠りの中の早朝、

「索敵隊発艦用意、搭乗員集合」

のスピーカーがけたたましく響き、しばらくして飛行甲板を発艦する索敵隊の爆音が響きました。

「攻撃隊発艦用意、搭乗員集合」

に準備を整え待つ』

と出撃前を回想している。

まず、〇七〇〇触接機として九七艦攻二機が「千歳」から発艦、続いて〇七二〇～〇七三〇に第一次特別攻撃隊として、直掩隊一四機（「千歳」四機、「千代田」四機、「瑞鳳」六機）、戦闘爆撃機四四機（「千歳」一五機、「千代田」一四機、「瑞鳳」一五機）、誘導機八機（「千歳」三機、「千代田」二機、「瑞鳳」三機）が発艦していった。

黒田好美さんは、

『我々誘導隊は中本大尉を先頭に発艦、高度を取りながら編隊を組み、攻撃隊、直掩隊の編隊を待つ。逐次、「千代田」「瑞鳳」の編隊も、集合終了次第接近しながら目標に向かって進路を取りました。視界は悪くもありませんでしたが、良くもない状態でした』

直掩隊は、すべて零戦五二型を使用したと思われがちだが、六月一三日に一機不時着して五二型が五機しかない「瑞鳳」が直掩隊として六機参加させているところから、「瑞鳳」の一機は、本来戦爆隊に使用する零戦二一型を使用した。

戦闘爆撃機は零戦二一型を使用していたが、四五機から直掩隊に一機譲渡すると、四四機となる。さらにその内の「千歳」から発艦した二機が引き返している。

その内の一機は池田岩松さんの飛行機だった。

『左脚が引っ込まず、それでもついていこうとしましたが、緒方忠孝上飛曹（二番機、丙飛八か一〇期）が「引き返せ」と指示してきましたので、引き返しました』

との事情で引き返し、その後着艦する時もまたとんでもない問題が発生した。

『増槽は落ちましたが、爆弾は爆弾押さえのストッパーを開けて、スイッチを押したが落ちません。機体をグワングワン揺らしたが、それでも落ちませんでした。「大和」「武蔵」が見えるところで、突っ込んだり引き起こしたりいろいろしてみたがどうしても落ちませんでした。

そのまま母艦に接近したところ、着艦やりなおせの“赤旗”が振られました。

「ここまで訓練して於いて、こんなあほらしいことで落っこちて死ねるか！（爆弾が落ちない、ということで、不時着水してしまえば、爆弾が爆発する可能性が大きかった）」と思い、そのまま爆弾を抱えたまま、着艦コースに入りました。それをみて、整備員がパーッっと逃げていくのが目に入りました。

着艦した際の衝撃でも、爆弾は落ちることもなく、機体にひっついたままでした。

このことに関して、おそらく飛行機がない時代だったからと思いますが、怒られることはありませんでした。ただし、飛行長と整備長がもめていました。

やはり、こういうことでは死にたくない、帰ればもう一回出撃できる、という考えでありました。艦側から見れば、怖かったと思いますが。

帰ってきて爆弾が落ちなかったことについて、あとで自分なりに考えましたが、

「ああ、やはり特攻隊だから落ちないようになってたとちゃうかな」

と思ったりしました』

結局、戦爆隊は残りの四二機が進撃していった。また、「千代田」誘導機（天山）が本来三機であったのが、二機参加となったのは理由があった。「千代田」の誘導隊指揮官機の天山電探が故障したのだが、指揮官機は二式空三号改一、その他の天山は九六式空三号改一と異なる電信機を搭載していたために交換作業を行ったが通信不能となってしまったためである。

攻撃隊が発艦してまもなく、第一次攻撃隊に対し、

『「七イ」ノ空母ハ大型四隻ナリ』（〇七三〇）

『敵空母附近ニ敵輸送船団ラシキモノ発見ノ電アリ』（〇七五〇）

と追加情報を送った。

誘導隊は進撃する戦闘爆撃機の前方を飛び誘導するのが任務であるが、誘導隊の黒田好美さんは、

『私の機は欺瞞紙を撒く任務でした。一五〇浬ぐらい進んだところで、私の機は攻撃隊と別れ、「七イ」の左側へ向かっていきました』

と編隊から離れていった。

奇襲ニ遭ヒ……

攻撃隊と別れた誘導隊の黒田好美さんの機は敵機動部隊を発見する。

『やがて敵機動部隊が目視で確認でき、それと同時に機長の海藤上飛曹の

「撒けぇっ」

にあわせ、落下傘収納袋に三つ入れてあった欺瞞紙を、窓を開けてどんどん落としていったのです。欺瞞紙は内地から持ってきていたと思います。落とされた欺瞞紙の束はバラバラになり流れていきました』

しかし、すでに米軍側は迫りつつあった第一次特別攻撃隊をレーダーで捕捉、直ちに邀撃の体制を整えF6Fが向かっていった。

第一次特別攻撃隊は高度六〇〇〇メートルにて進撃中、まだ敵艦隊を見ていない状況の中、〇九三五に高度八〇〇〇メートルからF6Fの奇襲を受けた。

米レーダーは〇九一七に大目標をとらえていた。方位二五〇度、距離一〇六浬の地点を高度二〇〇〇〇フィート（高度約六〇九六メートル）、針路八〇度で進んでいると判断された。

第五八任務部隊はすでに上空直衛にＦ６Ｆ八二機を在空させていたが、直ちに高度二五〇〇〇フィート（高度約七六二〇メートル）へ上昇させ、二六〇度へ向かうよう指示がなされた。さらに、待機中のＦ６Ｆの発艦、艦爆や艦攻は発艦してグアム方面へ退避、グアム島付近にいるＦ６Ｆに対しては至急母艦へ帰投するよう命じられた。これによりさらにＦ６Ｆ一六二機が発艦した。

ＶＦ-15のＦ６Ｆ八機が〇九二五に母艦から二五五度五五浬の地点でジーク一六機、ジュディ一六機、ハンプ八機を発見。「プリンストン」ＶＦ-27のＦ６Ｆ一二機も〇九三四に方位二六〇度、六〇浬の地点で、高度一七〇〇〇～二三〇〇〇フィート（約五一八一～七〇一〇メートル）を飛行する三〇～四〇機を発見、報告した。

先に発見していたＶＦ-15は〇九三五に襲いかかった。その後も次々にＶＦ-1、2、15、25、27、28、31のＦ６Ｆ、あわせて合計六二機が交戦した。

直掩の零戦隊は反撃、戦闘爆撃隊は突撃に移った。しかし、直掩の零戦は数で劣る一四機でしかなく、たちまち劣勢に陥った。一〇〇〇には六〇度、距離五五～七〇浬の地点で完全に撃退した、と報告された。

直掩隊はＦ６Ｆ五機撃墜確実、一機不確実を報じた。戦闘爆撃隊は空母一隻に命中弾一発確実、一隻大破公算、二機が戦艦突入したと報じた。実際には空母群を攻撃した機はなく、数機がピケット駆逐艦を攻撃、三、四機がＴＧ五八・七群に突入し、戦艦「サウスダコタ」に一発命中、重巡「ミネアポリス」に至近弾を与えたにとどまった。

米軍はジーク五六機を含む七三機の撃墜確実を報じ、被害はＦ６Ｆ二機が未帰還、三機が被弾となっている。

〇九四〇になって、先行していた触接機が敵機動部隊を発見、接触を行ったものの敵艦戦二機に追跡を受けて退避、敵空母群上空に黒煙が上がるのを確認し、帰投を始めた。

「瑞鳳」戦闘機隊の福田清さんは、

『戦闘後途中で一番機の中仮屋飛曹長と合流し、「瑞鳳」に帰還いたしました』

と回想し、帰還時収容にあたる誘導隊の黒田好美さんは、

『欺瞞紙を撒き終わったら母艦への帰投針路に帰って戦闘機なり攻撃機を拾って帰るように指示を受けていました。それで、うろちょろしていましたが、誰も来ないので帰投しました』

と回想している。

戦闘機や戦爆機といった単座機でも、誘導機と合流できなかった場合は単機帰投を行った。誘導隊の二式空三号改一で長波を輻射して誘導するか、長波で帰投針路の送信を行い効果があったとされている。また、無線航法と言えばクルシーであるが、戦爆一機が約二三〇浬より無線帰投を行っている。この日の飛行距離は母艦から三〇〇浬を越えていたが、クルシーの能力は南方では約二二〇浬程度であり途中まで帰らなければならなかった。もちろん動いていればの話で、故障が多かった。特に衝撃に弱く、第二次ソロモン海戦では零戦五機のうち作動したのはわずかに一機、というように空戦の衝撃で動かなくなることもあった。クルシーが動かなければ、脚にくくりつけた航法計算板を頼りに自分で帰投するほかない。

一一〇〇頃になって、触接機、攻撃隊が母艦に帰投してきた。

直掩隊の指揮官であった中川健二大尉は、帰投針路を天山誘導隊の送話にて受信し、単機で帰投していた。当然単機で飛んでいれば針路が正しいのか若干不安を感じるが、そこに味方の水偵二機が反航してきた。これに対し帰投針路を手真似で聞いたが応答がなかった。これは手先信号の規約などなく、伝わらなかったのだ。その後、中川大尉は母艦に無事帰投している。

誘導隊の黒田好美さんは、

『我々の機には、電探が装備され、その後の戦闘に於いても非常に役に立ちました。航法の補助として非常に役に立ち、私の命の恩人でした。

マリアナ沖海戦時は、アンテナが翼の前、胴体の左右にあり、スイッチで切り替えて前、左右の方向を、ブラウン管で距離を読んで使いました。いつでも使える状態にしていましたが、偵察員が「大丈夫だ、もうすぐ見える」といい、その通り母艦が見えたので使わないですみました』

と回想する。

第一次特別攻撃隊の損害は、直掩機八機、戦闘爆撃機三二機、誘導機二機が未帰還となり、帰還機も直掩機二機、戦闘爆撃機四機が被弾していた。

一航戦第一次攻撃隊発艦

「瑞鶴」乗組の艦攻整備員花見重一さんは

『四時三〇分に索敵機が発艦し、夜が明ける前から情報が入らないかと待機していましたが、六時三〇分から七時、夜が明けてしまいました。それでようやく敵艦隊発見の報が入りました』

と回想する。

〇六三〇にようやくもたらされた第一段索敵機の敵艦隊発見の報により、〇七〇七に彗星艦偵一機が前路索敵のため大鳳から発艦した。

その後、「大鳳」には零戦一六機、彗星一七機、雷装した天山九機が、「瑞鶴、翔鶴」にはそれぞれ零戦一六機、彗星一八機、雷装した天山九機、前路索敵戦果確認用の偵察用天山一機が並べられた。

「大鳳」乗艦の艦攻整備分隊長の吉村嘉三郎さんは、

『「搭乗員整列！」

整備科各分隊士が運転開始の手先信号を送る。

整備員は車止めを確認の上、すでに暖機運転が終わっている各機のエンジンが一斉に回転し始める。操縦席に上がってきた搭乗員に「異常なし」と申し継ぎを終え、機体の右側に立つ。

私は、いつも通り飛行甲板の隅々まで見渡せる発着艦指揮所の後方に立つ。受け持ちの全天山艦攻の回転するプロペラの太陽光の反射具合でエンジンの調子の良さを推し量り、一方担当整備員に不規則な動きはないかを注視する』

と出撃前の準備を整えていた。

「瑞鶴」でも、

『出撃の時は彗星艦爆全機を稼働にそろえました。一機もおかしいものはなかった。

格納庫の中で整備をしますが、飛行甲板で具合が悪いとなると戻すのが大変ですから、完全入念に整備をしますので、具合が悪いとかはなかった』

と艦爆整備員の宮下八郎さんが回想するように、準備は万全であった。

「大鳳」艦爆隊偵察員の本江博さんは、

『当日朝、目がさめた。急ぎ身仕度を整え、艦内神社に参拝を済ませ、搭乗員控え室へ。刻々に入る索敵機の情報に、ほぼ思い通りのアウトレンジ戦法になりそうだというので意気軒昂だった。しばらくして攻撃目標が示され、準備万端整え、搭乗員整列である。

小澤長官、入佐司令ほかの訓示と激励を受け、総指揮官垂井少佐の「掛れっ」の号令一下、一斉に搭乗機に向う。全速の空母大鳳の甲板上を走る風と、前機のエンジンの風圧を受けながら我が機に近づくとき、思わず武者震いのようなものを体中に感じた』

「瑞鶴」艦爆隊の北島三郎さんは、

『訓示など特別にありませんが、飛行長から「戦果を期待する」との言葉がありました』

と回想している。

攻撃隊は〇七四五に発艦を開始した。アウトレンジ攻撃のために燃料（増槽）を満載にした出撃であった。

『発艦当時、私は発着艦指揮所のやや後方で見送りの位置に着いていた。艦爆の平原大尉は、落ち着き払って前方を直視して悠々と艦を離れて行かれた。それに対し攻撃隊総指揮官の垂井少佐は、飛行科士官らしからぬ几帳面な挙手の礼で見送りに答えられていたが、「少し硬くなっているのでは」とふと気になったように思う』（吉村嘉三郎さん）

本江博さんは、

『二五〇キロ爆弾を抱いた上に、増槽タンク（三〇〇リッター入り）二本を着けての発艦は、初めてであったが無事全機完了した』

「瑞鶴」から発艦した操縦員の北島三郎さんは、

『沈下量が多いので「オーバーブースト」一杯で発艦しました』

同じく「瑞鶴」から発艦した横山良一さんは、

『発艦するときも大変でした。先に発艦していく機で、甲板の下に下がっていくのがずいぶんありました。「あれあれ」なんて言っていたら、やっと上がっていく。燃料も満載、増槽も積んでいたと思います、二五〇キロ爆弾を搭載しての重い状態で、エンジンをブーッと噴かして、ブレーキを踏んでパッと離して、やっと上がった感じでした』

と回想するように、燃料などで重い機体を操り発進させていく。

ところで、天山艦攻は、通常であれば操縦員、偵察員、電信員の三名が搭乗するのであるが、この第一次攻撃隊の搭乗員編制表によると、二番機の一部及び三番機の天山艦攻は、操縦員と偵察員の二名の名前しかなく、電信員の名前がない。戦没者名簿にもそれらしき名前が無く、操縦員と偵察員の二名で出撃していったと考えられる。当時の艦攻関係者の整備員、第二次攻撃隊参加者には一様に記憶が無く、「信じられない」とのことで、はっきりした理由は不明である。

また、六〇一空の天山隊はシンガポールで爆撃訓練を主体にして訓練をしていて、雷撃訓練をあまりやってはいなかった。攻撃の主体を雷撃に切り替えたのははっきりとしないが、新兵器の存在があったのかもしれない。五月二〇日に「大鳳」で三式実用頭部の説明があり、三式実用頭部とは三式爆発尖付頭部と呼ばれる目標の艦底で魚雷が起爆する装置が付いたものである。この装置が魚雷に装着して使用可能になったことから雷撃に切り替えた、とも考えることも出来る。

ともあれ〇七五八には攻撃隊の全一二八機、前路索敵機二機の発艦も無事終わり、直ちに前路索敵機は「翔鶴」機（深川静夫大尉・海兵六四期）が針路五五度、「瑞鶴」機が針路六七度に、直ちに進撃を始めた。

　一航戦第一次攻撃隊発艦後、機動艦隊司令部の雰囲気は和んだようだ。その参謀が発着艦指揮所のもとに来て、

「敵に我が位置を発見されないまま、我が攻撃隊を発進し得、全て作戦通りに進み本作戦は成功です」

と入佐俊家中佐（六〇一空司令）に語ったところ、入佐中佐は
「そううまくことが運ぶかな」

と応じた、との回想がある。実際に戦果が得られて初めて成功と言えるのであり、司令部とは対照的に、現場を預かる入佐中佐はあくまでも冷静であった。

　さて、母艦上空では攻撃隊が編隊を組み始める。横山良一さんは、

『編隊組むのには時間がかかりました。発艦すると、だいたい左旋回をしていくのですが、なかなかうまくはいきませんでした。大編隊を組むような訓練はやっていませんでした』

と回想する通り、一二八機の大編隊は〇八〇五頃になってようやく集合が終わり母艦上空を発進した。しかし、零戦一機、彗星四機（発動機不調二機、脚故障二機）、天山一機が故障により引き返していった。

　その攻撃隊を発進させている最中、それを海中から見ていたものがあった。米潜水艦「アルバコア」である。

「アルバコア」は「大鳳」に対し、魚雷六発を発射した。

〇八一〇に「大鳳」に向かう雷跡を発見した彗星一機が、艦を救うべく雷跡めがけて突入し自爆。犠牲的精神にも関わらず、残念ながら魚雷は「大鳳」に命中した。操縦員は小松幸男上飛曹、偵察員は国次萬吉上飛曹であった。

　彗星艦爆第二中隊の本江博さんは、

『当日の天候は、断雲が少し見えるが上々だった。

　空中集合で旋回をはじめ、高度は未だ数百、目の前の隊長の二番機が突然高度を下げ、そのまま海中に突入した。見ると魚雷の航跡が二本、空母方向に進んでいる。その一本めがけての自爆であった。不幸にも不成功に終り、その一本が「大鳳」の右舷前部に命中した。

　空中集合は何事もなかったようにそのまま続けられた』

とその光景を回想する。

「アルバコア」は、「大鳳」攻撃後に爆雷攻撃を受けたが効果的なものではなく、離脱に成功している。

我前衛ノ射撃ヲ受ク

　一方、攻撃隊は機動部隊本隊から発見された敵機動部隊の方角が約七〇度であったところ、それよりかなり西寄りとなる六四度で進撃を開始した。これは目標が西進しているとの判断だったのだろうが、おそらくたまたま機動部隊本隊より一〇〇浬前方にあった前衛の上を飛ぶことになってしまう。
〇八四〇に攻撃隊が前衛上空にさしかかったところ、あろうことか味方艦船の誤射を受けた。
『六月一九日〇七四〇頃一航戦第一次攻撃隊ハ前衛直上上空ヲ高度約四〇〇〇米ニテ敵方ニ進撃セントシ第一群ノ射撃ヲ受ケタリ
　当時「瑞鳳」ハ九〇粁ニ電探ニヨリ之ヲ探知敵機ト通報次デ方向射撃ヲ実施セリ　「利根」ハ艦橋見張員四五粁ニ発見（約八〇機）味方識別ニ務メシモ不明ナリ　「鈴谷」主砲射撃開始
　測距三五粁ヲ得（散布五粁ニ及ブ）射撃準備完了ノ儘注視スルニ依然高々度接敵隊形ノ儘我ガ群ニ向首近接スルヲ以テ取不敢敵ニ対スル胸算ヨリ約五粁遠距離射撃ヲ決意シ警告乃至阻

止ノ意味ヲ以テ推定距離約三〇粁、二五粁ニ対シ射距離ヲ各々二〇〇〇〇、一五〇〇〇米ト決定　主砲交互打方三式弾二二発ヲ発射セシニ始メテ飛行機隊ハ変針同航トナリシヲ認メ射撃ヲ控止セリ』(「利根」戦闘詳報)

この思わぬ射撃により、彗星一機(第四中隊)が燃料タンクを撃ち抜かれ母艦に引き返した。同時に彗星一機(同じく第四中隊)がエンジン不調に陥り不時着水した。

エンジン不調に陥った機の操縦員だった横山良一さんは、

『「撃たれている」と感じたので、はっきりとは憶えていませんが目の前でも炸裂したことがあったかもしれません。「なんと味方打ちか、しょうがねえなー」と思ったのと同時に慌てました。隊長機が翼を振って味方識別のバンクをしたのですが、全然効果がなかった。

そのうち、エンジンの出力が落ちました。スロットルを動かしても出力は上がらず、こりゃいかんな、と回復動作を続けていましたが回復せず、エンジンはとろとろまわっているだけで、相当な角度で降りていったと思います。

爆弾も気になったのですが、もう高度が低いので爆弾を落としても他にも迷惑をかけるし、自機も影響を受けると思い落とすのを断念し、爆弾庫を閉めたままにしました。結果的にはこれが良かったのでしょう。

あまりゆっくりすると爆弾も抱えたままですから失速する恐れもあり、ちょっと頭を下げた状態でさーっと風に立つ。着水した衝撃で閉まってなかなか開かないことがあるので、窓を開けて動かないようにロック。つけたままでは引きずり込まれるので、落下傘のベルトをはずし、確認もしてきっちり準備をしました。しかし、着水する時は目をつぶりました、爆発したらお終いだ、しょうがないなと思って。

きれいな海に着水、爆弾も搭載したまま(増槽も?)で重い状態だったので、相当潜りました。上を見ると明るかった。すぐ機外に出たつもりですが、水を飲みそうになってやっと海面に出ました。

私が先に出て、しばらく偵察員は出てこないので、あれ?どうしたのかな、と思っていたら、ちょっとしてから出てきました。それで声を掛け合って、鮫がいるかもしれんからマフラー流すか、とマフラーを取って縛り付けたりしました。

時計も駄目になっていたので正確な時間ではありませんが、二時間ぐらい掛かったかな、と思っています。どこの駆逐艦に救助されたのか悪いのですが思い出せません。二時間ぐらい泳いだので体が萎えてしまって、上がるとき自力で上がれませんでした』

と回想している。

〇九一四に駆逐艦「野分」が「瑞鶴」搭乗員二名を救助したと記録されている。時間だけ考えれば、これが該当しそうなのだが、「野分」は乙部隊のはずであり、前衛で不時着したはずの横山上飛曹、早川上飛曹を救助するのは合点がいかない。「野分」の可能性がある、とだけしておこう。

零戦隊、天山隊の被害は不明。天山隊の第二中隊の一機が行方不明と記されているので一機がこのとき被撃墜なのかもしれない。この影響で「瑞鶴」を発艦した天山第二中隊が分離した。

ほかの機はどうだったのか?

同じ艦爆隊でも第二中隊の本江博さんは、

『にわかに編隊のあちこちで乱れが起った。一瞬、変だなと思ったとき、空中に煙が見えたので、下から打たれているなと直感した。

しかし、すぐに止んで編隊はそのまま直進を続けた』

艦戦隊で「瑞鶴」から発艦した藤本速雄さんは、

『高度三〇〇〇位で進撃中、三航戦の上空で、大編隊の周囲に高角砲が炸裂し始めたので、五分間位編隊を戦闘隊形に開いたが、その後一〇分位で元の編隊になり、あまり影響はなかったと思う』

と同じく影響がなかったと回想しており、被害を出したのは「瑞鶴」艦爆隊の第四中隊と、「瑞鶴」艦攻隊のようである。

〇八四五に第一次攻撃隊の編隊から分離した天山第二中隊の中で、さらに一機が天山第二中隊の編隊から分離して行方不明となる。

攻撃隊は前衛から二五分飛行してから
『我前衛ノ射撃ヲ受ク』

と報じた。

全軍突撃セヨ

〇七〇七に発艦していた前路索敵機（彗星艦偵）は若い鬼崎善吉一飛曹（乙飛一五期）が操縦し、ベテランの門脇廣明飛曹長（偵練三九期）が偵察員として搭乗していた。門脇飛曹長は、戦艦などに搭載される観測機の名人教育である特修科を卒業したキャリアを持っていた。

この前路索敵機は早くも〇九三〇に三八〇浬進出して予想地点到着するも敵を発見できず、付近を捜索し始めた。一五分後に敵機動部隊を発見し、反対側に回り込んでいった。そしてほぼ反対方向、敵の七〇度四〇浬付近に回り込み一〇一〇から一〇分間、敵に電波欺瞞紙散布を実施した。

続いて攻撃隊と同時に発艦した前路索敵戦果確認機（「瑞鶴」機）が、一〇二四に三七〇浬のところで敵機動部隊発見。直ちに攻撃隊に対し誘導電波を輻射した。この電波は前衛の三航戦の空母でも受信されたほどの強力なものだった。しかし、敵戦闘機の追跡を受けたため退避。このとき六五三空戦闘爆撃機が空母一隻、巡洋艦一隻の爆弾命中をさせたのを見た、と後に報告している。六五三空第一次特別攻撃隊が攻撃を開始したのが〇九四〇で時間的にあわず、六〇一空の攻撃を見ての判断と思われる。

さて、接近する攻撃隊約一〇〇機は、米軍のレーダーによって方位二五〇度一三〇浬の所で探知された。この目標は針路七〇度、速度一八〇ノットで進んでいると判定された。直ちに邀撃が命じられ、F6F群は高度一五〇〇〇フィート（四五七二メートル）へ上昇していった。

その時の模様を艦爆隊第二中隊長の本江博さんは、

『進撃を続けること約二時間、天候は相変らず良好、眼下に見渡す限り断雲が続いている。艦爆隊は六五〇〇メートル、もちろん酸素マスクをつける。零戦隊はさらに上空にぴったりと着いている。

このあたりから増槽をいつ落とすか気にかかりだした。敵は未だ影も形も見えない。あちこちで増槽タンクの落ちるのが見える。何となく不気味な予感におそわれて、ふと、左後方を見たとき、グラマンと零戦が相次いで墜落してくるのが目に入った。後方上空を見ると、キラッ、キラッ、と光るものがあちこちに見える。零戦隊はすでに空戦状態に入っている。前方をいくら見ても敵の姿は全く見えない。

次の瞬間、グラマンが一機真後から接近しつつあった。機銃を握りしめたが、よく見ると一機どころか大挙して、少し大げさに表現すれば折重なるように襲いかかってくるではないか。頭に血がのぼって七・七ミリ機銃をねらって撃っている余裕などなくなってしまった。こうなったら敵の弾をかわすことが先決だ。エンジンは全開、おれが「テー」と言ったら思い切りスべらせろ！、とどなった。しばらくは目を皿にして後に着くグラマンを追い見詰め、射程内に近づいたなと思う瞬間、「テー」を繰り返した。彗星も全速で逃げると速い。襲撃の合間にふとわれに返ると、火炎につつまれて墜落する味方機があちこちに見えるが、機種や数を見定める余裕はない。夢中で逃げまわるうちに、前方に敵機動部隊が見え始めた』

と、奇襲を受けた様子を回想している。

同じく艦爆隊で第五中隊の作田博さんは、

『いよいよ戦場到着予定時刻となり、雲の隙間を捜索しながら飛行中、雲間に敵輪形陣を発見、突撃の令が出ないので僚機を見渡す瞬間、火達磨の僚機、また、直掩の零戦とグラマンの空戦、彼我入り乱れての空戦が展開された』

と回想する。

F6F群は一〇三九に約六〇浬の地点で、高度一二〇〇〇フィート（三六五七メートル）で飛行する五〇〜六〇機を発見、直ちに襲いかかった。VF-1、10などのF6Fが少なくとも九七機が一航戦第一次攻撃隊に襲いかかった。たちまち高度を取っていたために狙われた零戦隊と艦爆隊は苦戦に陥った。しかし、二〇〜三〇機は突破していく。それに対しさらにF6Fが誘導される。

艦爆隊長の平原政雄大尉機は

『突撃準備隊形ツクレ』（一〇四〇）

と発信したのを最後に消息を絶った。

艦攻隊は高度が低かったためかF6Fの邀撃をほとんど受けず、輪形陣の直前まで直掩の零戦に護られ、米機動部隊へ突入していった。

総指揮官である艦攻隊長垂井明少佐は

『突撃用意』（一〇四二）

『全軍突撃セヨ　突撃方向八〇度』（一〇四三）

『我突撃ス』（一〇四五）

『全軍突撃セヨ』（一〇四六）

と報じたが、艦攻隊長からの連絡もこれで途絶えた。

艦爆隊の本江博さんの回想を続ける。

『「全軍突撃セヨ」（ト連送）が入電、いよいよ降下態勢に入った。隊長機の中隊らしいのが見える。グラマンの襲撃はなくなり防禦砲火が見え出した。

そのとき、操縦員が

「空母がいません！」

と叫んだ。あれ！と思って見ると下は戦艦群だ。右前方かすかに空母群のいるのが見えていたので、咄嗟に、

「引き起せ！」

と叫んだ。高度計を見ると三五〇〇、後を振り返ると二番機は着いている。そしてその後方に見えた光景は、終生忘れることのできない、正に世紀の大海空戦のパノラマだった。

空中は突入する攻撃隊と防禦砲火、燃え落ちる機、海面は黒煙、油紋、大小無数の水柱、その中を走る艦と白い航跡、到底筆舌には尽し難い修羅場の姿だ。

目標の空母群に急がねばならない。距離にして十数浬はあろうか。その途中、今度は高角砲の集中砲火を受けることになった。至近弾の炸裂による爆風で、機体がぐらぐらと揺れ出した。敵の発射諸元は正確だ、このままではやられると思ったので、

「よけろ！」

と叫んだ。途端にグーッと変針で避ける。するとやや遠のくような感じになるが、すぐまた揺れ始める。又変針する』

米機動部隊では一番日本機動部隊に近い位置にいたピケット駆逐艦がまず攻撃を受けたが、被害は無かった。

続いて戦艦群の第五八・七任務群に攻撃隊が向かい、彗星と天山が戦艦「アイオワ」「インディアナ」「サウス・ダコタ」「アラバマ」を雷爆撃する。命中弾はなかったものの天山の一機が魚雷を抱えたまま「インディアナ」の舷側に激突した。

艦爆隊の北島三郎さんは、

『敵戦闘機の妨害が激しかった。

この攻撃では前衛の戦艦を攻撃しました。戦艦の対空砲火を小さくするため、戦艦を狙ったのです。対空砲火は、ブーゲンビル沖の時と比べてマリアナ沖海戦の方が熾烈だった。戦艦を攻撃する時、ものすごく、先が見えないぐらい。煙幕のようでした。投弾後、敵機の攻撃をかわすために超低空で避退しました』

と回想し、同機の偵察員であった作田博さんは、

『中隊長（村川弘大尉、海兵七〇期・偵察）機のバンクにより降爆態勢に入る。

後方よりのグラマンの攻撃をかわしながら爆弾を投下（至近弾）。彼我の火達磨、弾幕、数知れず。

爆撃後、超低空で帰投針路をとり、僚機を待つが後続機なく単機にて帰投する』

と回想している。

空母群に対しては、TG五八・三に彗星一機、天山三機が突入し、空母「エンタープライズ」「プリンストン」を攻撃し、「エンタープライズ」の航跡の中で魚雷一発が爆発した。

また、一一〇〇彗星六機が空母群TG五八・二に辿り着き、四機が「ワスプ」を攻撃、命中弾はなかったが上空で爆発した一弾により損傷させ、二機が「バンカー・ヒル」を攻撃し、極至近弾により損傷させた。

艦爆隊の本江博さんは、

『いよいよ降爆態勢に入った。曳光弾の光が猛烈な勢いで向ってくる。それは、ボタ雪の中を車で走るときの正面、ちょうどそんな感じだ。だが、不思議にも風防ガラスの前で光がスーと左右にわかれてくれた。爆弾投下の直前、空母の甲板にまさに発艦しようとするグラマンを認めた。後で考えると、これも幸いしたのかもしれない。

「ヨーイ、テー」

爆弾投下、引き起こした後はひたすら超低空で退避することにしていた。後を見ると、二番機が火ダルマになって落下している。

空母の左舷に煙が上っているのが認められた。前方に巡洋艦がいる。マストすれすれに通過すると、水兵が数名で機銃(箱型の台座)を懸命に撃っている姿が見えた。次は外側の駆逐艦の上を通過しなければならない。そのまま低空で目をつぶって通り抜けた。砲火は執拗に追いかけてくる。

左前方に数は定かでないが、グラマンが雲霞の如く群って乱舞しているのを望見した。幸い、左はるか前方なので右旋回して逃れることができた』

と回想している。

帰投する機は少なく……

攻撃隊が交戦し始めると同時に反対方向から前路索敵機（彗星艦

偵）が敵機動部隊上空に高度三五〇〇メートルで進入した。しかし、戦闘機七機の追躡を受けて全速で離脱した。上空から見た絵は、海面が対空砲火の影響で猛烈にさざ波が立っていたと伝えられ、雷撃隊が突入していったことを伺わせる。

前路索敵及び戦果確認機（「瑞鶴」機）も再度触接を開始するも一一〇七に敵戦闘機に追跡を受け、戦場離脱する。

前衛にて分離した天山艦攻第二中隊（天山六機）が一〇五五に戦場に到着したものの、敵戦闘機の攻撃を受け、編隊が崩れた。結局、この天山艦攻第二中隊は引き返し、六機の未帰還機を出した。

この集団を邀撃したのはVF-28のF6F一一機で、一一一〇母艦から二七〇度二五浬にてジル六機、ジーク一機を発見し攻撃、ジル六機とジーク一機の撃墜を報じている。

時間が経つにつれ、日本の攻撃隊も空域から去り始める。

戦闘機隊の藤本速雄さんは、

『海面には敵味方機の自爆した油紋が、数えきれぬほど、青白くギラギラと光っていた』と、帰還する際の情景を回想している。

なお、攻撃隊を同時に発艦し五五度に進路を取っていた前路索敵戦果確認の「翔鶴」機は一〇五七までに四〇〇浬進出したが、敵を見ることなく引き返した。

一一二七になって攻撃隊からの待望の第一電を艦爆隊の一機から発進されたのだが、

『一〇四五爆撃終了　効果不明』

という期待を大きく裏切る連絡であった。

一二二〇以降に前路索敵機（艦偵、偵察用天山二機）及び攻撃隊が母艦に帰投してきた。前衛に到着したのは零戦一機、彗星二機、偵察用天山一機で、彗星は前衛の空母に性能上着艦できなかったのか、二機とも不時着水をしている。そのほか二航戦にも着艦した機もあった模様である。

一航戦の母艦まで帰投できた艦爆は、いずれも五中隊の操縦員村川弘大尉、偵察員水越良一飛曹長のペアと、操縦員北島三郎飛曹長、偵察員作田博上飛曹のペアの二機だけであった。

『到着予定時刻になるも何も見えない。心細くなる。

ふと、暗雲の下で「大鳳」が傾いているのを発見、「翔鶴」の姿が見えず、「瑞鶴」に着艦。

機長の北島三郎飛曹長と報告を終わり、搭乗員待機室にて冷たい飲み物（カルピスだったと思う）を飲み、一息つく。その時になっていても、まだ動悸が激しく、なかなかおさまらなかった』

は、作田博さんの帰還するまで回想である。

本江博さんの機も帰投しつつあったが……

『（戦闘時）無我夢中の間、航法の記録など全くしてない。自分の機位にどうにも自信がもてなくなってしまった。南洋の午後の空はスコールが多い。単機で飛行すること約二時間、予定の時間になっても何も見えない。しかもこの天候では見通しもきかない。決断は案外早かった。南のヤップ島とウルシー環礁の真中に向けて直線を引いた。

スコールに入ったり出たり飛行すること約一時間、燃料が心細くなってきた。戦場では殆んど全速で突っ走っていたので、予想外に燃料を喰ったらしい。操縦員より「あと五分です」の声、スコールの中で運を天に任せるしかないと観念した。

突然、操縦員が「島が見えます」と叫ぶ。見ると、スコールが晴れて、目の前にヤップ島が姿を現わした。ほっとしたのも束の間、機体がものすごい振動におそわれた。燃料切れである。もう少し何とか、と思ったが、そのままエンジンストップ、やむ無くリーフ上に不時着を指示した。水深二〇センチ、殆んどショックはなかった。しばし中天の太陽を仰いで長嘆息した』
とヤップに不時着した。

この攻撃にて、零戦隊が三一機、彗星艦爆隊四一機、天山艦攻隊一七機と大量の未帰還機を出すにいたった。

戦果は、空母に二五〇キロ爆弾一発命中し火災を起こすのを認め、敵戦闘機一二機を撃墜、六機の撃墜不確実を帰還した搭乗員が報告している。米軍側は、八五機以上の撃墜を報じ、損害はＦ６Ｆがわずか五機未帰還、一機被弾により落下傘降下、他に二機が被弾したのみ、結果は一方的なものであった。

第二段索敵は敵艦隊を見ず

時間は遡るが、〇四一五に第二段索敵（三五〇浬、基準一番線五〇度、一二番線～一五番線）として、三航戦から九七艦攻一三機、「筑摩」零式水偵一機発進していった。零式水偵が使用されたのは前日、三航戦の九七艦攻一機が未帰還になったためその穴埋めとして充当された。
七番線に向かった機が
『敵艦上機見ユ　ヤロ三ツ　タナ一』（〇五五七）
『敵駆逐艦発見』（時間不明）
を報じたが、第二段索敵機からの連絡はこれだけだった。未帰還機は九七艦攻八機を数え、大損害を受けてしまった。〇六一五に九番索敵機がＶＦ-16のＦ６Ｆに撃墜されたのを皮切りに、五番索敵線が〇六三〇頃、八番索敵機が〇六四一、七番索敵機も〇七〇〇頃に……、それぞれ索敵機を護衛していたＦ６Ｆによって撃墜された（索敵線は推測）。この時、九七艦攻は電探を装備していたが、その電探は接近してくる戦闘機のような小さな目標を探知できるものではない。九七艦攻がＦ６Ｆにいったん発見されてしまえば逃げ切ることは速度差から不可能に近く、容易に撃墜されてしまった。九七艦攻には増槽を装備していたため、米軍は「魚雷を装備していた」と報告している。
また、敵機の攻撃を受け、それを報告する暇もないまま未帰還になった機ももちろんあるが、
『「千代田」索敵機一九日一二〇〇空母予定位置帰着時空母ヲ発見出来ズ天測続イテ天測自信アル位置ヲ出シ前衛ノ行動予定受信漏レヲ察シテ本隊ニ向カヒ続イテ「ホタ」（無線による方位探知）一ニヨリ無事本隊空母ニ収容サルルヲ得タリ』
と飛行機側の航法の善し悪しではなく、空母が事前に索敵隊に通知した予定位置におらず、空母が発信していた行動予定を受信出来なかった飛行機が未帰還となったものもあった、と推測できる。
ちなみに、三航戦空母位置は、一〇〇〇（電報発信〇七四〇）と一一〇〇（電報発信一一〇〇）の二つの電報でそれぞれの地点が飛行機側に通知されている。

第三段索敵発進す

後方の本隊（甲部隊、乙部隊）から、第三段索敵として〇四一五頃から発艦していった。基準索敵線は五〇度、進出距離は彗星艦偵の場合で五八一～五三五浬で測程四〇浬。

一番左の一二番線と一〇番線を「最上」の零式水偵二機が、その

右隣の八番線は欠で、六番線、四番線は「翔鶴」の偵察用天山艦攻二機が、二番線から一一番線を「翔鶴」の彗星艦偵七機、一三番線は「瑞鶴」彗星艦偵、一五番線を「瑞鶴」偵察用天山艦攻が担当していた。

この索敵で電探を装備した偵察用天山艦攻が三機使用された理由は、前日に彗星艦偵三機が未帰還となっているため、その穴埋めであろう。

また、この索敵は彗星艦偵で最長五八一浬と非常に距離が遠く、「翔鶴」偵察用天山艦攻の偵察員だった森永隆義さんは、

『前に艦偵隊隊長の深川さんが、

「若いのもいるから、進出距離を三〇〇浬に出来ないか」

と田中正臣参謀に言ったら

「三〇〇浬でいいよ」

と言ってくれたが、命令には六〇〇浬となっていた』

と、遠距離進出は不安であると考えられていた。

また、戦闘詳報には六、四番線が、それぞれ片道約五六〇浬の索敵飛行したことになっている。しかし、この二線は一五番線と同様に偵察用天山を使用しており、彗星に比べて巡航速度がカタログ値にて五〇ノット低いにもかかわらず、彗星使用にて片道五五〇〜五八一浬飛行した索敵線に比べて早く帰還している。索敵線先端に到着した時間も、片道四五〇浬飛行の一五番線と変わらないところを見ると、六、四番線も一五番線と同様に片道約四五〇浬の索敵を実施したと思われる。

なお、長距離を飛行するために彗星艦偵には増槽が装備されており、彗星艦偵の操縦員だった徳永俊美さんは

『私の搭乗した彗星は、「瑞鶴」発艦を確実にするために増槽を胴体に一つだけ搭載していました。増槽を付けて七〜八時間飛行できる航続能力があったと思います』

と回想する。

さて、敵機動部隊に真正面から向かっていく形となった七番索敵線（〇九号機）が〇六〇〇に敵艦上機発見を報じ、その後連絡を絶った。その左隣の五番索敵線（〇一号機）も連絡無く未帰還となっている。これは、索敵機の護衛をしていたVF-16のF6Fが〇六〇七に七番索敵機を撃墜、その一〇浬北で〇六一七に五番索敵機を撃墜しているためである。その内一機は彗星艦偵隊指揮官機、操縦・若松三郎飛曹長（操練四〇期）、偵察・小山田豊彦大尉（海兵六八期）であった。もう一機は操縦・奥村義之上飛曹（丙飛八か一〇期）、偵察・前田正上飛曹（甲飛九期）と思われる。

左端の六番索敵線を飛行していた天山艦攻の三六三号機は、

『飛行高度は、目視だけだったら三〇〇メートルぐらいですが、電探をつけていたので少し高度を取っていました』

と偵察員だった森永隆義さんが回想するように飛行を続けていた。

ところが、〇六五〇になって敵索敵機を発見した。

『先端に到着する一五分ぐらい前、アベンジャー一機を目視で見つけました。高度は同じくらいで、雲の中からポコッと出てきた。それで、追いかけたのです。雲が多くて、雲から出たり入ったりして、三〇分ぐらい追いかけました。

そのうちに、操縦員が

「分隊士、まだ帰りませんか、まだ帰りませんか」

と言い出した。私には珊瑚海あたりで索敵機が向こうの索敵機をつけていって敵機動部隊を発見したと言うことが頭にあったので、

「帰られん」

と言って、とうとう三〇分追いかけましたが、ついに見えなくなりました。

電探は使ったけど、何も映らず駄目だった』

一方、〇一五号機は一三番索敵線を飛行していたが、発動機不調になり一〇〇度一三〇浬の地点より引き返した。しかし、着艦の時間が〇九三〇となっており、一三〇浬ではなく四〇〇浬近く進出していたと考えられる。

〇一五号機の操縦員だった徳永俊美さんは、

『味方母艦上空に戻ってきた際に、自分の所属する母艦である「瑞鶴」は第二次攻撃隊を発艦させているところで、三番艦の「翔鶴」に着艦せよ、との電信があったので「翔鶴」に着艦しました』

六番索敵線を飛行してきた三六三号機も、

『帰投時、最初に見えたのは前衛部隊で、しめた、と思いました。そのあと本隊にたどり着いたところ、「大鳳」の舷側、魚雷命中箇所から水を吹き上げていました。「翔鶴」はすぐに風に向かって走ってくれて、すぐに着艦しました。

飛行機のお尻を下げたら（燃料が無くなり）エンジンが止まってしまった。際どいところでした』

と「翔鶴」に無事着艦した。

第三段一五番索敵機は敵空母発見したが…

第三段索敵で一五番索敵線を担当したのは三六四号機の偵察用天山で操縦員・長岡智恵敏上飛曹（丙飛二期）、偵察員・北尾圭三大尉（海兵六九期）、電信員・姫路松幸上飛曹（普電練五五期）が乗り組んでいた。

この機の操縦員である長岡智恵敏さんは、

『機長で偵察員の北尾圭三大尉は、真面目でおとなしい人であまり怒られたということはありませんでした。電信員の姫路松幸上飛曹は、私と一緒でのんきなやつでしたが、頭は良かったですよ。小さいことにカリカリせず、おおらかな人でした。

発艦する際には、ブレーキを踏んで、エンジンを吹かしてお尻が浮いてきたときにメータに赤いマークがついているところまで、エンジンをオーバーブースト（赤ブーストと呼んでいました）に入れるわけです。そこで思いっきり出て行く。飛行甲板を離れるときスッと少し沈みそれから上昇していく。

索敵で飛んでいた高度は七〇〇〜八〇〇メートルぐらいだったと思います』

と索敵に向かう状況を回想している。敵を見ないまま、やがて予定コースを飛び終えた。

『担当索敵線を飛び終わった時、北尾大尉に

「燃料はどうか」

と聞かれました。

ぎりぎり一杯で帰れないこともないけど、もし敵に遭遇したら逃げたりするからある程度余裕を考慮しておかないと、なぜなら当時燃費が正確には計算出来ず、また戦争ですから何が起きるかわかりません。それでグアムに降りて燃料を補給しようということになったのです』

という経緯で

『索敵線上敵ヲ見ズ　我燃料残額七〇〇立「ロタ」ニ向フ』

（〇八〇八受信）

の電報を発して陸上基地へ向かった。

その途中、〇八四〇になって敵機動部隊を発見し

『敵部隊見ユ空母ノ在否不明』(〇八四七受信)
『敵兵力　正規空母三　戦艦五　ソノ他駆逐艦数隻　地点「コキ三ウ」針路二四〇度　タナ四』(〇八五八受信)

を報じ、第一機動艦隊司令部は「一五リ」と命名した。

しかし、敵機動部隊の位置「コキ三ウ」は実際の位置の約一一〇浬も南であり、この位置に向かった攻撃隊は当然のように敵艦隊を発見することは出来ずに、一部の攻撃隊が自力で敵機動部隊を発見攻撃するにとどまるのである。

この索敵機にはいくつかの疑問がある。

まず最初に、なぜ敵機動部隊を発見できただろうか？

索敵線終了位置からグアムもしくはロタへ一直線に向かったとすると、見つけられる可能性はないはずだ。

そのときの状況を操縦員の長岡智恵敏さんは、

『私の飛行機には電探を積んでいましたので、確か、まず電探で見つけておいて確認しに接近していったと思います。敵機を追尾して見つけたわけではありません。

敵機動部隊を発見したら、とにかくすぐに低空飛行に入ります。というのも、そのままでは敵戦闘機にやられるので、海面すれすれまで高度を下げるのです。それで敵が来ないことを確認した後に今度は高度を上げ、敵機動部隊を、空母が何隻いるのかなどを観測します。それが終わればすぐに低空飛行による退避に移り、その間に電報を打つのです。また、敵機が来なければまた近づいていく、というようにこれを二回ほどくり返しました。まごまごしていれば、戦闘機が発艦して追いかけてきますし、一回では間違いもあるかもしれませんから。敵の艦艇は私も見れましたが、北尾大尉が双眼鏡で見て確認していました。私たちの飛行機も、電波欺瞞紙を積んでいてこの時にだいぶ使っていましたよ』

と回想する。

さらにもう一つの疑問点、なぜ位置を間違って報告したのだろうか？

この点について長岡智恵敏さんは、

『マリアナ沖海戦時、位置が判らなくなって迷子になったことはありませんでした。グアムまでしっかりたどり着いています』

と回想している。

位置を間違った理由は、航法の問題ではないことになる。グアムに着いてからの報告も位置が「クキ一ア」と相変わらず間違えている点も、航法を誤っていたことが無いことの裏付けである。なぜならば、航法で誤っていればグアム島にたどり着かないことや、たとえ航法が誤っていて偶然グアム島に到着したとしても、グアム島の位置ははっきりしているので航法の誤りに気付くからだ。

そうすると、位置を間違えた真の理由はなんだろうか。

その間違いの理由は、地点符号を間違えていた可能性が高いと思わる。本来「クイ一ア」「コイ三ウ」とすべきところを「クキ一ア」「コキ三ウ」と緯度を表す符号を間違えていたために南(約一一〇浬)にずれてしまった、しかし、符号を間違えていただけであったので自分は迷うことなくグアムに滑り込み、間違いにも気付くことはなかった、と推定する。例を挙げるならば、第二次ソロモン海戦の第二次攻撃隊での地点符号を誤読した件、昭和一九年三月三一日の触接機が間違え薄暮攻撃に向かった陸攻隊が敵を見付けなかった件などがある。

さて、長岡さんの機は、グアム島が朝から敵戦闘機の哨戒がなされていたのだが、これをかいくぐり無事着陸。燃料補給後母艦に帰ることになる。

『グアムに向かう間、敵戦闘機を避けるため低空飛行をしていました。すれすれで逃げる際はたいていは二〇メートルくらいでありましたが、時にはペラで海面がシャァーと跡がつくぐらいの低さで飛びました。グアム島飛行場に着陸後、すぐに敵戦闘機が銃撃して来ました。上空で待っていたのでしょう。そこで、飛行機を防空壕に入れ、我々も防空壕に入りました。

戦後、家内と二人でグアム島に行って来ました。ほーっ、降りたとこはここやったんかいな、と見回しましたが、当時の面影はどこにもありませんでしたね。

防空壕の中で燃料を入れてもらい、相手の隙を見てグアムを後にしました。もう敵にわかってしまっている、と考えていたので、高度を取れば電探で見つけてすぐ敵戦闘機が追いかけてきますから、海面すれすれを飛行して帰ってきました。低空飛行は、ちょっと姿勢を崩せばザブンですから操縦員には負担がかかります。一番難しいのは水平飛行で真っ直ぐ飛ぶということですね。計器にも水平儀もありますが、それは見ずに水平線を見ながら飛行します。

母艦にたどり着いた時、双眼鏡で見ていた北尾大尉が

「母艦が見えたで、こりゃ間違いないわ」

と言いましたが、私が一番前にいるのだから見えとるがな、と思っていました』

第三段三番索敵機も発見

三番線を飛行していた操縦・大谷実一飛曹（乙飛一五期）、偵察・鍛冶弘上飛曹（甲飛九期）の若手が搭乗していた彗星艦偵〇二号機は、

『飛行機見ユ　艦上機三機　進行方向南西　高度約五〇〇　地点「ラム四七」』（〇六一六受信）

と報じたように〇六一五に敵の索敵機を発見していた。その後なにも連絡していなかったが、〇八四五になって敵機動部隊を発見した。

『大型空母一　特設空母二　戦艦一　駆逐艦五　地点「ナシ二ソ」』（〇九〇〇受信）

を報じ、「三リ」と命名された。しかし、これまた位置が実際の位置から約六〇浬離れた地点であった。

なぜ位置を間違ったのか？　それを解く鍵は敵機動部隊発見までの行動であろう。

記録ではこの間の行動は判然としない。〇八一九に索敵線終端に着いた記録もあるが、もしそうであるのなら、そこからグアムへ向かわない限り〇八四五に敵機動部隊を発見するのは困難である。しかし、索敵線終端から何らかの理由で母艦へ帰らず最寄りの陸上基地に向かうのであれば、その地点から遠いヤップではなくグアムへ向かうはずである。

それよりも、〇六一五に敵艦上機発見していたことに注目する。敵艦上機を発見したことは、実際はその地点から敵機動部隊までかなり離れていたが、森永隆義さんの回想の通り敵機動部隊が付近にいる、ということを容易に想像させる。このことから、この敵艦上機を追跡していき、敵機動部隊は発見できたものの、追跡中複雑な運動をする、もしくは見張りに気を取られ航法が完全に出来ず、そもそも自機の位置を間違えた。したがって、間違えた位置を報告してしたのではないだろうか。

この後、〇二号機は〇八五五に上空直衛五機を発見、と同時に駆逐艦よりの防御砲火を受けたものの触接を続け、〇九三〇になって触接をうち切り帰還した。

しかし、母艦には帰らずに一三三〇ヤップ基地着となっている。〇四三〇に発艦後実に九時間経過しており、同時に索敵に出撃した他の彗星は一二〇〇頃までには母艦に到着しており、触接を実施し燃料消費が大きかったにもかかわらず、最後までに飛行しているのは解せない。〇九三〇に触接をうち切り帰投を開始している点から一一三〇には帰還したと推測する。

また、ヤップ島に向かったのは、先に挙げた航法の問題で、味方空母を発見できずに比較的近傍にある陸上基地、ヤップに向かったのだろう。

他の機では、九番索敵線を飛行した彗星艦偵〇八号機が、〇九〇〇に敵グラマン戦闘機八機の追跡を受け高速離脱をはかり、〇九一二に離脱して帰艦した。その他は敵を見ず帰艦している。

第三段索敵では、三番索敵線、一五番索敵線がそれぞれ敵機動部隊を発見し、「三リ」と「一五リ」と命名された。しかし、未帰還となった五番索敵線の飛行範囲内の地点を報告した「三リ」はともかく、「一五リ」の位置は一一番索敵線（彗星艦偵〇一六号機）の飛行範囲内であったが、その一一番索敵線は敵発見を報じていない。

また、司令部側が長波発信を要求すれば、方角があっているかを確認できたかもしれない。司令部が注意していれば間違いに気が付くチャンスはあったのだ。

二航戦第一次攻撃隊も発進

〇八〇〇に一航戦第一次攻撃隊を発進させた第一機動艦隊司令長官は、『第一次攻撃隊発進、攻撃目標「七イ」』と第一機動艦隊各司令長官、司令官に対し、さらに〇八〇五には同文を第一機動艦隊総飛行機に向けて発信した。

まだ、第一次攻撃隊を発進させていなかった二航戦司令官は〇八一七、配下に『第一次攻撃隊進撃針路七三度三〇〇浬　目標敵空母』と信号し、〇八三〇には触接機として天山二機を「隼鷹」から発艦させ、『第一次攻撃隊発進、攻撃目標「七イ」（空母四）』と第一機動艦隊総飛行機に対し発信していた。

〇九〇〇に攻撃隊が発艦を始めた。

戦闘機隊飛行隊長の日高盛康大尉が、本来であれば第一次攻撃隊の戦闘機隊を指揮する予定だったと思われるが、当時よくあった盲腸を患い、手術したばかりのため出撃出来ず、戦闘機隊の指揮官は「龍鳳」の中島玳大尉となった。

戦闘機隊の森田寅三郎さんは、

『出発前に、分隊長から

「おそらく相手はF6Fだろう。敵の数も多いので、奇襲を受けないように気を付けるように」

と言われていました。

ブレーキを踏んでエンジンを噴かして飛行機の尻が上がるぐらいでブレーキを離して発艦します。飛行甲板のはずれでちょっと操縦桿を引き飛行機を上向きにしますが、それでもちょっと下がってから上昇を始めます』

と回想する。

野口八郎さん、木須奨さんらが所属する戦爆隊は、零戦二一型の胴体下部に二五〇キロ爆弾と左右両翼下部に一個の増槽タンクを搭載して、発艦していった。

二航戦戦爆機は、始めて二五〇キロ爆弾と増槽を装備して発艦したのだが、木須奨さんは、

『発艦が特に難しかったということはありませんでした』

と重い戦爆機を発艦させる時を回想する。

ところが、上空集合が上手くいかなかった。

戦闘機隊で「飛鷹」から発艦した香取穎男さんは

『高度一〇〇〇メートルぐらいの所に薄い断雲があり、「隼鷹」から発艦した佐藤大尉の一中隊と、「飛鷹」「龍鳳」から発艦した二、三中隊が会合出来ませんでした。そしてそんなに離れていたわけではありませんが、別々に「七イ」に向け進撃を始めました。私たちの前には天山が誘導のため二機がつき、私たちは「飛鷹」戦爆隊の護衛についていました。戦闘機隊は、数が少ないため直衛隊、制空隊には分かれてはおらず、戦爆隊の直衛するのみです』

と回想する。

結局、「龍鳳」零戦四機（指揮官中島大尉）、戦爆一六機（「飛鷹」九機、「龍鳳」七機。指揮官村上大尉）が本隊と合流できずに分離行動となった。

本隊は零戦一一機（「隼鷹」五機、「飛鷹」六機。指揮官香取大尉）、戦爆九機（「隼鷹」。指揮官佐藤大尉）、天山七機（「隼鷹」二機、「飛鷹」五機。指揮官石見少佐）で進撃中、〇九三〇攻撃目標変更の電令『北寄ノ敵機動部隊（三リ）ヲ攻撃セヨ』が入り、進撃針路を六〇度に変更し「三リ」に向かったが、村上武大尉指揮の分離隊はそのまま進撃を続けた。

「飛鷹」戦爆隊の木須奨さんは、

『誘導の天山とははぐれました。というのは母艦からは一機ずつ発艦、上空で編隊を組んで、誘導機についていくのですが、私が見ていて、誘導機が違う方向に進んでいるので、我々もついて行かなくてはいけないのに、指揮官機はその方向に行きませんでした。

なんでついていかないいんだ？　と思いましたが、知らせようにも、無線機を積んでいなかったので出来ませんでした。今考えてみれば指揮官の前に行って翼を振って誘導すれば良かった、とも思いますが、当時指揮官に対してなかなか出来ませんでした。

結局はぐれた状態ながら上空にいる直掩の戦闘機と共に進撃していきました』

と回想している。

本隊は「三リ」へ向けて

攻撃隊より先行していた触接機二機は一一一〇に分離した。その内の一番機は、一一四〇予想地点に到着したが敵を発見出来ず、五分後には早くも引き返し前衛の「瑞鳳」に着艦した。

進撃を続けていた本隊は、一一三五になって右九〇度、視認できるぎりぎりの距離四〇浬に「カリフォルニア」型の旧式戦艦二隻を含む一群を発見した。ＴＦ五八・七任務群の戦艦であろう。本隊はこれを「七イ」と判断し、「三リ」の敵を発見すべく針路九〇度に変更する。

ところが、一一四五予想地点に到着したものの敵を発見できなかった。

誘導の天山を操縦していた浦田直さん（操練五三期）は、

『敵機動部隊は発見出来ず。米軍は雲の中にいた』

とその状況を回想しており、あまり視界は良くなかった様だ。

発見できなかったのは、索敵機の報告した位置が間違えていたのが原因ではあったが、付近の捜索を開始した。すると一二〇〇頃本隊は二四五度に変針した直後に、日本側判断で敵戦闘機四〇機以上の攻撃を受けた。

「隼鷹」戦闘機隊の森田寅三郎さんは、

『敵機は後ろから来たのでしょう、私の飛行機の右翼と一番機の今村上飛曹機の胴体を一三ミリ機銃弾が舐《な》めていきました。私の右翼は穴だらけ、すぐに左に横滑りしました。今村機は、火を噴いて白光のように真っ赤になって落ちていきました。

　燃料が片翼分なくなりましたので、母艦に帰った方がよい、とすぐに反方位に機首を向け、帰投始めました』

と、間一髪だったその時を回想している。

　米側は一一四二に、方位三二〇度距離九九浬の地点で捕捉していた。針路は一一〇度、速度は一五〇ノット、高度一四〇〇〇フィート（約四二六七メートル）、二〇～三〇機と判断された。方位三三〇度距離八四浬の地点に到着した一一五三、針路を一七〇度に変更し任務部隊へ向かってきた。邀撃に向かったＶＦ-２のＦ６Ｆ一二機は、一二〇三、任務部隊の三四〇度六〇浬にジーク二〇機以上を発見し、攻撃。ジーク一〇機の撃墜を報じた。四分遅れで到着したＶＦ-１のＦ６Ｆが落伍したジーク一機を発見して、追撃し撃墜した。

　さらに別目標に対して待機していたＶＦ-１に日本機が接近し、誘導によって発見。ジーク七機撃墜、二機撃墜ほぼ確実を報じた。

　本隊は交戦しつつも二三五度に変針し退避したのだが、このあたりで編隊がバラバラになっていたようで、戦闘爆撃機一機は敵機動部隊(北西に位置していたＴＧ五八・四)を発見攻撃し、空母「エセックス」の一〇〇ヤードの所に爆弾一発を投下した。

　一方、誘導機（天山）に搭乗する指揮官は敵機動部隊を発見できず、一二三〇に天山四機と戦爆一機を引き連れ帰投し始めた。

　本隊は、零戦一機が自爆、戦闘爆撃機五機、天山一機が行方不明となった。

　被弾した森田寅三郎さんは、単機で帰投していた。

『右翼を被弾した時、すぐに少し良い燃料が入っていた胴体のタンクに切り替えました。胴体タンクはいっぱい入ってないのでパタパタ言い始めるとすぐ左翼のタンクに切り替えました。それからその燃料がつきたら、と思い気が気でなかった。太平洋の真ん中でどっちを見ても島もない、母艦を見つけられなくても戦死となる。クルシーを見てみましたが、作動していない。

　おおよそ帰ってきた、ふと下を見てみると艦がたくさん走っているのが見えて、着いた！　と本当にうれしかった。燃料が心配でしたので、母艦に向かって翼を振り緊急着艦の合図を送る、そうするとその母艦だけ風上に向けて舵を切りました。母艦の上を回る余裕もなく真っ直ぐ着艦しました。

　飛行機を降りて艦長の所に報告に行き、艦長に
「クルシーは使ったかい」

と聞かれて
「使ったけどわからなかった」

と報告しました。

　そして戻ってみたら飛行機がない！　損傷がひどいのですでに投棄されていました。他にもいらない飛行機は全部捨てていました』

着艦した母艦は、三航戦の「千代田」であった。

分離した部隊はそのまま進む

　一方、発艦時に分離した「龍鳳」零戦四機、「飛鷹」「龍鳳」戦爆一六機は、攻撃目標変更の電令を受信できずに当初の予定通り針路七三度で進撃した。

　「飛鷹」戦爆隊の木須奨さんは、

『戦爆は、増槽を二つぶら下げているので速度が出ないのです。零戦は巡航で一六〇ノットくらいでしたが、増槽を二つつけて爆装すると一三〇位になったと思います』

と進撃時の模様を回想し、さらにトラブルが起こった。

『進撃するにつれて、私の機の増槽から燃料がうまく吸い上がらない。片方のみ吸い上がって、もう一方は全く吸い上がりませんでした。増槽をつけて燃料を入れて実際に使ってみる、ということをやっていませんでした、すなわちチェックが出来ていなかった。

だんだん傾いて来まして、操縦桿で支えきれないほど、操縦が出来なくなると思えるほど傾きました。それで、仕方がないので増槽を切り離して、ついていきました。その影響で、私の機だけは他の機に比べて燃料が少ない。そうしたら、指揮官がこちらを見たので、口に手を当てて「燃料がない」手信号で送りました。私の飛行機の増槽がすでに落としたことは飛行機を見ればわかります。ついに攻撃隊は引き返しました。

帰艦後、指揮官に

「俺はグアムまで行こうと思っていたのに、おまえが燃料がないって言うから引き返した」

なんて言われました』

このグループは一一五〇までに三五〇浬進撃したが、敵を発見出来ず引き返した。

「飛鷹」戦闘機隊の香取穎男さんは、帰投時の様子を次のように回想している。

『はぐれて戦闘機四機となり、編隊指揮官の私はクルシーと航法計算板を使って心細く帰投中、一航戦の天山（一航戦第一次攻撃隊の前路索敵に向かって敵を見ずに引き返してきた深川大尉機）に出会いました。天山に出会ったとき、深川さんの腕のマークを見たときの、あんなに心強く思ったことはなかったですよ。

私たちが途中で「翔鶴」の上を飛んだとき（深川大尉機は「翔鶴」所属のため一旦「翔鶴」に向かった）にはもう傾いていて飛行甲板も水浸しになっていました。結局、我々は「大鳳」に連れて行かれました』

なお、敵機動部隊は当初約三八〇浬の地点であり、三五〇浬の地点での引き返しは疑問であるが、そもそも二航戦司令部の指示がどういうわけか三〇〇浬であり、五〇浬余計に進撃しても敵を発見できなかったので引き返したと思われる。

なお、このグループは一四〇〇に帰還してきた。

「飛鷹」戦爆隊の野口八郎さんは、帰艦してきた時の様子を次のように回想している。

『当日の天候は快晴でしたが、帰艦直前になってスコールに見舞われて視界が悪くなってきました。それでもまもなくぼんやりと母艦が見えてきましたが、艦橋のない母艦だったので「飛鷹」ではないとわかりました。

順次着艦、私の順番となり第四旋回を終わり着艦態勢にはいると甲板上で大きな赤旗を左右に振っているではありませんか！「着艦不可」の合図です。

はて？どうしたんだろう、解せぬまま着艦を諦め誘導コースを廻り母艦の真横に来たとき私の機に向かって発光信号を送ってきました。その内容は「バクダンオトセ」でした。

迂闊にも爆弾のことはすっかり忘れていました。爆弾を装着したままで着艦しようとしていた自分の愚かさに恥じ入るばかり。それにしても僚機はなぜ知らせてくれなかったのだろう、何時落としたのだろう、そんなことを思いながら爆弾を落とすため母艦から遠く離れたところに行って落としました。

さて、これからどうするのか、さっきの母艦に着艦するのか、それともこの近海に「飛鷹」がいるはずだ、クルシーの帰投法を利用すれば帰れる、よし「飛鷹」に帰ろうと決心しました。

クルシーのスイッチを入れるとツーツー音が聞こえてきました。このツーツー音が聞こえる方向に飛行すれば必ず母艦に到着できる、太平洋上を単機で然も視界の悪いスコールの中を飛行していると雲間から戦艦「大和」らしき艦と駆逐艦が見えたので心強くなりました。

何分ぐらい飛行したのかわかりませんが間もなくスコールが止み、快晴の天候になり視界が良くなりました。ふと下方に眼をやると航空母艦一隻と駆逐艦何隻かが見えました。母艦の名前はわかりませんでしたが「飛鷹」よりは大きい。私はこの母艦に着艦することに決めて、誘導コースに入りました。すると私の前に誘導コースに入っている零戦一機が飛んでいきました。この前方の機がなかなか第三旋回をしないので私は燃料の残量が心配だったので悪いとは思いましたが前方の飛行機より早く第三旋回をして着艦しました。

後に整備員が私の所に来てガソリンが空っぽだったと告げられました。でも間もなく着艦してきた先行機の搭乗員が来て「俺をコメヤッテ着艦したな」と言われました。

この母艦の名前は「瑞鶴」でした。しばらく休憩してから、燃料の補給を受け「飛鷹」に帰りました』

と回想し、同じく「飛鷹」戦爆隊の木須奨さんは、

『三航戦の「千歳」に着艦しました。燃料補給の上、次の日「飛鷹」に帰りました』

と回想している。

機動艦隊司令長官決心

第一次攻撃隊を出撃させた後、機動艦隊司令長官の決心は、
『戦果相当大ナル時ハ翌二〇日黎明時列島線付近ニ近迫シ航空戦ヲ再興シ敵空母群ノ大群ヲ撃破シツツ遊撃部隊ヲ進出セシメ敵ヲ撃滅セントス
若シ第一次攻撃ノ戦果小ナルコト判明セバ機動部隊ハ一時西方ニ避退シ兵力整備並ビ補給ノ上再度ノ決戦ヲ期ス』
というものであった。
戦果が大きく敵航空兵力の脅威が無くなれば接近し徹底的な掃討を行おうという考えはわかるが、戦果が小さければ再編成を行い再度決戦に望むという考えは、現実性に乏しい。戦果が少ない場合は味方に大きな損害を出した場合であり、その場合再編成を行える兵力が残っている可能性は低いのである。
一〇三〇における総合敵情は、機動部隊が発見した第一群「七イ」、第二群「三リ」、第三群「一五リ」の三群からなるとしている。「七イ」は触接機が確認した一〇〇五の地点「リイ四チ」とし、「三リ」と「一五リ」は最初に発見した索敵機の位置が報じられている。

一航戦第二次攻撃隊発艦

一航戦第二次攻撃隊で実際に発艦したのは瑞鶴から発艦した零戦四機、戦闘爆撃隊一〇機、天山四機であったが、当初予定されていた攻撃隊はこれだけではない。

本来予定されていた攻撃隊は、戦闘機隊は「大鳳」二機、「瑞鶴」四機、「翔鶴」八機以上の合計一四機以上、指揮官は「翔鶴」の増山保雄大尉。戦闘爆撃隊はそのまま「瑞鶴」一〇機、指揮官は鈴

木敏夫大尉。天山隊は「大鳳」五機、「瑞鶴」四機で合計九機、指揮官は「大鳳」の小野賢二大尉と推測する。

第一次攻撃隊発艦直後の〇八一〇、「大鳳」が魚雷一発を受け、前部軽質油庫から軽質油が漏洩して上下格納庫にガスが充満して一時出入りが困難になるほどであった。また前部エレベータは第二次攻撃用戦闘機一機を搭載したまま中間で停止してしまった。エレベータは修理不能になり発着艦不能となる。

「大鳳」に乗艦していた艦攻整備分隊長の吉村嘉三郎さんは、

『ズシーンと地の底を突き上げるような音響！

前部リフト下部前方に命中。第二次攻撃に備えて飛行甲板後部に配置してあった天山は？　と見ると、脚のオレオが伸びきるばかりに飛び上がったが、二、三度上下動をくり返した後、静止した。

前部リフトの昇降用ワイヤが、魚雷命中の衝撃でゆるみ、滑車から外れて、リフトの右舷後部は飛行甲板と上部格納庫の中間に、左舷前部は飛行甲板から一メートルに、すなわち左舷前方から右舷後方に向けて大傾斜して、止まってしまった。重量は一〇〇トン、艦内作業で復旧の見込みは全くない』

と魚雷が命中した時を回想している。このとき第二次攻撃隊はすでに準備中であったとのことで、「大鳳」乗組、天山艦攻偵察員の山田金十郎さんは、

『第一次攻撃隊発進後、第二次攻撃隊出発の号令により、飛行機に向けて搭乗員が走り出した直後、ズシンという大振動があった。

「大鳳」の姿勢は復元したものの、最後から二機目の戦闘機を乗せてリフトが停止し、戦闘機の尾翼が飛行甲板上に出たままとなり、発艦できず』

と回想している。

これを見た「翔鶴」は〇八三〇に用意していた戦闘機を一七機発艦させた。

「翔鶴」戦闘機隊の平野恵さんは、

『佃飛曹長、藤島、私、志賀の四機は「大鳳」の艦爆（ママ）を掩護のため発艦しました。

すでに「大鳳」は潜水艦の魚雷攻撃を受け、その頃何事もなかったように航行していましたがリフトが途中で止まり発艦出来ず。

四機は一旦「翔鶴」に着艦しました』

と回想する。

機動部隊司令長官は〇九〇五に、

『「大鳳」艦長ハ飛行機隊（一部欠）ヲ速カニ「瑞鶴」ニ移載作戦セシムベシ』

と一航戦に連絡したが、この時「瑞鶴」の飛行甲板上には第二次攻撃隊が並べられており、〇八三〇に飛行甲板上にあった飛行機を全て発艦させていた「翔鶴」を指示すべきであった。

第二次攻撃隊の攻撃目標は〇九五五に機動部隊司令長官が『一航戦二航戦第二次攻撃隊ハ「一五リ」ヲ攻撃セヨ』と指示していた。

「大鳳」は穴になっていた前部エレベータを塞ぐ作業が完了した。飛行機が発艦する時に、仮設リフトにかかる負荷を軽くして支障が出ないように魚雷を降ろすのは当然として、燃料も最低限の燃料として零戦一機、彗星一機（艦偵用か）とともに天山五機（四機かもしれない）とともに発艦し「瑞鶴」に移動した。

吉村嘉三郎さんは、

『佐藤整備主任から「エレベーターの穴の仮設工事完了次第、第二次攻撃隊を発進させるぞ」とお聞きして、工作分隊員を主体に手空き作業員がドラム缶、食卓、角材を運び込み始めるのを確認して、

私は下部格納庫に降りて前縁部から前部エレベータの底部を覗き込んだ。ガソリンの臭いがツーンと鼻をつく。底部の右舷側にすでにガソリンが溜まり始めていた。

（エレベーターの穴の）閉鎖完了と同時に小野隊長は、隅から隅まで閉鎖工事の出来具合を、飛行靴で踏み付け踏み付けて確認された。そして飛行長と共に魚雷を外し、燃料は最低限必要量を除いて抜いてしまい、「瑞鶴」に移って攻撃準備をすることを打ち合わせ、進言通り、「瑞鶴」に移られた』

と回想している。この時間は戦闘詳報には〇九三〇となっているが、「大鳳」発艦の零戦一機はそのまま上空直衛となっており、これの発艦が一〇二〇と記録されている。本来ならば、これら「大鳳」発艦の飛行機は「瑞鶴」もしくは「翔鶴」に着艦し、「翔鶴」から発艦させていた戦闘機を収容して、「瑞鶴」の飛行機と共に第二次攻撃隊として発進させる、つまり、まとまって攻撃するのが望ましい方法ではあった。しかし、第二次攻撃隊は「瑞鶴」から零戦四機、戦闘爆撃隊一〇機、天山四機のみが発艦し、しかもバラバラになってしまった。

この時の事情をこの攻撃隊の指揮官となった千馬良人さんは次のように回想する。

『「大鳳」は被雷後も少し遅くなりましたが、そのまま波を切って走り続けていました。第二次攻撃隊はすぐに準備され、「大鳳」もすぐに攻撃隊を発進させるものと思っていました。

しかし、一〇時頃まで待っても、「大鳳」は発艦させていませんでしたが、「発艦セヨ」と命令が来まして発艦を開始しました。

私の機も発艦しましたが、「大鳳」からの隊長機が来ないため、上空で待っていました。一回旋回してみても、まだ飛び上がってこない。出来るだけ早く敵を攻撃しなくては、と進撃を開始しました』

「瑞鶴」発艦の零戦隊は「大鳳」発艦の天山艦攻が魚雷を搭載しておらず、「瑞鶴」に着艦するのを見て引き返し、そのまま上空直衛として艦隊上空に残留した。続いて前路索敵機として彗星艦偵が一機発艦し、針路八二度に向けて進撃していった。この攻撃において、前路索敵機が一機しかなかったのは、前日索敵機が三機未帰還となったために、本来攻撃隊の前路索敵用であった電探付天山（偵察用天山）が朝の索敵に三機参加してしまったためである。

「瑞鶴」を発艦した四機の天山艦攻は一〇三〇に母艦上空を発進していったが、一五分後に天山艦攻隊が三、四小隊（二機ずつ）が分離してしまった。

『先に出た戦爆隊を追いかけたが向こうの方は速度が速く追いつかない、隊内電話も通じずにとうとう戦爆隊と離れ、それっきりになりました』

と回想するように、一〇五〇に戦爆隊と四小隊が合同したが二分後には戦爆隊を見失った。さらに三小隊二番機が反航してそのまま行方不明（不時着、操縦員のみ米軍に救助される）となった。

一〇五五に三小隊一番機と四小隊が合流して天山三機となり、高度四五〇〇メートル、針路八七度にて進撃していった。二七四浬の地点で針路を八〇度に変えさらに進撃していったが、一三〇〇になるも敵を発見できなかった。それもそのはず、「一五リ」は位置が間違っていたのだから。それより先一二二五に前路索敵機が三五〇浬進出したが、当然敵を発見できなかった。針路を進撃してきた八二度に対し九〇度南方、一七二度位として捜索を開始したが、そこから五〇浬進出して敵を見つけられず、反転し一〇〇浬（方向は反方位三五二度位）としつこく捜索したがやはり見つけられなかった。また反転し一旦一二二五の地点まで戻り、捜索を打ち切り帰投を開始した。

天山三機も

『予定地点についても敵は発見できずに引き返し、帰還途中で魚雷を落としました』

と引き返し始めた。

単独で進撃した戦闘爆撃機は予定地点に到着したものの敵を見なかった。ところがその帰途一四一〇に米索敵機VT-16のTBF二機、VF-16のF6F一機を発見して攻撃。さらに隣の索敵線のTBF二機、F6F一機が応援に駆けつけ、戦爆隊は訓練があまり出来ていなかったためか八機の撃墜を報じられている。

第二次攻撃隊は敵艦船を見ず空しく母艦へ帰ってきた。

まず、一四五〇に前路索敵機が「瑞鶴」上空に到着したが、着艦せずに一五一五に二航戦「隼鷹」に着艦した。

天山艦攻三機も一五一五に「瑞鶴」上空に到着したが、飛行甲板上に飛行機が多数有り、収容が出来なかったために二航戦に向かい、四小隊二機は「隼鷹」に着艦したが、三小隊一番機は、

『母艦上空に到着時、着艦しようとしたが、脚が出ずに着艦できず、二航戦に行きました』

と回想するように「早霜」付近に不時着水し、搭乗員は救助された。戦爆は二機が「瑞鶴」上空に到着、一機は二航戦「隼鷹」に着艦し、一機は二航戦「浜風」付近に不時着水し救助された。

この攻撃隊は索敵機の位置を誤ったことにより敵を見なかったが、戦闘爆撃機一〇機、天山艦攻三機という戦力では仮に予想地点に敵機動部隊がいても有効な攻撃は困難であっただろう。この攻撃がバラバラになった理由として、連絡不足が挙げられる。攻撃隊を誰が指揮してどのように攻撃を掛けるのかなど重要なことが浸透しておらず、意志疎通がとれていなかったと推測できる。

千馬良人さんは、

『戦爆隊が出来たという話は聞いていたが、戦爆隊とは訓練を一緒にやったことはない』

と回想している。

しかし、仮に当初の攻撃隊が予想通り（あくまで予想であるが戦闘機一四機、戦爆一〇機、天山九機）で全て発艦できたとしても、規模が小さすぎ、昼間強襲では有効な攻撃を掛けられたとは考えにくい。第一次攻撃隊の帰艦機と共に出撃する、などなんらかの工夫が必要だった、と思えるのだが。

二航戦も第二次攻撃隊、九九艦爆隊発艦

〇九〇〇に第一次攻撃隊を発艦させた二航戦は、〇九三二に第二航空戦隊司令官は信令作第一三号にて『第二次攻撃隊ノ目標ヲ「ガム」ノ二三〇度八〇浬ノ空母三ニ変更』と第二航空戦隊に対し信号し、いわゆる「一五リ」を目標として第二次攻撃隊を発進させることを伝えた。

続いて〇九四五には『第二触接隊ハ準備出来次第発進新目標（「ガム」ノ二三〇度八〇浬ノ敵）ニ触接セヨ』、〇九五〇には『第二次攻撃隊ハ攻撃後全機「ガム」又ハ「ロタ」ヲ経テ「ヤップ」ニ行ケ当隊第一次攻撃隊収容後機宜行動ス』と信号した。

ここで、二航戦第二次攻撃隊をグアム（ガム）もしくはロタに向かわせることを隷下には通知したのだが、これから向かっていくグアム基地に対しては通知しなかった。

○九五五に機動部隊指揮官が『一航戦二航戦第二次攻撃隊ハ「一五リ」ヲ攻撃セヨ』と下令し、一〇〇〇にも再度同文の命令を下したが、前述の様に既に二航戦は第二次攻撃隊を一五リに向けることを決意していた。

まず、前路索敵機として天山二機(予学一〇期の黒川和直中尉機)が「龍鳳」より発艦する。

この攻撃隊は彗星隊と九九艦爆隊の二つに始めから分けられていた。

攻撃隊出撃前に命令されたのは次のようだったと指揮官の阿部善朗さんは回想する。

『索敵機の発見した地点の敵機動部隊を攻撃せよ、と命令され、サイパン島は上陸を始めているので着陸するわけにいかないが、グアム島には友軍がいるからそこに降りて燃料を補給し、爆弾を搭載して敵機動部隊を攻撃して帰る、というものでした。

九九艦爆と彗星では、私の記憶だと巡航が一二〇ノットと一八〇ノットで全然違ったので、宮内大尉に三個中隊の九九艦爆を、掩護の戦闘機をつけて四〇分ほど先に出し、戦場で合流するということであったが、スピードの違う飛行機を統一指揮することは、隊内電話は無くトンツー(電信)での連絡で、四〇〇浬も出て敵の上空で私が一緒に指揮するというのは出来るわけが無く、参謀の作文に過ぎなかった』

一〇一五に「隼鷹」から零戦六機、九九艦爆九機、「飛鷹」から零戦八機、九九艦爆一八機、「龍鳳」から零戦六機、天山二機(雷装)が発艦し、上空で集合し、零戦二〇機が小林保平大尉、九九艦爆二七機は宮内安則大尉、天山(雷装)二機は竹内康二大尉(海兵六八期)がそれぞれ指揮して高度三〇〇〇メートル、発進進撃針路九三度で進撃を開始した。

一一一五に進撃針路を一〇六度に変針、「一五リ」ではなく、時間差を考慮した予想地点に向かった。ところが高度六五〇〇メートルにて予想地点に到着したものの、一三一四になっても敵を見つけられず、針路三五二度に変針しつつ捜索を開始した。視界五〇キロと記録されている。高度六〇〇〇メートルで「一五リ」の地点まで戻ったが、敵を見付けられなかった。「一五リ」は索敵機の錯誤で位置が誤っているのだから見付けられないのが当然で、一三五三にあきらめグアム島に向かった。

グアム島南方ではスコールがあり、それを避け東側を通り一四三〇に高度二五〇〇メートルで爆弾を投棄し、一五〇〇にグアム島上空に到着した。もう発艦してから五時間が経過しており、航続力の長い零戦も護衛するのが巡航速度の遅い九九艦爆であったので、速度を合わせるため燃料はかなり消耗していたと思われる。

グアム島基地に着陸を開始したその時、敵戦闘機が現れて空戦となった。

艦爆隊の第一中隊第二小隊三番機の偵察員だった新谷惇滋さん(乙飛一四期)の残した回想によると、敵を発見出来ずに予定していたグアム島第一飛行場を眼下にし編隊を解き単縦陣で次々降下していた、まさに先頭一番機が飛行場に着陸しようと矢先、後方からグラマンの大群の襲撃を受けた。偵察員らもまわりの警戒よりも見知らぬグアム島飛行場への着陸の誘導に注意を払っており、新谷さんも自分の飛行機の前を飛んでいた原野上飛曹機が火を噴いたのを見て、初めてグラマンに気が付いた状況だったという。

敵機に気が付くと一斉に退避行動に移るが、すでに多数機で包囲され圧倒的な不利な状況となっており、次々に犠牲を出す。そんな中、新谷さんの乗る機は、小林大尉以下の味方戦闘機隊の掩護と島の断崖の下方まで潜り込むなどした杉本孝雄二飛曹（丙飛一一期）の落ち着いた操縦で敵弾を回避し、予定にはなかった第三飛行場（当時グアム島には第一と第二が運用可能であり、第三は工事中であった）に着陸できた。この飛行場に無事着陸できたのは新谷上飛曹機の他は二機のみだったという。

下から見ていたグアム基地から奇襲を受ける前に教えてくれれば良かったのに、とこの時の隊員は思ったであろう。しかし、基地側も二重に驚いていたようだ。まず、何の前触れもなく味方機が現れ、しかも敵機の攻撃を受け始めたのだから。

当日のグアム基地は一九日早朝から断続的に敵戦闘機が現れる状態で、グアム第一飛行場は〇九一〇に、

『本日〇六〇〇以後連続敵戦闘機来襲シツツアリ』（六一航戦戦闘詳報の受信は一一〇七）

と報じた。この日、早朝にトラック島から二五三空などが移動してきた際に、グアム島上空で敵戦闘機に襲撃されたことに基因していると思われ、一九日にグアム島へ飛行機が集まってくるとは思っていなかったように感じられる。また、宛先は第二空襲部隊、第五航空部隊であり、機動部隊は入っていなかった。機動部隊の飛行機が集団でグアムに飛んでくるとは、思いもよらなかったのではないか。

日本側の着陸態勢に入っていたのと、燃料が尽きかけていたのもあり、零戦一五機、九九艦爆九機、天山二機が撃墜され、その他の機も不時着大破した機が多かった（九九艦爆は一一機）。九九艦爆七機と彗星一機はグアムの飛行場に着陸出来たが、うち四名が重傷を負っていた。

日本側は敵グラマン戦闘機約三〇機と判断したが、米軍はＶＦ－25などＦ６Ｆ四一機が交戦、四〇機以上の撃墜を報じ二機が未帰還となっている。

この上空で繰り広げられた惨劇を見たグアム基地は、『当基地付近敵戦闘機隊群味方機ヲ遊撃中近接危険　一五四五』（六一航戦戦闘詳報一六〇三受信）と警報を出し、第五航空部隊は第一機動艦隊に対し『今ノ所「テニアン」第三及「ロタ」使用可能の見込』（六一航戦戦闘詳報一六一五受信）と状況を伝えてきたが遅きに失した。グアム島第一飛行場から『二航戦攻撃隊約五〇ハ敵戦闘機ノ攻撃ヲ受ケ被撃墜又ハ着陸時破損殆ド全部使用不能トナレリ　尚敵機来襲中』（六〇一空戦闘詳報一八四〇受信）という報告がなされている。

彗星隊発艦

さて、彗星隊は一〇三〇に「隼鷹」から高沢謙吉大尉指揮の零戦六機、阿部善次大尉指揮の彗星九機が発艦したが、彗星二機が脚故障にて引き返しヤップ島に向かい、零戦一機がエンジン不調にて母艦に戻った。

戦闘機隊の森萬也さんは、

『発艦後私は四番機で二番機の真鍋兵曹が引き返し、それで一番機の高沢大尉機についていきました』

と回想する。

彗星隊の阿部善朗さんは、

『飛行機を収容してから四〇日間飛行していませんでした。飛行機乗りが四〇日間飛行していなかったことによって、自分が操縦している感じではなくて、耳もジンジンジン……と鳴いている状態でした』

と飛行機に久し振りに乗った感覚を回想し、また、

『彗星には増槽をつけず、燃料は翼と胴体のタンクだけでした。私たちは初めから、増槽つけて四〇〇浬往復するという話はなく、「大鳳」で行われた研究会でもなかった。そもそも彗星に増槽をつけられる、という話を聞いたことがない』

と回想している。

進撃中、時間は正確には判らないが零戦三機と彗星一機が分離した。零戦三機は指揮小隊でさらに零戦一機が分離し、なんとテニアン島の飛行場に着陸。燃料補給の上、グアム島到着した。その零戦に搭乗していた森萬也さんは、

『一番機の高沢大尉機についていき、三機で飛んでいました。長い距離進出したのですが、燃料の切り替えを忘れていまして、エンジンが止まってしまってからそれに気が付いて、その際に頭を下げたんです。それで編隊を見失ってしまいました。

編隊がわからなくなってしまって、困ったなあ、羅針器はくるくる回りどっちに行っていいのかわからなくなりました。だいぶ迷ってうろうろしました。そのときはどっかに落ちるのかな、とも思いました。

ようやく、マリアナ諸島の北の方にあるアナタハン島の上に出て、自分がどこを飛んでいるかわかり、グアムに向かいました。

途中でサイパンの上空にさしかかり、ようけ米軍が上陸しているなあ、と思っていたらボンボン撃ってきました。しかし、初めはそれがなにであるか知らなかったのですが、爆風で、「あっ撃たれている、こりゃいかん」と思い雲の中に退避し、テニアンに不時着して、テニアンで燃料をもらってグアム島に向かいました。途中で敵戦闘機とは遭遇しませんでした』

と回想している。それ以外の零戦二機、彗星一機については行動不明。したがって、阿部大尉指揮の本隊は零戦二機、彗星六機となった。

彗星隊も、九九艦爆隊と同じく直接「一五リ」に向かわずに予想地点に向かい、一二四〇に予想地点到着したものの敵を発見できず、針路三〇度にてグアム島方面に進みつつ索敵を開始した。

阿部善朗さんは、

『攻撃に行ったけど高度六〇〇〇メートルで頭もぼけているし、霞もかかっているが東西南北八〇浬の範囲が見え、その範囲は船の三時間から四時間の移動距離になりますから、少々誤差があってもこれぐらいの範囲を捜せばいるだろう、と思って捜したけどいなかった』

と回想している。

グアム島の西側を飛行中、一三四〇になって敵機動部隊二群、兵力は第一群　空母三隻その他艦艇二〇隻であり、第二群　空母三隻その他艦艇十数隻を発見して、一三四五に突撃を開始した。

『どうしても見つからないから、命令通りグアム島に不時着しなくてはいけないなあ、爆弾を積んだままでは危ない、どこかに投下しなければなあ、と思って警戒しながら四〇〇〇メートルまで降下した。

その時、先に発見していた偵察員（中島米吉少尉　乙飛四期）が
「隊長、左、左前方、敵機動部隊！」

見ると全速力で一斉回頭している。それに突っ込んでいった』

進入前又爆撃後敵戦闘機と空戦、進入後各機はバラバラになりながらも、空母「ワスプ」の艦首尾に二発、空母「バンカーヒル」の至近に三発を投下した。

一三五〇に彗星隊の一機が次の戦果報告を実施した。

『我敵の空母を爆撃「クハ三ク」敵一隻火災　タナ一』（六〇一空戦闘詳報、発信者は空欄になっている）

阿部善朗さんは、その攻撃に移る模様を次のように回想している。

『突っ込みかけてきたとき、グラマンが反撃に上がってきた。偵察員が後ろに二つ炎を見たのを憶えていると聞いたけど。とても急降下の位置まで移動するのを待つわけいかずに、三〇度ぐらいだったか浅い角度で突っ込み爆撃した。

助かったのも彗星がグラマンより速いから。プロペラのピッチを上げて速度を出すとブーッとグラマンを引き離しました』

阿部大尉機はロタに滑り込み、谷博少尉（乙飛三期）機はグアム第二飛行場に着陸出来た。それ以外の零戦二機、彗星四機は未帰還となった。

水上偵察機により触接を実施

第一機動艦隊は、長距離索敵に使用出来る零式水偵を〇三四五に発艦した一六機と〇四一五に発艦した三機を除いて、前衛の第二艦隊が一四機、甲部隊に四機、乙部隊に三機の合計二一機がまだ残っていた。これらの零式水偵の内、距離が近い前衛のものは、昼間であったが触接に積極的に使用された。

前衛の指揮官である第二艦隊司令長官は、「七イ」発見が報じられると直ちに水偵による触接を確保することを企画した。「熊野」三号機が〇七三〇に射出発艦したのを先頭に、「利根」の二機も〇七三五に発艦していった。

「利根」を発艦した君安広之飛曹長機は一〇〇二に「七イ」（空母四、戦艦二、その他数隻、地点は「リイ四テ」となっていた）触接を成功させた。「熊野」三号機も一〇三〇に、「利根」のもう一機、吉成毅飛曹長機も一一〇九に触接を開始した。

一〇三六　二一触　敵部隊見ユ　空母ノ所在不明
　地点「リイ四テ」
一一一〇　二一触　敵部隊ノ西方八〇浬圏内敵ヲ認メズ敵部隊ノ
　北方八〇浬圏内敵ヲ認メズ
　敵部隊ノ東方八〇浬圏内敵ヲ認メズ
一一二一　不明　敵部隊見ユ　空母ノ所在不明
　地点「リイ四テ」　タナ一
一一二六　二一触　七イ触接確保　地点「ナロ一サ」
一一三一　二一触　敵の針路北西　タナ三
一一二八　二一触　敵兵力空母不明大巡一其の他数隻
　タナ三
一二三四　二一触　敵兵力ハ空母二、空母「サラトガ」型、
　空母中型艦橋ナシ（一隻）更ニ敵部隊見ユ
　其ノ他ノ艦艇不明　進行方向北東
一三〇七　二一触　地点「七イ」　敵ノ南方五〇浬圏内敵ヲ認メ
　ズ　東方不明　タナ五

と次々に報じたが、これら触接機からの情報は攻撃隊に伝わった、とする記録は残念ながら無い。

また、実際は五群存在した敵機動部隊の全容を明らかには出来なかった。敵戦闘機に見つかればイチコロの水偵で、警戒厳重の敵機動部隊に触接を成功させた搭乗員の苦労は並大抵のものでなかったが、飛行機が低性能故にどうしても低空飛行及び遠距離からの観測に依らざるを得ず、敵機動部隊の全貌を確認するのは困難であったと言える。

「利根」機は一二二〇までに触接をうち切り、母艦に帰還した。「熊

野」機は一五三〇にグアム島に到着している。

この三機の触接機以外にも、水偵は触接に参加した。全体像は判らないが、「利根」は「一五リ」に向け一〇〇〇発艦、「三リ」に向けて一二〇〇発艦させ、両機とも無事収容している。また、「熊野」から一〇〇〇「七イ」に向けて、一二一五「三リ」に向けて触接するように信号が出されている。

六〇一空戦闘詳報に次のような通信記録が残っている。

一一三七　二三触　戦場到着予想時刻一二五〇

一四三二　第一触　敵味方不明の艦戦二機見ユ

地点「ケイ四ケ」

一五〇二　二三触　敵艦戦ラシキモノ三ヲ認ム

位置「クラ一サ」

一五二〇　「能代」五〇浬圏内目標ヲ見ズ帰途ニ就ク

一五四五　不明　地点「ナソ四テ」附近捜索敵ヲ見ズ

視界三〇浬　帰途ニ就ク

そんな状況の中、「筑摩」五号機（零式水偵）にて触接に飛び立った、偵察員の久保末喜さん（乙飛一〇期）、電信員の中川忠義さん（乙飛一六期）の回想である。

『一〇三〇頃、触接か戦果確認に出発した。

到着点まで約三七〇浬ほどの長距離であったので、進行方向（航法）に不安もあったが、中間付近で味方攻撃隊の艦攻とすれ違ったので、方向は間違いないと信じ進行する。

一四〇〇頃戦場到着、海上ミストあり、少々煙が上がっていたようで、戦闘機らしきものが乱舞しており、見張りを強くする。低空にて進入を試みたが、敵戦闘機に追われる。帰投距離と燃料のこともあり、このまま進入しても敵戦闘機に喰われるだけと考え、一四三〇帰投コースに着く。

一七〇〇頃、クルシーの帰投装置をかけると、進行方向の左約三〇度前方から味方信号が入るが、途中帰投点の変更（本艦位置の変更）の連絡を受けていないので、予定到着点へ向かう。

一八〇〇頃到着し、目標弾を投下した。夕暮れの水面は穏やかで、捜索を開始するも艦影はなく、クルシーを使用して約三〇分電波の方向に進んだが、一八三〇頃着水、本艦へ着水地点の報告をした。

八時間あまりの飛行のため、皆相当疲れていた。久保上飛曹は、直ちに翼に出てその上に大の字になる。今後のことも考え、電信席に積んである筏を出す。その時中川一飛曹が「久保兵曹、これからどうなるのですか」と聞いてきたので、やけくそで「一週間も流れておれば、フィリピンにでも流れ着くだろう」と言ったものの、筏に空気を入れて漂流の準備をしていた。

一九〇〇頃、中川一飛曹が「探照灯が見えます」、よく見てみると空に探照灯を点灯、「チクマ」の「チ」を打ちつつ迎えに来たように思い、信号拳銃、発光信号で合図したが、発見されることもなく、本艦は反転し、遠ざかっていった。夜間でもあり、燃料はタンクの残りをさがしている状態であったが、エンジンを再起動かけた。その際に、筏が邪魔になるので、空気を抜こうとしたが抜けないので、機体に縛り付け、全速の水上滑走で追いかけるも、艦が速く、次第に遠ざかっていった。

途中、暗夜の中に小型艦影を発見、味方識別を送ったが応答無し、前方右側に二隻、左側に一隻あり、敵潜水艦に囲まれたのではと思い、機銃用意を命じ全速で突き抜けた。

しばらく進むと赤ランプを点けた大きな艦に行き当たり、味方識別の応答もあり、味方巡洋艦とわかる。直ちに揚収準備にかかった。

二一〇〇頃揚収され、艦橋にて司令部と艦長に報告をし、本艦が巡洋艦「妙高」であることを知った』

フロート付きの水上機は鈍足であったが、フロートがあったために沈没せず、海上に不時着して発見されて救助されることが出来たのだ。

「榛名」零式水偵操縦員の青木春雄さん（甲飛二期）も、触接に参加している。

『我々のペアへの飛行命令は、発見した敵機動部隊「七イ」に対し触接し、敵部隊の位置、艦種、数量、針路、速度および攻撃後の戦果を時々刻々に報告することであった。

一一時、右目的を達成するため、「金剛」機と二機で一路会合地点に向かって飛行した。敵戦闘機に見つかれば絶対逃げられないと覚悟しながら高度四〇〇メートル、二機編隊で飛行を続けていた。

出発後一〇分ほどして、とつぜん正面に一機の零戦の姿が見えてきた（六五三空第一次攻撃隊の一機か）。私たちは労をねぎらうつもりで軽く翼を振った。と、突如なにを血迷ったのか「金剛」機に対して攻撃してくるではないか。「金剛」機は射線を避けながら、水面すれすれを飛行していった。私はあっけにとられていたが、危険を感じわが機も急降下し、偵察員は咄嗟に航法目標弾を投下した。

一度安全地帯まで退避した後、再び攻撃を受けた箇所まで引き返してみたが、「金剛」機も「零戦」の姿も見えず、やむなく単機でさきに降下した航法目標弾の位置より触接地点に向かったのだ。後に聞くところによると、「金剛」機は被弾せず、「零戦」も気づいて手を振ってあやまり、味方艦の方向など聞いたそうである。

ぼうぼうたる大海原、発艦地点より約三六〇浬の触接予定地点付近に到着した。双眼鏡で水平線上を監視したが、敵影は認められなかった。

航法の誤りではなくて、どうやら敵部隊は針路を変更したらしい——そう考えた瞬間、双眼鏡の中に黒い影がちらりかすめる。点々と黒い機影が写ってきた。よく見ると、今や味方攻撃隊の一隊が敵戦闘機に邀撃されて死闘の真最中である。黒い煙がすっと流れ、敵か味方か遠距離のため判然としない。味方の無事を祈りながら海面を這うように飛ぶ。

すでに発艦してから三時間、早く敵を発見せねば帰りの燃料がなくなってくる。いよいよ帰艦する燃料しか残っていない。敵艦に触接せずに引き返すのは残念だ。ゆっくりと機首を西に帰艦の方向にとった。すでに時刻は一四三〇。

さて、太陽は西に傾き、濃いモヤが一面に立ちこめて条件は不利になってきた。偵察員は機位を確かめるために三〇分おきに天測を実施するが、これも位置の推定のみで絶対的なものではない。熟練した偵察員も一応不安はあるに違いない。しかし、疑問を口にして偵察員に動揺を与えてもいけない。

燃料も六時間以上経過して、あとせいぜい一時間分を余すのみ、いよいよ計算上の到着時刻一七三〇。まだ艦影は見えない。手には汗がじっくりとにじむ。到着予定時刻を過ぎること三分、突然濃いモヤを通して影絵のように船の姿が浮かんだ。黒い雲の見誤りではなかろうか。

さらにそのまま飛び続ける、確かに我が艦隊だ、緊張が一ぺんにほぐれ、（助かった）という喜びが身内にあふれた。あとは洋上着水のみ、今までの不安に比べれば問題ではない。でっかいジャンプ、それでも愛機は脚も折れずに母艦の懐に抱かれた』

と味方機に襲われるという体験を回想している。零戦も水上機を敵機と見誤るなど通常あり得ないと思われるが、戦闘後だけに血走っていたのだろう。

思わぬ伏兵に…「翔鶴」沈没

一航戦では「翔鶴」から第二次攻撃隊用の飛行機も含め戦闘機一七機が上空直衛として〇八四五に発艦した。二中隊一小隊の六機が高度二〇〇〇メートル、二中隊二小隊三機が四、五〇〇〇メートルにて哨戒中、一〇二五に敵触接機を発見し攻撃、その後一機（坂田武雄二飛曹機）は敵触接機と共にスコールに突入していき、未帰還となった。

この敵触接機は、VB-101のPB4Y一機（機長はニール・A・タイラー少尉）で、一〇二〇に北緯一二度〇三分、東経一三七度三〇分の地点で「翔鶴」級空母二隻、巡洋艦二隻、五隻以上の駆逐艦を発見後、トニー（陸軍の三式戦闘機）二機とケイト（九七艦攻）二機と交戦。トニー一機に損害を与えた、と報告している。

また、これを追いかけたためなのか、原因は不明であるが二中隊一小隊六機が全機未帰還となっている。

第二次攻撃隊用の八機は、敵を見なかったので収容中敵触接機三四〇度、距離三〇〇〇〇メートルの電信を受け直ちに上昇したところ一〇四五にPB2Y一機を発見、高度二〇〇〇メートル距離三〇〇まで近接したがスコールの中に遁走されてしまった。八機は一一一〇に「翔鶴」へ着艦した。

そんな中、「翔鶴」は一一二〇に敵潜水艦の雷撃を受け、魚雷四本命中火災となった。

上空直衛を終え、「翔鶴」に着艦していた戦闘機隊の平野恵さんは、

『次は一二〇〇頃出発予定の命があり三〇分ほど時間があるので弁当でも食べるかと艦橋下の戦闘機搭乗員待機室にて食事中、最初の二本の魚雷が命中、外に飛び出したら又二本命中、前部リフトから大火災となった。

零戦は胴体が折れ、火災のおそれがあるので海に落とした。

この頃巡洋艦「矢矧」が停艦救助を待っていた。搭乗員は大切な体だから泳ぎ着く自信のあるものは飛び込めとの命があり、飛び込んで数分後「矢矧」のボートが来たので乗った』

と回想し、索敵を終え「翔鶴」に着艦した森永隆義さんは、

『索敵飛行して着艦後、艦橋に索敵の報告に行った。

報告が終わったら搭乗員待機室に行き、煙草を吸おうとしたら煙草がない。仕方がないから自分の部屋に取りに行きましたが、母艦の中は数多くの扉が閉まっていて進むのが大変で、こりゃ駄目だ、と引き返した。誰か煙草くれよ、とわけてもらい、三ぷくほど吸ったところで

「ドカーン」

と魚雷が命中しました。

搭乗員たちにみんなライフジャケットを脱がせて、怪我した連中に着せました。ミッドウェーの時は褌一丁で飛び込んで寒かったので、今度は飛行服を着たままで飛び込みました。

泳いでいた時、スコールが来て寒かった。三〇分ほど泳いだでしょうか、「矢矧」のボートが来て助けてくれました』

と回想している。

当時上空では、〇九五〇対潜直衛のため発艦した九九艦爆一機（当時「大鳳」は発艦不能、「瑞鶴」は第二次攻撃隊準備中で、「翔鶴」発艦と推測）が対潜直衛を実施し、第三段索敵から帰還した一一番索敵線（〇一六号機・彗星艦偵）が一一一六に母艦上空に帰着して

いた。九九艦爆は「翔鶴」が雷撃を受けたのを見て直ちに上空に行ったが、駆逐艦が爆雷を投下していたので、爆弾は投下せず「大鳳」「瑞鶴」の対潜直衛を続け、一四二〇「大鳳」に着艦した。一一番索敵機は敵潜が「翔鶴」を雷撃するのを発見、さらに魚雷が「大鳳」に直進するのを認め、直衛駆逐艦を誘導し、一二〇五「大鳳」に着艦している。対潜直衛が一機では、防ぎようが無かった。

「翔鶴」に雷撃を加えたのは米潜水艦「キャバラ」で、日本駆逐艦に発見されることなく魚雷六発を発射、三〜四発命中と判定した。離脱時に激しい爆雷攻撃を受けたものの、無事帰投した。

「翔鶴」は、昭和一六年八月八日に横須賀海軍工廠で竣工した。真珠湾攻撃に始まり、史上初めての空母戦だった珊瑚海海戦に参加したが爆弾を受け損傷。出撃しなかったミッドウェー海戦で主力空母四隻沈没後には同型艦「瑞鶴」と共に文字通り主力空母として第二次ソロモン海戦、南太平洋海戦に参加し、数々の戦歴を持つ栄光の航空母艦であった。さしもの「翔鶴」も魚雷四発を受け大火災となってしまった。

救助され、既に「矢矧」の甲板に上っていた平野恵さんの前で、「翔鶴」は沈没していった。

『甲板に上がり、「翔鶴」を見た瞬間、アッと言う間に前部より沈没。千数百人が一瞬のうちに、ある人は炎と黒煙のリフトの中に……』

続いて「大鳳」も

『一次攻撃隊帰還ハ全部「瑞鶴、翔鶴」ニ収容　二艦ハ主トシテ攻撃担任、「大鳳」ハ上空警戒並ニ至急着艦トセラル』(一〇三四)

と指令された。応急修理を終えた「大鳳」は、その後「翔鶴」が被雷により脱落したことにより索敵機や第一次攻撃隊の着艦も担当することになった。

ところが一四三二になると「大鳳」が突如大爆発を起こした。

すでに「大鳳」に着艦していた二航戦「飛鷹」戦闘機隊の香取穎男さんは、

『燃料補給を頼み、列機の搭乗員を待機室に残し、報告のため発着艦指揮所に行くと、入佐中佐が居られた。

「本日の状況を報告します」

と大声で申告すると、

「もう一機収容するのでちょっと待て」

と云われた。

その背後から

「おい香取」

と呼ぶ声に振り返ると、クラスの峰が立っていた。

「やあ今日はひどい目にあったぞ」

と話しかけた瞬間大爆発とともに目の前が真赤になり、失神して倒れてしまった。

気がついて、周りを見渡すと入佐中佐の姿はなく、足もとに峰が倒れていた』

とその瞬間を回想し、同じ所にいた「大鳳」乗組の艦攻整備分隊長の吉村嘉三郎さんは、

『私は戦闘中いつでも飛行機隊の指揮所におりました。それは司令部や司令から出る命令がわかり次第、整備分隊長は直ちに飛行甲板に降りて行って具体的な指示、命令を、整備分隊士を通じて整備員に伝えなければならないためです。

朝から何も食べていなかったので、指揮所の鉄の手すりに寄りかかり、乾麺麭(非常食用乾パン)をかじっていました。

「ドカーン」

胸が圧迫されて真っ暗になったので、あの世は暗いんだなあ、と思いました。

そのうちに、明るくなって気がつきました。胸が圧迫されていたのはそばにいた電信員が飛ばされていたからでした。

私は、飛行甲板から格納庫に入ろうとしましたが、どこからも入れませんでした』

と回想している。

「大鳳」は川崎重工業で昭和一九年六月竣工予定を三ヶ月繰り上げ三月七日に竣工し、三月二七日には内地を出撃、四月一五日に第三艦隊旗艦となる期待の新鋭艦だった。飛行甲板の大部分に、爆撃に耐えうるよう装甲がなされていた。爆発後はもはや手の施しようが無く、第一機動部隊司令長官小澤中将は、駆逐艦「若月」を経由して一六〇六重巡「羽黒」に移乗した。「大鳳」は一六二八に沈没した。

三航戦第二次攻撃隊発進できず

一航戦は薄暮攻撃を企画し、一一一五に機動部隊司令長官は『第一次攻撃隊収容機は準備でき次第発進敵を薄暮攻撃後基地に帰投せらるる予定（一部警戒機戦闘機二ヶ中隊警戒機六機を除く）』と下令した。ところが、その直後に「翔鶴」が雷撃を受けて沈没、その上、第一次攻撃隊で帰還出来た飛行機は少なく、最後には「大鳳」まで沈没する状況で、「瑞鶴」が一五四五『第三攻撃隊用意整備』を報じたのみで、実際に発進することは無かった。

二航戦は〇九〇〇から一七〇〇の間、零戦延べ一一機で上空直衛にあたったが、敵を見なかった。

三航戦では、第一次特別攻撃隊発進と同時に「千歳」「千代田」から各二機が上空直衛に当たった。前衛は三群に分かれていたが、たったの四機が上空直衛にあたったのだ。それだけ攻撃を重視していたと言える。敵を見た記録はないが、「千歳」の一機が不時着水して搭乗員戦死となっている。

三航戦は搭載機の関係上、第二次攻撃隊は第一次攻撃隊の帰還機にて編成される予定で準備していたが、一航戦及び二航戦の飛行機が次々に緊急着艦をしてくるために、発艦するタイミングを失ってしまった。

第一次攻撃に参加した戦闘機隊の福田清さんは、

『帰還後は、中仮屋飛曹長機と艦隊の警戒飛行に従事していました』

と回想している。

三航戦触接機が〇八二〇「レイ三ツ」に上空直衛戦闘機のいない戦艦を含む大部隊を発見していたが帰還してから報告した。こんな位置に敵艦隊がいるわけはなく、何を見つけてそう報じたのか不明である。

これを捜索するため一二四〇に第二次索敵隊として「千歳」から天山一機、九七艦攻一機発艦。一番機四五度に浮上潜水艦発見し制圧したが、それ以外敵を発見しなかった。

一六〇〇、敵機動部隊攻撃のため、「千代田」から直掩機二機、誘導隊二機発艦した。一六一八には第二次攻撃隊取りやめとなり、攻撃隊と連絡とろうとしたが、連絡は取れずそのまま攻撃に向かってしまった。

結局攻撃隊は引き返し、二一三〇になってから収容を開始した。夜間着艦となってしまい、直掩の戦闘機一機が着艦の際に戦死した。

一方米軍の索敵行動

第五八任務部隊は一九日〇五〇〇、索敵機を索敵範囲一八五度〜三四五度、進出距離三二五浬で発艦させた。日本の索敵線が単機で飛行するので護衛の戦闘機をつけていなかったのに対し、米軍はSB2C一機と護衛のF6F一機もしくはTBF一〜二機と護衛のF6F一機というように、戦闘機が索敵線を護衛していた。その結果、米索敵機は性能が劣る零式水偵と九七艦攻に遭遇すると次々に撃墜した。しかし、肝心の日本艦隊を発見することは出来なかった。視界が良ければ前衛を見つけても不思議ではないのだが、日本艦隊付近の天候が今ひとつであったこと、索敵中に発見した日本機との空戦に気を取られたということもあったのかもしれない。

一二三〇にも第五八任務部隊は、索敵機を索敵範囲一八五度〜三四五度、進出距離三二五浬で発艦させた。

「レキシントン」を発艦し二四五〜二五五度を担当したVF-16のF6F一機とVT-16のTBF二機は敵を発見せず帰艦中の一航戦第二次攻撃隊の戦爆隊一〇機と遭遇し、空戦となった。F6Fが二機を撃墜し、TBFの旋回銃が追尾攻撃してきた一機を撃墜し、攻撃後引き起こそうとした二機を概ね撃墜した。二三五〜三四五度を担当していたF6F一機、TBF二機もジーク（零戦）の群発見の報を聞き、手伝いに向かった。そして護衛のF6Fが三機撃墜を報じた。他の索敵線も日本の索敵機と遭遇し、交戦しているが、日本艦隊を発見することは出来なかった。「バンカーヒル」を発艦し、二〇五〜二一五度に向かったVF-8のF6F一機とVB-8のSB2C一機は未帰還となった。未帰還となった原因は、空戦によるものなのか、航法などの事故によるのか、不明である。

結局、この日第五八任務部隊の索敵機は、日本機動部隊を捉えることは出来なかった。これは行動範囲が三二五浬であったことと第五八任務部隊自体がグアム島の沖を離れなかったこともある。日本側の零式水偵及び九七艦攻の三五〇浬、天山の四五〇浬、彗星艦偵の五六〇浬に比べて距離が短く、日本機動部隊がアウトレンジ攻撃のために距離を保ったためである。

第五八任務部隊は同じ所に留まっていたためか、一二四〇頃日本の小型潜水艦「呂一一五潜」にロタ島西方五〇浬の地点で捕捉された。「呂一一五潜」は、ウエワク輸送任務を成功させ、六月三日パラオに帰投。ところが、整備休養の間もなく、六一航戦不時着機捜索のため六日に出撃してニューギニア北方海面へ向かっていた。整備が出来ていなかったことが祟ったのか、冷却機が故障したため艦内温度三八度まで上昇するなど、ただでさえ密閉された劣悪な環境がいっそう悪化。乗員は疲労が増していたが、一四日になってマリアナ方面へ向かうように指示がなされ、グアム沖に進出してきていたのだ。

「呂一一五潜」は、一二二五小型機の編隊を認め潜航。爆撃を受けたものの被害無かった。

一三〇〇から艦船の音を探知。一三五〇、巡洋艦二隻を発見、戦闘魚雷戦が下令される。これはリー中将が指揮する戦艦群であった。襲撃運動を始め、発射の機会を伺ったが目標が変針してこれを逃した。

これで終わらず、一四五五には「ワスプ」型二隻、巡洋艦改造空母一隻からなる一群を発見。これまた距離が遠すぎ、一七一五には「エンタープライズ」型二隻と巡洋艦改造空母二隻からなる一群を発見したが、これも距離が遠く攻撃出来ず。

しかし、潜航してから五時間も経った一七三五、「ワスプ」型二隻、巡洋艦改造空母一隻の一群を再発見。この一群は、飛行機の発艦収容を行いつつ、頻繁に変針を繰り返していた。「呂一一五潜」はこれに接近し、一八〇七になって「ワスプ」型に、九五式魚雷二型四本を発射。残念ながら命中音を確認できず、効果は不明。散発的な爆雷攻撃を受けはしたが、重大な被害は無く離脱している。この日日本潜水艦の雷撃で米軍の艦艇が損傷した事実は無い。

基地航空隊のその後

Y（ヤップ）区哨戒のために七六一空の陸攻四機が割り当てられていたが、故障のため代わりに一二一空の彗星四機が担当することになった。四機のうち、彗星一機はペリリューを〇三〇〇発進しヤップへ進出する途中で行方不明となったが、残りの彗星三機は〇五四五までにヤップを発進する。

Y12、Y18を担当した機は各五〇〇浬進出したが敵を見なかった。しかし、Y10を担当した彗星一機は、〇八三七、大宮島の三〇〇度六〇浬に空母八、戦艦又は巡洋艦七、駆逐艦二〇（第一群大型空母二、第二群大型空母二、中型空母一、第三群中型空母三）よりなる機動部隊（針路二七〇度、速力二五乃至三〇ノット）を発見したが、機上電信機故障のためグアム島に着陸後、報告した。

一九日一〇五〇　発大宮島第二基地

戦闘速報（其ノ二）

敵主力ハ第一群空母二隻戦艦又ハ大巡四駆逐艦六　第二群空母三隻戦艦又ハ大巡二駆逐艦不明　第三群空母三巡洋艦三駆逐艦四　三群共ニ集結シ居レリ　以上Y一〇番索報告

せっかくの敵機動部隊を発見し、かつ三群（実際には四群と戦艦部隊の一群）に分かれていることを報告していたのだが、六一航戦の受信時間は一四二八であり、六〇一空の受信記録にはこの電報はない。残念ながらこの情報は有効に使われなかった。

その後、戦闘機九機と誘導の彗星二機が一三三〇ヤップ島を出撃しグアム島に向かったが、その後どうなったのかは不明である。VF-15は一七三〇頃グアム島上空で、零戦、彗星と交戦したことを報じており、これがそうなのかもしれない。

硫黄島からは、陸攻八機が索敵に向かい横空の木原忠蔵上飛曹（操練五〇期）機が一〇〇五に敵艦隊を発見、続いて同じく横空の須藤傳中尉（操練一六期）操縦の横溝幸四郎大尉（海兵六五期）機も一〇五五に特空母三隻からなる敵艦隊を捉えた。それ以外の機は敵を見ず帰還している。

敵機動部隊夜間触接のため、七六一空陸攻二機が一四一〇ペリリュー島から発進、その内一機が一九一〇にグアム島の三二五度一八浬で空母の所在は不明ながら敵部隊を発見、報告したがその後は連絡なく未帰還、もう一機は敵を見ずに帰還した。

昨晩のように陸攻による夜間触接を狙ったが、敵部隊を発見できた機は有効な情報を送ることは出来ず、いずれも未帰還となった。陸攻の性能では、敵機動部隊に対しては夜間でも触接が困難になっていたことを示している。

一九日の総決算「マリアナの七面鳥撃ち」

機動部隊司令長官は、一七〇〇『戦果至急知ラセ』と戦果報告を求めたが、「瑞鶴」から一七一八に『一次攻撃隊前路一索機ガ三航戦特攻隊大型空母ニ一命中、大型巡洋艦ニ一命中ノ爆弾命中確認セ

ル外帰着機何レモ戦果ヲ確認シアラズ』と報じたのに続き第二艦隊司令長官から二〇一五に

機動部隊機密第一九一七一〇番電関連
左ノ外機動部隊機密第一九一〇五二番電通リ
一、第一群（七イ）空母二（サラトガ型）空母中型（艦橋ナシ）一
　二、戦艦三其ノ他十数隻　第二群（三リ）第二触接隊一五四五
　予想地点ヲ捜索セルモ敵ヲ認メズ　第三群（一五リ）一四〇〇
　頃予想地点ヲ捜索セルモ敵ヲ見ズ
二、触接機〇八二〇地点「レイ三ツ」ニ戦艦ヲ含ム大部隊ヲ発見（帰
　還後報告）　一二四五発艦攻二機ヲ以テ七五浬圏内ヲ捜索セル
　モ敵ヲ見ズ

　さらに二航戦、三航戦に対して一七二一『現有兵力ヲ知ラセ』と戦力の確認に務めた。その結果明日の実働兵力として、一航戦は零戦五二型一五機、零戦二一型二機（二航戦を含む）、彗星艦爆一機、彗星艦偵二機、九九艦爆二機、天山艦攻七機、天山艦偵三機の合計三二機、二航戦は艦戦一九機、戦爆一九機、天山八機の四六機、三航戦は艦戦六機、戦爆七機、九七艦攻六機、天山三機の二二機が報じられ、合計一〇〇機の艦上機と第二艦隊の一八機の水偵と六機の観測機が艦隊に残されていると判断された。

　この日の被害を総合すると、索敵による未帰還は合計二〇機（零式水偵一〇機、三航戦九七艦攻八機、一航戦彗星艦偵二機）、攻撃による自爆未帰還は合計一九一機（三航戦第一次特別攻撃隊の直掩隊八機、特攻隊三二機、誘導隊二機、一航戦第一次攻撃隊の零戦隊三一機、彗星艦爆隊四二機、天山艦攻二三機、二航戦第一次攻撃隊の零戦一機、戦爆五機、天山一機、二航戦第二次攻撃隊の零戦一九機、九九艦爆九機、彗星五機、天山三機、一航戦第二次攻撃隊の戦爆八機、天山艦攻一機、三航戦第二次攻撃隊の零戦一機）にものぼり、上空直衛中に失われた合計八機（一航戦の零戦七機、三航戦の零戦一機）を含めると、合計すると二一九機が搭乗員と共に失われた。一日で失われた自爆未帰還数としては開戦以来最大の数である。

　それ以外にも不時着水及び不時着で失われた飛行機、もしくは空母「大鳳」「翔鶴」沈没により巻き添えになった飛行機、そして搭乗員があった。

　それに対し、米軍はＦ６Ｆを戦闘でＶＦ-1一機、ＶＦ-8一機、ＶＦ-14一機、ＶＦ-51一機、ＶＦ-27二機、ＶＦ-15三機、ＶＦ-10一機、ＶＦ(Ｎ)-76一機、戦闘以外にてＶＦ-25一機の合計一二機が未帰還となったのみであった。

　この一方的な戦闘を米側は「マリアナの七面鳥撃ち」と呼んだ。

マリアナ海戦前　タウイタウイ

「大鳳」艦上の写真／左が田中次夫大尉、右が山内常雄大尉。昭和十九年六月初頭、タウイタウイで「大鳳」艦上で撮影されたものである。いずれも海軍機関学校四七期の同期生であり、前任者の山内常雄大尉（右）は後任の田中次夫大尉（左）へ引き継ぎを行い追浜空に転勤。水上機でスラバヤまで送ってもらい内地へ帰還を果たしたものの送った荷物はすべて届かなかったが、この写真のみ肌身離さなかったために残ったという貴重なもの。を全員後ろの九九艦爆は対潜哨戒用のもので、「01-20」まで読むことが出来る。当時、六〇一空は第三艦隊付属であるので、「30*-」*は艦番号　という区分字を使用していたと考える。機関科は田中大尉ら将校全員戦死している。（提供／田辺正彦）

第十二章　勝敗は決定的に（六月二〇日）

勝敗は決定的に（六月二〇日）

敵はどこに？

機動部隊司令部は一九日二〇一〇に第一、第二補給部隊に合同を命じ、機動部隊は補給すべく北西に進路を取った。

一方連合艦隊は一九日の戦況を判断し、次のような作戦方針を参謀長名で通知した。

連合艦隊ハ一応兵力ヲ整頓シタル後戦況ニ応ジ左ノ方針ニテ指導セラルル内意ナリ

一．基地航空部隊

（イ）二〇日飛行索敵ニ依ル敵情ニ鑑ミ八幡空襲部隊ハ硫黄島ニ第二空襲部隊、第八空襲部隊ハ「ペリリュー」ニ速ニ進出

（ロ）二一日飛行索敵ヲ実施スルト共ニ連合艦隊電令作一七九号ニ依ル敵機動部隊攻撃並ニ「マリアナ」集中ヲ実施

（ハ）二二日「マリアナ」集中兵力ヲ以テ敵機動部隊索敵攻撃ヲ実施　爾後戦果ニ応ジ「マリアナ」方面ノ制空権ヲ維持シツツ作戦ヲ続行

二．機動部隊

（イ）二一日補給及兵力整頓ヲ行ヒ損傷艦ハ内地ニ一部空母ハ訓練地「リンガエン」ニ回航

（ロ）二二日情勢ニ応ジ進出　基地航空部隊ト協同敵機動部隊ニ攻撃ヲ指向シタル後飛行機隊ヲ陸上基地ニ派遣第五航空部隊指揮下ニ作戦ヲ続行　空母ハ訓練地ニ回航

（ハ）二二日以後戦況ニ応ジ水上艦艇ノ大部ヲ以テ「サイパン」ノ掃蕩攻撃ヲ実施

と、二二日に基地航空部隊を含め再攻撃の実施を企画していた。しかし、現状は機動部隊には一〇〇機程度の艦上機しか稼働機を保有しておらず、すくなくとも八〇〇機以上の稼働機を持つ敵機動部隊に対し、もはや再決戦は難しい状況であったのだが。

二〇日〇四三〇、東方索敵として第二艦隊から、基準索敵線が一番線九〇度で八番線より九番線の計九線に零式水偵九機、八番線から艦名列挙順に「愛宕」「高雄」「利根」（二線）「鈴谷」「熊野」「筑摩」（二線）「金剛」から発艦していった。

ところが、これら九機の索敵機は発進後、〇六一三に四索（「利根」機）から『敵味方不明ノ艦上機見ユ　地点「ツヒ四ケ」進行方向北西』を報じたのみであった。その他の機は次のように行動した。

「愛宕」（八索）

〇四四一発艦　敵を見ず　一〇〇五揚収

「高雄」（六索）

敵を見ず、飛行時間五時間四五分

「利根」（二索）

〇五〇〇発艦　敵を見ず　一一三〇揚収

「熊野」（三索）

〇四四五発艦　索敵線上敵を見ず　一〇四五帰艦

四番索敵線担当の「利根」機と「筑摩」の一機、「鈴谷」機と「金剛」機がいずれもF6Fに撃墜され未帰還となった。

続いて後方第一段索敵機（四〜七番線、一番線七〇度）として〇五四五に三航戦から六機（「千歳」「瑞鳳」から九七艦攻各三機）発艦した。

〇七三二に四索が、

『敵味方不明ノ飛行機見ユ　艦上機　地点「ツケ一ア」進行方向北東　高度四〇〇』

一一二五に五索が、

『敵味方不明ノ艦上機一機　地点「ミセ三ク」　進行方向北東　高度一〇〇』

と報じたのみで、敵艦隊を発見できなかった。被害は、「瑞鳳」から発艦した三、七番索敵線の二機がやはりF6Fに撃墜され未帰還となった。

以上のように機動部隊は二段合計一五機による索敵を実施したが、敵機発見を報じた機があるのみで敵機動部隊発見を報じた索敵機はなかった。しかし、一五機中六機が撃墜され全容が把握出来たとはいえない状況であった。ところが、機動部隊司令長官は〇七〇〇には第一、第二補給部隊も合同したので、〇八四〇に本日（二〇日）第一戦隊と巡洋艦以下に対して補給を実施することを決意した。その後も機動部隊索敵機が敵機動部隊発見を報じなかったため、補給開始を下令し、その上、一二〇〇には旗艦を「羽黒」から「瑞鶴」に変更した。

ほとんどの攻撃兵力を失った場合、再攻撃を企画するにしても速やかに戦場から離脱を図るのが定石である。敵前で堂々と補給を開始したのは奇異な感もあるが、司令部の中で一九日の戦闘について楽観的な雰囲気があり、追撃を受けないと思い込んでいたのかもしれない。この「小休止」はこのあと響くことになる。

作戦を続行することを考えていた機動部隊指揮官は、艦隊の整理を企画した。

◦甲部隊に乙部隊の空母「飛鷹」を編入
◦乙部隊に前衛の空母「瑞鳳」を編入
◦前衛に甲部隊の重巡「妙高」「羽黒」（第五戦隊）と駆逐艦「磯風」「浦風」（第一七駆逐隊）、乙部隊から戦艦「長門」と重巡「最上」、第四駆逐隊「野分」「山雲」「満潮」を編入

さらに、昨日大きな被害を受けた飛行機隊の整理として、

◦空母「瑞鶴」（甲部隊）へ一航戦全機と二航戦戦爆全機、天山五機
◦空母「飛鷹」（甲部隊）へ二航戦戦闘機残余と三航戦戦爆全機
◦空母「千歳」（前衛）へ二航戦戦闘機四機と三航戦戦闘機七機、天山三機
◦空母「千代田」（前衛）へ二航戦戦闘機四機と三航戦戦闘機七機、九七艦攻全機
◦空母「隼鷹」「龍鳳」「瑞鳳」（乙部隊）搭載機無し

これが実行されていれば、乙部隊は航空機がなくなるので戦場離脱する予定だったと考えられる。前衛は有力水上打撃艦艇が集まるものの、空母が「千歳」「千代田」の二隻となり、しかもわずかな数の戦闘機と艦攻しか持たない部隊となり、甲部隊は「瑞鶴」「飛鷹」の二隻、航空攻撃兵力を唯一持つ部隊とする形となる。しかし、これは実施されなかった。

この発令からも、司令部は戦場から一旦離脱したので補給地点が敵から離れている、と思い込んでいたと考えられる。その頃、第五八任務部隊（第五八、四任務群を除く）は西進を続け、その距離を徐々に縮めていた。

基地航空隊は敵機動部隊を発見

機動部隊の索敵機は、敵機動部隊を発見出来なかったが、基地部隊の索敵機が空母を含む敵機動部隊発見を報じてきた。

硫黄島からは横空陸攻六機と七五二空攻撃七〇三の陸攻三機が〇四三五以降に発進する。

そのうちのU四二索の横空陸攻一機が

『敵ノ兵力ハ空母三戦艦一巡洋艦一〇駆逐艦十数隻硫黄島二一三度六五五浬　進行方向北東　一一一〇』（六一航戦戦闘詳報一一五五受信）

と報じた。

ペリリュー島からは三二一空月光二機、七三二空陸攻四機、陸軍第一五戦隊の百式司偵二機も〇四三〇に発進する。その中の一機であるP〇四索の七三二空陸攻が

『タナ一　空母ヲ含ム敵部隊見ユ　空母二戦艦二巡洋艦一駆逐艦数隻「ペリリュー」ノ二〇度五〇〇浬　一〇四〇』（六一航戦戦闘詳報一二一二受信）

と報じたのである。

基地航空隊が相次いで報じたのに対し、連合艦隊と第一機動艦隊は、

『U哨区四二索ノ発見セル部隊ハ敵ニアラズ　一二〇五』

『当隊「ペリリュー」ノ五度五〇〇浬ニ於テ補給中　P〇四索敵線ノ発見セル敵ハ当隊ト認ム』

と味方機動部隊を誤認していると判断した。

第一機動艦隊は、P〇四索敵機が後に方位を五度と訂正してきた、として判断を下したが、当のP〇四索敵機はそのような判断をしておらず、一〇五二にその前に発見した機動部隊の後方二〇浬に浮上潜水艦一隻が追躡中であるのを発見し、これを攻撃しようとしたところ潜没し、この位置を一五度五二〇浬と報じている。P〇四索敵機が機上発信した通信を機動艦隊は受け取り、判断したのかもしれない。現実にはやはり味方の第一機動艦隊を誤認して報じたものであった。

そのような判断ではあったはずなのだが、第一機動艦隊の判断は敵が迫っているとして各部隊ごとに補給を中止し、北西方向に向け退避を開始した。

さらにP〇四索敵機が発見した敵機動部隊捜索のため、一三三五に一航戦索敵機（偵察用天山二機）を発艦させる。電探がついた偵察用の天山を用いたことからP〇四索が報じた機動部隊は敵の可能性が高いと考えたのだろう。

進撃針路九六度（推定）に向かった三六四号機は一四二〇に敵味方不明の飛行機発見、付近を捜索するも敵を見ずに終わり帰投した。もう一機の三六五号機は発進後何も連絡無く未帰還となった。進撃針路が一一六度（推定）であれば、一六四五頃Ｆ６Ｆに撃墜されたジル（天山）が該当する。

敵飛行機は味方艦隊の全貌を発見報告せり

機動部隊指揮官は、敵機動部隊を発見していないこともあり、信電令作第六号（一四二〇）

『機動部隊ハ準備完成後進撃二二日薄暮航空戦ヲ以テ敵母艦群ニ攻撃ヲ加フルト共ニ遊撃部隊ヲ進出敵ヲ撃滅セントス　行動後令　飛行機隊ハ薄暮攻撃後サイパン方面基地ニ進出セシム』

と、二二日に再決戦を行う決意を示した。

一方米軍は、〇四三〇に第五八任務部隊の索敵機を、索敵範囲二〇五度〜三二五度、進出距離三二五浬で各索敵線SB2C一機かTBF二機に護衛のF6F一機を発艦させた。何機かの日本の索敵機を発見し撃墜した。しかし、日本艦隊を発見することは出来なかった。

一一〇〇に五〇〇ポンド爆弾と燃料タンクを積んだF6F一二機が「レキシントン」より、直衛のF6F八機と共に、三四〇度で長距離索敵攻撃を実施した。日本の攻撃隊顔負けの四七五浬をいう遠距離を進撃していったもののそもそもの方向が誤っており、敵を見ず帰還している。

一二三〇に再度索敵機を発艦させた。「ホーネット」「バンカーヒル」「ワスプ」からSB2C一機と護衛のF6F一機による索敵線八線と共に、「エンタープライズ」よりTBF二機に護衛のF6F一機が索敵範囲二七五度〜三一五度で四線、進出距離三二五浬で発艦した。「エンタープライズ」から発艦したTBFの中の一機、ネルソン大尉機は一四四〇遂に「日本艦隊発見」を報じた。位置は第五八任務部隊の西方約二二〇浬（この距離は誤認、後述）で、米艦上機の攻撃距離としてはぎりぎりの距離であった。

日本側もすぐに察知した。

一四四〇前衛指揮官は、

『左ノ敵電ヲ傍受ス　敵艦隊見ユ　発大型機飛行機推定　六四三〇KC』

と報じ、続いて敵索敵機が

『我高度一五〇〇敵艦隊発見小型空母速力二〇』（一四四五受信、六五三空戦訓所見）

と我が機動部隊を発見し報告するのを傍受した。

一五〇三に前衛指揮官は、

『敵飛行機ハ味方艦隊ノ全貌ヲ発見報告セリ』

『先ノ敵信傍受内容　敵艦隊位置北緯一五度、東経一三五度二五分兵力約一〇隻内二隻小型空母』

と報じた。

まだ敵機動部隊の位置が掴めない中、昨日とは違い先に我が機動部隊は発見されてしまったのである。

三航戦攻撃隊発艦

ペリリュー基地飛行機発見の空母位置並びに敵触接機が現れたことにより、敵の空襲が予想された。まだ敵の機動部隊位置がはっきりと掴めていなかったので、その敵攻撃隊の攻撃終了後、それを追尾し敵機動部隊を攻撃することを企画して、一五〇〇に艦戦三機（同時に艦隊直衛隊一機も発艦）、戦爆一〇機、天山二機が発艦、上空に待機していた。

「千歳」索敵隊（天山）の電信員だった黒田好美さんはこの時の出撃を、

『出撃の前、機長も、敵の位置まで行っても夜間攻撃になるし、夜間航法、夜間着艦でとても無理じゃ、という顔をしていました。

私たちは天山（誘導）の二番機、一番機は「瑞鳳」の三代飛曹長機でした。

発艦から一時間半ほど進撃をし、日が傾き少し薄暗くなる頃、電報が入ってきました。母艦からの綺麗な電波でしたね。
電報を取って、暗号書を引き出したら
『攻撃ヲヤメ　帰投セヨ』
という内容でした。
機長に
『攻撃ヲヤメ　帰投セヨ』と電報が来ました」
と報告したところ、
「おおっ、そうか」
と答え、一番機を見たところ相変わらず真っ直ぐ真っ直ぐ進んでいました。そこで、さーっと前に出てバンクを振って、帰れ帰れとやったところ一番機も了解してくれて、引き返し始めました』
と、追尾攻撃ではなく、敵に向かって飛行していたと回想している。

敵攻撃隊迫る

米側は待機させていた攻撃隊発進を決意した。ところが、日本艦隊を発見したネルソン大尉機は、一五〇五に発見位置の訂正を行ってきた。日本艦隊は第五八任務部隊から現実には二七五浬離れている（米攻撃隊の攻撃距離としては離れすぎていた）ことが判明したが、そのまま攻撃隊を発進させることが決定された。

第五八任務部隊は、一五二一に風上へ変針し、第一次攻撃隊を発艦させた。一五三六までに全機が発艦を終えている。

前衛にはなおも触接機が居座り、

『基点ノ三〇〇西方触接一時間』（一五三八受信）

『上空ニ飛行機ナシ、一機アルノミ』（一五五〇受信、当時第二艦隊水上機のみ飛行なりき、と但し書きがある。いずれも六五三空戦訓所見）

と報告を送り続けていた。

機動部隊指揮官は一五三〇に第一、第二補給部隊へ『速ヤカニ西方ニ避退セヨ』と命じたが速度の関係で取り残された格好になった。

「瑞鶴」では一五三〇（推定）に上空直衛として零戦八機を発艦させ、一三〇〇に発艦させていた上空直衛及び対潜直衛に当たっていた零戦四機と、昨日第一次攻撃隊に参加して「千代田」に着艦していた零戦一機を収容した。乙部隊でも一五一五に上空直衛機を二機発艦させ、敵機に備えた（これは上記「瑞鶴」から発艦した香取大尉、真田上飛曹の搭乗する六〇一空の零戦二機のことを指しているのかもしれない）。

一六一〇に索敵機から、

『敵味方不明ノ艦上機大編隊見ユ　約二〇機　地点「ヘソ三ウ」進行方向西　高度約四〇〇〇』

と報じて敵攻撃隊がこちらに向かってきていることが確実視された。

乙部隊では一六一五に五機、一六三〇に四機発艦させさらに警戒を強めた。そんな中、待望の敵機動部隊発見の報が飛び込んできた。

後方第二段索敵機

一一〇〇に「利根」の一機が発艦して索敵に向かい、敵を見ず一六三〇に揚収された。また、記録には『索敵のため一一〇五「能代」発艦後連絡なし』とある。以上から、参加兵力などは不詳であるが第二艦隊は水偵で索敵を実施していた。三航戦からの索敵に併せて四、二、一番線の三線程度と思われ、「能代」機が未帰還となった。

一二〇〇に三航戦からは艦攻三機が発進した。（「千代田」の九七艦攻及び天山各一機、「瑞鳳」の天山一機　三〜七番線　五番線一一五度）

三航戦の索敵機もしくは第二艦隊の水偵は続々と報告してきた。
一三四八　二索　敵味方不明ノ艦上機三　地点「ニヒニク」進行方向北　高度二〇〇
一四〇一　五索　飛行機見ユ　艦上機三　地点「イマ三ツ」一四〇六
一四〇三　四索　我敵艦戦ノ追躡ヲ受ク
一四一八　五索　先ノ飛行機ハ「グラマン」艦爆ナリ　一四一七
一四三〇　五索　先ノ基点「イソ三ク」ニ改ム　一四三〇
一五三五　五索　敵飛行機見ユ　艦上機二機
　地点「シソ三ウ」　一五四〇
一六二三　不明　敵味方不明ノ飛行機見ユ艦上機大編隊
　地点「ネソ三ウ」　高度約四〇〇〇
一六四五　三索　空母ヲ含ム敵部隊見ユ　母艦一正規　戦艦二其ノ他数隻　位置「ニイ一カ」　右以上アル事確実ナリ　一六一五
一六四五になってようやく第一機動艦隊の飛行機から、敵機動部隊を発見の報が届いた。これを受けて機動部隊指揮官は雷撃隊による薄暮雷撃を決意、一六五五に前衛に対し触接確保を命じ、続いて水上部隊での夜戦を企画し、次のように下令した。
機動部隊機密第二〇一七〇〇番電
一．第四軍隊区分発動
一．敵機動部隊位置地点「ニイ一タ」西航中
二．遊撃部隊ハ速ニ進出我薄暮航空攻撃ニ策応之ヲ撃滅セヨ
続いて一七〇七に乙部隊の「最上」を前衛に編入した。この決定は、
『水上艦艇ノ殆ド全部ヨリナル遊撃部隊ノ夜戦投入ハ雷撃隊ノ戦果並ビニ翌朝航空支援可能ヲ前提トシ且又基地航空兵力ニ依ル索敵等トモ考慮、既発見ノモノ以外付近ニ敵部隊アラザル点ヲモ打算シ決定セルモノ』
というものであり、索敵機が日本側の対抗可能な一群しか報告をしてこなかった事が大きな判断理由となっていた。しかし、敵を発見した索敵機は飛行機の性能の低い、すなわち敵の全容を明らかにするのが困難な艦上攻撃機であり、たとえ一群であっても敵機動部隊を発見報告できたこと自体、搭乗員の努力が呼び込んだ僥倖であったことは司令部ではあまり理解されていなかったのではないか。この報告をもって敵は一群と判断したのは早計であった。

雷撃隊発進

第三次攻撃隊の前路索敵として、一七〇〇から六〇一空の偵察用天山一、彗星二が発艦した。一番線は一一五度、二番線は一〇七度、三番線は一二三度で、進出予定距離は三五〇浬であった。

偵察用天山及び彗星各一機は連絡が無く未帰還となった（一番線及び三番線。どちらを担当していたかは不明）。偵察用天山はベテランの円城寺（旧姓建山）逸馬中尉（乙飛二期）が操縦する三六二号機、彗星は前日「大鳳」から「瑞鶴」に移動した艦偵隊の予備搭乗員の彗星であった。

もう一機の彗星は前日の第一次攻撃隊を生き残った北島三郎飛曹長操縦、作田博上飛曹偵察の二五四号機が二番線に充当され、針路一〇七度で進撃する。

続いて一七一五に小野大尉指揮の天山七機が雷装にて発艦する。

小野大尉機の偵察員だった山田金十郎さんは、

『二〇日は早めに朝食して、飛行準備をして機上待機していた。何時出発しても良い状態で待っていても命令は下らず、たぶん食事も

機上でとったと思う。

ようやく、東南二五〇浬地点にて敵空母発見、発進用意の号令が下った。敵の位置、味方の位置、針路速力その他を図板に記録し、即応態勢で待つが、発艦命令は下らなかった。

小野隊長と私は、去年のブーゲンビル島沖航空戦での経験から、薄暮攻撃は遅くとも日没時には敵を発見し、短い間の残光を利用して突入せねばならない。南方洋上では、日没後五、六分でまっ暗になることを知っている。

敵までの距離二五〇浬とすれば、所要時間約二時間、日没が一九〇〇として発艦はぎりぎりの所一七〇〇以前であり、五分も遅れてはいけないと計算しているが、発艦命令は一七〇〇に近づいても出ない。

「隊長、すぐに発艦しないと日没までに敵まで到達しません。艦橋に発艦するように言ってください」

すると「分かった」と隊長は操縦席を立ち上がり、大声で発進を促された。

艦橋より「攻撃隊発進」の号令が下った』

と回想する。艦攻整備員の花見重一さんは、

『第三次攻撃隊の発艦時、私が隊長機のエンジンを入れました。

今にも発艦しそうな状況の中、「発艦待て」の号令がかかった。

すると隊長が立ち上がり
「そんなことをいうやつは誰だ！」

と怒鳴ったのです。

しかし、諦めたのかバンドをはずして立ち上がったところで急遽変更になって「発艦せよ」という命令が出ました。

それで攻撃隊が発艦していった』

と回想する。

「大鳳」被雷により第二次攻撃隊に参加できなかった小野大尉以下四機、第一次攻撃隊に「瑞鶴」から出撃したものの、前衛の射撃時に攻撃隊と分離してしまい敵機動部隊を攻撃できず帰還した二機、第二次攻撃隊にて「瑞鶴」から出撃したものの敵を見ずに帰還した一機、この七機で構成されていた。

七機の天山は一七二五に母艦上空にて集合し、針路一一五度にて進撃を開始した。

三分後には敵攻撃隊とすれ違い、『敵艦上機見ユ』と報じている。

一八〇七には攻撃隊指揮官機は、「ニイ一カ」の敵機動部隊を発見した索敵機である二段三索機に対して
『戦場到着予想時刻一九一五　進撃針路一一五度　一八一〇』

と協力を求めたが、二段三索機は一三〇〇頃の発艦であり、さすがに帰還中で協力は得られなかった。

攻撃隊は、そのまま進撃していったが日没後の一九〇〇になると二中隊一小隊が、一九一五には二中隊二小隊が、一中隊の四機と分離してしまった。なお、二中隊一小隊は一九〇〇の時点で一機ずつに分離し、二番機はその後行方不明となった。

一九二二に攻撃隊は、先に飛び立った触接機に対して
『敵上空ニ吊光弾ヲ投下セヨ』

と命じたが、返事を得られなかった。

触接機の一機、針路一〇七度で進撃していた彗星艦爆二五四号機は、一八二五に発動機不調となり、二二五浬の地点ですでに引き返していたのだ。

小野大尉機の偵察員である山田金十郎さんの回想を続ける。

『予想通り一九一〇に暗夜になり、日没前から双眼鏡で捜していた

が、予想地点上空に到着するも光一つ見えなかった。

（一中隊は一九四五に三一〇浬を飛行し、反転した。一九五二に敵機二機が反航し、それが反転し続行してきたのでこれに銃撃を加えたが、効果不明であった）

不明機二機が続行してきた。翼端灯の色が違い、発光信号灯で胴体を照射してみたが、日の丸は見えない。

隊内電話で

「何番機か」

と呼びかけても応答はない。

「西山飛曹長、君の後ろについているのは敵機の筈だ、よく見ろ」

「ハイ、敵機です」

「射撃用意、打て」

敵二機共に落下していった』

さらに二〇〇三にも敵機二機が反航してきたのを認め、一中隊も反転し索敵を実施した。その直後の二〇〇八に一中隊二小隊が空中衝突して墜落してしまった。

『原田中尉機と二番機の翼が重なるようにぶつかってしまい、そのまま二機は離れることなく火を噴きながら落ちていった』

残った一中隊一小隊は帰投針路を取りつつ索敵を実施していたが、二〇四二に攻撃を断念、魚雷を投下し、高度を上げ帰投を開始した。

『クルシーで敵電波を測定すると、耳が痛いほど強い電鍵音で、測定の針は左右に大きく作動するのみで方位が出ない。予想地点を四〇分ほど索敵しているが光も見えない。

「隊長、四〇分程旋回しても光が出ません。燃料はあとどの位ありますか」

「約二時間ばかり……」

「わかりました、今から「瑞鶴」に追い付くには二時間と少しかかりますが、帰りますか」「分かった、帰投する」

「了解、魚雷を投下します。帰投針路二九五度、高度三五〇〇メートルにして下さい」

「了解」

「雲上に出ました、星が綺麗ですよ、頭を上げて下さい」

「了解」

操縦員の隊長は、長時間の計器飛行で大変なお疲れのはずだ。

「この暗闇で長時間の飛行、無事に味方にたどり着くと良いですがねえ」

などと話ながら飛行していた』

一方、引き返していた彗星艦爆二五四号機は、二〇二〇には味方母艦上空に帰還したが、空母が損傷していたため、二一〇〇不時着水し、搭乗員は「若月」に救助された。

この機の偵察員、作田博さんは、

『そのうち、進行方向水平線上に火災らしく明るくなっているのが見えて来た。本隊炎上の明るさであった。

「瑞鶴」らしい艦に発光信号を送るが応答ないが、超低空で透かしみて「瑞鶴」に間違いない。

燃料が無くなりかけているので、「フ」連送（「われ不時着す」の略号）を送信したところ、「瑞鶴」の後方にあった駆逐艦「若月」が探照灯を点灯、直ちに消したので、そこへ不時着せよとの解釈で、真っ暗な海面に不時着水し救助を受けた（駆逐艦の急旋回した内側は、海面が鏡の如く波がなく、短艇にて救助された）』

と回想する。

一中隊は二一四〇に探照灯を認め、二一五九『我探照灯を認ム』を報じ、二二二五に母艦上空に到着したが、母艦被弾のため、二二五五に「朝雲」付近に不時着水した。

不時着する時、山田金十郎さんは

『「隊長、あと一〇分ばかり、燃料は」

「燃料計ゼロ」

「了解、高度を下げてください」

「ハイ、了解」

「隊長、探照灯の光が見えました」

「了解、良かったなあ」

「瑞鶴」上空に到着。発光信号で「我指揮官機着艦す」ところが艦からは「着艦不能着水せよ」と発光信号で返してきた。

仕方なく

「隊長、着艦不能で着水せよとのことです」

「了解」

ライフジャケットを着ており、これだけでも浮くが、「おい、山屋。浮き袋を三つ膨らませ」、電信席の山屋興一上飛曹が、ふうふういいながら浮き袋を膨らまし始めた。

脚を畳んでざざざっと着水。風防を開けて三人とも翼端に走っていき、浮き袋をライフジャケットの上に付けた隊長が真っ先に飛び込み、私と山屋上飛曹が続く。

隊長は探照灯の明かりに反射するようにしぶきを上げていた。駆逐艦のカッターが漕いできて二番機の安養寺敏夫飛曹長(甲飛三期)ら三名と会わせて六名を拾い上げてもらった』

また、二中隊二小隊は二二二〇に味方探照灯を認めているが、不時着水したのは二三四〇で、「満潮」に救助された。二中隊一小隊一番機は二一二五には探照灯を認めていたが、不時着水したのは〇〇一〇と遅く、「満潮」に救助された。

一縷の望みをかけた夜間雷撃は敵を捕捉できず、失敗に終わった。

敵空襲を受く　一航戦の邀撃

米空母を発艦したのはF6F九二機(一部爆装)、SB2C六九機、SBD一一機、TBF四七機(内二一機雷装)、TBM一〇機の合計二二九機であったが、八機が引き返している。この大編隊は、先に述べたように一六二三に日本の機動部隊へ向かっている姿が報告されており、日本側の邀撃も事前に準備が可能のはずだった。

さらに、日本のレーダー、電波探信儀は性能が低く、敵の飛行機が至近に迫ってこないと見つけられなかった、というのは良く聞く話だが、この時は違っていた。

重巡「摩耶」に搭載されていた二号一型電波探信儀は、一七〇キロにて感度二ながら敵編隊を捕捉。その後も一三八キロ、一二九キロ、一〇〇キロ、九六キロにて感度五で捕捉していた。駆逐艦「若月」でも一三五キロから探知、駆逐艦「初月」でも八五～一〇〇キロで感度五、というように十分な距離で敵編隊を捕捉していた。

これは、電波探信儀の性能が安定したいたことと、米攻撃隊が味方識別符号を出しっぱなしにして飛行していたために、これが電波探信儀で拾えたことによる。しかし、せっかく迫りつつある敵編隊を遠距離で捕らえていたにもかかわらず、まったく活かされなかった。

理由としては、敵が迫っているという情報を処理してアクションを起こす、という肝心のことが出来ていないためである。「摩耶」など艦船で敵の編隊を捕捉したとして、その情報が上部指揮組織に遅滞なく伝達され、上空直衛の戦闘機に情報が伝えられるか、新たに邀撃のための戦闘機を発艦させる必要が生まれるだろう。これが出来なければ、その情報を活かすことは出来ず、たとえ優秀な電探を持っていたとしてもただの無駄というしかない。

一七三〇頃には第一機動艦隊から敵の攻撃隊が視認され、その兵力は甲部隊に約五〇機、乙部隊に約四〇機、遊撃部隊に約二〇機、補給部隊に約二五機が来襲したと判断された。

甲部隊、乙部隊、前衛とも戦闘機、戦闘爆撃機を発艦させ、あちこちで空中戦が始まった。

一航戦の「瑞鶴」から一五三〇頃発艦した八機は一小隊四機、二小隊四機で一小隊の二機は六五二空搭乗員であった。一小隊は一機が発動機不調で引き返し三機となって高度四〇〇〇メートルにて上空直衛に高度三五〇〇から四〇〇〇メートル付近に敵艦爆を発見、さらにその上空に敵戦闘機を発見し、一小隊は空戦に入った。

二小隊も高度四〇〇〇メートルにて上空哨戒中敵戦闘機来攻を発見しこれを攻撃、各機分離して下方にいたSBDを攻撃した。

先日「大鳳」に着艦して沈没に巻き込まれ、救助された「初月」から「瑞鶴」に移り、この邀撃戦に参加した戦闘機隊の香取穎男さんは、次のように回想している。

『一五〇〇に「瑞鶴」を一航戦の機材で発艦、上空四〇〇〇メートルで敵の予想進撃路に、直角に往復していた。当時、零戦は無線電話機を積んではあるが、その性能は極めて悪く、艦隊の上でも送受信はほとんど期待出来なかった。しかし、増速して北西に向かう艦隊、劣速のためその後方に取り残されつつある補給部隊から敵空襲が近いことが予想出来た。

一七一五過ぎ東方の空に雲霞のような大集団の敵攻撃隊を発見した。高度五〇〇〇～六〇〇〇メートルで、戦闘機がバリカン運動をやっていた。まず高度を上げ始める。

味方の対空砲火が打ち上げられ始め、その中を敵艦爆が急降下を開始、それに向かって突っ込んだ。その後にTBFを一機撃墜した』

戦果は、戦闘機九、艦爆五、艦攻一を撃墜確実、戦闘機三、艦攻一を不確実と報告され、被害は一機未帰還、五機が「瑞鶴」着艦不能にて不時着水した。

一三三五に発艦、敵機動部隊捜索に向かっていた三六四号機操縦員の長岡智恵敏さんはそのさなかに母艦上空に帰ってきた。

『索敵から帰ってきたら空襲が始まっていたので、母艦に近寄れないので逃げていました。豆粒ぐらいに見える位置でぐるぐる回って様子を見ていました。だいぶ経ってからと思いますが、ちょっと高度を取ってみたら飛行機もいないので母艦に帰っていったのです。

「瑞鶴」上空に到着したところ、「瑞鶴」から「着艦不能につき、着水せよ」という発光信号が来たのです。エライことになったでよ、わしも不時着水なんかやったこと無いし……、頭から突っ込んでいったのではプロペラが回っているから飛行機がひっくり返ってしまう。これは着艦式に飛行機の尾輪のあたりから降りないとあかんなあ、と考えました。なるべく近い方がええ、と駆逐艦が走っているそばに降りたのです。

私も着水するときに、前の風防に頭をガアァンとぶつけてしまいました。その傷はいまだに残っています。降りる前に、浮き袋を積んでいたのですが、後ろの偵察員と電信員はなんとでも出来ますが、こっちは操縦しているわけですから浮き袋を膨らませることは出来ません。そのまま不時着水してしまって、頭もぶつけてしまったところ偵察員の北尾大尉が「おいっ、俺のを使え」と持っていた浮き輪を私に渡して、北尾大尉はふうふういいながら私の浮き袋を、泳ぎながら膨らませていました。

波もありましたが、浮き袋に掴まっていればそんなに心配はありません。また、マフラーを鱶《ふか》よけで流しました。私の機が不時着水した地点と、駆逐艦の間に戦闘機が六機か七機、次々に着水してきたのです。そのせいで、駆逐艦はどんどん離れていき、結局最初に着水したにもかかわらず、駆逐艦に拾われたのは最後となり、四〇分も泳がされてしまいました。半袖、半ズボンの上にジャケットを着て落下傘バンドをしていましたが、落下傘バンドははずしましたが、ジャケットを着て泳いでいました。

戦闘機は、搭乗員が若かったのか不時着水のコツがわからなかったらしく、頭から着水しざぶんとひっくり返ってそれっきりで、ほとんどが海中に突っ込んでしまった。助け上げられたのは一人ぐらいだったと思います』

二航戦の邀撃

乙部隊（二航戦）からも飛行機が発艦する。

戦闘詳報の数字を合計すると発艦した戦闘機は三〇機、戦爆一六機となるが、六五二空は当時稼働する戦闘機を三〇機も保有しておらず、搭乗員編制表に戦闘機二一機（「瑞鶴」から発艦した二機、「隼鷹」から発艦した六〇一空一機を含む）、戦爆二〇機分の名簿があり、こちらの方が正確だろう。

「飛鷹」戦爆隊の野口八郎さんも発艦を開始する。

『敵機はその数八〇〜一〇〇機ぐらい（私の推測）で、横一線に並んだ大編隊でした。こんなに近距離に来るまで気づかなかったとは……

甲板上にある機は直ちに邀撃又は退避命令を受けました。私も退避すべく発艦して、戦爆隊員の小泉繁造上飛曹（操練五五期）と二機編隊を組み退避行動に移りました』

と回想している。

上空では一七三五に戦闘機五機が二航戦の東方五浬の地点で空戦を開始し、一八〇〇〜一八三〇の間空中戦を実施、戦果はＦ６Ｆ一機、ＴＢＦ七機撃墜確実、Ｆ６Ｆ一機、ＴＢＦ二機撃墜不確実と第一機動艦隊戦闘詳報に記録されている。六五二空戦闘詳報に「空戦戦果」として戦闘機が敵戦闘機七機、敵爆撃機六機撃墜確実、敵戦闘機四機、敵爆撃機二機撃墜不確実、戦闘爆撃機が敵戦闘機三機、敵爆撃機二機撃墜確実、敵戦闘機一機、敵爆撃機一機撃墜不確実と記録されているが、これは六五二空がマリアナ沖海戦すべてで挙げた戦果だろう。

空戦訓練をしていない戦爆隊も空戦に入った。

「飛鷹」戦爆隊の木須奨さんは、

『私たちは空中退避に発艦しました。射撃の訓練なんかしていませんでしたが、照準の仕方や機銃の発射はわかっていましたので、敵のＴＢＦを一機撃墜しました』

と回想し、野口八郎さんも、

『上昇飛行中に敵機一機が眼下に現れたので驚きましたが、敵機も驚いたのか急に方向を変え逃げ出しました。小泉上飛曹は私の方へ向かって敵機を追いかけて攻撃しようと眼で合図を送ってきました。私もうなずき敵機を追跡することにしました。しかし敵機の逃げ足は早く間もなく見失い、小泉上飛曹も見えなくなりました』

と回想している。

敵機の攻撃が一段落した一八四五から、乙部隊で唯一着艦可能であった「龍鳳」が収容を始めた。

野口八郎さんは、

『やがて敵機の攻撃も終わり日没が近づいてきました。私は着艦しようと「飛鷹」の上空に来ましたが敵の攻撃を受けて着艦できませんので仕方が無く近くにいた「龍鳳」に着艦しました』

と回想している。

しかし、「龍鳳」は小型な空母であるため収容に限界があり、二航戦司令官は大型空母である「瑞鶴」なら収容可能であろうと考えたのであろうか、一八四五に『二航戦総飛行機ハ「瑞鶴」ニ行ケ』と下令した。ところが実際には「瑞鶴」は着艦不能であり、混乱に輪をかけてしまった。結局記録にあるだけでも艦戦三機、戦爆一機、天山三機が不時着水している。この邀撃戦の自爆及び未帰還機は艦戦五機、戦爆八機、天山一機であったが、この中には不時着水したものの救助されなかった搭乗員もいたと思われる。

木須奨さんは、

『「飛鷹」に帰ってきたら着艦不能になっていて傾いて止まっていました。それで一番艦の「隼鷹」に行ったのです。そうしたら、艦橋付近に爆弾が当たっていて着艦不能の信号が出ていました。

それで三番艦の「龍鳳」に着艦しました。もう、薄暗くなりかけていました。私は運がいいんですね、着艦して連続収容が一杯になりまして一時中止になりました。

二航戦から飛び上がった飛行機が、「龍鳳」一隻に集まってくるのですから、当然「龍鳳」は一杯になるわけです。連続収容（バリケードより前、長さにすると五〇メートル位の所に飛行機を貯めておく）でどんどん下ろしていましたら、前が一杯になりましたら、その飛行機を格納庫に下ろします。下ろさなければ次の飛行機を着艦させることが出来ないのです。しかし、日は沈み、飛行機はまだ上空の誘導コースをまわっている、ということで、発光信号で「一航戦に行け」と指示を出しているのですが、実際には一航戦の母艦もやられていた。

着艦できずに不時着水して救助されず、実際に敵の弾に当たらないで戦死した搭乗員もいました。一つの例として、佐藤兵曹は私たちが中練の教程時、教員をやっていました（直接は教わったわけではありませんでしたが）ので知っていましたが、佐藤兵曹が母艦上空の誘導コースを回っているのを、飛行機番号を見て気がついていましたが、次の日集まった際にはいませんでした。東分隊士のように着水する時、それまで照らされていた探照灯をパッと消されてしまい、真っ暗の海に着水することになり、顔に傷を負ったものの助け上げられた人もあれば、拾われなかった人もおり、そういう悲惨な目にあって亡くなった方もおりました。救助の際、むしろ駆逐艦の方が拾ってくれるのですね。巡洋艦はあまり拾わないのです。大きい艦だからといって巡洋艦のそばに降りたら拾われずにほったらかされた、可能性もあります』

と回想している。

「瑞鶴」から発艦した本来「飛鷹」戦闘機隊の香取穎男さんは、

『私の乗っていた「飛鷹」と同型艦が傾いて止まっているから、アイヤーと思って上空に行ったら「飛鷹」の「ひ」と書いてある。「隼鷹」は走ってはいるものの、一切の航空灯も消え、着艦不能であった。「瑞鶴」は火災を起こしており、着艦は不能であった。二航戦の「龍鳳」が着艦可能であったが、航空灯が消されてしまった。仕方なしに「最上」に着水しようと接近したところ、「龍鳳」が明かりをつけ着艦可能になったので、そちらに向かったとたん、「最上」の二〇センチ砲に打たれた。艦の望遠鏡で見ればグラマンか零戦か判別つかない筈はない。着水しようとしていたので攻撃運動ではなく、「龍鳳」が着艦可ということでそれに向かうところを見ていて勘違いしたのか。

夜間着艦は一度もやったことが無く、いきなり本番で、不安はありましたが、無事着艦できました。フックを巻き上げ、前に進もうとスロットルを入れたところ、エンジンは止まってしまった。燃料が無くなっていたのです』

とまさしく間一髪、の着艦を回想している。

三航戦の邀撃

三航戦の追尾攻撃隊は、日没が近くなり収容を開始したところ、一七三一敵爆撃機群が接近して来るのを認め、攻撃隊は直ちに反撃に転じ敵機と交戦し始めた。誘導機指揮官は『空中待機中一七三〇頃二航戦上空敵飛行機来襲ヲ知リ之ハ撃攘ニ向カヒ突入セル』と着艦後報告している。

攻撃隊を誘導していた天山電信員の黒田好美さんは、

『母艦に帰ってきた頃には、もう日が暮れて、薄暮の状態になっていました。

その時、敵機の攻撃が始まり、下にいた各艦も、ボンボン対空砲火を打ち上げてきました。戦闘機はもちろん、戦爆も爆弾を捨て、空戦に入っていきました。

天山は空戦能力がありませんので、離れたところに行き、空襲が終わるまで見ておりました。対空砲火を打ち上げるのを見るのは、それこそ花火大会のようでした。それは長く、暗くなるまで続きました。終わったところで着艦しました』

と、回想する。

戦爆も突入していった結果、結局、「千歳」の戦爆が、TBF二機撃墜を報じたのみで、戦爆七機（「千代田」二機、「瑞鳳」五機）が未帰還となった。また、上空直衛にあたっていたのか追尾攻撃隊に参加していたのか判然としないが、戦闘機一機が未帰還となった。

一九日の攻撃で故障により引き返した「千歳」戦爆隊の池田岩松さんは、

『他の機はよくわかりませんが、私の機は整備がまだ出来ていなかったので、まだ脚が引き込まない状態でした。しかし、敵の攻撃隊が来るからとりあえず飛び上がって、離れたところで待っていてくれ、という指示があって、（母艦にての被爆などにより）飛行機つぶすより飛んでいた方がいいか、と思いちょっと離れたところにいました。

そうしたら、まもなく下でバカンバカン始まりました。私の飛行機は脚が入らず、スピードが出ないので、艦隊から離れて様子を見ているように、敵には向かうな、と言われていたのでその通りにしていました。

「千歳」に着艦したちょっとあと、直衛隊の同年兵であった北条二飛曹が着艦までの燃料がなかったのか母艦が走っている脇にザーッっと着水してきました。うまく着水して、北条二飛曹が浮かんでいる機から降りて手を振っているのが見えましたが、戦闘中だったために助けずに艦はそのまま進み、そばに駆逐艦もいましたが、駆逐艦も助ける暇がなかったようです。かわいそうになあ、とは思いましたが、艦がやられる可能性もありますから……』

と回想する。（※北条政壽二飛曹は記録によれば一九日に不時着戦

死）

被害は歴然と

米軍は、この攻撃でＦ６Ｆ五機、ＳＢ２Ｃ六機、ＴＢＦ五機の一六機が撃墜された。その上、帰投時夜間となったため着艦が困難となったのと燃料不足などで六二機が不時着水、着艦失敗その他の理由で一九機を喪失した。しかし、その後救助に努めた結果、多くの搭乗員が救助されている。

一方、第一機動艦隊でこの攻撃によって被害があったのは一〇隻であった。

一．空母「瑞鶴」　艦橋後方に直撃弾一発、至近弾計六発を受け、四八名戦死。

二．空母「飛鷹」　雷爆協同攻撃を受け魚雷一命中、運転不能となり漂流中さらに敵潜の雷撃三を受け一本命中　艦内大火災となり一九三二沈没。二四七名戦死。

三．空母「隼鷹」　煙突付近に直撃弾二発、さらに至近弾六発を受け、五三名戦死。飛行機の発着が不能となる。

四．空母「龍鳳」　至近弾による小被害を受け、一名戦死。

五．空母「千代田」　飛行甲板後部に直撃弾一発を受け、三〇名戦死。

六．戦艦「榛名」　後甲板に直撃弾一発、至近弾を受け、一五名戦死。この影響で火薬庫に漏水があり入渠が必要。

七．重巡「摩耶」　左舷発射管室にあった次発の九一式魚雷の気室に至近弾の弾片が命中。動力の酸素が噴火し魚雷が跳躍、弾頭部が脱落の弾みに炸薬が広範囲にばらまかれ、一時発射室が大火災となったが、魚雷の誘爆は起こらずに消火に成功した。六名が戦死し、入渠が必要となった。

八．油槽船「玄洋丸」　至近弾三発により機関が大破し、浸水により航行不能となり、船体を駆逐艦「卯月」の砲撃で処分

九．油槽船「清洋丸」　被爆して大火災となり、船体を駆逐艦「雪風」の魚雷で処分

十．油槽艦「速吸」　直撃弾一発、至近弾二発を受け小被害

また、機銃掃射を受けて損害を出した艦もある。

「瑞鶴」に命中したのは、小型爆弾で火災が発生したが消火できた。そのため、一時的に着艦不能となったものの翌二一日には復旧した。

「飛鷹」に対して米潜水艦が魚雷を放ったという記録はない。

「隼鷹」は飛行甲板に目立った損傷がなかったにもかかわらず着艦不能となったのは、破壊された煙突の問題や着艦する時にかならず必要な呉式着艦制動装置の電源が得られずすべて動かなくなった、などの理由が考えられるかもしれない。（この後着艦制動装置が、油圧式の三式着艦制動装置へ換装されている）

「榛名」の零式水偵操縦員の青木春雄さんは、

『夕刻であったと思います。私は、艦橋に呼ばれ夜間索敵、攻撃の打ち合わせ中、敵空母機の空襲を受けました。

「榛名」は高角砲、機銃の他、三六センチ主砲の対空射撃を実施、主砲射撃の爆風で三番砲塔と四番砲塔の間にあったカタパルト上の零式水偵の翼及び胴体のリベットがほとんど外れて飛行不能となりました』

とこの空襲で夜間索敵に発艦できなかったことを回想している。

退避

空襲終了後、遊撃部隊指揮官は遊撃部隊に集結するように下令し、

機動部隊指揮官も
『明朝本隊ハ全力ヲ挙ゲ地点「ニイータ」ノ敵ヲ攻撃ス』
と隷下に通知した。
一七四五に第二艦隊司令長官が
『左ニ依リ「ニイ一カ」ニ触接セヨ　友軍機薄暮雷撃ノ予定
一直「熊野」「筑摩」各一機準備出来次第発進
二直「最上」二機二〇三〇発進　触接機隊ハ任務終ラバ「ヤップ」ニ行ケ』
と指示した。
また、一九三四に「利根」に対して
『「利根」ハ準備デキ次第水偵一機ヲ発進地点「ニイ一カ」ノ敵ニ触接セヨ　味方雷撃隊一九二五ノ予定　任務終ラバ「ヤップ」ニ行ケ』
と発光信号で指示してきた。
それにより「利根」の君安飛曹長機が二一〇〇に発艦して行ったが敵を見つけることが出来ず、アミオンス（パラオ）基地に〇五三〇到着した。また、「筑摩」飛行長の町田忠次郎大尉（海兵六六期・操縦）機、安永弘飛曹長機（甲飛二期・操縦）が発進して夜間索敵に向かったが、敵を見ずに町田機は洋上に不時着し、夜が明けてからまた飛び上がりグアム島に到着。安永機もヤップに無事到着した。
しかし、空襲が終わり時間が経つと、落ち着きを取り戻し始めた。空襲の規模を考えれば空母一隻ということはありえない。
機動部隊指揮官は第二艦隊司令長官に対して
『夜戦ノ見込ナケレバ速ニ北西方ニ避退セヨ』（二〇〇〇）
と下令し、第二艦隊司令長官は、
『敵情不明ニシテ夜戦ノ望ナキニ付北西ニ進出ス』（二一〇五）
と退避を始めた。
この日の機動艦隊航空機の損害は、索敵中の自爆もしくは未帰還は合計一一機（零式水偵「金剛」「鈴谷」「利根」「筑摩」「能代」の五機、一航戦彗星艦偵一機、一航戦偵察用天山艦攻二機、三航戦天山艦攻一機、三航戦九七艦攻二機）、敵空襲時、自爆もしくは未帰還合計二三機（一航戦戦闘機一機、二航戦戦闘機五機、二航戦戦爆八機、二航戦天山一機、三航戦戦闘機一機、三航戦戦爆七機）、夜間雷撃にて自爆未帰還三機（一航戦天山）の合計三七機であった。
このほかに空襲で沈没した「飛鷹」に搭載されていた飛行機、被爆した際に破壊された飛行機、着艦できずに不時着した飛行機が多数あり、第一機動艦隊戦闘詳報によると二一日の作戦可動機数として、一航戦が艦戦四機、九九艦爆一機、彗星一機、天山一機の合計七機、二航戦が艦戦一一機、戦爆五機、天山一機の合計一七機、三航戦が艦戦二機、戦爆三機、九七艦攻四機、天山二機の合計一一機、第二艦隊水偵四機、観測機六機（そのほか基地派遣水偵二機）で、機動部隊は艦上機の稼働機が合計三五機、小型空母一隻分にまで減っていた。
この事態を把握し、機動部隊指揮官は
『明朝前衛ニ協力スベキ機動部隊航空兵力殆ド消耗セリ』
（二一四五）
と報じた。
この事態を見守っていた連合艦隊司令長官も、
『機動部隊ハ当面ノ戦況ニ応ジテ機宜敵ヨリ離脱指揮官所定ニ依リ行動セヨ』一九四五（六〇一空戦闘詳報の受信時間は二一二二）

と戦場離脱を指示し、連合艦隊参謀長が

『一・追撃戦ハ一応延期シ戦況ニ応ジ再興ノ予定

二・機動部隊ノ全艦的情況承知シ度』一九五〇（六〇一空戦闘詳報の受信時間は二二五〇）

と指示をした。

一九日、二〇日の戦闘で第一機動艦隊はその航空兵力のほとんどを失い、均衡のとれた海上兵力の機能を失った。第一機動艦隊の敗北により、米機動部隊を撃破しサイパンの陸上部隊を救援する、という夢もほぼ潰えたのである。

マリアナ海戦前　タウイタウイ

「千歳」の搭乗員一同（提供／池田岩松）

最後列左から、丸野忠上飛曹、原田四郎上飛曹、下田實穂上飛曹、河野浩上飛曹、野尾佶上飛曹、鈴木鈴孝二飛曹、黒木壽三上飛曹、武田豊上飛曹、北条政壽二飛曹、宮本泰上飛曹、植田太郎一飛曹、西村房造上飛曹、海藤重治上飛曹。後列左から、緒方忠孝上飛曹、南雲保司上飛曹、澤崎清隆上飛曹、逢坂泰三郎上飛曹、小西範秋上飛曹、田崎正男一飛曹、不明、茶野良三上飛曹、渡辺惣次郎上飛曹、秋葉守次上飛曹、小島太郎次飛長、黒田好美一飛曹、白旗淳治上飛曹、谷口正憲上飛曹。中列左から、山村光治上飛曹、渡辺惣次郎飛曹長、住吉一馬飛曹長、古沢英一中尉、塩坂博大尉、佐藤良大尉、飛行長・進藤三郎少佐、中本道太郎大尉、古沢英一中尉、原義雄飛曹長、栗田厚吉飛曹長、宗形龍恵飛曹長。前列左から、池田岩松二飛曹、不明、岡本宗明飛長、石井正男飛長、川口政壽二飛曹、小藤勇一一飛曹、山元長吉上飛曹、佐藤誠三一飛曹、浜大二郎飛長、樽橋登一飛曹、中川勘吾一飛曹、西田良一飛長

パラオ諸島は昭和十九年三月三十日から三一日にわたってアメリカ機動部隊の猛烈な空襲を受けた。所在、応援の戦闘機を発進させるなどして防御に努めたものの一撃で壊滅させられてしまい、やりたい放題の銃爆撃を受けた。ペリリューの飛行場もその時の惨状そのままになっていた。

第十三章　退却

退却

敵の追撃つづく

二一日早朝、前衛に敵触接機が触接を続けており、生々しい電話が傍受された。

『経度一三二度北緯三三度方向三二〇度速力二〇ノット駆逐艦六隻』（〇六一五受信）

『空母三隻一隻ハ油ヲ引イテ居ル巡洋艦一一隻』（〇六三四受信）

『経度緯度知ラス一三二　一四〇　一七三〇（不明）四三〇〇空母三、巡洋艦一一、駆逐艦八　大型巡洋艦部隊空母巡洋艦部隊ト合同セントス　戦艦四隻約一五浬ノ地点護衛ナシ　敵第三群ノ内最初ニ報告シタ一群三五浬駆逐艦一隻南進中ト思ワレル　ソレカラ後ハシバラク待テ』（〇六三五受信）

『緯度一七三〇経度一三一　四〇部隊？三〇〇〇速力二〇ノット　連絡トレナイ』（〇六三八受信）

しかしながら、〇八〇五受信の「レベル」より「レベル一」宛『全機基地ニ帰レ』で触接機が引き揚げたと判断された。実際には〇一二九発艦の米触接機が〇四二二から〇六四三まで触接していた。

〇六二〇に後方第一段索敵機（三番線から九番線、五番線一〇二度、三五〇浬）として三航戦「千歳」の九七艦攻三機、「千代田」の九七艦攻一機が発艦していった。

一〇四〇に五索が『「ヨア二ーチ」敵艦上機一機ヲ発見』と報じたのみで、敵艦隊を発見することはなく、索敵機は一二三〇に帰還した。

機動部隊指揮官は、〇七一七に『甲部隊、乙部隊、丙部隊ハ中城湾ニ向ヘ　遊撃部隊ハ「ギマラス」ニ向ヘ』〇八一八に隷下に対して『本日敵機動部隊ヲ発見セバ各航空戦隊飛行機ノ全力ヲ以テ最後ノ攻撃ヲ実施セシメラルルニ付準備シ置カレタシ』と決意を示した。

しかしながら敵機動部隊は発見されることも無かった。

遊撃部隊は敵情により洋上補給が困難となっていたが、その中でも駆逐艦「朝雲」は一〇三〇に燃料不足により艦隊行動が出来なくなり、単独で中城湾に向かう状態になった。

前日「朝雲」に救助されていた山田金十郎さんは、次のように回想している。

『助けられた駆逐艦の艦長曰く、「沖縄に行くまでの燃料がない」とのこと。

脇を「瑞鳳」が通り「燃料補給タノム」と依頼すると「了解、ツイテコイ」との返事があった。しかし、こちらにはついて行くだけの燃料もなく、補給は受けられなかった。経済速力でとぼとぼと沖縄を目指していた。

「大鳳」沈没により、私物は全て沈んでしまった。そのため着の身着のままであったが、いつの間にか濡れていた服も乾いていました』

結局機動部隊は、中城湾に一旦入港して燃料補給することになった。

一三四〇に後方第二段索敵機（三、五、七番線。進出二五〇浬左四〇浬、三番線二五度二〇〇浬）として三航戦「千歳」の九七艦攻一機と「瑞鳳」の天山二機が発艦していき、敵情を報告せず一八三〇までに帰還してきたが、天山一機が未帰還となった。

ペリリュー島から陸攻が哨戒に出ていた。索敵機は何も発見することはなく、連合艦隊司令部の命令により七〇〇浬以上の索敵を命じられた三機（七三二空二機、七六一空一機）が全機未帰還、Y08に向かった七三二空の一機も未帰還となった。

中城湾に到着

二二日〇七〇〇後方第一段索敵（六番線から七番線、一番線一六〇度）として第二艦隊の水上機七機が発艦していったが敵を見なかった。

「矢矧」高瀬俊明飛曹長機

〇五三〇発艦　敵を認めず　一一四五中城湾に先行

一九日「筑摩」から索敵に出て辛うじて「妙高」に救われた久保末喜さんもこの索敵に参加し、「妙高」から射出され、後方一〇〇浬程索敵後、沖縄中城湾の艦隊へ帰還している。

そして機動部隊は、一五〇〇に梅雨に煙る、沖縄の中城湾に到着した。

中城湾で各艦燃料補給、そして不時着して救助された久保上飛曹ら搭乗員たちが元の艦に戻った。

『「筑摩」艦載機では、五号機のみの帰還（一号機は二〇日グアムへ、二号機はヤップ島に行っていたため）でした。艦長へも航空参謀へも中城湾で報告したと思います。町田飛行長は不在のため、本職が各艦飛行長集合に代理出席したと思います』

と回想する。

搭乗員脱出

一九日二航戦第二次攻撃隊で出撃してグアム島に着陸した飛行機の内《うち》稼働機は、二〇日に零戦一機が自爆、九九艦爆一機の偵察員が機上戦死しながらもヤップに移動した。二一日、在ヤップの機動艦隊稼働機は艦偵一機（一航戦）と彗星三機、九九艦爆六機、天山（二航戦）と記録されている。

この中には一九日グアム島に着陸していた二航戦の戦闘機隊の森萬也さんがいた。

『グアムに着陸後、飛行機を取られてしまって、二～三日後に艦爆のお尻に乗せてもらって帰ってきたのです』

と、回想している。ヤップ島に移動したうち、天山一機と九九艦爆七機は二二日にアイライ、二三日にはダバオへ移動している。

グアム島に着陸した二航戦第二次攻撃隊の搭乗員たちは、その多くが飛行機を失ってしまっていた。グアム島に不時着した搭乗員を救出すべく、二二日に第七潜水戦隊電令作第二九号『「伊四一」ハ二四日大宮港ニ至リ搭乗員一〇〇名ヲ収容大分空基地ニ輸送スベシ』と命令が下され、二四日に二航戦ラバウル脱出時にも救助に現れた伊号第四一潜水艦がグアム島で搭乗員収容に成功、基地航空隊の人員を含め一〇六名を収容し三〇日に大分沖に到着した。

一方、サイパンにほど近いロタ島に着陸した阿部大尉らは飛行機を破壊されてしまった。六月二八日機密第二七二一五五番電　発仁基地（ロタ）『ロタ島基地搭乗員数（二六日現在）「隼鷹」二名（内隊長軽傷）「龍鳳」三名』と五名の健在は報告されたが、サイパンに近すぎて救援機を送ることが出来ず、移動出来なくなってしまった。

阿部善朗さんは、

『潜水艦かヤップから水偵で救出にいくから、ということで偵察員と基地隊員とカンテラ下げていったけど来なかった。制海権、制空権を取られて、グアム島が玉砕してからお手上げでした』

と回想している。

サイパン島守備隊は七月八日に玉砕、テニアン島には七月二三日に米軍が上陸を開始し、三一日に守備隊玉砕、グアム島にも七月二一日米軍上陸開始、八月一〇日に守備隊は玉砕した。また、現地にあった在留邦人も多数が犠牲となった。また、島の原地民にも多数の犠牲が出ている……。

内地へ

補給を終えた艦船は、二三日そのほとんどが瀬戸内海に向けて中城湾を出港する。

一航戦、二航戦、三航戦搭乗員の戦死者は、合計四二五名。戦死率は実に約六〇%にもなっていた。残り四〇%弱の生き残った搭乗員らは内地に帰ってきた。

二航戦戦闘機隊の香取穎男さんは、

『一、二、三航戦戦闘機搭乗員は、大分でカンヅメにされました。そのころ八幡にB29が夜間爆撃に来ていましたが、生き残った戦闘機隊は夜間邀撃のために待機していました』

三航戦戦闘機隊の福田清さんも、

『「瑞鳳」から岩国へ天山と二機で移動し、翌日大分基地に移動しました』

一航戦の艦爆隊の横山良一さんは、

『その後松山基地で監禁されました』

同じく一航戦艦爆隊の整備員、宮下八郎さん（先任下士）は、

『マリアナ沖海戦終わった後、隊員は松山基地に集められました。兵隊さんは外出する時自隊で取り締まるのですが、松山にいた時市役所に事務所を置き私が巡邏《じゅんら》長として見回りをした思い出があります。（海戦後）特に外出禁止ではなかったと思う』

と回想している。

一航戦艦攻隊は、山田金十郎さんは、

『内地に帰る途中、奄美大島付近で綺麗に整備した艦攻二機が、艦爆数機と共に大分に向けて発艦した。大分に到着後、しばしの休暇となった』

と先行したと回想するが、同じ隊の千馬良人さんは、

『大分の近くまで母艦で帰った覚えがあります』

同じ隊の森永隆義さんは、

『柱島から「瑞鳳」に乗り換えて大分の港へ行きました。脱臼して歩けない私に、北尾大尉が

「別府の温泉に行って、しばらく温泉につかっておけ」

と気遣って私をおぶって「鶴の湯」という旅館につれていってくれました。一週間ほど滞在し歩けるようになりました』

と回想している。

損害（敗北）を隠すことが行われたのか否かは判然としない。

マリアナ海戦前　タウイタウイ

瑞鳳攻撃隊搭乗員一同／内地を離れ航海中の五月一四日に撮影された一コマ。攻撃隊（零戦、戦爆、天山）の搭乗員ながら、九七艦攻をバックに撮影している。右側の九七艦攻胴体には、電探のアンテナを見ることが出来る。左後方にある零戦は、翼下増槽らしきものが見えるので戦爆、零戦二一型であろう。
後列左から、佐藤武男飛長、鶴岡儀飛長、清水一男二飛曹、伊藤栄吉二飛曹、武井福弥二飛曹、北村信一上飛曹、濱田三仁一飛曹、宮川政雄上飛曹、中村長一飛曹、中村義信上飛曹、菊川嘉信飛長。中列左から中仮屋国盛飛曹長、井原哲少尉、西昇士中尉、伊藤敬四郎大尉、中川健二大尉、堤丈夫大尉、杉本康二中尉、山口忠雄飛曹長、北村富佐士飛曹長。前列左から、本藤知司一飛曹、宮川源吾一飛曹、橋口政二上飛曹、竹内英三上飛曹、小栗光夫二飛曹、和野内泰三上飛曹、小池重光一飛曹、坂本清二飛曹、飯田正人一飛曹、藤田博一 一飛曹。

「瑞鳳」の戦闘機搭乗員一同／昭和十九年五月、タウイタウイへ向かう「瑞鳳」艦上で撮影されたもの。右に見えるのは天山艦攻で電探を装備している。翼に装備されているアンテナはクシに似たタブレット式のもので性能が不十分であり、マリアナ沖海戦が終わった後には八木アンテナに変更された。脚に42との数字が振られているが、六五三空の天山はマリアナ沖海戦では“01”～“03”までの数字が振られており、数字を変更したか、六〇一空へ供給した機材なのかもしれない。（提供／福田清）

マリアナ沖海戦後

二航戦、三航戦艦攻電信員／昭和十九年六月二八日に大分基地にて撮影されたもの。二航戦、三航戦艦攻隊の搭乗員の多くは三航戦（六五三空攻撃二六三飛行隊）に集められ、再び戦場へ向かう。（提供／黒田好美）

第十四章　マリアナ沖海戦総括

マリアナ沖海戦総括

戦果と被害

第一機動艦隊司令部は、海戦後戦果と被害について報告した。

戦果は、空母四、五隻と戦艦又は巡洋艦一隻を撃沈破、一九、二〇日の空戦で九〇機、対空砲火で七〇機を撃墜。その戦果を引き替えに、空母「大鳳」「翔鶴」「飛鷹」と給油艦二隻と艦上機約三八〇機を、参加した母艦搭乗員の約六割（四二五名前後）を失った。

潜水艦は、確たる戦果もなく、中部太平洋方面で作戦していた大型六隻「伊五潜」「伊六潜」「伊一〇潜」「伊五五潜」「伊一八四潜」「伊一八五潜」

中型四隻「呂三六潜」「呂四二潜」「呂四四潜」「呂四八潜」

小型三隻「呂一一一潜」「呂一一四潜」「呂一一七」

合計一三隻が撃沈される甚大な被害を受けていた。

米側は、戦果として大型空母一隻とタンカー三隻撃沈、大型空母一隻、駆逐艦一隻を概ね撃沈、金剛型一隻、空母三隻を撃破、巡洋艦一隻、駆逐艦三隻、タンカー二隻を大破させ、飛行機三五三機を撃墜。空母二隻、戦艦一隻に軽微な損害を受け、飛行機四九機を失った、と発表した。

実際の米側の被害は、戦艦「サウス・ダコタ」に爆弾一発命中、戦艦「インディアナ」に天山艦攻が突入したための損傷と、空母「バンカーヒル」「ワスプ」と重巡「ミネアポリス」「ウイチタ」が至近弾による損傷を受け、搭乗員約五五名、飛行機約一二〇機を喪失であった。飛行機喪失のうち、約八〇機は不時着水や着艦失敗などで失われたものであった。

日本の大敗北、という結果に終わった。しかも、緒戦の進撃の立て役者である空母航空隊は再起が絶望視される損害であった。

原因はなにか？　米潜水艦の跳梁を押さえ込めず

第一機動艦隊は、戦果を挙げること叶わずに海上決戦兵力の中心である空母三隻、さらにその搭乗員の六割を失い敗北した。その原因はどこにあったのだろうか？

第一機動艦隊の旗艦であり、日本の空母としては初めて飛行甲板に装甲を施した「大鳳」を始め、歴戦の空母「翔鶴」を撃沈したのは、飛行機ではなく潜水艦であった。

その潜水艦から高速で長い距離を作戦する機動部隊を守るのは駆逐艦が適当であった。

ところが、タウイタウイで潜水艦に対してもっとも有力な駆逐艦が対潜掃討に向かったのだが、反対に潜水艦の雷撃で相次いで撃沈された。艦船が潜水艦を探知するには、光学機器、レーダー、水中聴音器やソナーなどの機器の性能とその操作員の技量が重要となる。その機器の性能が劣っていたために潜水艦を捕捉することが出来なかったのだ。もし、発見したら攻撃となるが、日本の場合もっぱら爆雷攻撃以外なく、しばしば取り逃がす一因になっていた。

おまけに駆逐艦の数が少なかった。「大鳳」「翔鶴」は「瑞鶴」を含めて三隻の空母で甲部隊を構成しており、護衛の駆逐艦は七隻であった。例えば、空母三隻が着艦に入れば駆逐艦三隻がトンボ釣りとして空母の後ろを行動しなければならず、残りわずか四隻で警戒しなければならない。

空母三隻に戦艦四隻がいたにも関わらず駆逐艦は七隻しかおらず実際に一番少なかった前衛部隊には幸いにも攻撃を受けなかった。

空母は発着艦時風上に向かって走る、すなわち行動が一定であるのでこの時間が一番狙われやすい。この瞬間を逃さず「大鳳」が、続いて「翔鶴」が、魚雷の餌食となった。

対潜直衛と称して艦爆、艦攻や水偵を飛ばして警戒している。これから艦船が航行する海面を飛行機で上空から捜索する。潜水艦が浮上しているところを発見すれば、潜航する前に爆撃する。潜航している場合、潜望鏡などを発見すれば遅動信管を装備した爆弾を抱えていれば投下する。しかし、潜航している場合は目視に頼っているため発見が困難であった。

結局、潜水艦に対しては駆逐艦の数を増やすことと共に、対潜能力を向上させることが必要であったが、どちらも一朝一夕に出来るものではない。日本も決して手をこまねいていたわけではない。遅まきながら対策を打ち出してはいた。

昭和一九年一月一日付で佐伯空を水偵部隊に変更して対潜攻撃、研究、教育を担当させた。対潜艦艇も完成すると佐伯に集合し、対潜指導班のもと内海西部で初度訓練を受けていた。対潜艦艇の主力たる海防艦が量産されるに従い、八月一日付で対潜訓練隊が正式部隊となった。

ただ、これらにより潜水艦を封じ込めるような効果は終戦まで遂に得られなかった。

アウトレンジ作戦の功罪

マリアナ沖海戦では日本海軍の攻撃はほとんど不成功に終わった。日本艦上機の攻撃範囲は、彗星及び天山が約四〇〇浬、戦闘爆撃機が約三五〇浬と米艦上機の約二五〇浬に比べて広く、空母兵力が劣る日本側は米攻撃隊の攻撃圏外から一方的に攻撃を加えるアウトレンジ作戦を企画、実行した。

小澤長官と結び付けられることの多いアウトレンジ作戦だが、いつ頃考案されたものなのだろうか。

遡ること一四年前の昭和五年にロンドン軍縮条約が締結され、小型航空母艦の保有も制限を受けることとなった。アメリカ海軍は航空母艦の保有量で勝り、巡洋艦の二五パーセントまで認められた着甲板を有する航空巡洋艦の建造計画、かつ豊富な航空母艦へ改装可能な民間船、加えて航空部隊増強が着実と行われたの結果、侵攻してくるアメリカ艦隊航空隊約八〇〇機と想定された。これに対抗するは四〇〇機にも満たない日本艦隊航空隊、これでは戦争にならない。そこで、六年の国防所要兵力策定の時点で、約一二〇〇機程度の基地航空隊を整備し、戦場に約四〇〇機を集中させることで均衡を保とうとの考えに至っている。すなわち、日本海軍は基地航空隊の傘の下で艦隊作戦を行うこととしていたのだ。これも独自の考えではなく、敵国アメリカの戦略が“制空権下の艦隊決戦”となっていることに対抗するためのものであった。

当然、日本艦隊四〇〇機が八〇〇機といきなり交戦すれば苦もなく蹴散らされるのは考えるまでもない。そのため、基地航空隊の集結を待って作戦開始、というもので、その目標も“先制攻撃による敵航空母艦の撃沈破”であり、制空権の確保に重点が置かれることとなる。このため、基地航空隊の飛行機には早期捕捉、先制攻撃のため長い航続力が求められ陸上攻撃機などが開発され、航空母艦も敵の攻撃圏外から攻撃を加えるアウトレンジ攻撃が構想されることとなる。

もちろん、艦上機の航続力が劣っている状況ではそれは出来ない相談だが、日本海軍ではこれを片道攻撃とすることで可能しようと考えていた。つまり、マリアナ沖海戦の一〇年以上前には、すでに航空部隊による邀撃作戦、それもアウトレンジ作戦というものは構想されていたのだ。

それでは航空母艦部隊が採るべき戦法はアウトレンジ攻撃以外にはないのか？　これも当然構想されている。夜間で間合いを詰め、夜が明けると索敵機、やや遅れて攻撃隊を放つ、いわゆる索敵攻撃を行うというものである。索敵機が敵艦隊を発見したら誘導し、先制攻撃を掛けようというものであり、後に企図される夜間攻撃についてもこの考え方の延長にある。

アウトレンジにしても、索敵攻撃にしても、重視されていることは一つ。先制攻撃である。別に不思議な戦術ではない、劣勢である日本が受け身に回ることは一方的な敗北を招きかねないのだから。昭和一一年の航空術参考書には航空母艦が採るべき戦術として記述されている。劣勢となった航空母艦ではまともな交戦は考えられず、アウトレンジ攻撃か夜間などを利用の上近迫し早朝索敵攻撃にて、少しでもその不利を補うことがごく当たり前の戦法として考えられていたのだ。

実際に、日本海軍空母部隊の作戦案として浮上してくるのはミッドウェー海戦後、すなわち空母四隻を失い近い将来に劣勢になることが確実になってからで、この時検討されたのが四〇〇浬の距離から爆装零戦か艦爆による攻撃を加える、というものである。空母戦では一方的な先制攻撃が有利、との考えであり、その後の南太平洋海戦戦訓にも指摘されているものであった。

このように合理的な作戦であり、決戦の六月一九日に第一機動艦隊は一番近い前衛の三航戦からでも米機動部隊は約三三〇浬の距離を保っていた。しかし、遠距離を飛行していった日本の攻撃隊を待っていたのは、絶好の位置から襲いかかってくる大群のＦ６Ｆであった。

日本攻撃隊の未帰還機は、そのほとんどはＦ６Ｆの邀撃で犠牲になったと考えられる。日本海軍がアウトレンジ作戦を行ったため米攻撃隊は発進せずに戦闘機のほとんどが邀撃にあたることが出来たので、日本攻撃隊はかえって損害を出したのではないか？　したがって、第一機動艦隊はもっと接近して攻撃隊を発進させるべきであった、という考え方もある。しかし、それは正しくないであろう。日本側だけの都合で論じているからである。

米機動部隊は、レーダー装備の夜間索敵、索敵範囲は三二五浬を実施している。サイパンからはレーダー付きの飛行艇ＰＢＭが六〇〇浬に渡って索敵している。つまり第一機動艦隊が接近すれば夜間の内に捕捉されてしまう。第一機動艦隊には、敵夜間索敵機に触接されたとしても夜間邀撃可能な兵力は整備されていなかった。

それに対して第一機動艦隊の電探装備機は、一九日早朝時点で一航戦の天山五機と三航戦の九七艦攻一七機（その他に三航戦の天山九機に電探が装備されていたが攻撃隊誘導用）であったが、訓練をやっていないこともあり夜間索敵を実施していない。夜間索敵を実施したのは二〇日の電探のついていない零式水偵であった。当然、米艦隊を捉えることは出来なかった。

米機動部隊の攻撃圏内に踏み込んだものの、米機動部隊索敵機は第一機動艦隊を発見し、第一機動艦隊索敵機は米機動部隊を発見できず、米艦上機の攻撃を一方的に受けることも考えられる。

米機動部隊では、アウトレンジ攻撃であろうが、夜間攻撃であろうが、日本艦隊が夜間急速接近してこようが、対処できるだけの準備はなされていたといえよう。

また、攻撃の一部（二航戦第一次攻撃隊の一部、一航戦第二次攻撃隊、二航戦第二次攻撃隊九九艦爆隊）が米機動部隊を発見出来なかったことは、アウトレンジ攻撃が原因とされることもあるが、現実にはそれぞれの攻撃隊は指示通りの地点まで飛行していることが確認され、アウトレンジ原因説は否定されている。

それでは、アウトレンジ攻撃が完璧だったか、というとそうではない。やはり搭乗員に与えた疲労、航法作業による精神的疲労は大きかっただろう。特に索敵で消息を絶った飛行機は単機で飛んでいるために母艦予想地点に母艦がいない場合、新しい行動を無線で受信していないと帰投出来なかったこともあったと考えられる。また、同じ地域で長い時間留まっていたため、敵潜水艦の追尾を容易にしてしまったことなどが挙げられる。

アウトレンジ作戦はデメリットもあるが、実行可能であったし、日本機動部隊が取りうる作戦中で最も効果的であった。

大挙出撃した戦闘爆撃機は……

戦闘機である零戦に二五〇キロ爆弾を装備した戦闘爆撃機が出撃した。空母から零戦に二五〇キロ爆弾を装備し出撃したのも初めてであった。

米戦艦「サウス・ダコタ」に唯一の命中弾を与えたのは艦爆でも艦攻でもなく、戦闘爆撃機であった。これは戦闘爆撃機が有効な攻撃を実施出来ることの現れであろう。

しかし、実際に攻撃した三航戦の四二機の内三〇機未帰還、二航戦の九機の内五機未帰還となるなど大きな被害も受けている。

マリアナ沖海戦後六五三空がまとめた（三航戦）戦訓所見には次のようにある。

『八、（イ）零戦爆装（特攻）ハ戦闘機ニ対シ全ク無力ナリ　之ヲ活用効果ヲ期待センガ為左ノ考慮ヲ要ス。

（1）絶対優勢ナル制空隊ヲ同伴スルコト

（2）優勢ナル制空隊ヲ先行セシメ一次攻撃目標付近ノ制空権ヲ獲得スルコト

（3）艦攻隊マタハ艦爆（艦攻）隊等ヲ以テ敵戦闘機ヲ牽制スルコト

（ロ）戦闘爆撃機ノ使用ニ関シテハ再検討ノ要アリ

（1）奇襲及制空権下マタハ敵戦闘機等ノ居ラザル場面ニ於イテハ効果アルモ敵戦闘機ノ攻撃ヲ予期スル状況ニ於イテハ被害大ニシテ効甚少シ

（2）戦闘爆撃機ハ適当ナル艦爆ナキ為ノ窮余ノ策ト認ムル処速ヤカニ優秀ナル艦爆ヲモッテ之ニ代エルベキナリ

（3）差当リ、三航戦各艦ニ搭載シ得ル艦爆ナキ場合、戦闘爆撃機ヲ再建スルヤ又ハ戦闘機ヲ主兵トスルヤ再検討ヲ要スルモノト認ム』

六月一九日の戦闘前までは戦闘爆撃機は、敵戦闘機に対してある程度の抵抗力を持っていると判断されていたようだ。それは三航戦の直掩隊が僅かに一四機、二航戦の直掩隊も一五機でしか無かったことからも伺える。

爆弾と増槽を装備し身重な戦闘爆撃機を操る操縦員は艦爆、艦攻出身者であり、効果的な空戦訓練を行っていなかった。接敵方法も艦爆とほとんど変わらない強襲であり、十分な敵戦闘機の邀撃を受ければ僅かな戦闘機の直掩ではひとたまりもなかったのも頷ける。というよりも予見出来なかったことの方が不思議と言ってもいいだろう。

本来であれば戦闘機出身者を充当し爆撃訓練、艦爆、艦攻出身者であるのなら空戦訓練を実施することが必要であった。しかし、せっかく標的艦を使って爆撃訓練した戦闘機出身者は南東方面の基地航空戦で消耗してしまい、艦爆、艦攻搭乗員らに空中戦の訓練をする時間はなく、戦闘爆撃機はただの「小型爆撃機」になってしまった。

戦闘爆撃機は十分な空戦と爆撃、航法訓練を行えば有力な戦力となったと思われ、考えは間違ってはいないだろう。

経験の蓄積

また、機動部隊の指揮官が小澤治三郎中将になった昭和一七年一一月一一日から昭和一九年六月のマリアナ沖海戦まで、機動部隊としての作戦が一度も行えなかったことも問題と言える。

確かに母艦飛行機隊は、「い号作戦」や「ろ号作戦」など陸上基地に進出して作戦は行っているものの、機動部隊として飛行機隊と母艦は共に作戦を行ったことが無かった。飛行機隊は経験を積むことが出来たのに対して、機動部隊指揮官たちは機動部隊の作戦がどういうもので、作戦中どういうことが起こるのかを体験することが出来なかった。

おまけに「ろ号作戦」で得られた攻撃隊の戦闘機隊には直掩隊と制空隊が必要とされていたにも関わらずマリアナ沖海戦では直掩隊しかないなど戦訓を取り入れないことが多い。

『戦訓ヲ直チニ戦力化スル組織ハ極メテ貧弱ニシテソノ施策ハ緩慢ナリキ航空ノ人的不足ハ制度的ニ組織化スル余裕ナク徒テニ一部ノ小戦訓ニ捕ワレ大方針ニ対シ手ヲ打ツ余力ニ欠ケタリ』

と終戦直後の航空本部の戦訓にあるように、戦訓を作る組織はあるもののその戦訓を具体化させる力を持った組織が無いためだ。これでは経験をうまく生かすことが出来ない。

それに対し米側はソロモン方面の作戦で疲弊した機動部隊を、毎月のように新造される高速を発揮できる空母「エセックス」型（搭載機約九〇機）と軽空母「インディペンデンス」型（搭載機約三〇機）にて建て直し、昭和一八年九月一日のマーカス島攻撃に始まり、積極的に機動部隊として日本軍拠点を襲撃する。こうして各地を襲撃することにより日本海軍航空部隊との交戦も生まれ、貴重な経験を積んでいった。

「ろ号作戦」中の昭和一八年一一月一一日TG五〇・三の日本機邀撃（零戦三三機、九九艦爆二〇機、九七艦攻一四機、彗星艦爆四機）にて、米側は多くの戦闘機を用意していたにもかかわらず誘導管制に失敗し、命中弾こそ無かったとはいえ艦爆隊の突撃を許す結果となった。一二月五日マーシャル方面で作戦中だった空母「レキシントン」は七五三空陸攻の夜間雷撃を受け魚雷一本が命中した。その後米機動部隊は夜間戦闘機隊を搭載するようになったが、昭和一九年二月一七日の夜、二航戦艦攻の夜間雷撃を邀撃に向かった夜間戦闘機は阻止することは出来ず空母「イントレピット」が損傷している。

こうした運用を行った結果、その結果として損害も出たが、貴重な経験を積み徐々に改善していったのである。この結果、マリアナ沖海戦では良くも悪くも両者の経験の差が出た。

米機動部隊は一九日、統制がとれていた三航戦と一航戦の第一次攻撃隊に対してほぼ理想的に邀撃を実施し、日本側の攻撃隊は初陣の搭乗員が多かったことも影響を与えたとはいえ、ほとんど阻止するという大きな戦果を挙げた。しかし、米側の邀撃も完全なものとは言い難く、その後の二航戦彗星隊攻撃時は連絡がうまくいかずに奇襲を受けている。

二〇日の米軍の日本艦隊攻撃では、この時期に至っても日本側の邀撃は邀撃管制が行われずにあくまでも個々の戦闘に終始し、攻撃を阻止するに至らなかった。逆に米軍の攻撃隊は約二〇〇機を超える大規模の攻撃で日本側邀撃が微弱であったにも関わらず空母「飛鷹」に魚雷一本、空母「隼鷹」に爆弾二発、空母「瑞鶴」「千代田」に爆弾一発を命中させたにとどまった。高速で回避する空母など大型艦艇に対する攻撃が南太平洋海戦後ほとんどなかったことが影響を与えている。

このように、経験はマリアナ沖海戦において大きな影響を及ぼしている。理論は考えることでも生み出すことが出来るが、実際に運用してみて初めてその理論が正しいのか、問題があるのか確かめられる。いくら正しい理論であっても実現できなければ意味がない。また、経験は生かされることにより価値を持ってくる。

練度は低かったのか？　以前との訓練を比較

搭乗員の「練度が低い」ため敗北した、という意見がある。練度が低い、とはどういう状態のことを言っているのであろうか？　何が出来ると良くて、出来ないと悪いのだろうか？

実は練度というものはそれを判定する人物により物差しが違う、不確定なものなのである。このように不確定なものもので判断するのはおかしい。

練度と言う言葉と共によく使われるものは「飛行時間」であろう。飛行時間が多いほどキャリアを持っているという考え方である。

当時の日本海軍では、飛行時間とは操縦員であってもその名の通り、飛行機に乗った時間であった。したがって、移動するとき便乗して飛行機に乗ったとしてもその時間は飛行時間に加えられるし、戦闘機でも陸攻でも同じ時間としてカウントされていく。実際に飛んだ時間は各個人の航空記録という手帳に日付、機種と機番号、目的と共に記録される。この航空記録では、全ての飛行時間を足し合わせた総飛行時間（通常これが飛行時間として用いられる）はもちろん、機種ごと、任務別にまとめられた飛行時間も記録されていた。

マリアナ沖海戦時の飛行時間は、部隊としてまとめた資料が発見されていないために解らない。各個人の記録である航空記録は戦闘や終戦時の混乱でほとんど失われている。

日本海軍の場合、搭乗員は各種搭乗員養成機関にて同時に入隊した集団で同じ課程の訓練を受けていき、順調にいけばそのまま同時に卒業した。卒業する時の飛行時間は同じ課程で訓練を受けている関係でほぼ同じである。その後、所属及び任務により飛行時間に差がついていく。実際の飛行時間はわからないが、搭乗員の養成機関の出身とその期が判れば計算によって推定が可能である。

この考え方で計算すると、マリアナ沖海戦（昭和一九年六月一日時点）、特務士官以下の第一機動艦隊操縦員の推定飛行時間は次の通りとなる。

○戦闘機隊　七六四時間
○戦闘爆撃隊　六四三時間
○艦爆隊　九〇三時間
○艦攻隊　一一二三時間
　全平均　八五三時間

次に参考にハワイ作戦（昭和一六年一二月一日時点）、特務士官以下の第一機動艦隊操縦員の推定飛行時間を掲げる。

○戦闘機隊　八二五時間
○艦爆隊　七五五時間
○艦攻隊　八三六時間
　全平均　八〇六時間

あくまでも計算値であって実際の値とは七〇～七五時間程度の誤差があると考えるが、飛行時間はハワイ作戦に比べてもマリアナ沖海戦時の搭乗員はほぼ同等という結果になった。これはハワイ作戦の搭乗員も若手が多かったこと、マリアナ沖海戦の搭乗員は若手搭乗員も多かったが飛行時間の極めて多いベテラン搭乗員が幾人かいたため、と考えられる。

このことからマリアナ沖海戦搭乗員の飛行時間は母艦部隊として十分であっただろうと推定する。結果は結果であり、練度が低いから失敗したというのは言い逃れの一つにすぎない。

練度は低かったのか？　訓練内容の変化

飛行時間がそれほど低下していないとすると、訓練内容、訓練期間も変化していないのだろうか？

一航戦は「い号作戦」後、昭和一八年五月から一〇月末の約五ヶ月の時間があり、夜間飛行、夜間着艦訓練などをやっていた。「ろ号作戦」後、昭和一八年一二月から昭和一九年五月頭まで、同じ約五ヶ月の期間であったが、零戦は五二型、艦爆は彗星艦爆、艦攻は天山と新型機に変わり、搭乗員が五〇航戦で着艦訓練を経験していない搭乗員も配属されたこともあり、やはり定着訓練、着艦訓練に重点が置かれた。

二航戦は昭和一八年一〇月（一部が一一月）～昭和一九年一月末で、約三ヶ月乃至二ヶ月で、既に搭乗員が五〇航戦で着艦訓練を実施していたので、射撃、爆撃訓練、夜間飛行などを実施して、ラバウルに投入された。ラバウルから引き揚げた後、三月中旬から五月頭までの訓練期間で、約二ヶ月の訓練しか出来なかった。搭乗員で着艦訓練未経験者が入ってきたので、定着訓練、着艦訓練に時間が費やされた。

つまり、訓練の期間そのものはそれほど差はないが訓練の内容に差があった。以前は射撃、爆撃、夜間飛行、夜間着艦に重点を置かれていたものが、マリアナ沖海戦前は定着訓練、着艦訓練という基礎訓練に重点が置かれていた。簡単に言えば、訓練期間が不足していた。

この理由は、着艦訓練を経験していない搭乗員が直接母艦部隊へ配属になるからであって、その原因は陸上基地に母艦飛行隊を投入し続けたことである。陸上基地がピンチになり、それを極短期間に補填しすぐに陸上基地航空隊を増援するのであればまだ領けるが、昭和一八年七月の二航戦、一二月の「瑞鶴」飛行機隊、昭和一九年一月の同じく二航戦の南東方面投入は投入期間が一ヶ月以上に及んだ。勝手の違う基地航空戦にあたらせたための損害もさることながら、昭和一八年七月の二航戦は現地部隊に編入される（よって改めて二航戦は〇から再建する羽目となった）、本来一航戦再建の基幹となるはずの「瑞鶴」飛行機隊はマリアナ沖海戦にほとんどの搭乗員は参加出来ない、と再建に大きな影響を与えている。

戦力を整えることが出来ずにその場凌ぎに終始した「海軍航空行政の戦略的失敗」、もしくは戦力の整備が出来なかった「国力の限界」であったと言えるかもしれない。

着艦訓練を経験していない搭乗員が直接母艦部隊へ配属になったのはマリアナ沖海戦直前が初めてではない。例えば、ハワイ作戦直前にも行われている。五航戦の空母「翔鶴」「瑞鶴」が完成して一挙に母艦部隊が拡大したためと、直前に行われた人事異動（通常五月と一一月に行われる）のためであった。ハワイ作戦参加最若年は甲飛四期（飛練九期）で、その実用機教程を卒業したのは昭和一六年九月末、ハワイ作戦まで約二カ月しか時間はなかった。操練五五、五六期（飛練六、七期）にしても実用機教程を卒業したのは昭和一六年七月で、やはり五カ月ほどしか無かった。

ハワイ作戦時、「蒼龍」に乗り組んでいた艦攻操縦員の小松崎照夫さん（操練五五期、真珠湾攻撃には参加せず）は、事前の訓練について次のように回想している。

『私は一六年七月実用機教程艦攻専修を卒業し、横須賀航空隊艦攻分隊、隊長村田重治大尉（ハワイ雷撃隊長）に転勤、二カ月ほどで九月「蒼龍」に転勤する。

初めての着艦訓練は、九月末頃。最若年兵で特種飛行訓練はなし、離着陸と着艦訓練、列機として隊訓練。魚雷の実射訓練は若年搭乗員にはない、実用機教程に一〜二回経験する。

出撃航海中、敵陣で捕虜になった場合のため拳銃の実弾射撃はした』

母艦未経験者の若年（経験が少ない、という意味）搭乗員が母艦部隊に配属されれば、当然基礎的な訓練が中心になるのは止むを得ないところであった。しかし、ハワイ作戦とマリアナ沖海戦を見ても、それは結果に直結しないのは言うまでもないだろう。

真の敗因は?

マリアナ沖海戦の日本敗北には、述べてきたように多くの要因が考えられる。その中でも根本的な、真の原因として、

○兵力の差
○通信の不良

の二点が挙げられる。

昭和一九年六月一九日早朝、第一機動艦隊は四二八機の艦上機を保有しており、その内、戦闘機は一四九機（一機のみ零戦二一型、他は零戦五二型）で、戦闘爆撃機（零戦二一型）が八三機であった。それに対して、米機動部隊は九〇一機で、その内戦闘機はF6F-3が四四五機とそれだけで日本側艦上機の合計よりも多く、夜間戦闘機のF6F-3Nも二四機保有していた。機数にして二倍以上の差が開き、戦闘機の数に限ってみると約三倍と、大きく差が開く。この致命的までに開いた戦力比は、もはや現場で何とか出来る戦力比ではなかった。

なぜ、このような事態に陥ったか？　理由は陸上航空隊の第一航空艦隊にある。

そもそも、空母同士の決戦では日本側が数の上で劣勢になるのは前々から分かっており、第一航空艦隊が反撃の中心になると考えられていた。特に九個航空隊にて構成される第六一航空戦隊は、定

数だけでは六九二機にもなり期待されていたが、現実には搭乗員の都合がつかないために実用機教程途中配属されたものがかなりの数に上り、銀河部隊には実用機教程を経由しないで配属された搭乗員もいた。つまり、第一航空艦隊は現地で充分な訓練が必要な部隊であった。しかし、情勢がそれを許さずに、訓練途中で前線に進出し作戦に参加しながら訓練を実施している状況であった。機材も作戦消耗及び訓練消耗で充実が遅れ、決戦前六月三日の零戦装備四個航空隊の保有機は一八三機で、定数の二八八機には大きく届かなかった。六月一一日のマリアナ地区空襲の邀撃戦、六月一五日以降数次に渡るヤップ島からサイパン方面の攻撃で戦果は僅かな上、ほとんどの攻撃兵力を消耗してしまい、六月一九日第一機動艦隊の攻撃にほとんど呼応することが出来なかった。第一航空艦隊の壊滅は、第一機動艦隊敗北の大きな要因なのである。

また、通信の不良は兵力が劣り連携を欠くことが出来ない日本海軍には致命的なものとなった。小は空戦、攻撃、大は司令部同士の意志疎通に円滑さを欠いていた。

空戦において、マリアナ沖海戦では奇襲を受けることが多かった。零戦では無線電話が通じ難いとの回想が多く、一旦敵戦闘機の奇襲を受けると態勢を立て直すには無線電話が通じないのは著しいマイナスとなり、攻撃隊が大きな被害を出した原因となった。また、攻撃隊も無線電話が有効に使えていたら、より有効な攻撃が可能となっていただろう。また、攻撃隊同士の連携も可能になるであろう。

また、索敵機と艦隊の連絡が不良で、未帰還機の中には、艦隊予定地点が変更になった連絡をうまく受信出来ず、帰投できなかった飛行機もあったと思われる。クルシー（一式無線帰投方位測定機）を使用出来ればよいが、この海域での有効範囲は二二〇浬程度であり攻撃距離の三三〇浬から四〇〇浬には及ばず、ある程度帰ってこないと使用できなかった。その上、航路計関係に故障が多く、構造も脆弱で振動に弱く作動しなくなるものがあった。特に戦闘機は空戦の衝撃で作動しなくなるものが頻発していた。例えば、第二次ソロモン海戦の戦闘機五機の中作動したのはただの一機という状態であった。

基地航空隊の無線設備は各基地とも貧弱そのもので、遅延して届くものが続発していた。基地航空隊機の無線機不良にて敵機動部隊発見の報が届かなかったことも発生している。第一機動艦隊も基地航空隊とは連携を欠き、間に入り調整すべき連合艦隊の指令も円滑さを欠いていた。

また、第一機動艦隊は通信情報の処理にも問題があり、一八日の硫黄島南方に突如出現した幻の敵機動部隊、二〇日の敵機動部隊発見の報を味方機動部隊の誤認と早々に決めつけたことがあった。一九日の第三段索敵機が発見し位置を誤認して報告した「三リ」及び「一五リ」の敵をその後の触接で発見していないにもかかわらず、位置が間違っていることに気が付かなかった。特に「一五リ」は一一番索敵機が飛行したところで発見を報じており、位置の誤りに気が付く可能性は高かったと考えられる。

大敗北、の原因として考えられることは、現場レベルで何とか出来ることではなく、もはやいかんともしがたいものといえる。

問題なのは結果ではない。第一機動艦隊の搭乗員は、第一機動艦隊各乗組員がサポートする中、持てる力を精一杯出しきり戦った。これだけは間違いないし忘れてはならないことであろう。

個人写真

中岫飛曹長

中岫さんは、乙飛五期の出身。昭和十三年九月一五空、十一月には「蒼龍」乗組と戦績を重ねたベテラン。ミッドウェー海戦直後、「隼鷹」に乗り組み、南太平洋海戦を戦った。昭和十三年、「蒼龍」乗組時代に笠之原で撮影されたもの。（提供／中岫正彦）

徳永俊美上飛曹

成瀬上飛曹（右）と徳永上飛曹（中央）。風景からすると偵察三の時のものかもしれない。（徳永俊美）

トラックでの大澤昇次さん

ヤシの木の上でポーズを撮る大澤（旧姓町谷）さん。（提供／大澤昇次）

馬場大尉

この写真の通り、立派な、穏やかな人だったという。（提供／賀来準吾）

百里原空特攻

最終基地に進出する百里原空の九九艦爆／こちらを向いてポーズを取るのは安斉岩男一飛曹（提供／野上憲助）

訓示／百里原空司令が出撃隊員に対して訓示を行っている。（提供／野上憲助）

浜園重義さん／浜園さんは昭和十七年に海軍を志願、すぐに飛行練習生の試験がありこれに合格、「あるぜんちな丸」で台湾へ渡り高雄空で中練、台南空で艦爆実用機の教育を受けた。佐伯空で九九艦爆に乗り、ラバウルの五八二空へ転勤。零戦に乗り換えるも十九年二月のトラック大空襲で落下傘降下、重傷を負う。傷の癒える間もなく母艦部隊、六五三空戦闘一六六にて戦爆隊でフィリピン沖海戦、K攻撃部隊を経てフィリピンへ派遣されるも生き残り、百里原空で教員に就いていた。（提供／浜園重義）

百里原空特攻／百里原空艦爆特攻隊第二陣操縦員が格納庫前での記念写真。左から緒方忠孝上飛曹、安斉岩男一飛曹（乙飛一七期）、片寄従道一飛曹（甲飛一一期）、阿部一之一飛曹（乙飛一七期）。緒方上飛曹はマリアナ沖海戦と比島沖海戦で六五三空戦爆隊にて参加して生き残った数少ない搭乗員の一人だった。（提供／野上憲助）

浜園さんと酒向さん／昭和十九年四月頃内地へ引き揚げてきた時の写真。前列右から酒向公二上飛（丙飛特一一期）、三人目浜園重義上飛（丙飛特一一期）、四人目佐藤繁男飛長（丙飛一〇期）、後列四人目珠久善男飛長（丙飛一〇期）、五人目片岡文雄二飛曹（丙飛一〇期）。（提供／浜園重義）

第十五章　その後の空母飛行隊

その後の空母飛行隊

それでも再建すべく…

マリアナ沖海戦の敗北。これにより勝敗は決定的になったが、戦争は続く。

空母航空兵力は、搭乗員の訓練する時間的余裕が無くなり、基地航空隊の再建が最優先となった。七月一日付で編成される予定だった六〇五空関係（新造空母「雲龍」「天城」用）は六月二四日に編成中止となり、歴史の表舞台に現れることなく消えていった。

基地航空隊の再建が最優先といっても、戦艦、巡洋艦など水上艦艇を有効に運用しようとなると、これを援護する母艦航空隊が不可欠となる。したがって、母艦航空隊も再建を目指すことになり、空母の被害が「千代田」の被弾一発で済んだ三航戦が主体になった。二航戦は解隊され、マリアナ沖海戦を生き抜いた「龍鳳」は一航戦に編入され「瑞鶴」と、「隼鷹」は四航戦に編入され航空戦艦「伊勢」「日向」というように新編制になった。

しかし、この編制は間もなく変更となった。八月一〇日付で新造空母「雲龍」「天城」「信濃」「葛城」で一航戦を再編成し、「瑞鶴」は三航戦、「龍鳳」を四航戦へ編入された。

母艦航空隊は、空母の入れ替えとは別の動きを見せる。

再建される第三航空戦隊　第六五三海軍航空隊

三航戦の空母は損害が無かったものの、搭載されていた六五三空は、搭乗員は五人しか生き残ることの出来なかった戦爆隊が象徴するように、大損害を受けていた。このため、戦闘機隊は六〇一空から、戦爆隊と艦攻隊は六五二空から、それぞれ生き残りの〝つわもの〟を受け入れ、再建を図った。

戦闘機隊は、戦闘第一六五飛行隊が編成され、旧六五三空の中川健二大尉（海兵六七期）が飛行隊長となった。

特にマリアナ沖海戦では戦闘機が一八機しかおらず、攻撃隊の戦果が十分得られなかった大きな要因の一つと考えられていたため、続いて一六四飛行隊も編成された。一個飛行隊の定数は常用三六機・補用一二機となるので、常用だけでも七二機となる大部隊であったが、中川大尉が戦闘一六四、一六五の飛行隊長を兼務していた。隊員は、旧六五三空だけでは当然足らないので、旧六〇一空から充足している。

戦闘爆撃隊は戦闘第一六六飛行隊となり、昭和一七年一〇月一七日のガダルカナル島攻撃の際、「飛鷹」の九七艦攻を操縦していた遠藤徹夫大尉（海兵六七期）が、霞ヶ浦空から転勤して、飛行隊長となった。

これまでの戦闘爆撃隊は、艦爆と艦攻専修の搭乗員で構成されていたが、戦闘機の練習航空隊である神ノ池空から、戦闘一六五を経て、和田圭三中尉が転勤して来るなど、戦闘機専修の搭乗員も加わっていた。

艦攻隊は攻撃第二六三飛行隊、練習航空隊の青島空飛行隊長の林親博大尉（海兵六五期）が飛行隊長となる。林大尉は、「瑞鶴」でハワイ空襲に参加し、その後主に鈴鹿空、五五二空分隊長を挟んで、大井空そして青島空、といった偵察練習航空隊で勤務していた。久し振りの母艦部隊への復帰が、飛行隊長となったのである。

六五三空は、八月末までに辛うじて基地作戦可能、九月末には着艦訓練を終了、すなわち母艦からの作戦が可能になる見込みであった。

八月一日現在、六五三空の実働（保有）機数は、零戦五二型三一機（四九機）、零戦二一型七機（九機）、九七艦攻一二型六機（六機）、天山一二型一一機（二二機）の合計五五機（八六機）でしかなかったが、九月一日には零戦五二型四六機（九六機）、零戦二一型二機（二機）、九七艦攻一二型一機（一機）、天山一二型二六機（三三機）、彗星一二型三機（三機）の合計七八機（一三五機）まで増えた。

増強される第四航空戦隊　第六三四海軍航空隊

続いて期待されたのは“再建”というよりも、増強された四航戦、六三四空である。当初、四航戦は、航空戦艦「伊勢」「日向」で編成されており、彗星艦爆、水上爆撃機である瑞雲を装備した六三四空が、マリアナ沖海戦へ出撃せずに、訓練を続けていた。

マリアナ沖海戦後、空母「隼鷹」「龍鳳」が編入され、それに伴い、戦闘機隊と艦攻隊が増強された。戦闘機隊は六五二空から、艦攻隊は六〇一空からも搭乗員が転勤してきたが、大半は他の航空隊から集められた。

戦闘機隊として戦闘一六三飛行隊が編成され、その後、戦闘一六七も編成されて二個飛行隊を持つに至った。飛行隊長には、戦闘機の実用機教程を担当していた神ノ池空の、福田澄夫大尉（海兵六九）が選ばれた。福田大尉は、「い号作戦」に「隼鷹」戦闘機隊で参加。その後も、「隼鷹」で昭和一八年夏のソロモン方面の作戦で活躍し、そのまま二〇四空に転勤。その後、二五二空へ転じてマーシャル方面でも作戦に参加していた、という経歴を持つ。

艦攻隊には、六〇一空分隊長であった千馬良人大尉（海兵六九期）が転勤を命ぜられたが、五日に六〇一空に逆戻りとなり、後任の宇佐空分隊長の渡辺譲大尉（海兵六八期）が発令された。

彗星隊と瑞雲隊は、マリアナ沖海戦に参加することもなく、岩国と呉で訓練を続けていたが、彗星の故障頻発、瑞雲の空中分解で、訓練は滞った。特に彗星の故障は酷く、作戦可能な数を揃えるには八〇機の保有が必要だ、などと言われる始末だった。

八月末には作戦可能の予定は、戦闘機と艦爆の約半数と瑞雲隊が、九月末に基地作戦可能、一〇月末総合訓練後母艦からの作戦が、辛うじて可能、という見込みに変わった。

九月一五日時点、零戦三九機（五五機）、彗星二機（一八機）、九九艦爆八機（一〇機）、瑞雲一四機（一九機）、天山八機（一〇機）の合計七一機（一一二機）となっていた。

後回しにされる第一航空戦隊　第六〇一海軍航空隊

一航戦の六〇一空は、戦闘機隊、艦爆隊が六五二空の搭乗員を基幹に、再建される。艦攻隊、艦偵隊は元々の六〇一空の艦偵隊搭乗員が二航艦の偵察三へ引き抜かれてしまったので、艦爆搭乗員を基幹としている。

戦闘機隊は戦闘第一六一飛行隊のみで、旧六五二空戦闘機搭乗員を基幹として編成され、その六五二空分隊長だった小林保平大尉（海兵六七期）が飛行隊長になる。

大型空母のみであるので、艦爆や艦攻で良いはずであるのだが、訓練時間の短縮というメリットを考えたのか、戦闘爆撃隊の戦闘第一六二飛行隊が編成された。まったくの新編成で、マリアナ沖海戦時トラック島で活躍した五五一空攻撃二五一飛行隊長だった肥田真幸大尉（海兵六七期）が飛行隊長となる。

艦爆隊は、攻撃第一六一飛行隊として、旧六五二空艦爆搭乗員を基幹として編成され、伊吹正一少佐（海兵六二期）が飛行隊長。

艦攻隊は、攻撃第二六二飛行隊。旧六〇一空艦攻搭乗員を基幹として、六〇一空飛行隊長だった小野賢次大尉（海兵六四期）が飛行隊長になった。

艦偵隊として、偵察第六一飛行隊（偵察飛行隊は常用一八機・補用六機）が編成された。旧六〇一空艦爆、艦偵、艦攻や、旧六五二空艦爆隊の搭乗員らを基幹に、旧六〇一空の深川静夫大尉（海兵六四期）が飛行隊長となった。

これから建造される空母で編成する一航戦は、三、四航戦に比べて〝うつわ〟が無いため、人員は配属されてくるが、飛行機の補充は後回しにされていた。

九月一日時点、艦攻を除くと、搭乗員は零戦一一八名、艦爆・艦偵五八組配属されていたにもかかわらず、零戦五二型八機(二二機)、零戦二一型五機（九機）、彗星一一型〇機（五機）、彗星一二型二機(四機)、九九艦爆二機(二機)、合計一七機(四二機)にすぎなかった。

その中にあって、攻撃二六二だけは別の扱いになる。「T攻撃部隊」という悪天候や夜間という悪条件の中、すなわち、猛威を振るう米機動部隊が、その力を発揮出来ない条件下で、それを攻撃することを目的とした特殊任務を担当する部隊へ編入が予定されたためである。また、米機動部隊が、やはり力を発揮できない泊地にある間に襲おうという、「丹作戦」といった作戦にも参加が企画されるなどした。

そのため、元々空母搭乗員の養成を担当していた鹿屋空をルーツに持つ攻撃二五二から、根食貞憲飛曹長（乙飛八期、操縦）、田添茂次郎少尉（偵練二七期）、松村徳治飛曹長（偵練三四期）らといった、老練な搭乗員を受け入れた。

九月一日時点で、搭乗員四〇組に対して、天山一二型三六機（四〇機）、九七艦攻一二型三機（三機）と、機材も一組に対して一機割り当てられるほど、充実していた。ただ、実態は飛行機の材質が不良、取り付けがラフで、エンジンは急停止するものがあり、今のところ思い切って飛ばしうるものが無いと報告され、搭乗員もA級がゼロで操縦、偵察が完全に不安が無いものが無い、と厳しい。ただ、A級に準ずるA'級が二〇組あり、九月一杯訓練すれば夜間の作戦が可能になる見込み、さらにB級も四組あった。残りはD級一六組で予備学生の少尉を中心としていて、早急な作戦参加は困難な見通しであった。

航空隊のみの出撃

こうした中、三航戦の六五三空が九月末、四航戦の六三四空が一〇月末に作戦可能を目標とし、激しい訓練を続けた。

そして、六五三空は、一〇月に入ると最後の仕上げとも言える、着艦訓練を始めていた。

予定では、一〇月一五日に全機を搭載。一〇月下旬に、空母「瑞鶴」「瑞鳳」「千歳」「千代田」に、零戦六四機、戦爆四八機、天山四六機、彗星八機を搭載、リンガへ進出。既に進出している第二艦隊の水上艦艇と、機動艦隊として作戦が可能になる。

三航戦がリンガへ進出した時の作戦は、内地に待機する一航戦、四航戦、重巡「那智」「足柄」など第五艦隊を中心とし、在内地の艦艇を集めて編成され、当面空母を護ることが任務と考えられていた第二遊撃部隊が出撃し、たとえ乗せる飛行機が無くても牽制行動を行う。その隙に、三航戦と第二艦隊からなる第一機動艦隊が殴り込みを掛ける、というものだった。志摩清英中将が率いる囮《おとり》部隊に、小澤中将の第一機動艦隊が突入する。これが実現していれば、レイテ沖海戦の様相はまったく違ったものになっただろう。

一方、四航戦は、搭載すべき六三四空の訓練が遅れており、一〇月初めの母艦作戦可能数は、航空戦艦用が瑞雲一五機と彗星六機と一隻分、空母「隼鷹」「龍鳳」用は零戦八機、九九艦爆四機、天山四機。小さい「龍鳳」一隻でもまだスカスカといった有り様で、一一月末に向けて訓練中。一航戦の六〇一空に至っては、機材不足の上、空母も全て新造艦であるので、基地作戦しか出来ないと考えられており、作戦可能搭乗員は、T攻撃部隊である攻撃二六二の三六組を除けば、マリアナ沖海戦に出撃した搭乗員たちを主力とした戦闘機一六名、九九艦爆四組、彗星三組、艦偵三組という僅かな戦力でしかなかった。

六〇一空の飛行機の補充は、一一月までに零戦八〇機、彗星三三型三〇機、彗星一二型二〇機、天山二〇機、彩雲五機を予定しており、これをもっていよいよ訓練が本格的になる見通しであった。

全力出撃が可能な時期は、空母の準備も絡んでか、昭和二〇年二月上旬を見込んでいた。

しかし、米軍の進攻は第一機動艦隊再建を待ってはくれない。米機動部隊は一〇月一〇日、沖縄を空襲してきた。

連合艦隊司令部は、北海道などに展開していた五一航戦に関東へ進出、関東地区の基地にあった第三航空艦隊の部隊に南九州への進出準備を命じた。そして、機動艦隊に対し、三航戦と四航戦の飛行機隊の、作戦可能兵力の全力を基地作戦の準備するよう命じた。三航戦と四航戦といえば、機動艦隊の航空兵力の、ほとんど全てと言っても過言ではなく、その基地作戦転用は、当分、機動艦隊の空母使用を考えないという、決断を表したものといえる。

さらに、機動艦隊に対して、第二遊撃部隊、さらには飛行機を乗せない第四航空戦隊にも、出撃準備が命ぜられた。これは、米機動部隊が沖縄方面に居座った場合に出撃し、九州方面へ敵を誘導するか、基地航空隊の戦果により、戦果拡大を得られそうな場合に出撃するとされていた。もし、これらが出撃するとなると、後には訓練の出来ている三航戦の空母「瑞鶴」「瑞鳳」「千歳」「千代田」、四航戦の「隼鷹」「龍鳳」といった空母六隻が、内地になにもすることもなく残されてしまう。マリアナ沖海戦以降の訓練は全くの無駄になる。

このように命ずるのであれば、三航戦の全力、四航戦には空母作戦可能兵力、および一航戦である六〇一空からの作戦可能兵力の搭載による、本来の機動艦隊の作戦を命じてもよかったのではないだろうか。

ところが、米機動部隊は、九州方面にやって来るだろうとの連合艦隊司令部の予想とは異なり、一二日、台湾各地を空襲した。

これを日本海軍、陸軍航空隊は迎え撃つ。台湾沖に移動した米機動部隊を、これを撃滅するチャンス到来と判断した、二航艦司令長官の福留繁中将は、T攻撃部隊に出撃を命ずる。

攻撃七〇三、攻撃七〇八の一式陸攻、攻撃五〇一の銀河が九州各基地を出撃していく。さらに攻撃二六二の天山、陸軍の飛行第九八戦隊も、沖縄を中継して攻撃に向かう。

攻撃二六二は、一〇月一〇日付で六〇一空から離れ、七六二空に編入された。七六二空はT攻撃部隊で編成されていた。

一二日、沖縄小禄飛行場に進出した攻撃二六二は、他のT攻撃部隊と共に、夜間雷撃に向かう。一九〇〇、二機程度の天山が触接に発進。続いて二〇一〇までに天山雷装一五機、直協六機程度が攻撃隊として出撃していった。先行した触接機は、二一一五に大部隊を発見、もう一機も二一二三にやはり大部隊を二つ捕捉。攻撃隊も到着し、二二二四ごろ大型空母を雷撃したものの、効果不明と報じた。この攻撃で、飛行隊長　小野賢次大尉以下一四組を失う大損害を受けた。

発　上等飛行兵曹　福田清
宛　第七基地小野隊指揮官
一、我一三日〇一〇〇台東二〇〇度五浬付近に不時着せり　当時三名共無事なるも（長山、保田）二名は一四日に至るも上陸の報無し
二、我台東太麻里南方五浬地点に上陸せるも海上波高く流極めて早し
三、一四日大武及カロンビ等の海岸を捜索爾後の処置を乞う　命ある迄捜索を続行の予定

という福田喜好上飛曹（甲飛九期）が、不時着した同じペアを捜索している電報が残されている。（長山とは操練五二期の永山義光上飛曹と、保田とは甲飛四期の岡田安治飛曹長と推定する）攻撃時に防御砲火などにより撃墜された天山もあったろうが、天候が悪い中での夜間攻撃であったため、味方基地まで辿り着かなかった機もあったのだろう。

　さて、連合艦隊司令部は、一二日一〇二五に『基地航空部隊捷一号及捷二号作戦発動』を命じ、
連合艦隊電令作第三四四号（一二日　一一一二発電）

『第一機動艦隊司令長官は第三航空戦隊及第四航空戦隊の基地作戦可能航空全力にして　第六基地航空部隊指揮官の作戦指揮を受けしむべし』

とついに三航戦、四航戦飛行機隊へ出撃を命じた。第六基地航空部隊（第二航空艦隊）司令部は高雄に進出していたため、南九州に集まった連合攻撃隊の指揮が執れない。代わりに鹿屋に進出してきていた、五一航戦司令部が指揮を執る。

　稼働兵力は、三航戦が零戦二六機、戦爆二三機、天山二九機、彗星艦偵五機、四航戦が零戦四〇機、彗星九機、天山一〇機、瑞雲一二機の合計一五四機と報告されていた。

　一〇月一四日、前路索敵の六三四空天山八機が発進。続いて、六三四空彗星九機が、通称「響」部隊と呼ばれた七六三空攻撃第三飛行隊（飛行隊長池内利三大尉　海兵六五期、操縦）の彗星二〇機、七五二空攻撃第五飛行隊の彗星一一機（指揮官山田恭二大尉　海兵六九期、偵察）と共に国分を発進。

　六三四空は、他にも零戦（計画では三二機）鹿児島基地から発進

させている。

六五三空は、零戦二四機（飛行隊長中川健二大尉、途中で引き返す）、戦爆一五機が大分を発進。天山二二機、彗星五機は、鹿児島を発進。いずれも沖縄の小禄飛行場を目指した。

ところが、小禄飛行場や沖縄北飛行場といった沖縄の基地は、六五三空や六三四空の他にも現れた大部隊の補給も行わなければならず、飛行場は大混乱となった。補給が出来ずに、出撃出来ない飛行機が相当数に上った。

それでも準備出来次第、出撃を開始する。攻撃二六三の雷装天山一二機は、索敵の天山一機と共に小禄飛行場を一四〇〇に発進。準備不足が祟ったのか、雷装の天山は六機も発動機不調にて引き返した。他も敵を見ずに、台湾の台東飛行場に帰投した。袖岡三雄飛曹長機（甲飛三期、操縦）は、攻撃隊に参加せずに唯《ただ》一機、発進していったのだが、そのまま行方不明となった。一機が電探により、敵艦隊を捕らえて接近したが、攻撃前に戦闘機約三〇機に阻まれて戦果不明、とも記録されており、ひょっとしたら袖岡飛曹長機のことを指しているのかもしれない。

攻撃二六三の索敵隊、隊長の北尾圭三大尉が指揮する天山三機も、同じ一四〇〇に沖縄北飛行場から発進していった。ところが、一機は一五三〇頃より無線感度が無くなり、台東飛行場に帰投できたのは一機だけで、北尾大尉機と末松精男中尉（予学一一期　操縦）機は、帰って来なかった。

攻撃二六三の天山偵察隊にいた中筋鼎さん（偵練二一期）は回想する。

『私達の飛行機には八木アンテナの電探を搭載し、訓練の時は電探で索敵をやろうということでしたが、当時の電探は大変重量があり、性能も悪かったので行く時に降ろしました。
その後に電波欺瞞紙を一杯詰め込んで四〇～五〇枚ずつ撒いていきました。我々の飛行機は一〇度くらいずつ頭を振り振りして飛行しましたが、敵を見ることはありませんでした。私が行く索敵線上に敵がいるらしかったのですが、出撃する前になって北尾大尉機と私の機が入れ替わって出撃しやはり北尾機はかえらず、私の機は何もなく帰還しました。

出発前の打ち合わせで、自分がやられた時、位置だけわかればいいから、それだけは誰でも無線で通報してくれよ、という話でした。しかし、位置を通報してきたのは一機もありませんでした』

一方、零戦一三機、戦爆一一機が天山四機の誘導を受けて、小禄基地を発進したものの、天候不良にて宮古島飛行場に帰投した。

六三四空彗星隊は、攻撃三、攻撃五と共に出撃したはずだが、攻撃五は途中ではぐれ、攻撃三が池内大尉以下全機（一五機？）未帰還となり、六三四空は分隊長の辻亨次郎大尉（海兵七〇期、操縦）ら四組を失っている。

以上のように、一四日に三航戦、四航戦といった第一機動艦隊の飛行機隊まで投入し、米機動部隊撃滅を狙ったものの、結果的にはなにも得られずに終わった。第二航空艦隊が考えていたプラン通りには、全くいってはおらず、机上の空論と化した。攻撃を強行したおかげで、各地の混乱は輪をかけていくのである。現状を掴めない上層部の指示は、当然妄想じみていく。

この日、一二日、一三日のT攻撃部隊の攻撃にて、空母九～一三隻（うち正規空母五～七隻）を撃沈したとする戦果報告があり、そのまま信ずれば敵機動部隊の空母の半数以上を失わせた。この情報に、連合艦隊司令部では、水上艦艇を向かわせて、敵の損傷艦を攻撃、さらにいるであろう不時着搭乗員の救助を行おうと考え、第二遊撃部隊に出撃するように命じた。

第二遊撃部隊は、日付の変わる一五日の〇〇〇〇に呉を出撃していった。

その一五日、各司令部では、敵の機動部隊が日本の執拗な攻撃により、大損害を受け、遁走に移ったと考えていた。そのために、隷下の航空隊に対し、とにかく攻撃するように命じた。

昨日宮古島飛行場に帰投していた飛行機の内、零戦一〇機と戦爆五機が誘導の天山三機と、〇七二九に宮古島上空を発進していった。

この日も曇、雲量七から八、高度一〇〇〇から一五〇〇まで一面が断雲という状況で、上空からの視界は全くの不良であった。その中を高度三五〇〇メートル、誘導の天山を先頭に、その後方二〇〇〇メートルに戦爆隊、さらにその後ろを、直掩の零戦がやや高度を取り、進撃していった。

ところが、約一時間後、右前方高度四〇〇〇メートル、左後方高度三〇〇〇メートル、二手に分かれたF6F約三〇機が邀撃してきた。これと交戦中に敵機動部隊を発見した、戦爆隊は急降下して三〇〇〇メートルで投弾、指揮の村岡英治大尉（海兵七〇期）機は体当たり攻撃したように認められたものの、防空砲火とF6Fの妨害で、戦果は未確認とされた。直掩の零戦五機、天山一機も未帰還となった。

この攻撃に参加した池田岩松さんの回想。

『多数の飛行機がよってきたので、

「日本の飛行機かな？」

と思っていたら、一番機は突然速度を出して前に行ってしまいました。

「グラマンだ！」

さて、二五番を抱えているので、突っ込みながらあちこちにあった断雲の中に逃げ込んだ。そのなかで、爆弾を捨て、断雲から出てみると未だ一機おるんですよ。グルグルお互いに飛んでいるうちに振り切ったが、この騒ぎで迷ってしまいました。

帰投の訓練というのはあんまりやっていないんですよ、座学程度で。だから、誘導の天山とはぐれると、周りは海だしなにもないんで、勘でいかなきゃしゃーないんですわ。事前の指示は「二四〇度で台湾に行け」っていったって台湾のどこに飛行場があるかわからなかったけど。まあ、台湾に行くしかないけどもよく見ると燃料が無い。爆弾抱えてしたので、燃料が思ったより消費していたんです。戻って石垣島でも…と戻るが、先通った島がもう見えません……。』

帰路を逸した池田さんは、自爆を決意。機体は降下し、海面が迫る。

『やはり、怖いものです。』

率直な感想だと思う。

突っ込んでは引き起こし、を四回繰り返したところで、新たな機影が見えた。味方の天山だった。

石垣島の方向を教えてもらい、上空まで辿り着いた。しかし、そこで燃料が無くなり、不時着し機体は大破。池田さんも一時意識を失うような状況ながら、なんとか生還出来た。

小禄飛行場からも、六三四空零戦一二機、六五三空の零戦五機（うち三機引き返す）、攻撃二六三の雷装天山三機が、他隊の零戦六機、雷装天山二機、彗星五機（引き返し、そのまま未帰還）と共に、木村聡大尉を指揮官に出撃したものの、敵を見ずに宮古島へ帰投した。

一〇月一六日、六五三空の天山一機、彗星二機は索敵に向かった。彗星一機が引き返したものの、彗星一機は敵機動部隊を捕捉、触接にも成功した。戦闘機の追従を受けたものの、振り切り離脱、帰投できた。しかし、天山一機は未帰還となった。

一一〇〇、台湾の大岡山飛行場を、攻撃二六三の雷装天山六機が出撃。他隊の銀河八機、攻撃二六二の雷装天山一二機、七〇一空九九艦爆三七機と共に、零戦四〇機の直掩を受け、進撃した。

九九艦爆隊は燃料の関係だろう、途中で引き返していったが、その他は進撃を続けたところ、一三四五にF６Fが邀撃に現れ、天山隊は突撃。やがて米機動部隊を発見、これを攻撃したが、戦果は不明で全機未帰還となった。

この機動部隊は、出撃した第二遊撃部隊をおびき寄せるために編成された〝囮〟部隊で、損傷した二隻の巡洋艦「ヒューストン」「キャンベラ」を、軽空母「カウペンス」「カボット」を中心に護っていた。戦闘機の邀撃でほとんどが撃墜されてしまったが、銀河が、損傷していた「ヒューストン」に魚雷一本を命中させた。しかし「ヒューストン」「キャンベラ」は沈没せずに、ウルシーに無事到着している。

その上、索敵機が空母七隻、戦艦七隻からなる機動部隊を発見、沈んだはずの空母が健在であることが発覚。当然ながら追撃ムードに水を差し、作戦の練り直しを迫るものとなる。

唯一の慰めは、第二遊撃部隊が敵艦上機を発見、敵機動部隊が健在であることを知り、〝囮〟部隊に引っかかることなく退避したことだけであった。

搭載すべき航空隊の半数程度、空母を護衛するためのはずだった第二遊撃部隊も出撃させ、残ったのは空母と、調子の悪い飛行機であった。そこに新情勢がやってきた。

〝囮〟艦隊、出撃

連合軍は一〇月一七日に、フィリピン中部レイテ島のすぐ目の前にあるスルアン島に、強力な掩護と共に上陸し、たちまち占領。フィリピン中部に対する、本格的な上陸作戦の前触れと推測された。

これを攻撃すべく、リンガ泊地に待機している、台湾沖へ出撃準備していた第二艦隊巨大戦艦「大和」「武蔵」などからなる水上打撃部隊、空母が一隻もない第一遊撃部隊の突入が計画された。

そこで連合艦隊司令部は、第一機動艦隊に対し、内地に残っている母艦搭乗員と飛行機をかき集め、出撃して敵部隊を牽制せよ、と命じた。

さらに連合艦隊は、第二航空艦隊に対し指揮下にある第三航空戦隊、第三航空艦隊、海上護衛総隊の兵力を含め、全力を台湾に集結。フィリピンに進出するよう命じた。

第一機動艦隊には、搭載すべき飛行機も、さらに護衛として考えられていた第五艦隊までもが、台湾沖に出撃していた。残されたのは、空母と若干の護衛艦。

台湾沖に出撃を命じられた三航戦及び四航戦の作戦可能兵力全力というのは、これすなわち母艦作戦可能な兵力全ても含まれることになる。つまり、作戦可能兵力を全て取り上げられてしまえば、あとに残るのは要訓練部隊になるはずで、つまりは母艦で作戦可能兵力など残るはずが無いのだ。護衛する艦艇も無い、飛行機も無い、それでいて空母だけ出て行って敵の牽制をしてこいとは、あまりにもめちゃくちゃな命令である。

とはいうものの命令は遂行せねばならない。第一機動艦隊司令部は、内地に残された空母で作戦可能な搭乗員及び飛行機を探しだし、護衛兵力を、かき集めるところから始められた。

一八日になると、レイテ島に上陸が伝えられ、第一遊撃部隊もブルネイに向けリンガを出発。台湾沖航空戦に出撃しなかった六五三空だけではとても足らず、台湾方面に出撃していた戦爆隊員、六〇一空、六三四空に着艦可能の搭乗員らをかき集めることにした。

二〇日、三航戦の空母四隻に、六五三空だけでなく六〇一空も含め、航空機を合計一一六機を集めて搭載。飛行機を積まなかった四航戦の航空戦艦二隻、本来、対潜水艦作戦に従事していた第三一戦隊を加え、軽巡三隻、駆逐艦八隻に守られ、機動部隊として出撃した。

出撃直後から、敵の潜水艦の電波を捉えたとか、雷跡発見とかが相次いだが、実際には誤りだった。駆逐艦が少ないために、マリアナ沖海戦のように潜水艦からの攻撃が懸念されていたためであろう。

さらに索敵機の遭難も出た。その中には、母艦の位置が分からなくなり、不時着した飛行機もあった。機動部隊は、第一遊撃部隊がレイテ沖に突入するのを支援するため、米機動部隊を誘致しなければならず"囮"とはいえ、早々に発見されるわけにはいかないため、予定していた行動を取らないのだ。

その上、故障が頻発した。台湾沖へ出撃した飛行機は当然完備機で、残りはたまたま整備中か、何らかの不具合があったものだ。搭乗員や整備の技量がどうこうというよりも、そういった機材をかき集めて乗せたのだから、仕方がないというほか無いだろう。

ともあれ、機動部隊は、敵を見つけることも無ければ、逆に見つかることもなく二四日を迎えた。

一〇月二四日、〇八一〇に第一遊撃部隊は、敵索敵機を発見。すなわち、敵に発見されたのだが、機動部隊の方は、まだ発見されずにいた。当然、第一遊撃部隊は、一〇三〇頃から一五三〇までに、米機動部隊からの約二六〇機の猛烈な空襲を受けた。この攻撃で、戦艦「武蔵」が傷つき、艦隊行動を取れなくなるなど、大打撃を受けた。

機動部隊では、〇六〇〇に索敵機（天山七機、彗星三機、零式水偵一機）を発艦させたものの、敵発見には至らなかった。さらに、なんらかの情報を得たのか、〇八四六に追加の索敵機彗星一機を発艦させた。そうこうしているうちに、〇九一〇に二航艦の索敵機が空母四隻を含む部隊を発見した、という電報が届けられた。

味方の報告とはいえ、他隊の報告であったので、発見した地点付近を飛んでいるはずの機動部隊の索敵機に、天候報告と触接するように命じた。しかし、その地点の視界が一浬程度の悪天候であることは報じてきたが、肝心の敵情が送られてくることは無かった。

ここで、自隊の索敵機が発見するまで待つか、それとも基地航空隊が発見した敵に向けて攻撃隊を発艦させるか、決断を迫られた機動部隊司令部は、敵の先制攻撃を受けることを恐れ、後者を採った。

この敵に向けて攻撃隊の全てを発艦させることを決め、発艦予定時刻一一四五を通知したところ、最後に発艦していった索敵機から、空母の所在が不明な敵部隊発見の報告が届いた。距離一八〇浬、近くもないが、遠くもない距離だった。

小澤中将は、空母の所在が不明であるものの、自隊の索敵機が発見したところへ向けて、艦戦四〇機、戦爆二八機、艦偵二機、艦攻六機、合計七六機からなる、攻撃兵力全力を発艦させることを決意した。

戦爆隊の浜園さんは、「瑞鳳」にいた。

『搭乗員集合。いよいよ、来るべき時が来た。同郷の機銃員に「行ってくるから」と声をかける。絶対に生きて帰れないので、生きて帰ることがあったら自分の故郷の家族に、元気一杯発艦していったからと伝えてくれと頼んだ。

機動部隊の三時間後の地点が示された。飛行図上に大きく◎を付け、予定された攻撃地点とを線を引いて針路を記入した。しかし、何かの都合で空母が見当たらない場合、比島へ向かえ、ただし、ルソン島の中部にある山越えはしてはならない、との注意があった。

飛行甲板上の零戦のエンジンが起動され、空母が風上に向く。発艦良しの信号。チョークを取り除くように信号を送り、エンジン全開。ちらっと横目で同郷の機銃員を見ると、帽子を振っている。』

一一五一から発艦を開始したものの、エンジン故障などが頻発してしまい、発艦引き返す機、発艦を中止する機や、発艦しようとしたもののエンジンの出力不足で、浮力が付かずにそのまま海に着水してしまった小野光重中尉（予学一二期、戦爆隊）のような飛行機も出た。やはり機材が悪いのであろう。その上、訓練が出来ていないことが露呈する。「瑞鶴」から発艦した集団と、「瑞鳳」「千歳」「千代田」から発艦した集団に別れてしまったのだ。しかし、攻撃中止にするわけいかない。一二〇五別々に進撃を開始した。

「瑞鳳」「千歳」「千代田」を発艦した集団は、誘導天山四機を先頭に、戦爆八機とその上空に飛行隊長中川健二大尉が指揮する零戦一九機が直掩と、制空隊に分かれて飛行していた。

前方に雲が多くなってきた一三〇五、F6F約二〇機が現れ、零戦隊はこれと交戦して六機撃墜確実、一機不確実を報じた。戦爆隊も一部が空戦し、一機撃墜を報じている。

「瑞鳳」から出撃した戦爆隊の浜園さんの回想。

『そろそろ、接敵の時間。見張りを厳にしていたところ、後ろからグラマンが奇襲してきた。直掩の零戦と空戦が始まり、火の固まりで落ちてゆくのは零戦、白い煙を引いてゆくのはグラマンか。

戦爆も増槽、爆弾を投下して空戦に入ったものは半分ぐらいいたが、私は増槽も、爆弾も投下しなかった。まもなく、敵がいると思ったからだ。』

戦爆隊は付近を捜索して空母を探したが、雲が多いためか見つけることが出来ず、攻撃は出来なかった。

この空戦で、零戦五機、戦爆二機、天山二機を失った。

「瑞鶴」隊は、誘導の天山一機を先頭に、六五三空戦闘一六六飛行隊長遠藤大尉が指揮する戦爆一一機が続き、やはりその上空を六〇一空戦闘一六一飛行隊長の小林大尉が指揮する六〇一空の零戦八機、六五三空の零戦四機が、飛行していた。ところが、六〇一空零戦は、小林大尉まで引き返してしまい、最後には五機になってしまった。やはり、六〇一空は急遽搭載したためか、いろいろ不具合が出たのだろう。

視界は二五浬あり、悪くなかったが、当たり前だが前方に雲が迫っていたのは変わらない。一三〇〇、やはりF6Fが現れ、空戦が始まった。しかし、幸運にも戦爆隊は空母を含む機動部隊を発見。

直ちに攻撃したものの、空母に至近弾を与えたのみに終わった。

六五三空は零戦二機、戦爆四機、天山一機、六〇一空は零戦一機を失った。

攻撃隊は、母艦へ向かったようだが、そこには母艦に予定地点にいなかったためか、ほとんどがフィリピンに向かった。母艦に帰ってこられたのは、零戦、戦爆、天山がそれぞれ一機のみであった。


一方、一六四一、待望？の敵の触接機が現れ、ようやく機動部隊は発見された。日本海軍が意図したとおり、米機動部隊は第一遊撃部隊に対する警戒を解き、小澤中将の機動部隊攻撃へ切り替えた。

二五日、索敵機天山三機、空戦が出来ない彗星一機や戦爆七機を陸上基地へ向かわせる。さらに零戦七機を発艦させ、敵の空襲に備えていた。そこに索敵機が現れ、すぐに一〇〇機を超える大編隊が発見された。さらに零戦一〇機を発艦させ、直ちに空戦が始まった。

一二〇機による艦艇に対する攻撃も始まり、空母「瑞鶴」「瑞鳳」「千歳」はたちまち被弾。〇八五六に駆逐艦「秋月」が沈んだ後、〇九三七に「千歳」が沈んだ。さらに第二波三六機、健在だった「千代田」も、命中弾を受けると火災を起こして航行不能になった。

一一〇〇頃、邀撃にあたっていた零戦が次々に不時着水。一名が「大淀」に、小林大尉以下八名が「初月」に救助された。

第三波、二〇〇機以上がやってきた。「瑞鶴」「瑞鳳」に攻撃を集中。一四一四に累計魚雷七本、爆弾七発の命中を受け、「瑞鶴」が沈んでいった。

その後、第四波約四〇機が来襲、「瑞鳳」も一五二六に沈んだ。

さらに攻撃が続き、最後に残った動かない「千代田」を曳航することも、乗員を救助することも困難になっていた。そして遂に損傷艦処分のため北上してきた重巡二隻、軽巡二隻を中心とする、デュボース少将が指揮する部隊に捕らえられ、一六五五「千代田」は沈没した。乗組員を乗せたまま……。さらに、人員救助中の軽巡「五十鈴」、駆逐艦「初月」「若月」も砲撃を受けた。「五十鈴」「若月」は離脱できたものの「初月」はそれから一時間あまり交戦して被弾多数、航行不能になり、上空直衛で奮闘した戦闘機搭乗員も含め救助した人員も乗せたまま撃沈された。

その数時間後、単艦で離脱していた軽巡「多摩」も潜水艦の雷撃を受け、日本側が気付くことなく沈められた。

「瑞鶴」から投げ出された搭乗員の中に、艦攻電信員の黒田好美さんがいた。

『一〇月二〇日には、確かに「瑞鳳」に着艦したような気がします。それで、二〇日に内地を出て、二三日に索敵に出たのです。それで、敵部隊を見つけ、だいたいあの位置にいる、というのを確認して、そして帰ってきているとき、ちょっとエンジンがおかしくなったのです。なるべく近くの艦に降りようを言うことで、「瑞鶴」に緊急着艦をやって脚を壊してしまいましたので、翌日の総攻撃には出れませんでした。

「瑞鶴」が沈められて、一七時頃まで泳ぎ、「若月」に助けられました。敵が触接していたので、なかなか駆逐艦が近寄ってこず、暗くなってもうだめかと思った頃にやっと駆逐艦が来ました。駆逐艦の甲板から喫水まで一メートル位ありまして、縄ばしごを降ろしてくれたのですが、あれをようあがれんかったですね。やっと、必死の思いで駆逐艦に上がった思い出があります』

機動部隊の残存艦艇は、奄美大島を目指した。ここには燃料を補給するためにタンカーが派遣されていたからだ。
しかし、到着したのは
戦艦「伊勢」「日向」
軽巡「大淀」「五十鈴」
駆逐艦「霜月」「若月」「桑」「槇」「杉」「桐」
にすぎなかった。

母艦からでなくとも

一方、台湾方面の陸上基地へ派遣されていた三航戦、四航戦の飛行機は、二航艦の指揮下に入った。二二日夕刻、予定されていた総攻撃に参加するために、他の部隊と共にフィリピンのルソン島、クラークフィールド地区の飛行場へ進出したのだが、すでに暗くなっているところに、合計すると約二〇〇機にもなる飛行機が殺到し、しかも、初めてのフィリピン上空を飛ぶという搭乗員がほとんどで、自分たちが指定された飛行場に降りられた飛行機は少なかった。これは、整備員を乗せた輸送機にも言えたことで、各飛行場同士の連絡体制まで不備であったのも拍車を掛け、整備員との連絡が取れなくなり実働機の低下を招くことまで発生した。

その翌日二三日、早速、索敵攻撃に零戦、紫電約一〇〇機、九九艦爆三八機、天山六機と、単機攻撃のため彗星五機が出撃したものの、天候不良にて引き返した。

二四日、昨日に発進していた九〇一空の九七大艇三機の内、一機が〇〇五〇、電探によりマニラの九〇度二五〇浬に大部隊を捕捉した、と報じたまま未帰還になった。これ以外情報を得られなかったので、二航艦司令長官の福留中将はこれを攻撃することを命じた。

まず索敵機が月光が第一段、銀河、陸攻の第二段索敵、黎明前攻撃のため天山、瑞雲が出撃したが、瑞雲が敵艦船一隻発見を報じたのみで、敵情を得なかった。第一攻撃集団が〇六三〇から〇七三〇にかけ、クラークから出撃した。

制空隊　零戦二六機（二五二空）、零戦二八機（二二一空）、
　紫電二一機（三四一空）
第一攻撃隊　爆装零戦六機（二二一空）
第二攻撃隊　彗星一〇機（攻撃三、攻撃五、六三四空）
第三攻撃隊　第三掩護隊　零戦五一機（六五三空　七機、
　二〇三空戦闘三〇四　一六機、
　六三四空　二八機）
第三爆撃隊　九九艦爆四一機（七〇一空攻撃一〇二、攻撃一〇三、
　六三四空）
特第一攻撃隊　天山八機（七六一空攻撃二五一、六五三空）

〇七〇〇、攻撃一〇三飛行隊長　江間保少佐（海兵六三期、操縦）が指揮する七〇一空の九九艦爆三八機に、六三四空の九九艦爆三機も続いて発進した。しかし、制空隊どころか直掩隊とまではぐれてしまい、丸裸の状況であったために、僅かな邀撃機の奇襲で進撃を阻止された。空戦により攻撃一〇二飛行隊長　松井清大尉（海兵六八期、操縦）らが搭乗する八機が行方不明となった。

攻撃五飛行隊長　大淵珪三大尉（海兵六六期、操縦）が指揮官となる彗星一二機も同じく〇七〇〇に発進。攻撃五は、六機を発進させたものの、敵発見の報告もないまま三機を失った。攻撃三も二機を発進させている。そして、本来、航空戦艦から作戦する予定であった六三四空が四機を発進させていた。これが、シャーマン少将が率いる（正規空母二隻、インディペンデンス級二隻）一群に襲い

かかり、〇九三九軽空母「プリンストン」に急降下。投下した爆弾は、防御の無い飛行甲板を楽々貫き、艦内で爆発。ちょうど出撃準備中の飛行機にも燃え広がるなど大火災を発生させ、遂には処分されることとなる。

この彗星は水平飛行に移ったところで撃墜された、とされているが、日本側記録（クラーク基地機密第二四一一四五番電）には〇九四〇空母一隻直撃（二五番）というものがあり、撃墜されたのであれば報告を行うことは有り得ないので、命中弾を与えた彗星は帰還していたと考えるべきだろう。

続いて彗星一〇機からなる第二次攻撃隊が発進した。この内五機は一一〇〇に発進した七〇一空の所属機で、一機が離陸時事故、一機が未帰還となった以外、状況は不明である。この日、六三四空は天近進上飛曹（操練五三期）が操縦する飛行隊長　木塚忠治大尉（海兵六七期　偵察）の搭乗機を失った。攻撃三も一機未帰還となっている。

陸上基地から発進したとはいえ、空母といっても航空戦艦だが、空母航空隊の六三四空彗星が空母一隻葬り、一矢報いた形になった。

この後も、母艦から移動してきたものが合流。邀撃、攻撃、索敵と活動を続け、六五三空の生き残った搭乗員らは一一月一七日までにフィリピンを離れた。

K攻撃部隊フィリピン進出

フィリピン沖海戦は、日本海軍の長年整備してきた艦隊が大敗北を喫した。しかし、フィリピンの戦況は、特攻攻撃などによる撃沈報告が相次ぎ、航空戦力が伯仲しつつあるように、少なくとも日本側は思っていた。そこで、速やかに増援戦力を送り込み、一刻も早く優勢にならなければならない。壊滅状況にある空母航空隊のことにはかまってられないのだ。

一〇月三一日、連合艦隊司令長官は、

『一．第一機動艦隊司令長官ハ第六〇一第六五三第六三四各航空隊ノ内地残留隊ノC級以上搭乗員ヲ以テ左記標記（？）ノ混成攻撃隊ヲ臨時編成シ基地作戦ヲ準備セシムベシ　充当機材ハ主トシテ右各航空隊保有中ノ内地残留未完備機材ノ急速完備ニ依ル外別ニ指示ス

甲戦（二四）戦爆（二四）艦偵（四）艦爆（八）艦攻（八）水偵爆（八）

二．本攻撃隊ヲK攻撃部隊ト呼称ス　指揮組織（一KDF長官所定ニ依リ適時部下職員ヲ以テ臨時編成）ヲ付スルモノトス

三．K攻撃部隊ノ菲島進出時期ヲ一一月一五日ト予定ス

四．KDF長官ハK攻撃部隊ニ編入セザル爾余ノ六〇一空六五三空六三四空各航空隊残留兵力ヲ六〇一空ニ統合整頓　一航戦司令官ノ指揮下ニ時期母艦兵力ノ再編ヲ準備セシムベシ

右使用基地ヲ主トシテ松山大分岩国トシ基幹員ノ補充及ビ補給機材ニ関シテハ追テ指示ス』

と七六機にもなる部隊の基地転用を指示した。一一月下旬には第二陣、零戦三〇機と戦爆三〇機の追加進出も予定されていたが、中止されている。

ところが、当初は統一した指揮官を置くつもりだったが、増援を受ける在フィリピンの二航艦では、単なる兵力の補充として考えた。

戦闘三〇二の現状九名にK攻撃部隊戦闘機二四名、戦闘三一六の現状二名にK攻撃部隊戦爆隊二四名と戦闘三一一の一〇名、攻撃五の現状九組にK攻撃部隊艦爆隊一二組と攻撃一〇五の一〇組、攻撃二五六にK攻撃部隊艦攻隊一二組、偵察四は偵察三と偵察四のそれぞれ現地兵力二〇組とした。また、すでにフィリピンに進出していた六三四空は、戦闘機搭乗員が戦闘三〇四、艦爆搭乗員一〇組が攻撃三、艦攻搭乗員七組が攻撃二五一に転入する考えであった。再建される戦闘飛行隊、攻撃飛行隊は、概ね三〇組程度になるように考えられていて、攻撃五と攻撃二五六は、二〇年一月末内地に帰還し、期待の新鋭機、流星への機種変更を予定していた。

これに対し連合艦隊司令部は、K攻撃部隊を艦爆を攻撃三、艦偵を偵察四に編入とした他は現地要望通りとし、編入後にK攻撃部隊の編制を解くこととした。

これもおかしな話で、K攻撃部隊という集団で作戦をするのならともかく、単なる補充であるのならば、機動艦隊の飛行機隊として出す意味がない。統一した行動を求められるわけではないのだから、別にどこの部隊の、それこそ寄せ集めでも良い。いったん南九州などで集合し、統一訓練をしなおして進出すれば良いのだから。

連合艦隊司令部としては、七六機という集団を補充兵力としてフィリピンへ送れれば、それで良かったのかもしれないが、派遣される方は、自分たちはK攻撃部隊という名前で進出したはずなのに、現地に行ってみたらそれ編入だ、ではたまったものではない。

飛行機もフィリピン沖海戦で持てる機材を全て投入していたので、一一月一日現在の六〇一空全体の実働機は、零戦五二型二機、零戦二一型九機、彗星一一型三機、彗星一二型一機(他に修理中一機)、彩雲一機、九九艦爆二二型一機の合計一七機。一一月三日時点の六五三空は零戦五二型七機、零戦二一型二機、天山一二型一機、彗星一二型二機の一二機でしかなく、一〇〇一空に大分基地まで彗星一〇機、天山一〇機の空輸をさせるなどして機材の充実、訓練に努めていた。

機動部隊であった第一機動艦隊が解隊された一一月一五日にK攻撃部隊として零戦二六機、戦爆二一機、彗星一〇機、天山艦攻一〇機が、小禄へ向け出発。一六日には零戦二機、彗星八機、戦爆七機、天山二機の進出が予定されていた。

小禄を台南へ向け一七日出発したのが、零戦五二型一八機、零戦二三機、天山七機、零式輸送機七機。一八日出発したのが、零戦五二型六機、零戦五機、彗星艦爆一一機、天山三機、彗星艦偵五機と記録されている。

フィリピンのクラーク基地には、一九日に到着した模様で、二〇日には彗星艦爆は七機が揃い、天山は九機がミンダナオ島のダバオへ進出した。

ところが、混乱に輪をかける事態が起こっていた。一五日に発令された辞令をよく見れば、准士官以上はまちまちの部隊への編入となっていたのだ。戦闘機隊は、増山保雄大尉が戦闘三一三飛行隊長に、鮎川幸男中尉と石森学中尉(共に海兵七一期)は戦闘三一一、戦爆隊の村上武大尉は戦闘三〇二飛行隊長に、など。艦爆隊は、川口富司大尉(操練二〇期)は攻撃一〇三分隊長、山下敏平飛曹長(甲飛三期、偵察)も攻撃一〇三に。伊藤直忠大尉(海兵七〇期、偵察)は、攻撃一〇五。艦攻は、六三四空の搭乗員らは攻撃二五一へ辞令が出されている。

おそらく、各隊の幹部が不足していたため、ちょうどやってくるK攻撃部隊から引き抜いたのだろうけども、例えば、攻撃一〇三は再建のため内地へ帰還しており、合流するのには引き返すことになる。こうバラバラにされ、進出したと思ったら帰らされるなど、K攻撃部隊はますます存在感が無くなってしまった。

各地に展開したK攻撃部隊にとってさらに悪かったのは、一〇月下旬、組織的に出撃が始まった体当たり攻撃が既に日常化してしまっていたことだ。大型空母を撃沈するには四機の命中が必要で、命中率を五〇％として一隻に八機、八隻沈めるには六四機……などと計算していた現地司令部にとって、進出してきたK攻撃部隊は、その体当たり兵力の一部と見做されてしまっていた。艦爆隊は特攻隊編成があったが、既存の兵力からの選抜となりK攻撃部隊は外された。しかし、零戦に爆弾を積めるようにしてある戦爆隊は格好の標的となり、次々と特攻隊へ編入されていく。

艦攻隊として、フィリピンに渡った黒田さんの回想。

『K部隊としてフィリピンに向かい、一一月一五日に攻撃二五六に配属されました。

クラークからレイテ湾の攻撃に行きましたが、少し遠いということで、ダバオに行けということでダバオに行き、攻撃を続けました。治安が安定していたのは、飛行場の周辺だけで、あと全部敵という状態でした。』

戦爆隊の浜園さんの回想。

『私も、搭乗員も少なくなったせいか、古い部類に入れられ、隊長の三番機を命ぜられる。隊長は遠藤大尉、雷撃機出身で、大声を出したことを聞いたことがない、おとなしい、無口な人で、これが海兵出身かと思うこともあった。

当時フィリピン人は八五パーセントがゲリラっていわれてました。マニラの町では、飲みに行っていらんことを言うな、搭乗員は一〇〇〇ドルって賞金がかけられている、飛行帽は絶対かぶっていくな、拳銃は安全装置をはずして行けって、話で。それで、そんな恐ろしいことを言われたから、二、三回しか行かなかった。

到着後は、早速攻撃に向かう。

今日もなんとか一日生き延びたかと、宿舎に帰った時、隊長から「ちょっと来てくれんかな」

と言われたら終わり、特攻の申し渡しであった。

こんな事があった仲間はだいたい三日目には特攻に消えていった。次は我が身である。みんな哀愁を帯びた顔、生きて帰る気持ちはみじんもないけども、死刑は夢も希望も全くない。一応、希望者だけといったけども、手を挙げないものが一人でもいるはずがない。完全な命令でした。』

神武特別攻撃隊出撃

連合艦隊司令部は、一一月一二日、第一機動艦隊に対し次のように命じた。
第三艦隊内地所在兵力（K部隊第一進出兵力ヲ除ク）内ヨリ銓衡左ノ標準ニ依リ特別攻撃隊編成方準備セラレ度
艦爆二（特攻）夜戦二（直掩）艦爆一（偵察誘導）一ヲ以テ一隊ト差当タリ六隊（三〇組）ヲ編成　追テ本特別攻撃隊ハ基地航空隊空部隊各種兵力ト協同主トシテ母艦（当分ノ間「龍鳳」級一隻）搭載ニテ奇襲スルヲ目途トシ用法ニ関シテハ更ニ研究ス

空母から体当たり攻撃を行おうとする、機動部隊としても、特別攻撃隊としても異色な存在であった。しかし、別に空母から、体当たり攻撃部隊を発進させなければならない理由はどこにもなく、そもそも索敵機無しの状態で出撃したところで、どうやって攻撃すべき敵部隊を見付けることが出来るのか。思いついたから編成を命じてみた、といった感はぬぐえない。

とはいえ、命令が出された以上、実行しなくてはならない。機動艦隊司令部は、爆装戦闘機搭乗員を戦爆隊である六〇一空戦闘一六二、直掩が戦闘一六一、誘導隊に偵察六一から選抜を行った。

発　一航戦司令官　機密第一三一一一五番電
連合艦隊機密第一二〇九一七番電ニ依ル特攻隊ヲ佐ニ依リ編成、昼間母艦発艦作戦ヲ目途トシテ練成中
一．概成予定ノモノ一二月六日訓練終了
（ロ）七日岩国ニ於テ龍鳳ニ搭載発艦訓練
（ハ）一二月一〇日出撃準備完成
二．編制
（イ）指揮官　青野大尉
（ロ）特攻隊　青野大尉以下一二名（内士官二名）
（ハ）直掩隊　藤田中尉以下一二名（内士官三名）
（ニ）誘導隊　床尾中尉以下一二名六組　（内士官二名）
（ホ）整備員　矢野皮大尉以下二三九名　（内士官三名）
三．呼称
神武特別攻撃隊

指揮官の青野豊大尉は海兵七〇期の艦爆操縦員で、百里原空の教官から偵察六一の分隊長に転勤してきたものの、すぐに海兵同期でマリアナ沖海戦を生き抜いた村川弘大尉と入れ替わり、戦闘一六二の分隊長になっていた。直掩隊の藤田昇中尉と誘導隊の床尾勝彦中尉（艦爆操縦）は共に海兵七二期の若手士官で、昭和一九年七月に四一期飛行学生を卒業後、六〇一空に配置されていた。

このような編制で訓練を続けていたが、予定は遅れた。使用空母が「龍鳳」から新造されて間のない「雲龍」に変更され、一二月一〇日に発艦訓練、一二月一二日出撃準備完了を目指すことになった。

ところが、連合艦隊司令部は、通信諜報により、敵の機動部隊がウルシーで出撃準備を整えており、日本本土の攻撃を企画しているのでは、と考えた。

一二月四日、本土に所在している各部隊に対し、六日までに敵機動部隊に対する作戦準備を整えるように命じた。作戦警戒もしくは発動となった場合、一航戦神武特別攻撃隊も、基地作戦に備えるよう命ぜられた。

訓練基地である瀬戸内海が空襲されるようになれば、空母と、その航空隊が訓練することも、待機することも出来なくなる。

この事態に、翌五日一航戦に対して、

『一．神武特別攻撃隊ハ松山基地ニ在リテ明六日中ニ基地作戦準備
ヲ完成スベシ
二．特別攻撃隊「雲龍」搭載ニ関スル諸作業ヲ当分ノ間延期ス』

と命じた。

しかし、一航戦司令官古村啓蔵少将は空母の使用をあきらめたわけではなかった。古村少将は、この作戦に関して連合艦隊司令部から具体的な指示もなく、誰かの思い付きのような作戦であることを

見抜いていたのか、思い付きつきでもなんでも、指揮官人選や索敵力強化のため電探付き天山の供給を求めるなど、意見開示を繰り返していた。母艦から作戦する、ということ以外具体的な指示もなく、すっかりその気で訓練をしてきた。いざ、というころになってから、やっぱり止めたでは、司令官としては納得出来ないものであったのだろう。神武特別攻撃隊を基地から作戦させるのではなく、母艦からの作戦とするよう詳細な意見具申を行った。

機密第〇八一四三二番電
発　第一航空戦隊司令官
宛　連合艦隊参謀長
　レイテ方面現情勢並ニ敵機動部隊策動情況ニ鑑ミ神武特攻隊ハ偵察隊制空隊ヲ増強ノ上左ニ依リ母艦ヨリ作戦スルヲ可ト認ム
一．使用兵力
(イ)第一航空戦隊司令部「天城」「雲龍」月型駆逐艦四隻
(ロ)攻撃隊神武特攻隊
(ハ)索敵隊彗星一二機(六〇一空)
(ニ)電探索敵隊三機(新編制)
(ホ)制空隊零戦六〇機(六〇一空及ビ戦闘三〇八又ハ他隊ヨリ加入)
(ヘ)対潜警戒隊　九九爆六機(六〇一空)
二．使用時期　一月下旬　但シ機材並ニ訓練進捗セバ一月中旬
三．攻撃目標
(イ)菲島東方敵機動部隊
(ロ)菲島東方敵増援部隊
(ハ)レイテ方面敵艦船
四．協力部隊
　基地航空部隊及先遣部隊
五．作戦要項
(イ)本作戦ヲ第一次神武作戦ト呼称　協力部隊ハ全力ヲ以テ本作戦ニ協力ス
(ロ)本作戦実施後第一航空戦隊ハ昭南ニ進出
(ハ)飛行機隊ハ一撃後最寄基地ニ帰投　昭南ニ引揚グ
(ニ)「葛城」ハ第二次用人員器材ヲ搭載　別ニ昭南ヘ進出
(ホ)第二次以降ノ神武作戦ハ昭南ニ於テ練成準備

連合艦隊司令部が与えた、漠然とした命令とは異なり、それだけでは貧弱な神武特別攻撃隊だけでは効果が得られないと判断し、一航戦と再建しフィリピンに向かおうとしていた戦闘三〇八といった他の部隊まで巻き込んだ新たな編制、現実的な作戦案、今後の行動に至るまで、一司令官の枠を超えた意見具申となった。しかし、フィリピンの航空戦で手一杯であり、もはや古村少将が考えるような艦隊作戦の意志はほとんどなかった。古村啓蔵少将は、一二月一〇日に一航戦司令官から南西方面艦隊司令部付へ転じることとなった。

フィリピンの戦局

決戦場と目されたフィリピンは、どのようになっていたのか。
大規模な上陸作戦が実施されたレイテ島への増援作戦は、航空戦の不振から思うようにいかなくなってきていた。一一月一三日、通信諜報として、一八日以降フィリピン中部もしくは北部に対する敵の大攻略作戦を警戒するように通知された。これに関連し、フィリ

ピンの航空作戦を指揮していた、福留繁中将は次のような意見中具を行った。

攻略作戦に対抗するには上陸前に、各機種共に体当たりを主用する攻撃に頼るほかない。海陸軍約三〇〇機あれば、敵機動部隊の空母を撃破しつつ敵上陸船団を壊滅させることが出来るだろう。よって、航空兵力を急速増強する必要がある。

さらに、第一航空艦隊司令長官の大西瀧治郎中将が東京に現れ、同様の説明をした。さらに、フィリピン増援兵力の進出を急がせた上、別に敵の新攻略作戦に備える兵力を要望した。具体的には、練習航空隊から二〇〇機程度抽出して、台湾北部に待機させておく、というものだった。

これを受けて、関係者の打ち合わせが行われた。

内地練習航空隊などから、零戦、九九艦爆、九七艦攻といった教育用機材を引き抜けば、約一八〇機ほどになると計算された。しかし練習用の飛行機、指導する教官、教員を取り上げられれば、教育は一時停止をせざる得ない。そのうえ、さらに引き抜かれたら教育は全く不可能だ。

そこで教育を一部犠牲にして、戦闘機のみ、練習航空隊の飛行機と教官もしくは教員、及び三五二空、三三二空という要地防空を担う航空隊からも搭乗員を引き抜き、台湾に集結させることを決定した。人間爆弾の桜花隊がフィリピンへ進出してくれれば、これと交代して原隊に復帰ということも考えられてはいた。

一一月二〇日に、台湾の高雄空や台南空を始めとして、筑波空、神ノ池空、元山空、大村空といった練習航空隊と三五二空、三三二空から、士官一五名、予備学生六四名、下士官兵七九名（合計一五八名）が、二〇一空付を発令された。搭乗員は、爆装出来るよう改造された零戦を受け取って台湾へ集まってきた。

ところが、ウルシーで敵機動部隊の出撃の兆候有りとした通信諜報を、在フィリピンの部隊では「フィリピンに来る」と判断し、待機中の零戦特攻機の一部を使用できるように要望した。

ところが、大本営海軍部は敵がフィリピン北部へ来襲時以外使用しない方針を改めて伝えたにもかかわらず、福留中将は一二月八日、待機していた二〇機をフィリピンへ進出させた。命令に従わないなど信じられないことだが、在フィリピンの飛行機数が少なくなっていることも分かっており、黙認された。

また同日、福留中将は、指揮下の爆装零戦もしくは艦爆からなる特攻隊を金剛隊、銀河からなる特攻隊は草薙隊と呼称すると定めた。金剛隊とは、練習航空隊から抽出された特攻隊だけの呼称ではない。

連合艦隊司令部は、一二日に一航戦司令官大林末雄少将に対し、神武特別攻撃隊をフィリピンへ進出すべく、一二月一五日に松山を出発させるように命じた。

一二月一八日神武特別攻撃隊として青野豊大尉（海兵七〇期、艦爆操縦）が指揮する旧六〇一空を主体とする零戦二八機（爆装用も含む）、彗星七機がフィリピンへ向け発進。二四日、第一三金剛隊として発進するも敵を見ず、その後、昭和二〇年一月五日の第一九金剛隊などで散華していった。

一方、作戦に使用される予定であった空母「雲龍」は、任務が無くなったために宙に浮いた形になった。そんなところに、特攻兵器桜花をマニラに輸送する予定であった空母「隼鷹」が雷撃を受け、損傷。「雲龍」はその代わりに急遽、桜花、陸軍空挺隊などを乗せてマニラに向け出撃することとなる。

一二月一七日、駆逐艦「時雨」「檜」「樅」と共に呉を出撃。ところが、早くも出撃二日後の一九日、「雲龍」は米潜水艦「レッドフィッシュ」が放った魚雷を受け、たちまち機関停止。動くことが出来なくなったところに二撃目の魚雷が右舷前部に命中。下部格納庫にあった輸送物件の桜花、魚雷、爆弾が誘爆を起こし、マニラに辿り着くこと無く、沈没した。

結局、神武特別攻撃隊として予定された搭乗員、飛行機だけでなく、空母「雲龍」までもが失われた……。

最後の母艦航空隊

一一月上旬、遂に航空母艦航空戦隊の作戦中止が決定された。ただ、母艦の作戦を完全に諦めたわけではなく、六〇一空は零戦二四機、戦爆二四機（実際には元の専修、艦爆、艦攻に吸収された）、艦爆一二機、艦攻一二機、艦偵六機で再建、リンガ方面で練成することになった。六〇一空は合計しても七八機でしかなく、残っている空母「雲龍」「天城」「信濃」「葛城」で考えれば、ほぼ一隻分でしかなかった。

しかも、一一月一五日付で六〇一空に残された飛行機の定数は、補用機も含んで艦戦二四機、艦爆一二機、艦攻一二機で、合計たったの四八機でしかなかった。本気で再編成しようと考えていたのかは、非常に疑問である。しかし、一航戦司令官の古村少将は、一二月中旬に予定された出撃に備え、空母の乗組員の欠員を補充し病弱者の交代を求めた。

戦闘機隊は、六三四空戦闘一六三分隊長の香取穎男大尉（海兵七〇期）が飛行隊長に。捷号作戦で、六〇一空派遣隊として「瑞鶴」で戦った岩井勉少尉（乙飛六期）、六五三空で戦ってきた白浜芳次郎上飛曹（操練五六期）ら。これら歴戦の搭乗員に、六〇一空戦闘一六一の若手士官らが加わった。

この六〇一空飛行隊長になった香取穎男さんは、

『当時六〇一空は母艦経験者を捷号作戦で抜かれてヒヨコが残っていて、それに六五三空、六三四空の帰還した搭乗員を加えて再編されました。

当時画策されていたのは、空母で洋上に出て戦局にとらわれずに太平洋で暴れて敵をやっつけようという考えがあることを聞いたことがあります。

飛行機の整備分隊長をやっていた機関科のコレスがいて整備の指揮官として母艦に乗る内命を受けていて、夜な夜なしょげかえっていたのを、おまえ達が死ぬ前に俺達の方が先に死ぬんだからよくよするな、と慰めたことを憶えています。したがって、だいぶ話が進んでいたと思います』

と回想している。空母一隻分では、主体となる作戦は、攻勢・守勢に関わらず困難であるが、だからといってせっかく作った空母を使わない、というのはもったいない。そんな考えから太平洋上で遊撃作戦を行う、という考えに至ったのかもしれない。

艦爆隊は、六〇一空偵察六一分隊長　村川弘大尉（海兵七〇期、

艦爆操縦）が先任分隊長となった（後に飛行隊長になる）。六五三空戦闘一六六、戦闘爆撃隊で捷号作戦「瑞鶴」から出撃した経験を持つ、金原弥太郎中尉（予学一二期）。マリアナ沖海戦で六〇一空艦爆・艦偵隊や六五二空の艦爆隊として参加した、中川紀雄飛曹長（乙飛七期、操縦）、原田嘉太男飛曹長（甲飛二期、偵察）、小島武彦飛曹長（甲飛五期、偵察）ら戦場経験者が多かった。はっきりしないが六〇一空攻撃一六一、偵察六一から転勤してきたようだ。

今までと変わったのは、飛行機。マリアナ沖海戦では、彗星一一型。フィリピン沖海戦では彗星一二型といったように、液令エンジンの熱田を搭載している彗星を使用してきた。しかし、熱田が製造上の不具合を出し故障を頻発させてしまい、生産激減したために、こなれた金星を搭載した彗星三三型が生産の主力となった。このため、母艦部隊である六〇一空には、当然彗星一二型が供給されるところだが、彗星三三型が供給された。

艦攻隊は、六〇一空戦闘一六二飛行隊長の肥田真幸大尉（海兵六七期）が飛行隊長になった。六〇一空攻撃一六一所属で捷号作戦「瑞鶴」で作戦した、桜庭正雄中尉（海兵七二期、艦攻偵察）が唯一の海兵出身者。

また、六五三空戦闘一六六の戦闘爆撃隊からの転勤者が多かった。台湾沖航空戦や捷号作戦を戦ってきた、領家高蔵上飛曹（操練五五期）、奥田鼎上飛曹、村井明夫上飛曹（甲飛九期）、加藤宗一上飛曹、宮下茂上飛曹（予備練一三期）。今に残る戦闘詳報に名前が載っていないが、当時戦闘一六六にいた、マリアナ沖海戦で六五三空の住吉一馬少尉（乙飛五期）、同じく六五二空の木須奨一飛曹（丙飛一二期）らも転勤してきた。

この時の状況を木須奨さんは、

『その時の人事関係なんかが、予備士官の人がやっていましたが、てんやわんやで。

生き残りが集まってくるでしょう。そうすると、専修を聞いて、極端な言い方をすると、

「艦攻出身、手を挙げろ！」

「艦爆出身、……」

手を挙げさせて、艦攻出身だから手を挙げるでしょう。そうしたら、「お前、艦攻に戻れ」って言われたのが松山でした。

松山には紫電の部隊と、六〇一の彗星艦爆と天山がおりました。しばらくは、紫電もおって、紫電も良く事故を起こしよってましたね。パイロットも若いですから、馬力の強いのに乗ると、極端に言えばテイクオフが満足に出来ない。

天山では、着艦訓練というのは松山にいるときやりました。瀬戸内海で着艦訓練をやりましたが、着艦訓練なんかまったくやったことがない人と一緒に編隊を組んでいくんですよ。そうすると、飛行機と飛行機の間隔が、着艦するためにある程度間隔がなくちゃいかんのですが、経験のない人がおるから、間隔の取り方なんかめちゃくちゃ。

だけど、着艦訓練は、飛び上がって、着艦して、発艦して、というのをたった一回しただけでした。』

昭和二〇年一月一日、空母「信濃」「雲龍」が敵潜水艦に撃沈され、新造の空母「天城」「葛城」、歴戦の空母「隼鷹」「龍鳳」の四隻から成る一航戦。戦艦「大和」「長門」「榛名」の第一戦隊。軽巡「矢矧」に駆逐艦一三隻の第二水雷戦隊。これらで編成された第二艦隊は、現戦局では作戦が困難になったため、昭和二〇年夏頃、機動艦

隊の再編制を目標として、内地で整備と訓練に従事することになった。一応の訓練が終われば、シンガポールへ進出して訓練を続けるという、希望を残して。

一方の母艦航空隊である六〇一空は、どうだったのだろうか。

まずは搭乗員。一月一日時点で、戦闘機四五名、艦爆二一組、艦攻二一組と大幅に定数を超えていた。しかし、戦闘には不適で要訓練とされるD級が戦闘機七名、艦爆操縦二名、偵察一名、艦攻操縦四名、偵察及び電信二三名といった具合で、まだまだ訓練が必要な状況であった。

それに対し、飛行機は、零戦五二型二二機（四機）、彗星三三型一九機（二機）、天山一二型一五機を保有していた。定数よりやや多いが、特に戦闘機が搭乗員の半分強程度で、訓練に支障が出かねないほどであった。

この頃の状況を、戦闘機隊長の香取さんは、

『一九年の末頃には機材も人員もそろったと思います。正月の二日に初飛行をやりましたが、一〇数機でやったのを憶えています。

当時使える空母は「天城」で、正月明けたらすぐに着艦訓練を行いました。それをやっている最中に三四三空が松山を使わせろ、といってきて着艦訓練が終わったころ松山から岩国へ六〇一空戦闘機隊は移りました。艦爆隊、艦攻隊は松山に残っていました。

内地には燃料がないので「天城」「葛城」に乗ってシンガポールに行く話があり、着艦訓練が終わったのでまもなく母艦に収容して、という段階でした。

昭和二〇年一月末には一通り訓練は終わっており、若い搭乗員でも着艦出来るようになっていました。一人一〇回位着艦を経験させたと思います。まだ、夜間着艦までいっていませんでしたが』

と回想するように、あと少し時間があれば、最後の作戦が実行されたのかもしれない。

ところが、日本は、フィリピンの制空権、制海権を完全に失った。このことにより、スマトラなどの南方から日本への燃料還送も、やがて不可能になることがはっきりした。燃料無くして機動艦隊の再建、それどころか残存艦艇の訓練すらままならなくなる。やむを得ず、戦艦を軍港の防空艦とすることと、空母は将来の使用を考えて第二艦隊に残すが極度に燃料を規制することになった。すなわち、シンガポールへ進出することは叶わなくなったのだ。

さらに、大本営海軍部は、航空作戦検討のため図上演習を行い、研究会を二月四日に行った。その際に、一航戦を使用すべきかどうかが議題に上った。

期待できる事としては、空母は移動できるので、敵の予想しない地点で一航戦全力の七五機を使用できること。しかし、従来の戦訓によれば、後詰め兵力が切れて攻撃不徹底に終わることが挙げられ、一航戦は、三航艦と練習航空総隊などと共に予備兵力という意見であった。これで、洋上作戦の見込みも無くなった。

運命の昭和二〇年二月一〇日、ついに六〇一空は、一航戦から陸上基地部隊である第三航空艦隊へ編入された。

これにより、日本海軍の母艦航空隊は、消滅した。

六〇一空は硫黄島へ

連合艦隊司令部は、二月一一日に敵機動部隊がウルシーを出撃し、進攻作戦を企図していると判断。二月一四日、関東に展開する三航艦司令長官である寺岡謹平中将（海兵四〇期）は、六〇一空へ速やかに香取基地に移動することを命じた。

早速、香取基地に移動した六〇一空は、二月一六日来襲した米機動部隊を迎え撃った。さらに、二月一九日、硫黄島敵上陸。第三航空艦隊司令部は、六〇一空に対し、硫黄島周辺の敵艦隊へ特別攻撃を命じた。

特別攻撃隊第二御楯隊と命名され、第一、第二、第三攻撃部隊がそれぞれ零戦四機と彗星艦爆四機、第四、第五攻撃部隊がそれぞれ天山艦攻四機と指定された。

隊長は、数の一番多い艦爆の飛行隊長　村川弘大尉（海兵七〇期、操縦）が命ぜられた。村川大尉はマリアナ沖海戦の六〇一空第一次攻撃隊、たった五機の生き残り。艦戦隊は佐藤良一大尉（海兵七一期）が二月一六日の邀撃戦で負傷したため、岩下泉蔵中尉（海兵七二期）が指揮官となった。艦攻隊は、飛行隊長を除けば、唯一の兵学校出身者の桜庭正雄中尉（海兵七二期、偵察）が指揮官であった。桜庭中尉は飛行学生卒業後、T攻撃部隊である攻撃二六二で訓練していたが、七六二空編入時に六〇一空に残留（攻撃一六一へ転勤）していた。そして、捷号作戦で六〇一空派遣隊として、九七艦攻搭乗員として「千代田」にて作戦に参加する、という経歴を持っていた。

二月二〇日朝、第二御楯隊は香取基地を発進、中継基地の八丈島を目指した。ところが、雲が多く進撃が不可能となり、引き返した。

翌二一日は天候が回復した。八丈島には零戦一二機、彗星一二機、天山八機（着陸時に一機が脚折損）が進出。

一二〇〇に、村川大尉指揮の第一攻撃部隊　彗星四機（五〇番）が直掩の零戦四機を従え発進。第二攻撃部隊　彗星三機（五〇番）、直掩の零戦三機、第三攻撃部隊　彗星四機（五〇番）、直掩の零戦二機も発進していった。うち零戦一機が引き返し、やや遅れて一三三五、故障していた第二攻撃部隊の彗星一機（五〇番）が零戦四機（うち一機引き返す）と共に発進。

一四〇五に、第四次攻撃隊の八〇番爆装天山四機、第五次攻撃隊の雷装天山三機が硫黄島を目指した。

もちろん六〇一空のみが攻撃に向かっていたのではない。この攻撃を支援すべく、七五二空の彩雲二機（内一機引き返し）と一式陸攻四機（一機離陸後に火災を生じ墜落）が、父島西方にレーダーを妨害するための欺瞞紙を散布するため、木更津を発つ。

一五二八、七五浬手前で発見されたものの、米軍機と勘違いされ接近することに成功した。それでも、上空直衛のF6Fが調査するため誘導される。たちまち空戦となり、F6Fは二機撃墜を報じたものの、攻撃隊自体を阻止することは出来なかった。

村川大尉が指揮する第一攻撃部隊は、大型空母を含む部隊を発見した。この部隊は歴戦の空母「サラトガ」と大型巡洋艦「アラスカ」、駆逐艦三隻からなっていた。村川大尉は、『突撃隊形ツクレ』を発信、「サラトガ」目がけて突撃する。

攻撃隊は、雲の中から不意に現れる形となり、奇襲に成功。五〇〇キロ爆弾一発を命中させ、二機が舷側、一機がカタパルト付近に突入。最後の一機が航空機用のクレーンに衝突して、破片をまき散らす。
攻撃隊の戦果は、岩下中尉による目視による確認で、大型空母大破と報じられた。
第二攻撃部隊は、
『特攻艦爆第三小隊　特攻艦爆第二小隊　我輸送船ニ体当リス一六一四』一六二〇受信
『我　輸送船ニ体当リス』特攻艦爆第二小隊三番機　一六二五受信
『我　突撃に成功』特攻艦爆第二小隊三番機　一六二七受信
との連絡状況から、輸送船を攻撃したものと判断された。
ちょうどこの頃、輸送船「キオカク」とＬＳＴ４７７が攻撃を受け、損傷している。
一方、第四、第五攻撃部隊は、天山艦攻のみで零戦が直掩していなかった。敵の直衛戦闘機が着艦収容されていなくなる薄暮もしくは日没後の攻撃を考えていたのだろう。当日の硫黄島の日没は一七三二であった。この最後となる日没を見届けた後、突入を開始する。
『敵航空母艦撃沈』第五攻撃部隊　一七四七受信
『我　輸送船ニ体当リス』特攻艦攻第四小隊三番機　一七五四受信
第四攻撃部隊の天山三機は、一七四八頃「サラトガ」を攻撃。猛烈な防御砲火により二機が撃墜されたが、一機が八〇〇キロ爆弾を命中させた。この攻撃を含めて「サラトガ」は大きな被害を受けたものの、さすがはタフな巡洋戦艦を改造した歴戦の大型空母だけあって、一九〇五までに復旧することができた。
第五攻撃部隊は護衛空母三隻、駆逐艦三隻からなる部隊へ突入する。護衛空母「ルンガポイント」へ目がけて天山三機が魚雷を発射するも、すべて回避された。魚雷発射後、先頭の一機目は対空砲火により撃墜。二機目は対空砲火をくぐり抜け離脱。最後の一機が「ルンガポイント」に突入せんとグングンと接近してきた。ところが、寸前で対空砲火が命中し発火。そのまま艦橋に右翼を引っかけるように突入、火の点いた航空燃料と共に破片が降り注いだ「ルンガポイント」は一時大きな火災となったが、すぐに消し止められた。
攻撃はこれだけでは終わらない。「ルンガポイント」を援護するために対空砲火を浴びせていた護衛空母「ビスマークシー」は、一〇メートル以下の超低空で向かってくる〝敵機〟を発見。直ちに機銃で防戦したものの、右舷後部のエレベータ付近に突入。大きなショックと共にたちまち大火災となった。この直後、大爆発を起こし、遂に手の施しようがなくなり、沈没していった。
ところで、第四攻撃部隊は四機で八丈島を発進していた。しかし、攻撃したのは三機であった。残りの一機は、父島に不時着していためである。この天山を操縦していたのは、木須奨一飛曹であった。
『私は、第四攻撃隊の指揮官機に乗っていました。
今、考えれば運がよいと考えられるかもしれませんが、父島の手前で私の機はエンジン不調になりました。硫黄島まで届いていれば、当然私も死んでいるわけですけども……。父島は、滑走路というより不時着場があるだけのところでしたが、もともと母艦搭乗員であったので、狭いところに降りるのは自信があったので、八〇〇キロ爆弾を抱えたまま、父島の滑走路に降りたのです。ところが、爆撃を受けた後の穴に脚を取られて、飛行機は大破になりました。

第四攻撃隊の一番機として参加したのに生き残って、私は、三機の人間が全部死んでいる、それに対する自責の念というんですか、それは今でもあります。』

全軍特攻に……

昭和二〇年二月に入ると、誰の目にも明らかなほど戦局は悪化していた。そのため、練習航空隊の訓練をほとんど中断し、戦力化することが決定された。戦力化といっても、体当たり攻撃のため、である。二月一六日、練習航空隊の総元締め、連合航空総隊司令官は、中間練習機や実用機教程、偵察員を養成するために機上練習機を保有している各隊に対し、特攻隊の編成を命じた。使用する飛行機は、紫電、雷電といった局地戦闘機と、水上練習機を除く全機が指定された。すなわち、零戦や九九艦爆、九七艦攻といった、訓練で使用していた旧式化した実用機だけでなく、訓練のために作られ、訓練でしか使ってこなかった中間練習機や白菊といった機上作業練習機まで、体当たり作戦に使用するというものだった。おまけに、搭乗員に対する注文まで付いていて、各隊の教官要員の1／2から1／3、予備学生は最上級のものを要求していた。これは、敵まで辿り着けないのではないのか、という疑問が出された時に、各航空隊には練度が高い搭乗員がおり、その誘導により対処する、というものがあるからだ。

しかし、到底納得のいくものではないだろう。昼間の集団強襲は、マリアナ沖海戦で実施困難ということがはっきりしていた。だからと言って夜間攻撃は、台湾沖航空戦で自信を持って出撃させた攻撃隊がほとんど戦果を上げ得なかったことも、この頃には解っていたはずだ。彗星、天山、銀河といった開戦時には無かった新性能機でも思うように戦果を挙げられないというのに、練習機を出撃させて何を得られるというのだろうか。爆弾を積めるのと、爆弾で艦船に対する攻撃が出来る、というのはイコールにはならないし、だいたいどうして体当たりなのだろうか。

練習機まで特攻に使えば、何が得られるのか。実用機約七〇〇機、中練など練習機約一二〇〇機が抽出される予定になっていたが、この七〇〇や一二〇〇といった数に踊らされていたのではないのか。作戦を考える側は、飛行機の性能や搭乗員の練度も考えてはいるのだろうが、そういった“質”、目に見えないものよりも、一〇〇機、二〇〇機といった“量”、すなわち目に見ることが出来るものを追い求めたのではないだろうか。

ともあれ、命令が出た以上、各部隊は指定された四月下旬に向け、訓練を始めるしかなかった。

練習航空隊の手まで借りなければならなかった前線部隊からは、困窮のあまり、次のような提案するものまで現れた。

昭和二〇年二月二一日　機密第二一一〇二九番電
発　第五航空艦隊参謀長
今後ノ敵機動部隊ノ攻撃ニハ敵ノ波状攻撃ノ間隙ヲ縫ヒ我ガ伏勢兵力ヲ以テ追従攻撃セシムルガ最モ成功ノ算大ナリト認メラレルル処
目下改造中ノ彗星四三型ノ翼端形状ヲＦ６Ｆ式ニ改メ飛行機塗色及ビ国際標識ヲコレニ類似ノモノトスルハ此ノ際最有力ナリト認ム

ルニ付　当部隊伏勢兵力用ニハ之ガ実現方然ルベク取計度

もはや、プライドなどなにも感じさせない提案である。ただ戦果を挙げたい、どんな手段を使っても、という上層部の歪んだ欲望でしかない。そもそも、米軍の標識を付けていたら、敵に辿り着く云々以前に味方に撃ち落とされかねないではないか。電報を発信したのは、マリアナ沖海戦時に「飛鷹」艦長であった横井俊之大佐（海兵四六期）である。この横井大佐は、大正一一年第七期航空術学生として航空術を習得し、以来航空畑で務めてきた人物である。そのような人材が、このような発案をしてくるほど日本海軍は追いつめられていた。

さて、米機動部隊は硫黄島を去り沖縄を空襲、泊地であるウルシーへ帰っていった。

これを察知した日本海軍は、以前から企図していた、泊地を奇襲特攻により空母を撃沈破しようとする、丹作戦を発動した。

その参加兵力は、元母艦部隊であった攻撃二六二。飛行隊長は、黒丸直人大尉（海兵六七期、偵察）であった。黒丸大尉は、マリアナ沖海戦で「矢矧」に飛行長として乗艦していた。三月一一日、八〇一空の二式大艇に誘導された、黒丸大尉が指揮する攻撃二六二の銀河二四機が鹿屋を発進した。遙か、一三六〇浬離れたウルシーを目指して……。

故障により引き返すなどして、ヤップ島上空を通過する時には銀河一六機にまで減少していた。それでも日没後にウルシーへ到着、一二機が突入していった。

しかし夜であり、目標の判別が困難となっていて、空母「ランドルフ」の飛行甲板を破壊したのみに終わった。

米機動部隊は一四日、ウルシーを出撃。一八日に九州沖へ現れた。九州に展開していた第五航空艦隊（司令長官　宇垣纏中将　海兵四〇期）は、兵力の温存は困難と判断して、戦闘機隊には邀撃、艦爆、艦攻、銀河、四式重爆は攻撃を命じた。二一日には、人間爆弾桜花を搭載した一式陸攻を発進させたが、邀撃にあい母機である一式陸攻もろとも全滅する大きな被害を受けた。とにかく、持っている攻撃戦力を全て出し切った形で、空母五隻撃沈したと判断していたが、損傷した空母はあったが沈没したものは無かった。

本土を叩いた米機動部隊はやや南下して、二三日に沖縄を空襲。二四日には、沖縄は戦艦などによる艦砲射撃を受け、翌二五日には慶良間列島に上陸されるにいたった。

二六日、連合艦隊司令部は沖縄に敵上陸が迫っていると判断。天一号作戦を発動した。これにより九州南部へ三航艦各航空隊は移動を開始する。が、満足に展開する前の四月一日、沖縄には米軍が上陸した。この日、練習航空隊からなる一〇航艦にも進出が命じられた。沖縄への総攻撃、菊水一号作戦に備えた。

四月六日、まず零戦隊が沖縄上空へ進入。爆装零戦八五機と彗星二四機が機動部隊めがけて発進。練習航空隊から集められた九七艦攻や九九艦爆も沖縄周辺艦船を目指して発進していった。

この中に、浜園重義さんもいた。

フィリピンから帰り、百里原空で教員として練習生の訓練を受け持っていたが、まさか、まさかの選抜であった。

『今までで一番美しいと思った』富士山を目にしながら、百里原空から故郷鹿児島の国分基地へ移動。着陸する前に長兄が勤務する小学校上空で旋回するも不在で、実家のそばにある郵便局まで電話をかけ、兄弟の声を聞く。すると、出撃前に長兄が自転車で駆けつけてきた、母親が作った三月節句の団子と共に。飛行場に向かうトラックが見えなくなるまで、手を振ってくれた。

指揮所にあるテーブルには、食べ物が並べられていたが、誰も手を付けない。団子を渡したら『母の味がする』『出陣のキビダンゴだ』と喜んで食べてくれた。ダンゴに母の太い指の跡を見つけ、『この母を米軍に渡さないためにも俺が死ぬしかない』と涙が溢れた。

搭乗員が整列する。この日用意された百里原空艦爆隊は九九艦爆一四機で、搭乗員二八名のうち、実戦経験があるのが沓名飛曹長、石川上飛曹、浜園二飛曹の操縦員三名、森山飛曹長、千葉飛曹長の偵察員二名しかいなかった。

『指揮官の桑原大尉も、実戦の経験はないんですよ。私の一番機は、横山大尉という機関科の学校出だったけれども、やはり経験はないですよ。(偵察員は実戦の経験がある)この人は大分の湯布院の人で、森山飛曹長っていう人で、渡洋爆撃にも行きよったそうですよ。

沓名飛曹長は、私がラボールにいった時、先任搭乗員をしていました。日本海軍で一番尊敬する男ですよ。私を死刑の道から助けてくれた人。私を、人間的に、技術的に助けてくれた人です。

上等飛曹兵曹で、なんでかは知らないですが、私を兄弟みたいに、声をかけてくるわけですよ。ほかの人は、おまえだけ変じゃ、って言われていました。どういうわけだ、って言われて、遠い親戚だって嘘をいいよったわけですよ。攻撃の時、自分の小隊に入れてくれて、良く教えてくれた。私はこの人のために生きてる、って思う。私もこの人のためには、命をかけてやらねば、と誠心誠意しおったですよ。そして、いつも「死ぬときはおまえも一緒だから」だけど、特攻隊の時はなあ、やっぱいろんな編成があるから、そうはいきませんでしたが。

二小隊二、三機でしょう。小隊ごとに並びました。沓名さんは隣だったですよ。

宇垣纏中将の話が終わり、最後に、

「質問はないか?」

と問われ、沓名飛曹長が

「ある」

ちゅうて、

「輸送船を二隻ぐらい沈める自信がある。そのときは帰ってきていいですか?」

その人はミッドウェーからの歴戦の勇士ですから、操縦はうまいですよ。

「ならん! 死んでくれ!」

これだけでしたよ、二言。

その時、人間って冷たいなあ、と思った。

海軍中将だから相手は偉いけども、でも一言ぐらい、ほんのかけらでもいいから、人間的な言葉をだせんかったかな、このやろうは、って思ったですよ。それまでは、私も海軍中将は尊敬していたけど、こんな野郎なのか、と思って。もうちょっとなんかいいようがありそうだけどなあ。ちょこっと生きる望みを。それこそ、自信があれば沈めて帰ってこい。駄目だと思ったらそのまま突っ込め!

これをなんで言えなかったのか……。

私が言いたいのは、なんで一番最初に考え出した人が行かんのか。大西とか、宇垣とか真っ先に行くべきですよ。そして、「日本はこういう情況で、にっちもさっちもいかん。君たちの誠意しかないんだ」といわれれば、パイロットで生き延びようと思うやつはおらんと思う。それをやらずにね……。』

海軍の指揮官は、特攻隊に対して思考が麻痺していたのだろうか。

百里原空の九九艦爆は、通常の二五〇キロ爆弾の他に、それまで最大でも二発しか積まなかった六〇キロ爆弾を左右の翼下に二発ずつ、計四発搭載していた。燃料は満載した、とわざわざ燃料タンクの蓋を外して見せてくれた。旧式な九九艦爆で、燃料満載はともかく、五〇〇キロちかくの爆弾を搭載した結果、地上でも速度が増さないので、なかなか浮き上がらない。ようやく浮き上がっても、上昇がスムーズにいかない。それでも、だんだん雲が増え、やがて雨が風防に線を引き始める中を、沖縄へ向けて進んでいく。

しかし、『この雲では、いくらアメリカがレーダー（電探）使ってもわからないだろうと思っていた』という予想は裏切られ、戦闘機が現れた。浜園さんは、実戦経験を生かし見張りを徹底したおかげで、線香花火のような曳光弾四、五〇発を発見し、これをかわす。一回の退避で高度は二五〇〇メートル落ちていた。ふと、後方を見れば、火の玉が落ちていく。旧式な飛行機に目一杯の爆装。『極端な言い方をすれば、八〇のおばさんに重い荷物を背負わせ、樫の棒で追い回されているのと同じ』という惨状になったが、浜園さんは、爆弾を全て捨てて退避を続け、やがて弾が無くなったのか、戦闘機は帰った。傷ついた九九艦爆は、陸軍知覧飛行場付近まで辿り着き、不時着した。

ここにいたのか

昭和二〇年八月一五日一二〇〇、玉音放送が流れた。日本の無条件降伏受諾を日本国民に知らしめるための、大多数の国民が初めて聞いたであろう、天皇の肉声であった。

ここから、新たな戦いが始まった。それは厳しいものであったが、戦争と比べ、命が失われる危険はほとんどないのが大きな、決定的な違いであった。

共に戦った仲間の消息を気にかけながら……。

沖縄特攻で生還した、浜園重義さんの回想である。

『酒向令二君（昭和一九年二月一七日のトラック空襲の時、竹島の飛行場に着陸する寸前にグラマンに銃撃されて海中に墜落。左腕貫通の傷を負っていた）。彼も私も重傷で、一緒に内地の宇佐空へ帰ってきたんだけど、私だけ転勤が来たんですよ、まだ血が出るのに。

そして、彼は喜んでいたんですよ。

「俺は大東亜戦争生き延びたようなもんだ　お前は一ヶ月せんうちに死ぬんだ」

って言って。

別れて、その後、どこに行ったのか、調べようが無く、わからなかった。

戦後、海上自衛隊に入って、私も候補生学校に行きました。あそこにいきゃなあ絶対少尉にはなれないので。そうとう勉強せにゃあ、自衛隊の東大ちゅうんだもの。やっとこせ、勉強して行きました。そうしたら、史料館があるでしょう。なんかの引き合わせだなあ。ガラス窓を開けて、最初、ぱっと第一歩。彼が親に出した手紙があったですよ。

「酒向、お前はここにおったのかぁ！」

と大きな声を出した。

　今まであれだけ探したけど、見つけきれなかったけど、ここにおったのか……。』

後書きにかえて

なぜマリアナ沖海戦なのか

小学生二年の頃か、学校の授業で「身近なところの戦争体験」を調べてくるようなことがあったと思う。そのころ、家族のなかでは戦争時代の経験があるのは祖母だけで、祖父はすでに亡くなっていた。祖父は昭和一〇～二〇年頃は従軍していなかった。建築関係に携わっていて、あちこちの建物、例えば陸軍の立川飛行場の格納庫などを造るのに関わっていた。そのかわり祖父の兄弟が海軍で戦死しているとその時聞き、写真を一枚持って授業に望んだと記憶している。

確か、戦死の状況についての書類も見た記憶がある。昭和四〇年頃の県庁が発行した書類で『「大鳳」沈没により行方不明　地点北緯……』というようなものだった。まあ、その時は「大鳳」が戦艦なのか空母なのか、いったい何なのかもわからず大して気にもしていなかったが、今から思うとこれが第一歩だったのだろう。

その後、近くにコンビニが出来て、プラモデルを買った。三〇センチシリーズの「翔鶴」で浮かべて楽しめるものだった。それから「翔鶴」はどういう船なんだろうか？　と思って調べ始めた。ハワイ作戦に参加、その後数々の戦いに参加してマリアナ沖海戦で沈没とあった。そうだ、あの「大鳳」もマリアナ沖海戦で沈没したんだ。そのマリアナ沖海戦とはどういうものだったのか？　興味がわいてきた。

ところが、戦史の本といえば真珠湾攻撃、ミッドウェー海戦、あって南太平洋海戦までの戦いか、神風特別攻撃隊、「大和」や「武蔵」の物語しか当時見あたらなかった。やっとのことで見つけたマリアナ沖海戦の記述は大抵同じ。『飛行機隊が「い号作戦」「ろ号作戦」で大きな損害を受け、その補充が出来ずマリアナ沖海戦は敗れた』というような内容だった。

じゃあ、マリアナ沖海戦はどうやったら勝てたのか、と思いをはせた。烈風、流星など新型機があったらどうか？　「雲龍」などの新造空母が間に合っていたら、など考えていた。ボードゲームでアウトレンジ攻撃ではなく接近して攻撃していたら、など図上演習をやってみたりした。いろいろ暇を見つけてはいろいろ調べていたが、ある日ふと気がついた。そもそも「マリアナ沖海戦はなぜ負けたのか」わかっていなかったのだ。わかっていた気になっていただけだった。

それからいろいろ調べ始めた。そんな時、『空母「瑞鶴」』や『梓特別攻撃隊』の著者である神野正美さんと出会い、一つのアドバイスがあった。

「せっかくそこまで調べたのだから、生き残りの人に話を聞いてみるべきだ。きっと史料からはわからない話が聞けるはずだよ」

最初は正直そこまでしてやろうと思わなかった。いや、めんどくさい気持ちの方が大きかったのかもしれない。

しかし、そのように言い続けられているうちに考えが変わり始めた。確かに今この機会を逃すと後はないことは事実だし、別に聞いて損するわけでもない、とりあえず聞いてみようか、という安易なもので教えに従っていった。巡洋艦の水上機搭乗員の方々はそこからわかってきた。

そのうち、そこまで調べたのなら本でも書いたらどう？　と言われた。当然のごとく、やりません、と言った。そう、自分で本を書くというのは私の人生設計には全くなかったのだ。そのうち、誰かやるでしょう。

その状況を一変させたのが、いわば個人の趣味で完成した搭乗員編制表が世の中に知られないのは惜しい、という声だった。ありがたい、と思う気持ちとこの編制表のみだしてもそれっきりではないか、それはそれでつまらないな、という欲が出てきてしまった。

そうだ、この編成表を巻末データとして使えるよう、本を作ってしまえばいいんだ、とこれまた安易な考えが浮かんだ。決めた、そうしよう。

メインテーマはもちろんマリアナ沖海戦、その主役だった母艦搭乗員だ。マリアナ沖海戦の母艦搭乗員に影響を与えていたのは何だろうか、と遡っていくと、昭和一七年一一月頃に辿り着いた。昭和一六年一二月のハワイ作戦から昭和一七年一〇月の南太平洋海戦までは空母対空母の作戦が多く、様々な書籍で語られている。他人がやってくれるのであれば、わざわざ自分でやることもない。という検討（？）の結果、南太平洋海戦直後からマリアナ沖海戦までの範囲とした。それなら誰もが手をつけない範囲であるから、独自性が出せるだろうという読みもあって。

この作品を完成させるに当たり、一人の力だけではどうしようもなかった。多くの人の協力を得て、そして迷惑をかけてきた。なにせこんなことになるなんて夢にも思っていなかったので、描き方のコツどころかなにもわからなかった。御指導いただいたお陰で自分で自信が持てる著作が完成できたと感謝している。ご協力には感謝の、ご迷惑にはお詫びの気持ちを表したい。この作品を通じて一人でも多くの人が昭和一七年末からマリアナ沖海戦の母艦飛行機隊のことについて興味をもっていただければ、と思うし、そうあってほしいと願っている。

参考文献・資料

◎戦史叢書　（防衛庁防衛研究所戦史室、朝雲新聞社）
◎各部隊　飛行機隊戦闘行動調書、戦時日誌、戦闘詳報
◎内令
◎海軍辞令公報　各号
◎大東亜戦争戦訓（航空）第三編「速報」第一次乃至第五次「ボーゲンビル」島沖航空戦及其前後ニ於ル航空戦之部（横須賀海軍航空隊戦訓調査委員会第一航空分科会）
◎大東亜戦争戦訓（航空）第八編　第二次「ソロモン」海戦南太平洋海戦之部
◎大東亜戦争戦訓研究調査資料　昭和二〇年九月（海軍航空本部）
◎搭乗員戦死（殉職）者名簿（厚生省）
◎中沢佑軍令部第一部長ノート　（中沢佑史料）
◎佐薙日記、メモ（佐薙毅史料）
◎搭乗員名簿　操縦、偵、電　（杉山利一史料）
◎中島飛行機株式会社沿革大要及海軍機生産経緯並要目表　（赤井英之助史料）
◎航空母艦による海上護衛　（有田雄三史料）
◎太平洋戦争と国防燃料　（秋重実恵史料）
◎日誌　坂本武飛曹長
◎真珠湾攻撃に関するメモ
◎功績便覧「戦艦、巡洋艦、航空母艦の部」　第二復員省
◎飛行機生産計画及び実績昭和一六年～二〇年　航空本部
◎飛行機搭乗員現在員調
◎搭乗員統計資料綴　昭和一四～一六年　航空本部
◎機種別搭乗員一覧表綴　昭和二〇年五月調
◎太平洋戦争中に於ける日本海軍航空部隊編成及飛行機定数表
◎軍令部部員　土肥一夫中佐覚書帳
◎軍機電報綴
◎親電電報綴
◎参考電報綴
◎戦時編制改訂内報綴
◎帰還報告
◎航空記録
◎国防所要兵力研究（昭和五年及び七年）の経緯　軍令部第一課
昭和十、十二年帝国海軍現有兵力標準　付策定経緯　昭和七年一～七月　軍令部
その他　防衛研究所史料閲覧室　所蔵資料

◎Action Reportなど米軍関係史料（横谷英暁、ジム・サラワック提供）
◎平成七年度戦史研究発表会資料（防衛研究所北澤法隆、非売品）
◎小野会会誌（攻撃二六二飛行隊）（小野会、非売品）
◎海軍兵学校出身者（生徒）名簿　（海軍兵学校出身者（生徒）名簿作成委員会）
◎海兵六十四期生　（海兵六十四期生編集委員会）
◎第六十五期回想録　（第六十五期回想録編集委員会、非売品）
◎江田島の契り（続編）我かく闘えり（第六十六期、非売品）
◎六七期海軍史　（海軍兵学校第六七期会、非売品）
◎五百八十一名の全航跡 生と死の記録　（佐藤清夫、七一会、非売品）
◎第十一期海軍飛行科予備学生　（第十一期海軍飛行科予備学生編集委員会）
◎甲飛の黎明 一期生の史録　（甲飛一期生史録編纂委員会）
◎大空の絆　（甲飛二期生の史誌、非売品）
◎筑波山宜候 続甲飛三期生の記録（甲飛三期会）
◎甲飛八期のあゆみ　（八期甲飛会史編纂委員会）
◎九甲飛　（「九甲飛」編集委員会）
◎散る桜残る桜 甲飛十期の記録（甲飛十期会、非売品）
◎航空母艦「隼鷹」駆逐艦「秋風」（空母隼鷹戦友会、非売品）
◎海軍第十五期乙種飛行予科練習生の記録（乙飛十五期会）
◎乙十六期の戦闘記録　（雄飛十六の会、非売品）
◎生存者名簿　（丙飛会）
◎丙飛出身者戦没者名簿　（丙飛会）
◎元逓信省航空局航空機乗員養成所　戦没・殉職者名簿
◎特空会会員名簿　（特空会）
◎日本海軍神風特別攻撃隊々員之記録　（零戦搭乗員会）
◎空母翔鶴医務科戦闘記　（翔鶴医務科）
◎私の履歴書　（海軍通信学校第四二期生五〇周年会）
◎われらかく戦えり　（海軍通信学校四十四期会）
◎六八一人の青春 海軍通信学校二二志会の思い出（海軍通信学校二二志会記念事業委員会）
◎海軍少年電信兵 後世に伝えるわが青春のあかし　写真・図説・記録（海軍通信学校第五十二期記念出版委員会）
◎海軍無線通信の記述 横須賀通信同窓会創立七十周年記念誌　（久松安、横須賀通信同窓会）
◎鎮魂　（鵬会　※五二二空戦友会）
◎空母「龍鳳」の航跡　（吉田信二）
◎整備科大澤袈裟善の海軍日記　（大澤袈裟善）

◎日誌　坂本武飛曹長（坂本武）
◎瑞雲飛翔　第六三四海軍航空隊水爆瑞雲隊・戦闘記録・私記（梶山瑞雲）
◎わが青春は魚雷を抱いて（藤井庄輔）
◎ニシキを飾る（岡崎八郎善久）
◎新谷惇滋関係資料（波多野敬提供）
◎『零戦燃ゆ1～6』（柳田邦男／文春文庫）
◎『空母瑞鳳の生涯　われかく戦えり』（桂理平／霞出版社）
◎『連合艦隊海空戦戦闘詳報』（末國正雄、秦郁彦監修／アテネ書房）
◎『海軍戦闘機隊史』（零戦搭乗員会／原書房）
◎『ハンディ版日本海軍艦艇写真集5、6』（光人社）
◎『予科練外史1～6』（倉町秋次／予科練外史刊行会）
◎『マリアナ沖海戦』（横谷英暁）
◎小野会（攻撃二六二）会誌（小野会）
◎『空母「大鳳」の生涯』（吉村嘉三郎、非売品）
◎『海軍飛行予科練習生』（小池猪一／国書刊行会）
◎『海軍予備学生・生徒』（小池猪一／国書刊行会）
◎『日本海軍戦闘機隊 付・エース列伝』（伊沢保穂、航空情報編集部／酣燈社）
◎『海軍航空回想録　草創編』（桑原虎雄／航空新聞社）
◎『図解・軍用機シリーズ』（雑誌丸編集部／光人社）
◎世界の傑作機（文林堂）
『彗星』『グラマンF6Fヘルキャット』『九九式艦上爆撃機』
◎『予科練のつばさ 戦死率80パーセントの青春群像』（七期雄飛会／光人社）
◎『日本海軍艦上攻撃機』（モデルアート社）
◎『真珠湾攻撃隊』（モデルアート社）
◎『日本海軍史』（海軍歴史保存会／第一法規出版）
◎『陸攻と銀河』（伊澤保穂／朝日ソノラマ）
◎『最後の零戦』（白浜芳次郎／朝日ソノラマ）
◎『空母零戦隊』（岩井勉／朝日ソノラマ）
◎『命令一下、出で発つは』（松浪清／朝日ソノラマ）
◎『敵潜水艦攻撃』（木俣滋郎／朝日ソノラマ）
◎『急降下爆撃隊』（江間保他／今日の話題社）
◎『艦隊航空隊二』（藤本速雄他／今日の話題社）
◎『青春天山雷撃隊―ヒゲのサムライ奮戦記』（肥田真幸／光人社）
◎『忘れ得ぬト連送』（松田憲雄／光人社）
◎『八月一五日の空』（秦郁彦／文藝春秋）
◎戦史と旅　通算第二一号（潮書房）
◎『予科練魂 艦隊水偵隊死闘の記録』（安永弘／今日の話題社）
◎『日本海軍の爆弾』（兵頭二十八／四谷ラウンド）
◎『零戦搭乗員空戦記』（小八重幸太郎他／光人社）
◎『局地戦闘機「雷電」』（渡辺洋二／朝日ソノラマ）
◎『艦爆隊長の戦訓』（阿部善朗／光人社）
◎『予科練教育』（原田種寿・村上令／新人物往来社）
◎『滄海よ眠れ』（澤地久枝／毎日新聞社）
◎『日本補助艦艇物語』（阿部安雄、戸高一成／光人社）
◎『水平線　ソロモンから沖縄特攻まで零戦・艦爆搭乗員の記録』（浜園重義）
◎歴史群像太平洋戦史シリーズ（学研）
『日VS.米　陸海軍基地』『「伊勢」型戦艦』『零式艦上戦闘機2』
◎歴史群像シリーズ『日本の航空母艦パーフェクトガイド』（学研）
◎オスプレイ・ミリタリー・シリーズ（大日本絵画）
『第二次大戦のワイルドキャットエース』（バレット・ティルマン）
『太平洋戦線のP-38ライトニングエース』（ジョン・スタナウェイ）
『第二次大戦のヘルキャットエース』（バレット・ティルマン）
◎『わが海戦記　丙部隊の空母瑞鳳と駆逐艦桜の最期』（桂理平／霞出版社）
◎『高松宮日記』（高松宮宣仁／中央公論社）
◎『神風特攻隊「ゼロ号」の男』（大野芳／光人社NF文庫）
◎『第二次大戦航空史話下』（秦郁彦／中公文庫）
◎『青春天山雷撃隊』（肥田真幸／光人社NF文庫）
◎スケールアヴィエーション12号、13号（大日本絵画）
◎『零戦最後の証言II』（神立尚紀／光人社）
◎『流星戦記―蒼空の碧血碑、海軍攻撃第五飛行隊史話』（吉野泰貴／大日本絵画）
◎ビックマンスペシャル『連合艦隊　小澤機動部隊編』（世界文化社）
◎マウイ政府観光局ホームページ
◎New Guinea and the Marianas: March 1944-August (Morison, Samuel Eliot / Castle Books Published)
◎Aleutians, Gilberts and Marshalls: June 1942 - April 1944 (Morison, Samuel Eliot / Castle Books Published)
◎History of United States Naval Operations in World War II: Breaking the Bismarcks Barrier, 22 July 1942-1 May 1944 (Morison, Samuel Eliot / Castle Books Published)
◎Air War Pacific Chronology : America's Air War Against Japan in East Asia and the Pacific, 1941-1945 (Hammel Eric / Pacifica Pr Published)
◎The Little Giants: U.S. Escort Carriers Against Japan (William T. Y'Blood / Naval Institute Press)

◎回想（談話及び書簡）／写真／資料提供をしていただいた方々

一航戦　井手上二夫、岩井勉、大澤（町谷）昇次、賀来準吾、北島三郎、小八重幸太郎、作田博、千馬良人、田中一郎、徳永俊美、長岡智恵敏、永野甫、花見重一、平野恵、藤本（池田）速雄、本江博、宮下八郎、村上則明、村上令、森永隆義、山田金十郎、横山良一、吉村嘉三郎

二航戦　阿部善朗（善次）、臼井喜一郎、浦田直、香取頴男、木須奨、古俣豊寿、中岫正彦、波内茂、野口八郎、野村浩三、日高盛康、藤井庄輔、星子富士人、森田寅三郎

三航戦　池田岩松、黒田好美、福田（坂本）清

「大和」　周藤宗平

「榛名」　青木春雄

「金剛」　横山慧

「羽黒」　丸山由之利

「妙高」　小林敏春

「高雄」　岡本無類雄

「鳥海」　田口（幡谷）茂

「筑摩」　青木貢、久保末喜、中川忠義

「最上」　前田篤男

一二一空　梅本正信

五五一空　落合正

九三一空　伊藤次郎、合田博志

搭乗員関係　曙賢吾、浅生寿、飯塚徳次、岩崎嘉秋、小野健三郎、岳徳士、柏倉信弥、加藤豊吉、川野喜一、久保田省、越川太助、児島（横枕）秀綱、小松崎照夫、鈴木勲、中筋鼎、野上憲助、浜園重義、原田要、古田清人、村上吉喜、山路浅治、植木忠治

（海機四七期）　平川正巳
（海兵六七期）　田中一郎
（海兵六八期）　河原崎勇
（甲飛二期）　高橋賢三
（甲飛四期）　林正一
（甲飛六期）　横溝潔
（甲飛八期）　安松和彦
（甲飛九期）　久保隆勇
（甲飛一〇期）　中叔仙
（乙飛一〇期）　片岡五郎
（乙飛一一期）　太田誠一
（乙飛一二期）　長峯五郎
（乙飛一三期）　小林敏春
（乙飛一四期）　大野忠
（海軍通信学校四〇期）　梶川進
（海軍通信学校四二期）　宮田孝
（海軍通信学校四九期）　田中友治
（海軍通信学校五二期）　飛永源之助

大塚好古、鎌田実、吉良敢、古峰文三、佐藤吉雄、坂梨誠司、ジム・サラワック、田辺正彦、波多野敬、東芳江、百武伸茂、神野正美、西澤ひとみ、横谷英暁、防衛省防衛研究所の方々、アジア歴史センター

（敬称は失礼ながら略しております）

付録

搭乗員に関する覚え書き

搭乗員は、大まかに言ってしまうと海軍兵学校出身の将校とそれ以外に分けることができる。建前上の指揮権は海兵出身者の搭乗員が優先されるので、若い海兵出身の指揮官がはるかに長い経験を持つ搭乗員らを指揮する、なんてことも起こり得た。ただ、海兵は大変な難関校であり教育期間も長かったことは考慮する必要があるし、若い海兵出身と老練な海兵以外の指揮官のどちらが優れているか、なんてことは明確に答えが出るほど単純な話ではない。

飛行機という兵器を使って作戦を行うので、搭乗員には教育訓練にて十分な戦術的知識を得る必要があった。その教育をすでに受けている海兵出身者を搭乗員にするのが手っ取り早いが、もともと数の少ない海兵出身者では到底数を満たすことが出来ない。そこで、大正六年に下士官兵から選抜して教育する制度を作った。大正九年に飛行術練習生第一期生が採用された。その後すぐに、気球術練習生と統合する形で航空術練習生と改称して、第二期は気球搭乗タルベキモノのみ、三期は飛行機搭乗者タルベキモノ（操縦）、大正一一年の四期生からは機上作業者タルベキモノ（偵察）が加わった。操縦と偵察は飛行術練習生となりその後は操縦練習生、偵察練習生へ、気球は航空船練習生となり飛行船練習生へ、それぞれ改称されている。飛行船練習生は八期までで終了し、昭和六年から七年で偵察の講習を受けて、その後も活躍した。

さらに幹部の不足を補うべく将校の教育に準ずる三年間の基礎教育を行う予科練習生制度が作られ、昭和五年六月に一期生が採用された。また、逓信省の委託練習生に航空術教育が行われていたが、昭和五年からはその中から航空術予備練習生を採用することとした。

航空兵力が拡大していけば、搭乗員は慢性的な不足状態になる。特に士官搭乗員はおいそれと養成が出来ないため不足がちになってしまう。これを補うために高等商船学校卒業者の予備士官に対する航空術講習（一回のみ）、大学、大学予科、専門学校卒業者の予備士官（航空予備学生）、航空術予備練習生で航空免状を有する甲種、持たない乙種を教育した予備下士官が採用された。

しかし、航空兵力はますます拡張されていく。それに伴い小隊長格の搭乗員が不足するようになった。海軍兵学校どころか予科練の養成でも間に合わない見込みとなり、予科練よりも教育程度をやや高くして養成期間を短縮する暫定策が実施された。これが甲種予科練（甲飛）であり、従来の予科練は乙種予科練（乙飛）となった。

ところが、さらに航空兵力が拡大されると要員の不足は一層深刻となり、養成が短い甲飛制度を辞めるわけにはいかなくなり、暫定どころかますます採用数が増やされていった。甲飛、乙飛、操練／偵練では進級に差があったために感情の上での軋轢もあった、という。

搭乗員はそのほとんどが下士官兵で構成するようになっていったのだが、甲飛、乙飛、操練／偵練がまちまちに卒業していくと海軍の管理が難しくなっていく。そこで、実際に飛行機に乗る前の予科練教育が終わると分け隔てなく二カ月毎に飛行練習生（飛練）として中間練習機による基礎訓練、戦闘機や艦上攻撃機を使った実用機教程に進むことにした。

昭和一六年になると陸攻や飛行艇などの大型機の数が増え、その偵察員が不足してきたので、一〇〇〇名を一般兵科から旋回機銃の射撃員として採用することにした。予科練教育を施したので丙種予科練（丙飛）となり、攻撃術（射撃）特修者としていままで偵察員と区別された。

操練も予科練教育がなされることになり、丙種予科練に吸収される格好になった。どういうつもりで名付けたのかわからないが、一番歴史のある操練が丙種で、元祖予科練は乙種と、なんだか不可思議なネーミングをしてしまっていた。偵練はもともと偵察員となるべく採用された海軍通信学校出身者が多く、必要な学習は通信学校でしてしまえばよいので、予科練教育を受けずに飛練へそのまま進む場合もあった。その後、丙飛の偵察員も大型機のみだけではなく小型機の教育も行われた。

一番搭乗員を早期に養成できるのは、なんといっても一般兵科からの選抜の丙飛である。三カ月程度の予科練教育の後に飛練に送り込むことが出来るからだ。ところが、戦争が激しくなると、搭乗員どころか海軍全体として要員不足が深刻化してきた。つまり、一般兵科の優秀者を丙飛として採用していくのは非常に困難になったのである。そこで、乙飛として採用が決まった中から選抜し、六カ月の短期間教育を行う非常手段をとった。この乙種飛行予科練習生（特）は昭和一八年四月に制度化された。

日本海軍は、要員が不足すると既存のものではなく新たな制度を作り対応した。そのメリットは数を確保できることであり、戦局には十分対応できなかったものの搭乗員の数はなんとか確保できた。しかし、いくつもの制度が乱立する結果となり、搭乗員らの一体感を削ぐ要因になり得た。

マリアナ沖海戦時の兵力

◆日本海軍　六月一九日時点

◆第一機動艦隊司令長官 小澤治三郎中将（旗艦「大鳳」）

●甲部隊（指揮官 小澤治三郎中将兼任）

○第一航空戦隊（司令官 小澤治三郎中将兼任）

○空母「大鳳」飛行長 入佐俊家中佐（海兵五二期・六〇一空司令）
•零戦五二型二〇機（一機「隼鷹」に不時着）
•彗星艦爆一七機　•天山艦攻一三機（六月一三日一機大破）
•彗星艦偵三機　•九九艦爆一機

○空母「瑞鶴」飛行長 大野義高少佐（海兵五九期・六〇一空飛行長）
•零戦五二型二四機　•零戦二一型一一機（戦闘爆撃隊）
•彗星艦爆一八機　•天山艦攻一五機　•彗星艦偵二機
•偵察用天山艦攻二機（電探装備）　•九九艦爆三機

○空母「翔鶴」飛行長 松田秀雄少佐（海兵五五期・六〇一空副長）
•零戦五二型三四機　•彗星艦爆一八機　•天山艦攻九機
•彗星艦偵九機　•偵察用天山艦攻三機（電探装備）
•九九艦爆三機

○第五戦隊

○巡洋艦「妙高」飛行長 松島龍夫大尉（海兵六五期）

○巡洋艦「羽黒」飛行長 木ノ下清大尉（海兵六七期）
•零式水偵各一機

○第一〇戦隊

○巡洋艦「矢矧」飛行長 黒丸直人大尉（海兵六七期）
•零式水偵二機

○第一〇駆逐隊
○駆逐艦「霜月」
○駆逐艦「朝雲」

○第一七駆逐隊
○駆逐艦「浦風」「磯風」

○第六一駆逐隊
○駆逐艦「秋月」「初月」「若月」

●乙部隊（指揮官 城島高次少将　旗艦「隼鷹」）

○第二航空戦隊（司令官城島高次少将）

○空母「隼鷹」飛行長 鈴木正一中佐（海兵五二期・六五二空司令）
•零戦五二型一八機　•零戦二一型九機（戦闘爆撃隊）
•九九艦爆九機、彗星艦爆一一機　•天山艦攻五機

○空母「飛鷹」飛行長 中西二一少佐（海兵五七期・六五二空副長）
•零戦五二型一七機　•零戦二一型九機（戦闘爆撃隊）
•九九艦爆一九機　•天山艦攻五機

○空母「龍鳳」飛行長 山下丈二少佐（海兵六〇期・六五二空飛行長）
•零戦五二型一八機　•零戦二一型九機（戦闘爆撃隊）
•天山艦攻五機

○戦艦「長門」飛行長 伊藤敦夫少佐（海兵六三期）
•零式観測機二機

○巡洋艦「最上」飛行長 江藤圭一大尉（海兵六四期）
•零式水偵五機

○第四駆逐隊
○駆逐艦「野分」「山雲」「満潮」

○第二七駆逐隊
○駆逐艦「時雨」

○駆逐艦「浜風」「早霜」「秋霜」

●前衛（指揮官 栗田建男中将：第二艦隊司令長官　旗艦「愛宕」）

○第三航空戦隊（大林末雄少将）

○空母「千歳」飛行長欠　六五三空飛行長 進藤三郎少佐乗艦（海兵六〇期）
•零戦五二型六機　•零戦二一型一五機（戦闘爆撃隊）
•九七艦攻六機（索敵用）　•天山艦攻三機（誘導用）

○空母「千代田」飛行長欠　六五三空司令木村軍治中佐乗艦（海兵五二期）
•零戦五二型六機　•零戦二一型一四機（戦闘爆撃隊）
•九七艦攻六機（索敵用）　•天山艦攻三機（誘導用）

○空母「瑞鳳」飛行長欠　六五三空副長 川村匡中佐乗艦（海兵五五期）
•零戦五二型五機
•零戦二一型一六機（一五機は戦闘爆撃隊、一機は戦闘機隊）
•九七艦攻五機（索敵用）　•天山艦攻三機（誘導用）

○第一戦隊

○戦艦「大和」飛行長 岡本環少佐（海兵六〇期）
•零式水偵一機　•零式観測機二機

○戦艦「武蔵」飛行長 佐久間武大尉（海兵六六期）
•零式観測機二機

○第三戦隊

○戦艦「金剛」飛行長 堀端武司少佐（海兵六二期）

○戦艦「榛名」飛行長 細谷宏少佐（海兵六三期）
•零式水偵各二機

○第四戦隊
　○巡洋艦「愛宕」　飛行長 岩城邦広少佐（海兵五九期）
　○巡洋艦「高雄」飛行長 大野一郎大尉（海兵六八期）
　○巡洋艦「鳥海」飛行長代行 伊達一登中尉（操練一八期）
　○巡洋艦「摩耶」飛行長 佐野曙大尉（海兵六七期）
　　●零式水偵各二機
○第七戦隊
　○巡洋艦「熊野」飛行長 武田春雄少佐（海兵六〇期）
　○巡洋艦「鈴谷」飛行長 島勇次郎大尉（海兵六六期）
　　●零式水偵各三機
　○巡洋艦「利根」飛行長 峰松秀男大尉（海兵六四期）
　○巡洋艦「筑摩」飛行長 町田忠治郎大尉（海兵六六期）
　　●零式水偵各五機
○第二水雷戦隊
　○巡洋艦「能代」西山良平大尉（海兵六七期）
　　●零式水偵各二機
　○駆逐艦「島風」
○第三一駆逐隊
　○駆逐艦「沖波」「岸波」「朝霜」
○第三二駆逐隊
　○駆逐艦「玉波」「浜波」「藤波」
※前衛は三グループに分かれ、主要艦艇は以下の様になっていたと思われる。
○第一〇群「千歳」「武蔵」「愛宕」「高雄」「能代」「島風」
○第一一群「瑞鳳」「大和」「熊野」「鈴谷」「利根」「筑摩」「藤波」
○第一二群「千代田」「金剛」「榛名」「摩耶」「鳥海」「沖波」

◆補給部隊
　○油槽船「速吸」「玄洋丸」「あづさ丸」「日栄丸」「国洋丸」「清洋丸」
　○巡洋艦「名取」
　○駆逐艦「雪風」「初霜」「夕凪」「栂」「卯月」「響」
※搭載機は推定

◆連合軍

◆第五艦隊（司令長官 レイモンド・A・スプルーアンス大将）
　○旗艦「インディアナポリス」
●第五八任務部隊（高速空母任務部隊）指揮官 マイク・A・ミッチャー中将
　○旗艦「レキシントン」

○第五八・一任務群　指揮官 J・J・クラーク少将
　○正規空母「ホーネット」
　○エア・グループ2 ●TBF-1C 一機 J・D・アーノルド中佐
　　▽VF-2 ●F6F-3 三六機
　　▽VB-2 ●SB2C-1C 三三機
　　▽VT-2 ●TBF-1C 四機 ●TBM-1C 一四機
　　▽VFN-76 ●F6F-3N 四機
　○空母「ヨークタウン」
　○エア・グループ1 ●F6F-3 一機 J・M・ペータース中佐
　　▽VF-1 ●F6F-3 四一機
　　▽VB-1 ●SB2C-1C 四〇機 ●SBD-5 四機
　　▽VT-1 ●TBF-1C 一機 ●TBM-1C 一六機
　　▽VFN-77 ●F6F-3N 四機
　○空母「ベロー・ウッド」
　○エア・グループ24 E・M・リンク少佐
　　▽VF-24 ●F6F-3 二六機
　　▽VT-24 ●TBF-1C 三機 ●TBM-1C 六機
　○空母「バターン」
　○エア・グループ50 J・C・ストレンジ少佐
　　▽VF-50 ●F6F-3 二四機
　　▽VT-50 ●TBM-1C 九機
　○重巡「ボストン」「ボルチモア」「キャンベラ」
　○防空軽巡「サン・ジュアン」「オークランド」
　○駆逐艦一四隻
○第五八・二任務群　指揮官 A・E・モンゴメリー少将
　○空母「バンカー・ヒル」
　○エア・グループ8 ●F6F-3 一機 R・L・シェフリー中佐
　　▽VF-8 ●F6F-3 三四機
　　▽VB-8 ●SB2C-1C 三三機
　　▽VT-8 ●TBF-1C 一三機 ●TBM-1C 五機
　　▽VFN-76 ●F6F-3N 四機
　○空母「ワスプ」
　○エア・グループ14 ●F6F-3 一機 W・C・ウィンゲート中佐
　　▽VF-14 ●F6F-3 三四機
　　▽VB-14 ●SB2C-1C 三二機
　　▽VT-14 ●TBF-1C 一五機 ●TBM-1C 五機
　　▽VFN-77 ●F6F-3N 四機
　○空母「モンテレー」
　○エア・グループ28 R・W・インガーソル中佐

▽VF-28 ●F6F-3 二一機
▽VT-28 ●TBM-1C 八機
○空母「カボット」
○エア・グループ31 R・A・ウィルソン中佐
▽VF-31 ●F6F-3 二四機
▽VT-31 ●TBF-1C 一機 ●TBM-1C 八機
○軽巡「サンタ・フェ」「モービル」「ビロクシィ」
○駆逐艦一二隻
○第五八・三任務群 指揮官 J・W・リーブス少将
○空母「エンタープライズ」
○エア・グループ10 R・W・カーネ中佐
▽VF-10 ●F6F-3 三一機
▽VB-10 ●SBD-5 二一機
▽VT-10 ●TBF-1C 九機 ●TBM-1C 五機
▽VFN-101 ●F4U-2 三機
○空母「レキシントン」
○エア・グループ16 ●F6F-3 一機 E・M・スノーデン中佐
▽VF-16 ●F6F-3 三七機
▽VB-16 ●SBD-5 三四機
▽VT-16 ●TBF-1C 一七機 ●TBM-1C 一機
▽VFN-76 ●F6F-3N 四機
○空母「サン・ジャシント」
○エア・グループ51 C・L・ムーレ少佐
▽VF-51 ●F6F-3 二四機
▽VT-51 ●TBM-1C 六機 ●TBM-1D 二機
○空母「プリンストン」
○エア・グループ27 E・W・ウッド少佐
▽VF-27 ●F6F-3 二四機
▽VT-27 ●TBM-1C 九機
○重巡「インディアナポリス」
○軽巡「モンペリー」「クリーブランド」「バーミンガム」
○防空軽巡「リノ」
○駆逐艦一三隻
○第五八・四任務群 指揮官 W・K・ハーリル少将
○空母「エセックス」
○エア・グループ15 ●F6F-3 一機 ディバイド・マクキャンベル中佐
▽VF-15 ●F6F-3 三八機
▽VB-15 ●SB2C-1C 三六機
▽VT-15 ●TBF-1C 一五機 ●TBM-1C 五機
▽VFN-77 ●F6F-3N 四機
○空母「ラングレー」
○エア・グループ27 E・C・アウトロウ少佐
▽VF-32 ●F6F-3 二三機
▽VT-32 ●TBF-1C 七機 ●TBM-1C 二機
○空母「カウペンス」
○エア・グループ25 R・H・パリス少佐
▽VF-25 ●F6F-3 二三機
▽VT-25 ●TBF-1C 三機 ●TBM-1C 六機
○防空軽巡「サン・ディエゴ」
○軽巡「ビンセンス」「ヒューストン」「マイアミ」
○駆逐艦一四隻
○第五八・七任務群 指揮官 W・A・リー中将
○戦艦「ワシントン」「ノース・カロライナ」「アイオワ」「ニュー・ジャージー」「サウス・ダコタ」「アラバマ」「インディアナ」
○重巡「ウイチタ」「ミネアポリス」「ニュー・オリーンズ」「サン・フランシスコ」
○駆逐艦一三隻。この内、駆逐艦二隻（「ヤーネル」「ストックハム」）が、ピケット艦として行動していた。
●第五二任務部隊 指揮官 ターナー中将
○第五二・一七任務群 指揮官 J・B・オルデンドルフ少将
○戦艦「テネシー」「カリフォルニア」「コロラド」「メリーランド」
○重巡「ルイスビス」
○駆逐艦一三隻（第一部隊四隻、第二部隊三隻、第三部隊二隻、第四部隊四隻）
○第五二・一〇任務群 指揮官 W・L・アインスワース少将
○戦艦「ペンシルバニア」「アイダホ」「ニュー・メキシコ」
○軽巡「ホノルル」「セントルイス」
○駆逐艦は第五八任務部隊に引き抜かれたので、第五二・一七任務群の駆逐艦が配属されたと推測する。
○第五二・一四任務群 指揮官 G・F・ボーガン少将
○第一部隊
○護衛空母「ファンショウ・ベイ」
▽VC-68 ●FM-2 一六機 ●TBM-1C 一二機
○護衛空母「ミッドウェイ」
▽VC-65 ●FM-2 一二機 ●TBM-1C 九機
○駆逐艦三隻
○第二部隊

○護衛空母「ホワイト・プレーンズ」
▽VC-4 ●FM-2 一六機 ●TBF-1C 三機 ●TBM-1C 九機
○護衛空母「カリニン・ベイ」
▽VC-3 ●FM-2 一四機 ●TBM-1C 九機
○駆逐艦三隻
○第五二・一一任務群　指揮官 H・B・ソラーダ少将
○第三部隊
○護衛空母「キトカン・ベイ」
▽VC-5 ●FM-2 一二機 ●TBM-1C 八機
○護衛空母「ガンビア・ベイ」
▽VC-10 ●FM-2 一六機 ●TBM-1C 一二機
○駆逐艦三隻
○第四部隊
○護衛空母「ネヘンタ・ベイ」
▽VC-11 ●FM-2 一二機 ●TBM-1C 九機
○駆逐艦三隻
○第五〇・一七任務群　指揮官 E・E・ペア大佐
○第一〇部隊
○護衛空母「コパピー」
補給用飛行機を搭載
○駆逐艦一隻
○第一一部隊
○護衛空母「バターン」
補給用飛行機を搭載
○駆逐艦一隻
○第一二部隊
○護衛空母「マニラ・ベイ」
P-47を輸送
○駆逐艦二隻
(第五二任務部隊の護衛空母搭載機数は六月一一日時点のもの)
●第五三任務部隊　指揮官 R・L・コノリー少将
○第五三・七任務群　指揮官 V・H・ラグスディル少将
○第二二空母戦隊　指揮官 T・L・スプレーグ少将
○護衛空母「サンガモン」
▽VF-37 ●F6F-3 二二機
▽VT-37 ●TBF-1C 一機 ●TBM-1C 八機
○護衛空母「スワニー」
▽VF-60 ●F6F-3 二二機
▽VT-60 ●TBF-1 一機 ●TBM-1C 八機
○護衛空母「シェナンゴ」
▽VF-35 ●F6F-3 二二機
▽VT-35 ●TBF-1C 一機 ●TBM-1C 八機
○駆逐艦四隻
○第二四空母戦隊　指揮官 F・B・スタンプ少将
○護衛空母「コレヒドール」
▽VC-41 ●FM-2 一四機 ●TBF-1C 八機 ●TBM-1 四機
○護衛空母「コーラル・シー」
▽VC-41 ●FM-2 一四機 ●TBF-1 二機 ●TBF-1C 六機
●TBM-1C 四機
○駆逐艦三隻
(第五三任務部隊の護衛空母搭載機は七月二一日時点のもの)

日本海軍基地航空隊の兵力

※見方～以下の様に表記している
▼航空隊名　飛行機定数（常用機／補用機）
（なお、特設飛行隊は艦戦、甲戦、乙戦、艦爆、艦攻、陸爆、陸攻は常用36機、補用12機、丙戦と艦偵、陸偵は常用18機、補用6機と一定のため省略している。）
飛行隊長
機種名　飛行機数（実働機／保有機）

●連合艦隊
▲第一航空艦隊　※特記無き場合は六月三日時点の保有機数
付属偵察隊　三座水偵6／2、飛行艇6／2
二式飛行艇　4／5
零式水偵　7／7　サイパン第十一

◆第六一航空戦隊
▼一二一空　陸偵36／12
飛行隊長　千早猛彦少佐（海兵六二期）
彗星　5／8　テニアン第一
彩雲　2／5　テニアン第一
彗星　2／4　ペリリュー
▼二六一空　甲戦54／18
飛行隊長　指宿正信大尉（海兵六五期）
零戦五二型　18／25
零戦二二型　1／1
零戦二一型　16／19
（六月二日時点）
▼二六三空　甲戦54／18
飛行隊長　重松康弘大尉（海兵六六期）
零戦　2／6　グアム、25／25　ペリリュー、12／12
横須賀
▼二六五空　甲戦54／18
飛行隊長　鈴木宇三郎大尉（海兵六八期）
零戦　1／10　サイパン第一、32／32　ヤップ
▼三二一空　丙戦54／18
飛行隊長　下田一郎大尉（海兵六六期）
月光　10／14　テニアン第二、6／6　ヤップ、2／3　テニアン第一
▼三四三空　乙戦54／18
飛行隊長　尾崎伸也大尉（海兵六八期）
零戦　5／14　テニアン第一飛行場、37／37　ペリリュー
▼五二一空　銀河72／24
飛行隊長　江草隆繁少佐（海兵五八期）
銀河　23／26　内地及硫黄島、8／8　グアム第二、17／18　ペリリュー、16／16ヤップ
▼五二三空　艦爆72／24
飛行隊長　渡部俊夫大尉（海兵六五期）
彗星　14／20　テニアン第二、21／21　ペリリュー、8／8　ヤップ
▼七六一空　陸攻72／24
飛行隊長　高井貞夫大尉（海兵六五期）
一式陸攻　8／11　テニアン第一、11／11　ペリリュー
▼一〇二一空　陸輸48／0、水輸2／0
飛行隊長　不在？
九六陸輸　3／3
零輸　10／16
零輸（荷）　3／5
深山　1／4　以上香取
九六陸輸　1／1
零輸　6／7
零輸（荷）　2／2　以上テニアン第一

◆第二二航空戦隊
▼一五一空
偵察一〇一　飛行隊長　菅原信大尉（海兵六四期）
陸偵　1／2　トラック春島
▼二〇二空
戦闘三〇一　飛行隊長　鈴木実少佐（海兵六〇期）
戦闘六〇三　飛行隊長　池田利晴大尉（海兵六七期）
零戦　42／43　ワシレ、2／3　ヤップ
▼二五一空
戦闘九〇一　飛行隊長　菅原腆大尉（海兵六九期）
月光　4／5　トラック竹島
▼二五三空
戦闘三〇九　飛行隊長　平野竜雄大尉（海機四七期）
戦闘三一〇　飛行隊長　岡本晴年少佐（海兵六〇期）
零戦　24／31　トラック竹島
▼三〇一空
戦闘三一六　飛行隊長　従二重雄大尉（海兵六七期）
戦闘六〇一　飛行隊長　藤田恰与蔵大尉（海兵六六期）
零戦　47／52
雷電　40／60
二式陸初練　2／2
（六月一日時点　所在内地　飛行隊毎の保有機不明）
▼五〇三空
攻撃一〇七　飛行隊長　武田新太郎少佐（高等商船
彗星　14／14　ワシレ、0／4　ヤップ
▼五五一空
攻撃二五一　飛行隊長　肥田真幸大尉（海兵六七期）
天山　0／1、九七艦攻　3／7　トラック楓島
▼七五五空
攻撃七〇一　飛行隊長　壱岐春記少佐（海兵六二期）
一式陸攻　3／4　グアム第一
一式陸攻　9／11　トラック春島
攻撃七〇六　飛行隊長　巌谷二三男（高等商船
一式陸攻　4／8　グアム第一

◆第二三航空戦隊
▼一五三空
偵察一〇二　飛行隊長　入谷清宏大尉（海兵六七期）
彗星　0／2　ケンダリー（六月一〇日時点）
戦闘三一一　飛行隊長　山内紳大尉（海兵六九期）
零戦　16／19　ケンダリー（六月一〇日時点）
▼七三二空
攻撃七〇七　飛行隊長　植山利正大尉（海兵六六期）　五月二九日戦死
奥田一雄大尉（予学五期）　六月一〇日付
一式陸攻　9／13　ワシレ　（六月一日時点）
▼七五三空
攻撃七〇五　飛行隊長　森本秀雄少佐（海兵六三期）
一式陸攻　2／2　ケンダリー
その他　ソロン3、デゴス2実働あり（六月一〇日時点）

◆第二六航空戦隊
▼二〇一空
（この他に内地から空輸中の零戦40機あり　六月二一日
時点台南に所在）
戦闘三〇五　飛行隊長　河合四郎大尉（海兵六四期）
零戦　完備６　セブ
戦闘三〇六　飛行隊長　春田虎二郎大尉（海兵六九期）
零戦　完備６　セブ
▼五〇一空
戦闘三五一　飛行隊長　横山岳夫大尉（海兵六七期）
零戦　保有１
（この他に内地から空輸中の零戦14機あり　六月二一日
時点アパリに所在）
攻撃一〇五　飛行隊長　矢板康二大尉（海兵六九期）
彗星　１／３
九九艦爆　保有１　ダバオ第一
▼七五一空
攻撃七〇四　飛行隊長　足立次郎少佐（海兵六〇期）
一式陸攻10／11　ダバオ

■北東方面艦隊
▲第一二航空艦隊
◆第二七航空戦隊　※特記が無い場合六月一日時点の保
有機数
▼二五二空
戦闘三〇二　飛行隊長　粟信夫大尉（海兵六九期）
零戦二一型　25／25
零戦五二型　15／19　三沢
▼七五二空
攻撃二五六　飛行隊長　松山宗夫大尉（海兵六八期）
天山一一型　８／11
天山一二型　16／16　館山
攻撃七〇三　飛行隊長　野中五郎少佐（海兵六二期）
一式陸攻一一型　11／19
一式陸攻二二型　５／８　豊橋
▼四五二空
三座水偵　12／４
飛行隊長　欠
保有機不明
▼八〇一空　飛行艇　12／４
飛行隊長　飛行隊長　斉藤安邦大尉（海兵六四期）
二式飛行艇　10機完備
九七大艇　４機完備
九七式輸送艇１機完備　横浜　（三月一日時点）
◆第五一航空戦隊　※特記が無い場合六月一日時点の保
有機数
付属　丙戦９／３
月光　３／３　（五月三日時点では、３機片岡）
▼二〇三空
戦闘三〇三　飛行隊長　岡嶋清熊少佐（海兵六三期）
戦闘三〇四　飛行隊長　鴛渕孝大尉（海兵六八期）
零戦81／83（飛行隊毎の保有機数不明）
（五月三日時点では、50機千歳、９機武蔵、８機片岡
飛行隊毎の保有機数不明）
▼五〇二空
攻撃一〇三　飛行隊長　江間保少佐（海兵六三期）
彗星10、九九艦爆22　美幌
九九艦爆４　天寧
（五月三日時点　実働機）
▼五五三空
攻撃一〇二　飛行隊長　阿部平次郎少佐（海兵六一期）
九九艦爆二二型　33／38
彗星一一型　２／２
（五月三日時点では、彗星３機、九九艦爆35機美幌、
九九艦爆４機松輪）
攻撃二五二　飛行隊長　長曽我部明大尉（海兵六七期）
九七艦攻一二型　27／32
天山一一型　０／１
（五月三日時点では、九七艦攻27機美幌、九七艦攻２
機、天山１機武蔵）
▼七〇一空
攻撃七〇二　飛行隊長　仲斉治大尉（海兵六六期）
一式陸攻13、九六陸攻10　千歳
一式陸攻12　武蔵
（五月三日時点の実働機）

■中部太平洋方面艦隊
▼第五根拠地隊　三座水偵６／２
保有機数不明
▼第三〇根拠地隊　三座水偵６／２
零式水偵一一型　14／15
九四水偵　１／１
▲第四艦隊
▼九〇二空　二座水偵12／４、三座水偵16／８
飛行隊長　鈴木清大尉（海兵六八期）
保有機数不明
▲第一四航空艦隊
▼付属輸送機隊　陸輸４／０、水輸２／０　※六月三日
時点の保有機数
零輸　２／５　サイパン第一
九七大艇　０／１
晴空　１／１
以上サイパン第十一
（六月一日現在）

■南東方面艦隊
▲第八艦隊
▼九五八空　三座水偵12／４
飛行隊長　塚越英夫大尉（海兵六四期）
零式水偵　６／７
▲第一一航空艦隊
▼付属輸送機隊　陸輸８／０、水輸２／０　※六月三日
時点の保有機数
零輸　３／５
一式陸輸　０／１
九六陸輸　０／１
以上第一サイパン
二式飛行艇　０／１
晴空　１／１
以上第十一サイパン
▼九三八空　三座水偵12／４
飛行隊長　野域英保大尉（海兵六九

保有機数不明

■南西方面艦隊

▲第一南遣艦隊

▼第一一特別根拠地隊　三座水偵12／4

保有機数不明　カムラン（キノン及びカットライ基地）所在

▼九三六空　三座水偵18／6

飛行長兼飛行隊長　小幡英郎大尉（海兵六四期）

保有機数不明

▲第二南遣艦隊

◆第二一特別根拠地隊

▼九三二空　三座水偵9／3

飛行隊長　欠

零式水偵2　アケンラカ

艦攻　11機？　スラバヤ

（六月一日時点）

▼第二二特別根拠地隊

二座水偵12／4

保有機数不明

▲第三南遣艦隊

▼九五四空　艦攻9／3、二座水偵18／6、三座水偵6／2

飛行隊長　丹羽金一大尉（海兵六四期）　六月一〇日まで

駒林巌少佐（海兵六二期）　六月一〇日から

保有機数不明

▲第四南遣艦隊

▼九三四空　二座水偵6／2、三座水偵12／4

飛行隊長　武沢慎吾大尉（海兵六七期）

零観5／6、零式水偵6／12　九七大艇1／1　アンボン

零観2　トマフ

零式水偵3　アケンラカ

（六月一日現在）

▲第一三航空艦隊　※保有機は六月一日現在

▼三八一空

戦闘六〇二　飛行隊長　黒沢丈夫少佐（海兵六三期）

零戦二一型　11／17

零戦二二型　3／4

零戦三二型　2／4

零戦五二型　0／21

戦闘九〇二　飛行隊長　松村日出雄大尉（海兵六九期）

月光一一型　4／8

▲第二八航空戦隊　※保有機は六月一日現在

▼三三一空　甲戦18／6

飛行隊長欠

零戦二一型　11／18

零戦二二型　2／2

零戦五二型　4／4

▼七〇五空　艦攻18／6

飛行隊長　岩崎五郎少佐（海兵六一期）

九七艦攻一二型　8／12

九七艦攻六一型　1／2

天山一一型　1／1

天山一二型　5／5

零戦二一型　2／3

▼八五一空　大艇12／4

飛行隊長　近藤潔大尉（海兵六五期）

二式大艇　8／14

■第六艦隊

▼付属飛行隊　二座水偵18／6

零式小型水偵一一型　7／11

九六小型水偵　1／1

（六月一日時点）

●連合艦隊付属

◆第六二航空戦隊

▼一四一空

偵察三　飛行隊長　武田茂樹大尉（海兵六五期）

彗星　1／1

九九艦爆　5／7

（五月三一日時点）

▼二二一空　甲戦54／18

飛行隊長　塩水流俊夫大尉（海兵六八期）

零戦二一型　21／36

零戦五二型　1／2

零式練戦　1／2

二式陸初練　1／1

（六月一日時点）

▼三二一空

戦闘八〇四　飛行隊長　児玉秀雄大尉（海兵六八期）

月光　14／15

二式陸偵　4／4

九九艦爆　5／7

二式中練　1／1

（六月一〇日時点）

▼三四一空　乙戦54／18

飛行隊長　白根斐夫大尉（海兵六四期）

紫電　20／41

（六月一八日時点）

▼三四五空　乙戦54／18

飛行隊長　園田美義少佐（海兵六一期）

零戦二一型　16／27

零戦五二型　3／3

紫電　3／3

（五月三一日時点）

▼三六一空

戦闘四〇七　甲戦　飛行隊長　林喜重大尉（海兵六九期）

零戦二一型　9／15

零戦三二型　3／4

零戦五二型　7／13

零式練戦　1／3

（六月一五日時点）

▼五二一空　陸爆72／24

飛行隊長　江藤恒丸少佐（海兵五八期）

銀河　13／21

銀河（複操？）5／6

九九艦爆　2／2

二式陸初練　1／2

二式陸中練　3／3

（六月一〇日時点）
▼五二四空
攻撃四〇五　飛行隊長　根岸朝雄大尉（海兵六五期）
銀河　６／15
銀河（複操？）１／１
九六陸攻　１／２
九九艦爆　４／６
二式陸中練　１／２
（五月三一日時点）
▼五四一空
攻撃三　飛行隊長　池内利三大尉（海兵六五期）
彗星　４／４
九九艦爆　14／16
二式陸中練又は二式陸初練　４／４
（六月一日時点）
▼七六二空　陸攻36／12
飛行隊長　長井彊大尉（海兵六四期）
一式陸攻　12／16
九六陸攻　22／24
（五月二八日時点）

●支那方面艦隊
付属
▼二五六空　艦戦18／６、艦攻６／２、水偵６／２　陸輸２
飛行隊長　山崎圭三大尉（海兵六八期）
零戦16／20　九七艦攻７／８
（香港に零戦５機派遣中）
九四水偵一二型８機、零式水偵８機
（六月一日時点）
▼青島方面特別根拠地隊　三座水偵６／２
保有機数不明
▼第二遣支艦隊
三座水偵３／１
零式一号水上偵察機３機保有（うち１機厦門、１機修理請求中）
九四式二号水上偵察機１機保有（補用機）
（五月現在）

■海南警備府
▼二五四空　艦戦18／６、艦攻３／１　陸輸１
飛行隊長　松原勇大尉（予学一期）
零戦　26／31　香港、８／８　海口
九七艦攻　３／４　香港
（五月一日時点）

●海上護衛総隊
▼四五三空　二座水偵６／２、三座水偵12／４
飛行隊長　小野二郎大尉（海兵六四期）
水偵８、零観８　いずれも実働
（四月一日時点）
▼九〇一空　陸攻36／12、飛行艇24／８
飛行隊長　丸山宰平少佐（海兵六二期）六月八日まで
玉利義男大尉（海兵六八期）六月八日から
川本幸夫大尉（予学五期）六月一四日から
九七大艇　６　東港
九六陸攻　４　高雄、４　サイゴン、14　マニラ
（六月三〇日時点）
▼九三一空　艦攻36／12
飛行隊長　牧秀雄少佐（海兵六一期）
九七艦攻　９／10
九三中練　６／６
二式中練　１／１　佐伯
その他に「大鷹」「海鷹」石垣島派遣中　九七艦攻27

●横須賀鎮守府
横須賀空、三〇二空、一〇〇一空、一〇八一空など省略

●高雄警備府
▼九五三空　艦攻９／３、二座水偵６／２、三座水偵18／６
飛行隊長　欠
九七艦攻　６／７　高雄
九四水偵　２／２
零式水偵　２／２　以上淡水
零観　８／８　東港

●教育部隊主要実用機
・戦闘機
零戦二一型　１４０／１８３
零戦二二型　６／７
零戦三二型　８／14
九六艦戦　１３１／２１０
・艦爆
九六艦爆　58／86
九九艦爆一一型　46／63
九九艦爆二二型　９／14
・艦攻
九七艦攻一一型　97／１３４
九七艦攻一二型　９／13
九七艦攻六一型　28／36
・陸攻
九六陸攻一一型　59／67
九六陸攻二一型　16／19
九六陸攻二三型　６／７
一式陸攻一一型　２／４
・水偵
九四水偵　43／47
九五水偵　68／68
零観　60／62
零式水偵　16／18
（六月一日時点）

飛行時間の計算

一、計算条件

昭和一六年三月三一日以前は一カ月平均にすると戦闘機が一七時間、艦爆、艦攻は二〇時間となる。計算の簡略化のために戦闘機は三〇日につき一七時間、艦爆、艦攻は二〇時間とする。昭和一六年四月一日から一一月三〇日まで開戦に備えて飛行訓練が激化していた。従って、三〇日当たり戦闘機は三〇時間、艦爆、艦攻は三三時間とした。昭和一六年一二月一日以降は戦闘機が三〇日につき三三時間、艦爆、艦攻は三六時間とする。

・飛練前（操練五三期、甲飛二期、乙飛八期まで）の出身期は中練教程終了から計算する。なお、飛練卒業までに一三〇時間飛行している。

・飛練一期〜一五期（操練五四〜五六期、甲飛三〜五期、乙飛九期、丙飛二期）までは実用機教程終了から計算する。なお、飛練卒業までに二〇〇時間飛行している。

・飛練一二期以降、及び予備練一二、一三期も実用機教程終了から計算する。ただし、実用機教程が開戦により短縮されたため、飛練卒業までに飛行した時間は、一三〇時間となっていた。

※この計算は、マリアナ沖海戦前までの戦闘機、艦爆、艦攻操縦員（海兵、予備士官出身者を除く）を対象にした計算方法です。海兵、予備士官はたとえ同期であっても経歴により差が大きくなること、それ以外の機種については条件などが異なるために同じ方法では計算出来ないと判断しています。

※出身期不明者は除外した。全体に対して出身期不明者の割合は一割以下である。

二、実際値と計算結果の比較

飛行時間の実際値で得られるものと計算値の比較

・一五空（昭和一三年一〇月一日※）
戦闘機　一七名　実際値・七二七時間、計算値・七二五時間
艦爆　二五名　実際値・五三八時間、計算値・五四三時間
艦攻　一三名　実際値・四二二時間、計算値・四一六時間
合計　五五名　実際値・五六九時間、計算値・五六九時間

・「飛龍」（昭和一五年六月一日現在）
戦闘機　一三名　実際値・七二六時間、計算値・七三八時間
艦爆　一一名　実際値・六六六時間、計算値・六一五時間
艦攻　一二名　実際値・六七三時間、計算値・七三八時間
合計　三六名　実際値・六九三時間、計算値・七〇〇時間

・元山空戦闘機隊昭和一七年六月一日時点
実際値・四三〇時間　計算値・四七四時間

・六空偵察機隊昭和一七年六月二四日時点
操練四二（二名）、四三期、甲飛三期、乙飛五、七期　六名
実際値・一四二八時間、計算値・一三六〇時間

・昭和一八年一二月三一日時点
操練三一、四四期、乙飛一、一〇期、丙飛一〇期、一三期（二名）の戦闘機搭乗員七名
実際値・一一二〇時間、計算値・一一二七時間

三、計算結果

飛行時間によって次のようにランク分けを行った。このランク分けはオリジナルの判定方法であるが、分布の目安になると考え作成した。

A・九〇〇時間以上
B・六〇〇時間以上九〇〇時間未満
C・三〇〇時間以上六〇〇時間未満
D・三〇〇時間未満

・ハワイ作戦（昭和一六年一二月一日時点）
戦闘機　一〇六名　八二五時間　A・三六、B・二九、C・三七、D・四
艦爆　一一四名　七五五時間　A・二〇、B・四七、C・四二、D・五
艦攻　一三一名　八三六時間　A・三九、B・三六、C・四〇、D・一六
合計　三五一名　八〇六時間

※秦郁彦氏、戸高一成氏らが作成した真珠湾攻撃隊のデータを元に、飛行機隊戦闘行動調書の上空直衛などデータを加えている。出身期は若干の修正を加えている。

・「い号作戦」（昭和一七年一〇月一日時点）
戦闘機　八三名　九四二時間　A・二九、B・一四、C・四〇、D・〇
艦爆　四五名　一一四六時間　A・二四、B・二、C・一九、D・〇
合計　一二八名　一〇一四時間

※本書掲載の母艦搭乗員一覧を元に作成している。

・「ろ号作戦」（昭和一八年一一月一日時点）
戦闘機　六四名　八七六時間　A・一七、B・二三、C・二四、D・〇
艦爆　四三名　一〇二一時間　A・一六、B・二五、C・二、D・〇
艦攻　四八名　一〇九九時間　A・一一、B・一四、C・一四、D・〇
合計　一五五名　一〇二四時間

※本書掲載の母艦搭乗員一覧を元に作成している。

・マリアナ沖海戦　（昭和一九年六月一日時点）

戦闘機　七六四時間

六〇一空　六四名　七一八時間　A・一一、B・一二、C・二八、D・一三

六五二空　五二名　八〇七時間　A・一四、B・八、C・二六、D・四

六五三空　一三名　八二一時間　A・四、B・三、C・六、D・〇

戦闘爆撃機　六四三時間

六〇一空　九名　二七八時間　A・〇、B・〇、C・一、D・八

六五二空　二四名　七〇二時間　A・五、B・八、C・五、D・六

六五三空　三八名　六九三時間　A・六、B・一一、C・一六、D・五

艦爆　九〇三時間

六〇一空　六七名　八二九時間　A・一六、B・一九、C・二六、D・六

六五二空　三二名　一〇五九時間　A・一〇、B・一九、C・三、D・〇

艦攻　一一二三時間

六〇一空　三九名　一一二九時間　A・一六、B・五、C・一三、D・四

六五二空　一三名　一三二九時間　A・八、B・四、C・一、D・〇

六五三空　二八名　一〇一九時間　A・一四、B・三、C・三、D・八

合計　三七九名　八五三時間

※本書掲載の母艦搭乗員一覧を元に作成している。

表資料

※それぞれの表は、各航空隊戦闘詳報、飛行機隊戦闘行動調書や搭乗員戦没者名簿などを利用して作成しています。また掲載した方以外にも在籍者がおられた可能性はあります。

出身期については次のように略した。

海軍兵学校→海兵
機関学校→機関
飛行科予備学生→予学
操縦練習生→操練
偵察練習生→偵練
飛行船練習生→船練
普通科電信術練習生→普電練（偵練もしくは飛練、丙飛を経由して飛行科に転科していると思われるが、その期が不明の場合）
飛行練習生→飛練
甲種飛行予科練習生→甲飛
乙種飛行予科練習生→乙飛
乙種（特）飛行予科練習生→特乙飛
丙種飛行予科練習生→丙飛
甲種飛行予備練習生→予備練

昭和一八年一月ウエワク派遣「隼鷹」搭乗員一覧

戦闘機隊

階級	氏名	出身期	戦没日
大尉	重松康弘	海兵六六	
中尉	渡辺西雄	海兵六七	
飛曹長	北畑三郎	操練二一	一月二三日戦死
飛曹長	近藤政市	操練二七	
上飛曹	沢田万吉	操練三六	
上飛曹	久保田亘	操練三六	
上飛曹	佐藤隆亮	操練四三	一月二三日戦死（体当たり
上飛曹	村中一夫	乙飛六	
一飛曹	原富太	操練四七	
一飛曹	石井静夫	操練五〇	
一飛曹	四元千畝	甲飛五	
一飛曹	都地肇	乙飛九	
一飛曹	竹沢英也	乙飛一〇	
二飛曹	安藤勇治	操練四八	
二飛曹	阪野高雄	操練五三	
二飛曹	小谷賢治	操練五四	
二飛曹	真田栄治	操練五五	
飛長	下鶴美幸	丙飛二	
飛長	西田良雄	丙飛三	
飛長	金子房一	丙飛三	
飛長	中村泰弘	丙飛三	
飛長	二宮一平	丙飛三	

昭和一八年一月ウエワク派遣「隼鷹」搭乗員一覧

艦爆隊

操縦員			偵察員		
階級	氏名	出身期	階級	氏名	出身期
大尉	津田俊夫	海兵六三	中尉	加藤舜孝	海兵六八
上飛曹	今宮保	操練二七	少尉	石井誠助	偵練一三
上飛曹	藤本義夫	操練三二	飛曹長	田島一男	乙飛五
上飛曹	児島徳男	操練三八	上飛曹	原田嘉太男	甲飛二
上飛曹	宮武義彰	乙飛六	上飛曹	早川潤一	甲飛三
二飛曹	山川新作	操練四八	上飛曹	柳原辰夫	
二飛曹	砥綿清美	操練四八	一飛曹	西山強	偵練四一
二飛曹	小瀬本國雄	操練五三	一飛曹	富樫勝介	甲飛四
飛長	池田弘	丙飛三	一飛曹	佐藤雅尚	甲飛五
飛長	田村実	丙飛三	一飛曹	宮脇弘蔵	甲飛五
			二飛曹	中田勝蔵	偵練五三
			二飛曹	佐藤生一	乙飛一〇
			二飛曹	沢田稔	乙飛一〇

艦攻隊

操縦員			偵察員			電信員		
階級	氏名	出身期	階級	氏名	出身期	階級	氏名	出身期
飛曹長	高松寿	乙飛五	中尉	長曽我部明	海兵六七	上飛曹	林和夫	
上飛曹	古俣豊寿	操練二六	少尉	大庭清夏	偵練二〇	上飛曹	福田数一	普電練四〇
上飛曹	加藤久一郎	操練五一	上飛曹	梅沢幸男	偵練三三	一飛曹	金沢秀利	乙飛八
上飛曹	小西良営	甲飛一	上飛曹	山崎春夫		二飛曹	永井福太郎	偵練五一
飛長	紙元淳	操練五五	上飛曹	中村豊弘	偵練四四	二飛曹	近藤守夫	
飛長	松崎豊	丙飛三	上飛曹	丸山泰輔	甲飛三	飛長	三上春治	飛練二〇
			上飛曹	大塚一	甲飛四	飛長	手島仙一	普電練五五
			上飛曹	平弘久	甲飛四	飛長	酒井末二	偵練五五
			一飛曹	佐々木隆寿	乙飛九			

紙元淳飛長、平弘久上飛曹、飛長酒井末[illegible]日戦死

ケ号作戦「瑞鶴」搭乗員一覧

戦闘機隊

階級	氏名	出身期	戦没日
大尉	納富健二郎	海兵六二	
中尉	荒木茂	海兵六七	
中尉	吉村博	海兵六八	
少尉	岡本泰蔵	操練一六	
飛曹長	重見勝馬	操練二〇	二月四日未帰還
上飛曹	奥川昇	操練二九	
上飛曹	千葉荘治	操練四〇	二月一日未帰還
上飛曹	大倉茂	操練四一	
上飛曹	横田艶市	操練四三	
上飛曹	斎藤三朗	操練四四	
上飛曹	佐々木原正夫	甲飛四	
一飛曹	大石芳男	乙飛九	
一飛曹	上沼周龍	乙飛九	
二飛曹	藤井孝一	操練五四	
二飛曹	二杉利次	操練五四	
二飛曹	倉田信高	操練五四	
二飛曹	今村幸一	操練五六	
二飛曹	伊東富太郎	丙飛三	
飛長	青木久	丙飛三	
飛長	山崎卓	丙飛三	
飛長	土園静男	丙飛三	一月二九日？行方不明
飛長	駒場計男	丙飛三か四	
飛長	久保貞夫	丙飛三か四	
飛長	小柳俊一	丙飛三か四	
飛長	宮崎薫	丙飛三か四	
飛長	半田享二	丙飛三か四	
飛長	田中作治	丙飛三か四	二月一日未帰還

艦爆隊

操縦員			偵察員		
階級	氏名	出身期	階級	氏名	出身期
大尉	平原政雄	海兵六六	中尉	米田信雄	海兵六八
飛曹長	田中吉治	操練二四	上飛曹	水越良一	偵練三九
上飛曹	大木忠一	操練三二	上飛曹	武藤彌三	乙飛六
上飛曹	畠山尚	操練三五	上飛曹	倉嶋三郎	甲飛四
上飛曹	佐々木正秋	操練四三	一飛曹	田中清喜	甲飛五
上飛曹	福井斉	操練四五	一飛曹	坂田清	乙飛九
一飛曹	櫟栄市	操練四四	二飛曹	本田富重	甲飛六
二飛曹	田中孫治	操練四六	二飛曹	北則光	甲飛六
二飛曹	矢野正一	乙飛一〇	二飛曹	黒木壽三	偵練五三
飛長	伊浜兵一	丙飛二	二飛曹	南本幸男	偵練五六
飛長	宮耐吉	丙飛三か四	飛長	伊藤壽	普電練五五
飛長	田中康則	丙飛三か四	飛長	宮島二郎	普電練五五
飛長	橋本俊治	丙飛三か四	飛長	大深乙幸	普電練五五
飛長	下川部春夫	丙飛三か四	飛長	荻尾隆	普電練五五
飛長	山本敏	丙飛三か四	飛長	飯田良一	普電練五五

一八年二月ウエワク派遣「瑞鳳」搭乗員一覧

戦闘機隊

階級	氏名	出身期	戦没日
大尉	佐藤正夫	海兵六三	
大尉	日高盛康	海兵六六	
飛曹長	山本旭	操練二四	
飛曹長	河原政秋	操練二六	
上飛曹	藤原喜平	操練二八	
上飛曹	壇上淹夫	甲飛一	三月三日戦死
上飛曹	光元治郎	乙飛六	
上飛曹	岩井勉	乙飛六	
一飛曹	川畑純徳	操練四三	
一飛曹	大野安次郎	操練四三	
一飛曹	北岡誠一	操練四五	三月一一日戦死
一飛曹	森田守	乙飛九	
二飛曹	長田進一	操練五〇	
二飛曹	村岡信幸	丙飛三	
飛長	佐藤八郎	丙飛三	
飛長	石原泉	丙飛三	
飛長	鹿野至	丙飛三	
飛長	牧正直	丙飛三	三月三日戦死
飛長	小山弘	丙飛三	三月一一日戦死
飛長	鳥山四郎	丙飛三か四	

艦攻隊

操縦員			偵察員			電信員		
階級	氏名	出身期	階級	氏名	出身期	階級	氏名	出身期
少尉	青井正雄	乙飛一	中尉	佐久間坎三	海兵六七	上飛曹	西原俊治	偵練四三
飛曹長	橋本明	操練三五	飛曹長	井川俊隆	偵練二八	上飛曹	山崎三郎	甲飛四
上飛曹	沢田辰美	操練四一	飛曹長	糸川保男	偵練二九	一飛曹	浜崎一夫	甲飛五
上飛曹	国原新作		上飛曹	野中清義	甲飛三	二飛曹	川崎繁行	甲飛六
一飛曹	有安弘	操練四五	上飛曹	太田満	乙飛七	二飛曹	中川原竜治	偵練五六
一飛曹	加藤哲夫	乙飛九	上飛曹	今村実継	偵練三一	飛長	渡部又治	
二飛曹	新木覚	操練五五	上飛曹	佐藤直治	普電練四〇	飛長	遠藤浩一	飛練二〇
二飛曹	横山義美	丙飛三か四	上飛曹	山口代二郎		飛長	佐々木三次	飛練二〇
飛長	深谷正戈	丙飛一				飛長	小坂金司	飛練二〇

「い号作戦」機動部隊搭乗員一覧（戦闘機隊）

瑞鶴

階級	氏名	出身期	備考
大尉	納富健二郎	海兵六二	
大尉	宮嶋尚義	海兵六六	
中尉	荒木茂	海兵六七	
中尉	岡本泰蔵	操練一六	四月一一日未帰還
飛曹長	光元治郎	乙飛六	四月一四日未帰還
飛曹長	奥川昇	操練二九	
上飛曹	大石芳男	乙飛九	
上飛曹	大倉茂	操練四一	
上飛曹	横田艶市	操練四三	
上飛曹	斎藤三朗	操練四四	
一飛曹	上沼周龍	乙飛九	四月一一日未帰還
一飛曹	藤井孝一	操練五四	
二飛曹	西村博	乙飛一一	
二飛曹	藤瀬文吉	乙飛一一	
二飛曹	伊東富太郎	丙飛三	
二飛曹	倉田信高	操練五四	
二飛曹	二杉利次	操練五四	
二飛曹	今村幸一	操練五六	
飛長	青木久	丙飛三	
飛長	山崎卓	丙飛三	
飛長	駒場計男	丙飛三か四	
飛長	久保貞夫	丙飛三か四	
飛長	小柳俊一	丙飛三か四	
飛長	宮崎薫	丙飛三か四	
飛長	半田享二	丙飛三か四	
飛長	山川安吉	丙飛六	
飛長	高鍋秀男	丙飛六	

瑞鳳

階級	氏名	出身期	備考
大尉	佐藤正夫	海兵六三	
大尉	日高盛康	海兵六六	
飛曹長	岩井勉	乙飛六	
飛曹長	山本旭	操練二四	
飛曹長	河原政秋	操練二六	
一飛曹	森田守	乙飛九	
一飛曹	川畑純徳	操練四三	
一飛曹	大野安次郎	操練四三	
二飛曹	村岡信幸	丙飛三	
二飛曹	石田文治	丙飛六	四月七日未帰還
二飛曹	長田進一	操練五〇	
飛長	石原泉	丙飛三	
飛長	鹿野至	丙飛三	
飛長	松井松吉	丙飛三か四	
飛長	鳥山四郎	丙飛三か四	
飛長	佐藤八郎	丙飛三か四	
上飛	大友松吉	丙飛六	

飛鷹

階級	氏名	出身期	備考
大尉	岡嶋清熊	海兵六三	
大尉	藤田怡与蔵	海兵六六	
中尉	増山保雄	海兵六九	
中尉	関谷丈雄	海兵六九	
中尉	大島末一	海兵六九	
中尉	岩城万蔵	操練一三	
飛曹長	松山次男	乙飛三	四月七日未帰還
飛曹長	森貢	操練一四	
飛曹長	松本秀頼	操練三〇	
飛曹長	森鳰英雄	操練四一	
上飛曹	平本政治	操練三八	
上飛曹	横山雄次	操練三八	
上飛曹	大谷貢	操練四一	
一飛曹	馬場武彦	甲飛五	
一飛曹	安達繁信	乙飛九	
二飛曹	石川仁郎	甲飛六	
二飛曹	二木正美	乙飛一〇	
二飛曹	岩井二郎	乙飛一〇	
二飛曹	西森菊生	乙飛一〇	
飛長	西元久男	丙飛三	
飛長	岩瀬治助	丙飛三	
飛長	澤崎清隆	丙飛三	
飛長	鈴木泰二	丙飛三	
飛長	小川清	丙飛三	
飛長	田中喜作	丙飛三か四	
飛長	宮西利雄	丙飛三か四	
飛長	中囿壽男	丙飛四	

隼鷹

階級	氏名	出身期	備考
大尉	重松康弘	海兵六六	
中尉	藤巻久明	海兵六八	
中尉	射手園四郎	海兵六九	四月七日未帰還
中尉	上野哲士	海兵六九	四月一五日伊五潜救助
中尉	福田澄夫	海兵六九	
飛曹長	片山正三	操練二一	四月七日未帰還
飛曹長	近藤政市	操練二七	
飛曹長	久保田亘	操練三六	
上飛曹	小林松太郎	甲飛三	四月七日未帰還
上飛曹	森山權治	操練三五	
一飛曹	四元千畝	甲飛五	四月七日未帰還
一飛曹	都地肇	乙飛九	
一飛曹	阿武富太	操練四七	
一飛曹	石井静夫	操練五〇	
二飛曹	小島清	甲飛六	
二飛曹	安藤勇治	操練四八	四月七日未帰還
二飛曹	阪野高雄	操練五三	
二飛曹	小谷賢治	操練五四	
二飛曹	真田栄治	操練五五	
飛長	下鶴美幸	丙飛二	
飛長	西田良雄	丙飛三	
飛長	金子房一	丙飛三	
飛長	中村泰弘	丙飛三	
飛長	前川吉郎	丙飛三	
飛長	二宮一平	丙飛三	四月七日未帰還
飛長	吉崎得治	丙飛四	
飛長	仲道渉	丙飛四	

「い号作戦」機動部隊搭乗員一覧（艦爆隊）

瑞鶴

操縦員 階級	氏名	出身期	備考	偵察員 階級	氏名	出身期	備考
大尉	高橋定	海兵六一		中尉	米田信雄	海兵六八	
大尉	平原政雄	海兵六六		飛曹長	清水竹志	乙飛四	四月七日未帰還
飛曹長	田中吉治	操練二四		飛曹長	武藤彌三	乙飛六	
上飛曹	畠山尚	操練三五		飛曹長	田中力		
上飛曹	佐々木正秋	操練四三		上飛曹	水越良一	偵練三九	
上飛曹	大石忠敏	操練四三		上飛曹	倉嶋三郎	甲飛四	
上飛曹	一木栄市	操練四四		一飛曹	田中清喜	甲飛五	
上飛曹	福井斉	操練四五	四月七日未帰還	一飛曹	重近勇	甲飛五	四月一一日未帰還
一飛曹	下川部春夫	丙飛三か四		一飛曹	坂田清	乙飛九	
二飛曹	田中孫治	操練四六		二飛曹	南本幸男	偵練五六	四月七日未帰還
二飛曹	大川豊信	操練五三		二飛曹	本田富重	甲飛六	
二飛曹	山中隆三	操練五三	四月一一日未帰還	二飛曹	北則光	甲飛六	四月一一日未帰還
二飛曹	矢野正一	乙飛一〇		二飛曹	黒木壽三	偵練五三	
飛長	伊浜兵一	丙飛二	四月一一日未帰還	飛長	飯田良一	普電練五五	
飛長	宮崎吉	丙飛三（一八）	四月七日未帰還	飛長	伊藤壽	普電練五五	
飛長	田中康則	丙飛三（一八）	四月七日未帰還	飛長	宮島二郎	普電練五五	四月七日未帰還
飛長	橋本俊治	丙飛三（一八）	四月一一日未帰還	飛長	大深正幸	普電練五五	四月一一日未帰還

隼鷹

操縦員 階級	氏名	出身期	備考	偵察員 階級	氏名	出身期	備考
大尉	津田俊夫	海兵六三		中尉	若林貞次郎	海兵六七	四月一四日未帰還
中尉	吉追正一郎	海兵六九		中尉	加藤舜孝	海兵六八	
中尉	御宿繁夫	海兵六九	四月七日着陸時墜落戦死	中尉	荻荘一郎	海兵六八	
飛曹長	中岫正彦	乙飛五		中尉	橘行男	海兵六九	
飛曹長	宮武義彰	乙飛六		飛曹長	本村昌富	乙飛四	
飛曹長	木村光男	操練二九	四月一四日未帰還	飛曹長	田島一男	乙飛五	
上飛曹	児島徳男	操練三八		上飛曹	早川潤一	甲飛三	
一飛曹	藤本義夫	操練三二		上飛曹	柳原辰夫		
一飛曹	城戸繁稔	操練四三		一飛曹	西山強	偵練四一	
二飛曹	砥綿清美	操練四八		一飛曹	富樫勝介	甲飛四	
二飛曹	伊藤勝美	乙飛一〇		一飛曹	佐藤雅尚	甲飛五	
二飛曹	新居田倡	乙飛一〇	四月一四日未帰還	一飛曹	宮脇弘蔵	甲飛五	四月七日未帰還
二飛曹	内山伊一郎	乙飛一一		二飛曹	井沢勇	甲飛七	
二飛曹	北畠一雄	丙飛四		二飛曹	田中明	乙飛一一	
飛長	太田満	丙飛三		二飛曹	谷水幸雄	乙飛一一	
飛長	池田弘	丙飛三	四月七日未帰還	二飛曹	中尾康磨	乙飛一一	
飛長	花屋実	丙飛四（一八）		二飛曹	沖野保	乙飛一一	四月一四日未帰還
飛長	升田芳澄	丙飛六		二飛曹	大久保正宏	乙飛一一	
				二飛曹	佐藤生一	乙飛一〇	

飛鷹

操縦員

階級	氏名	出身期	備考
大尉	池内利三	海兵六五	
中尉	豊田穣	海兵六八	四月七日未帰還(米軍救助)
中尉	矢板康二	海兵六九	
中尉	松本幹夫	海兵六九	
飛曹長	中澤岩雄	操練二六	四月一一日未帰還
飛曹長	大木忠一	操練三二	
飛曹長	沖田修三	操練三七	
飛曹長	廣瀬一馬	操練三八	
飛曹長	茂木利夫	乙飛六	
上飛曹	鞘野宗夫	操練二一	
上飛曹	渋谷平八	操練四〇	
上飛曹	沓名達夫	甲飛四	
一飛曹	土屋孝美	操練四八	
二飛曹	渡辺敬	操練五六	
二飛曹	山口護	乙飛一一	
二飛曹	斉藤信一	乙飛一一	四月一四日未帰還
飛長	坪井勝久	丙飛三	
飛長	留田義信	丙飛三	
飛長	泉幸憲	丙飛三(一八)	
飛長	苗代正雄	丙飛四(一八)	

偵察員

階級	氏名	出身期	備考
中尉	栗原一弥	海兵六七	四月一一日未帰還
中尉	村上俊博	海兵六八	
中尉	始関魏	海兵六八	
中尉	清水時保	海兵六九	
少尉	河合治郎	乙飛二	
飛曹長	浜田徳夫	乙飛五	
上飛曹	永清成美	偵練三四	
上飛曹	井上泰雄	乙飛七	
上飛曹	西口速雄	乙飛八	
上飛曹	租川兼輔	普電練四二	四月七日未帰還(米軍救助)
一飛曹	太田川美水	甲飛五	
一飛曹	有本静	乙飛一〇	
一飛曹	水谷広恵	偵練四一	
二飛曹	久原滋	偵練五一	
二飛曹	藤本正幸	乙飛一一	
二飛曹	橋本満明	乙飛一一	
二飛曹	浜田寛	乙飛一一	四月一四日未帰還
二飛曹	宮本博光		
飛長	斉藤増吉	普電練五五	
飛長	山口浅次郎	普電練五五	

昭和一八年七月二航戦搭乗員一覧（戦闘機隊）

龍鳳

階級	氏名	出身期	備考
大尉	岡嶋清熊	海兵六三	
中尉	藤原敬吾	海兵六八	七月二六日「隼鷹」転勤八月五日戦死
中尉	大島末一	海兵六九	二〇四空で戦死（九月一五日）
飛曹長	松本秀頼	操練三〇	
飛曹長	森鳰英雄	操練四一	
上飛曹	平本政治	操練三八	七月一七日戦死
上飛曹	横山雄次	操練三八	二〇四空で戦死（一〇月一八日）
上飛曹	大谷貢	操練四一	七月七日戦死
一飛曹	馬場武彦	甲飛五	
一飛曹	安達繁信	乙飛九	二〇四空で戦死（一〇月一五日）
二飛曹	石川仁郎	甲飛六	
二飛曹	山本繁太郎	甲飛七	七月一七日戦死
二飛曹	村田治郎	甲飛七	
二飛曹	杜本一春	甲飛七	二〇四空で戦死（九月五日）
二飛曹	有賀房雄	乙飛一二	
二飛曹	鏡味芳春	乙飛一二	
二飛曹	内田治郎	乙飛一二	二〇四空で戦死（一二月二三日）
二飛曹	中村克巳	乙飛一二	八月一八日戦死
二飛曹	山下嘉秀	丙飛七か八	
二飛曹	清水豊	丙飛八か一〇	二〇四空にて戦死（一〇月三日）
二飛曹	小川清	丙飛三	
二飛曹	西元久男	丙飛三	
飛長	岩瀬治助	丙飛三	七月一一日戦死
飛長	鈴木泰二	丙飛三	七月一五日戦死
飛長	田中喜作	丙飛三か四	二〇四空で戦死（一〇月一五日）
飛長	宮西利雄	丙飛三か四	二〇四空で戦死（一〇月四日）
飛長	中園壽男	丙飛四	七月一七日戦死
上飛	山本忠秋	丙飛八か一〇	二〇四空で戦死（九月一六日）

隼鷹

階級	氏名	出身期	備考
大尉	宮嶋尚義	海兵六六	七月二六日転勤（横鎮付）
中尉	藤巻久明	海兵六八	七月一七日戦死
中尉	上野哲士	海兵六九	二〇四空で戦死（九月一六日）
中尉	福田澄夫	海兵六九	
飛曹長	近藤政市	操練二七	
上飛曹	森山權治	操練三五	七月一七日戦死
一飛曹	阿武富太	操練四七	
一飛曹	石井静夫	操練五〇	二〇四空で戦死（一〇月二四日）
二飛曹	阪野高雄	操練五三	二〇四空で戦死（一〇月七日）
二飛曹	真田栄治	操練五五	
二飛曹	小島清	甲飛六	七月一七日戦死
二飛曹	井ノ口保生	甲飛七	
二飛曹	大角文雄	甲飛七	
二飛曹	清水宗則	甲飛七	八月一五日戦死
二飛曹	桝谷秋夫	丙飛七	
二飛曹	川崎正八	丙飛七か八	七月一八日戦死
二飛曹	長島清	丙飛七か八	二〇四空で戦死（九月一六日）
二飛曹	伊藤		
飛長	下鶴美幸	丙飛二	
飛長	前川吉郎	丙飛三	
飛長	西田良雄	丙飛三	七月一七日戦死
飛長	中村泰弘	丙飛三	八月一三日戦死
飛長	金子房一	丙飛三	二〇四空で戦死（一一月二日）
飛長	仲道渉	丙飛四	
飛長	吉崎得治	丙飛四	二〇四空で戦死（九月一四日）
上飛	沢田時夫	丙飛七か八	八月一五日戦死
上飛	八木井利雄	丙飛八か一〇	二〇四空で戦死（九月一六日）
上飛	石井勇	丙飛八か一〇	

昭和一八年七月二航戦搭乗員一覧（艦爆隊）

龍鳳

操縦員 階級	氏名	出身期	備考	偵察員 階級	氏名	出身期	備考
中尉	野村浩三	海兵六八		中尉	村上俊博	海兵六八	
中尉	矢板康二	海兵六九		中尉	清水時保	海兵六九	五八二空で戦死（一二月二六日）
中尉	松本幹夫	海兵六九	五八二空で戦死（九月一八日）	中尉	桜山浩一	海兵六九	五八二空で戦死（一〇月一日）
飛曹長	鞘野宗夫	操練二一		飛曹長	井塚芳夫	乙飛四	
飛曹長	大木忠一	操練三二		飛曹長	浜田徳夫	乙飛五	
飛曹長	沖田修三	操練三七	五八二空で戦死（一二月二六日）	上飛曹	永清成美	偵練三四	
飛曹長	佐々木裕二	乙飛六	八月二八日戦死	上飛曹	太田川美水	甲飛五	八月二八日戦死
上飛曹	俵良通	操練四五		上飛曹	井上泰雄	乙飛七	
二飛曹	清水五郎	甲飛七	五八二空で戦死（一二月三一日）	一飛曹	有本静	乙飛一〇	八月一五日戦死
二飛曹	内野行雄	甲飛七	八月一日戦死	二飛曹	西岡親信	甲飛七	
二飛曹	坂本忠雄	甲飛七	八月一五日戦死	二飛曹	西原勉	甲飛七	五八二空で戦死（一二月三一日）
二飛曹	石川忍	乙飛一一		二飛曹	内海宏	甲飛七	八月一日戦死
二飛曹	山口護	乙飛一一	五八二空で戦死（一〇月一五日）	二飛曹	長谷場保	甲飛七	八月一五日戦死
二飛曹	北島幸弘	乙飛一一	八月一五日戦死	二飛曹	橋本満明	乙飛一一	五八二空で戦死（九月一三日）
二飛曹	坪井勝久	丙飛三	八月一日戦死	二飛曹	宮本博光		
二飛曹	留田義信	丙飛三	五八二空で戦死（九月一三日）	二飛曹	山口浅次郎	普電練五五	八月一日戦死
二飛曹	苗代正雄	丙飛四	五八二空で戦死（一〇月一五日）	二飛曹	斉藤増吉	飛練二〇	五八二空で戦死（一〇月一五日）
二飛曹	鈴木一雄			二飛曹	新屋靖	普電練五五	五八二空で戦死（一二月三一日）
飛長	阿部玄造	丙飛六		二飛曹	宮田一男	飛練二五	五八二空隊員の可能性有り

「龍鳳」飛行機隊：旧「飛鷹」飛行機隊が「飛鷹」被雷のため、「龍鳳」飛行機隊となった。

戦没日は昭和一八年七月～一二月まで。

隼鷹

操縦員 出身期	氏名	階級	備考	偵察員 出身期	氏名	階級	備考
大尉	池田正偉	海兵六一	五八二空で戦死（一〇月一五日）	中尉	加藤舜孝	海兵六八	五八二空で戦死（一〇月一五日）
中尉	吉迫正一郎	海兵六九	八月一三日戦死	中尉	橘行男	海兵六九	八月一五日戦死
飛曹長	藤本義夫	操練三二		飛曹長	田島一男	乙飛五	
飛曹長	中岫正彦	乙飛五		飛曹長	内海保	乙飛六	五八二空で戦死（一〇月一五日）
飛曹長	宮武義彰	乙飛六	五八二空で戦死（一〇月一日）	上飛曹	佐藤雅尚	甲飛五	五八二空で戦死（九月一八日）
上飛曹	児島徳男	操練三八	八月八日戦死	上飛曹	柳原辰夫		八月八日戦死
上飛曹	前川重雄	操練四五	五八二空で戦死（一〇月一五日）	上飛曹	青井秀康	偵練二五	八月一三日戦死
一飛曹	城戸繁稔	操練四三	八月一五日戦死	二飛曹	中田勝蔵	偵練五三	八月一五日戦死
二飛曹	平江曽裕	甲飛七	八月一五日戦死	二飛曹	石川春夫	甲飛七	
二飛曹	羽田野傳	甲飛七	五八二空で戦死（一二月二七日）	二飛曹	前園政雄	甲飛七	八月七日戦死
二飛曹	伊藤勝美	乙飛一一		二飛曹	矢野倉賢	甲飛七	八月一五日戦死
二飛曹	内山伊一郎	乙飛一一		二飛曹	井沢勇	甲飛七	五八二空で戦死（一〇月一五日）
二飛曹	北畠一雄	丙飛四		二飛曹	佐藤生一	乙飛一〇	五八二空で戦死（一二月一五日）
二飛曹	花屋実	丙飛四	八月一五日戦死	二飛曹	田中明	乙飛一一	八月一五日戦死
二飛曹	中村末人	丙飛六	八月七日戦死	二飛曹	谷水幸雄	乙飛一一	五八二空で戦死（一〇月一五日）
二飛曹	高木智	丙飛六	八月一五日戦死	二飛曹	大保正宏	乙飛一一	
飛長	升田芳澄	丙飛六	五八二空で戦死（一〇月一五日）	二飛曹	中村和英	普電練五五	五八二空で戦死（一〇月一五日）
二飛曹	山崎						

戦没日は昭和一八年七月～一二月まで。

昭和一八年七月二航戦搭乗員一覧（艦攻隊）

龍鳳

操縦員				偵察員				電信員			
階級	氏名	出身期	備考	階級	氏名	出身期	備考	階級	氏名	出身期	備考
大尉	桑田平雄	海兵六六	一一月一日戦死	中尉	寺島繁	海兵六八	八月一三日戦死	上飛曹	三宅正雄	偵練三八	一一月一日戦死
飛曹長	高橋鉄雄	操練二七	一一月一日戦死	中尉	相馬攻	海兵六九		一飛曹	鈴義雄	偵練五五	一一月一日戦死
飛曹長	伊藤金作		八月一三日戦死	飛曹長	重信常治	偵練三〇	一一月一日戦死	二飛曹	塩崎優	偵練五五	一一月一七日戦死
上飛曹	角田清	操練四〇		飛曹長	兼子種一	偵練三九	一一月一日戦死	一飛曹	三友喜代治	甲飛六	八月一三日戦死
上飛曹	波内茂	操練四二		上飛曹	堀越浩	甲飛四		二飛曹	岡林一喬	乙飛一二	
上飛曹	堅田瑞穂	甲飛四		上飛曹	財津利光	乙飛七	一〇月七日戦死	二飛曹	石川勝	乙飛一二	一〇月七日戦死
二飛曹	藤井庄輔	操練五五		上飛曹	松下吉明	乙飛八	一一月一日戦死	二飛曹	藤井福寿	乙飛一二	
二飛曹	藤田操	操練五五	九月一九日戦死	上飛曹	小野一		九月一九日戦死	二飛曹	菊地賢二	乙飛一二	九月一九日戦死
二飛曹	高橋孝吉	丙飛七		一飛曹	上玉利俊行	偵練五五		二飛曹	佐藤正男	普電練五五	一一月一日戦死
二飛曹	西村禎三	丙飛七か八	一〇月七日戦死	飛長	宮本治郎	丙飛九		二飛曹	佐竹大二郎	飛練二〇	一二月二七日戦死

隼鷹

操縦員				偵察員				電信員			
階級	氏名	出身期	備考	階級	氏名	出身期	備考	階級	氏名	出身期	備考
中尉	高橋忠夫	海兵六九		大尉	長曽我部明	海兵六七		上飛曹	渡辺勇三	甲飛三	
飛曹長	古俣豊寿	操練二六		飛曹長	田中一郎	甲飛一	一二月二七日戦死	上飛曹	林和夫		一一月一日戦死
飛曹長	高松寿	乙飛五		飛曹長	佐野伝三郎	乙飛五	一一月一七日戦死	二飛曹	小前雅雄	乙飛一二	
上飛曹	松沢好英	操練四五	一二月二七日戦死	飛曹長	山口秋一			二飛曹	神田悦男	乙飛一二	一一月一日戦死
上飛曹	藤村卓三	甲飛二	一一月一七日戦死	上飛曹	高村孝一	甲飛四	一一月一日戦死	二飛曹	三上春治	飛練二〇	
二飛曹	有志健次郎	操練五四		上飛曹	宍戸尚平	甲飛五		二飛曹	上田市次	偵練五一	
二飛曹	鈴木仁平	操練五五	一一月一日戦死	上飛曹	小竹治郎	甲飛五	一一月一日戦死	二飛曹	手島仙一	普電練五五	
二飛曹	山口光郎	丙飛四	一一月一日戦死	上飛曹	佐々木隆寿	乙飛九		二飛曹	寺林幸雄	普電練五五	一一月一日戦死
二飛曹	増子定正	丙飛七か八		上飛曹	岡本兵三郎		一一月一日戦死	二飛曹	本田		
飛長	椙山辰蔵	丙飛七	一一月一日戦死	飛長	関崎俊男	丙飛七					

戦没日は昭和一八年七月～一二月まで。昭和一八年九月以降は五八二空に編入

昭和一八年一月〜一〇月までの母艦搭乗員事故・殉職者一覧

艦名	機種	日付	操縦 階級	操縦 氏名	操縦 出身	偵察 階級	偵察 氏名	偵察 出身	電信 階級	電信 氏名	電信 出身	
隼鷹	艦攻	一月一三日	飛長	紙元淳	操練五五	上飛曹	平弘久	甲飛四	飛長	酒井末二	偵練五五	トラック島竹島飛行場西端の海中に墜落
瑞鶴	零戦	一月二八日	飛長	土園静男	丙飛三							ラバウル基地に飛行中一四三〇頃行方不明
飛鷹	艦攻	二月一一日	上飛曹	有馬純俊	甲飛三	一飛曹	池原俊行	甲飛五	二整官	鎌田富雄		鹿児島県鳥帽子嶽山腹
飛鷹		二月一二日	飛長	白井幸雄	丙飛三か四	飛長	山下博	偵練五五				大分県沖
隼鷹	艦爆	三月一一日	飛長	田村実	丙飛三	二飛曹	沢田稔	乙飛一〇				瀬戸内海西部
瑞鶴	艦攻	四月二日	二飛曹	辻春雄	甲飛七	一飛曹	川崎博	普電練四六	二飛曹	斉藤守	甲飛七	転勤中東洋丸沈没のため
翔鶴	艦爆	四月六日	飛長	藤元六助	丙飛四	飛長	深江安	普電練五五				宮崎沖訓練中
隼鷹	艦爆	五月六日	大尉	津田俊夫	海兵六三							発動機不調のため竹島東方一五〇〇米に海没
瑞鶴	艦爆	五月七日				一飛曹	本田富重	甲飛六				着艦時悪気流のため衝撃大となり戦死
瑞鳳	零戦	五月二四日	二飛曹	大島高市	丙飛七か八							五井西南約六浬
瑞鳳	零戦	五月二四日	二飛曹	青木静雄	甲飛七							五井西南約六浬
瑞鳳	零戦	六月三日	二飛曹	山崎稔郎	丙飛七か八							飛行訓練中
隼鷹	艦爆	六月二二日	二飛曹	山下勇蔵	丙飛四							竹島付近
瑞鶴	艦攻	六月二四日	一飛曹	木谷一	操練五一	飛曹長	田中守行	偵練三六	二飛曹	太田秀穂	偵練五五	
瑞鶴	艦攻	六月二四日	一飛曹	豊島千秋	甲飛六	二飛曹	鈴木和雄	偵練五五	二飛曹	宿南敬二	偵練五五	
翔鶴	艦爆	六月二九日	飛長	中谷馨	丙飛四	一飛曹	田野茂雄	乙飛一一				
翔鶴	零戦	七月二四日		石井金市	丙飛六							トラック基地付近航法訓練中
瑞鶴	艦爆	七月三〇日	上飛曹	大石忠敏	操練四三							トラック泊地に不時着水
瑞鶴	零戦	八月二四日	飛長	菊池利雄	丙飛七か八							竹島付近
翔鶴	零戦	九月一三日	二飛曹	脇本忠夫	乙飛一一							爆撃訓練中
翔鶴	二座機	九月二三日				飛曹長	日置正一	乙飛五				戦病死？

「ろ号作戦」一航戦搭乗員一覧（戦闘機隊）

瑞鶴

階級	氏名	出身期	備考
大尉	納富健二郎	海兵六二	一一月八日戦死
大尉	荒木茂	海兵六七	一一月一一日戦死
中尉	関谷丈雄	海兵六九	その後霞ヶ浦空に転勤
少尉	大山源七郎	予学九	ルオット派遣（一二月五日）で戦死
飛曹長	奥川昇	操練二九	その後築城空に転勤
飛曹長	斎藤三朗	操練四四	その後他部隊に転勤
飛曹長	青山久	操練三九	ルオット派遣（一二月五日）で戦死
上飛曹	大倉茂	操練四一	一一月二日戦死
上飛曹	大石芳男	乙飛九	
一飛曹	吉田三郎	甲飛七	一一月二日戦死
一飛曹	市川修	甲飛七	ルオット派遣（一二月五日）で戦死
一飛曹	長倉弘	甲飛七	その後六〇一空
一飛曹	藤瀬文吉	乙飛一一	「瑞鶴」飛行機隊に残留
一飛曹	西村博	乙飛一一	一一月五日戦死
一飛曹	青木久	丙飛三	一一月三日戦死
一飛曹	山崎卓	丙飛三	その後横空に転勤
一飛曹	駒場計男	丙飛三か四	一一月二日戦死
一飛曹	宮崎薫	丙飛三か四	その後横空に転勤
一飛曹	久保貞夫	丙飛三か四	その後横空に転勤
一飛曹	小柳俊一	丙飛三か四	その後六五二空に転勤
一飛曹	山川安吉	丙飛六	ルオット派遣（一二月五日）で戦死
一飛曹	宮川正好	丙飛七	
一飛曹	伊藤久雄	丙飛七か八	「瑞鶴」飛行機隊に残留
二飛曹	半田享二	丙飛三	
二飛曹	馬場良助	丙飛七	「瑞鶴」飛行機隊に残留
二飛曹	谷口信恵	丙飛七か八	「瑞鶴」飛行機隊に残留
飛長	沼謙吾	丙飛七か八	「瑞鶴」飛行機隊に残留

翔鶴

階級	氏名	出身期	備考
大尉	瀬藤満寿三	海兵六四	その後大村空に転勤
中尉	酒見郁郎	海兵六九	その後六〇一空
中尉	増山保雄	海兵六九	その後六〇一空
中尉	宮部員規	乙飛二	一一月二日戦死
飛曹長	佐藤仁志	操練二六	一一月一一日戦死
飛曹長	吉田義雄	操練四六	ルオット派遣（一二月五日）で戦死
飛曹長	丸山明	乙飛四	その後六〇一空
飛曹長	窪田晴吉	乙飛七	その後六〇一空
飛曹長	檜垣英次郎	乙飛七	一一月八日戦死
上飛曹	川村正次	甲飛六	一一月二日戦死
上飛曹	磯部隆造	丙飛六	一一月一一日戦死
一飛曹	前田秀秋	乙飛一一	その後六〇一空
一飛曹	早川寿	乙飛一一	その後六〇一空
一飛曹	立住一男	乙飛一一	一一月一一日戦死
一飛曹	杉野計雄	丙飛三	「瑞鶴」飛行機隊に編入され残留
一飛曹	谷水竹雄	丙飛三	「瑞鶴」飛行機隊に編入され残留
一飛曹	浜中治雄	丙飛三	「瑞鶴」飛行機隊に編入され残留
二飛曹	佐藤源七	丙飛三	一一月二日戦死
一飛曹	城所邦男	丙飛六	一一月一一日戦死
一飛曹	植木吉行	丙飛六	「瑞鶴」飛行機隊に編入され残留
一飛曹	山本武雄	丙飛六	一一月二日戦死
一飛曹	西脇弘之	丙飛七	「瑞鶴」飛行機隊に編入され残留
一飛曹	杉滝巧	丙飛七	「瑞鶴」飛行機隊に編入され残留
二飛曹	椎名友治	丙飛六	一一月二日戦死
二飛曹	中沢晟	丙飛六	その後六五二空

瑞鳳

階級	氏名	出身期	備考
大尉	佐藤正夫	海兵六三	一一月一一日戦死
大尉	中川健二	海兵六七	「瑞鶴」飛行機隊に編入され残留
少尉	山田昇一郎	予学九	一一月一一日戦死
少尉	福井義男	操練二六	その後六〇一空
飛曹長	鹿田二男	甲飛三	「瑞鶴」飛行機隊に編入され残留
飛曹長	岩井勉	乙飛六	「ろ」号作戦不参加
上飛曹	大野安次郎	操練四三	「瑞鶴」飛行機隊に編入され残留
上飛曹	湊小作	操練四四	一一月五日戦死
上飛曹	長田進一	操練五〇	一一月一一日戦死
一飛曹	岸敬	乙飛一二	一一月二日戦死
一飛曹	村岡信幸	丙飛三	一一月八日戦死
一飛曹	鹿野至	丙飛三	その後二六五空
一飛曹	石原泉	丙飛三	その後大分空、六五二空に転勤
一飛曹	佐藤八郎	丙飛三か四	ルオット派遣（一二月五日）で戦死
一飛曹	松井松吉	丙飛三か四	「瑞鶴」飛行機隊に編入され残留
一飛曹	鳥山四郎	丙飛三か四	
一飛曹	大友松吉	丙飛六	一一月六日戦死
一飛曹	小八重幸太郎	丙飛七	「瑞鶴」飛行機隊に編入され残留
一飛曹	中川明吉	丙飛七	一一月一一日戦死
飛長	横井川末三	丙飛七か八	「瑞鶴」飛行機隊に編入され残留
飛長	田中件六	丙飛八か一〇	「瑞鶴」飛行機隊に編入され残留
飛長	坂正	丙飛八か一〇	「瑞鶴」飛行機隊に編入され残留

戦没日は「ろ」号作戦及びルオット派遣作戦の期間のみ掲載

「ろ号作戦」一航戦搭乗員一覧（艦爆隊）

瑞鶴

操縦				偵察			
階級	**氏名**	**出身**	**備考**	**階級**	**氏名**	**出身**	**備考**
大尉	比良国清	海兵六五	一航戦司令部付	中尉	荻荘一郎	海兵六九	一一月八日未帰還
大尉	平原政雄	海兵六六	六〇一空に転勤	中尉	始関巍	海兵六九	一一月一一日未帰還
中尉	大槻政男	海兵六九	一一月一一日未帰還	飛曹長	小宮保吉	偵練三六	六〇一空に転勤
飛曹長	田中吉治	操練二四	一一月二日未帰還	飛曹長	武藤彌三	乙飛六	一一月一一日未帰還
飛曹長	日根秀司	操練三〇	一一月八日未帰還	上飛曹	水越良一	偵練三九	六〇一空に転勤
上飛曹	佐々木正秋	操練四三	一一月一一日未帰還	上飛曹	倉田三郎	甲飛四	一一月二日未帰還
上飛曹	一木栄市	操練四四	宇佐空に転勤	上飛曹	蔵本侑	甲飛六	一一月八日未帰還
上飛曹	仲田三保	操練四四	一一月一一日未帰還	上飛曹	野田香保留	乙飛一〇	六〇一空に転勤
上飛曹	矢野正一	乙飛一〇	一一月一一日未帰還	一飛曹	村上令	甲飛七	一一月八日重傷
一飛曹	袖ヶ浦信二	甲飛七	一一月八日未帰還	一飛曹	灰田秋	甲飛七	一一月二日未帰還
一飛曹	安宅基	乙飛一一	一一月八日未帰還	一飛曹	有馬友則	甲飛七	一一月八日未帰還
一飛曹	下川部春夫	丙飛三か四	一一月二日未帰還	一飛曹	東山清種	乙飛一三	一一月八日未帰還
一飛曹	山本敏	丙飛三か四	一一月二日未帰還	一飛曹	猪原唯人	偵練五三	一一月一一日未帰還
二飛曹	大中捨雄	丙飛六	六〇一空に転勤	一飛曹	荻尾隆	普電練五五	一一月二日未帰還
二飛曹	田中正	丙飛六	六〇一空に転勤	一飛曹	小倉信一	普電練五五	一一月三日未帰還
二飛曹	保坂徳雄	丙飛六	六〇一空に転勤	一飛曹	伊藤壽	普電練五五	一一月一一日未帰還
一飛曹	稲垣正美	丙飛六	一一月二日未帰還	一飛曹	飯田良一	普電練五五	一一月二日未帰還
二飛曹	中村五郎	丙飛六	一一月三日未帰還	一飛曹	田地行貞吉	普電練五五	六〇一空に転勤
一飛曹	小柏義孝	丙飛六	一一月八日未帰還				

翔鶴

操縦

出身	氏名	階級	備考
大尉	小井手護之	海兵六五	一一月一一日未帰還
大尉	嶋田雅美	海兵六八	六〇一空に転勤
飛曹長	北室清身	操練二七	一一月一一日未帰還
飛曹長	河野卓士	操練三五	一一月八日未帰還
飛曹長	北島三郎	操練三六	六〇一空に転勤
飛曹長	鈴木武治	操練四三	一一月一一日未帰還
飛曹長	中所修康	甲飛三	一一月八日未帰還
飛曹長	池田福次郎	乙飛四	一一月八日未帰還
飛曹長	宮本亘	乙飛五	一一月一一日未帰還
上飛曹	岩貞勇	操練四三	一一月一一日未帰還
上飛曹	横山良一	甲飛六	六〇一空に転勤
上飛曹	山本卓也	甲飛六	一一月二日未帰還
上飛曹	江藤義人	甲飛六	一一月八日未帰還
上飛曹	戸田拓也	甲飛六	一一月一一日未帰還
上飛曹	野村修	甲飛六	一一月一一日未帰還
上飛曹	菊地博	乙飛一〇	一一月一一日未帰還
一飛曹	竹林益生	乙飛一一	六〇一空に転勤
一飛曹	諸岡充	乙飛一一	一一月八日未帰還
一飛曹	河原正雄	乙飛一一	一一月八日未帰還
一飛曹	今堀清徳	乙飛一一	一一月一一日未帰還
一飛曹	大久保正七	乙飛一一	一一月一一日未帰還
一飛曹	川本清	丙飛三	一一月一一日未帰還
一飛曹	鈴木四郎治	丙飛三か四	一一月一一日未帰還
一飛曹	宮内利夫	丙飛四	六〇一空に転勤
一飛曹	野見山猛	丙飛四	六〇一空に転勤
一飛曹	永田縁般	丙飛七か八	一一月一一日未帰還
	佐藤		

偵察

出身	氏名	階級	備考
大尉	斉藤舜二	海兵六七	一一月八日未帰還
大尉	松橋喜久雄	海兵六八	一一月八日未帰還
少尉	佐藤久助	偵練二一	一一月一一日未帰還
飛曹長	猪上武義	偵練二七	一一月一一日未帰還
飛曹長	白玉守彌	偵練三一	六〇一空に転勤
飛曹長	山地徳良	偵練三四	一一月二日機上戦死
飛曹長	西館与忠	乙飛六	一一月八日未帰還
飛曹長	池田勲		一一月一一日未帰還
上飛曹	鳥谷巌	偵練四〇	六〇一空に転勤
上飛曹	汲田昇	偵練四三	一一月一一日未帰還
上飛曹	長渕弘	偵練四九	一一月一一日未帰還
上飛曹	島本喜久雄	甲飛六	一一月八日未帰還
一飛曹	小泉四郎	甲飛七	一一月二日不時着戦死
一飛曹	夛加谷修	甲飛七	一一月一一日未帰還
一飛曹	武田進一	甲飛七	一一月一一日未帰還
一飛曹	国次萬吉	乙飛一一	六〇一空に転勤
一飛曹	坂元重雄	乙飛一一	六〇一空に転勤
一飛曹	本間定雄	乙飛一一	一一月八日負傷
一飛曹	井出夏雄	乙飛一一	一一月二日未帰還
一飛曹	中村富士雄	乙飛一一	一一月八日未帰還
一飛曹	上原利雄	乙飛一一	一一月八日未帰還
一飛曹	神林数幸	乙飛一一	一一月一一日未帰還
一飛曹	今井精一郎	乙飛一一	一一月一一日未帰還
一飛曹	橋本英雄	乙飛一一	一一月一一日未帰還
一飛曹	村井敬晴	乙飛一一	一一月一一日未帰還
一飛曹	甲斐治	乙飛一一	一一月一一日未帰還
一飛曹	菊地基介	乙飛一二	一一月一一日未帰還

「ろ号作戦」一航戦搭乗員一覧（艦攻隊）

瑞鶴

操縦				偵察				電信			
階級	氏名	出身	備考	階級	氏名	出身	備考	階級	氏名	出身	備考
大尉	宮尾暎	海兵六二	一一月一〇日未帰還	大尉	清宮鋼	海兵六五	一一月五日未帰還	上飛曹	山崎春正	乙飛一〇	一一月一一日未帰還
大尉	橋原正幸	海兵六六	一一月一一日未帰還	大尉	山下博	海兵六八	宇佐空へ転勤	上飛曹	岩政将雄	普電練四六	一一月五日未帰還
中尉	江沢千正	海兵六九	一一月六日未帰還	大尉	松川睦郎	海兵六八	一一月六日未帰還	上飛曹	金川博好		一一月一〇日不時着
中尉	杉本保明	操練一三	一一月一〇日未帰還	中尉	林徹夫	偵練一八		上飛曹	福田重定	偵練三九	一一月一一日未帰還
飛曹長	米増豊	操練二四	一一月一一日未帰還	飛曹長	宮島睦夫	偵練二八	「瑞鶴」飛行機隊に残留	一飛曹	井上博	偵練五一	一一月五日未帰還
飛曹長	古本賢美	操練三六	その後霞ヶ浦空へ転勤	飛曹長	菊池高之助	偵練三六	宇佐空へ転勤	一飛曹	井上正夫	甲飛七	「瑞鶴」飛行機隊に残留
飛曹長	上野六十男	乙飛四	一一月五日未帰還	飛曹長	村実利雄		一一月一〇日未帰還	一飛曹	矢野信夫	甲飛七	一一月一一日未帰還
飛曹長	原田信之助	乙飛六	名古屋空へ転勤	飛曹長	多田粲	甲飛一	一一月一一日未帰還	一飛曹	藤江順平	乙飛一二	
飛曹長	大迫留彦	乙飛七	「瑞鶴」飛行機隊に残留	飛曹長	竹原貞喜	乙飛五	横空へ転勤	一飛曹	塩津敏雄	乙飛一二	一一月六日未帰還
上飛曹	深川憲霊	甲飛五	「瑞鶴」飛行機隊に残留	飛曹長	山下魁	乙飛五	一一月一一日未帰還	一飛曹	古川久治	乙飛一二	一一月一一日未帰還
上飛曹	根食貞憲	乙飛八	「瑞鶴」飛行機隊に残留	飛曹長	吉井四郎		岩国空へ転勤	一飛曹	小林喜一郎	普電練五五	一一月一一日未帰還
上飛曹	山末蔵雄	丙飛三か四	一一月一一日未帰還	上飛曹	沖田清三	偵練四三	「瑞鶴」飛行機隊に残留				
一飛曹	中路実	乙飛一二	一一月一一日未帰還	上飛曹	西山久雄	甲飛五	一一月五日未帰還				
一飛曹	磯谷真司	丙飛三	一一月五日未帰還	一飛曹	栗田鉄雄	乙飛一二	一一月一一日未帰還				
一飛曹	柴田邦雄	丙飛三か四	一一月一一日未帰還	一飛曹	入家吉高	丙飛九	一一月一一日未帰還				
飛長	渡辺佐利	丙飛八か一〇	一一月一八日事故死	飛長	荒木光治	丙飛七	一一月一一日未帰還				

翔鶴

操縦

階級	氏名	出身	備考
大尉	小野賢次	海兵六四	その後六〇一空
飛曹長	沖村覚	操練三五	一一月八日未帰還
飛曹長	鈴木善六	操練四〇	一一月一一日未帰還
飛曹長	町谷昇次	操練四三	一一月一〇日不時着
飛曹長	吉松豊	甲飛一	一一月八日未帰還
飛曹長	原田正澄	甲飛二	一一月一〇日未帰還
上飛曹	太田金之助	丙飛六	一一月八日未帰還
上飛曹	加納正	甲飛六	
一飛曹	八島一治	甲飛七	「瑞鶴」飛行機隊に編入
一飛曹	荒木正之	甲飛七	一一月八日未帰還
一飛曹	佐藤靖彦	甲飛七	一一月一〇日未帰還
一飛曹	堀之内利隆	甲飛七	一一月一一日未帰還
一飛曹	武内義雄	甲飛七	一一月一一日未帰還
一飛曹	高木信治	甲飛七	一一月一一日未帰還
一飛曹	梅城茂	乙飛一一	一一月一一日未帰還
一飛曹	斉藤茂	乙飛一一	「瑞鶴」飛行機隊に編入
一飛曹	横井徳一	乙飛一一	「瑞鶴」飛行機隊に編入
飛長	平野和夫	丙飛七	一一月五日負傷

偵察

階級	氏名	出身	備考
大尉	渡辺譲	海兵六八	一一月一〇日不時着
大尉	長野一陽	海兵六八	一一月八日未帰還
少尉	山田金十郎	偵練二七	その後六〇一空
少尉	藤野勝	偵練二七	「瑞鶴」飛行機隊に編入
少尉	浮田忠明	乙飛三	一一月八日未帰還
飛曹長	油橋恒雄	偵練三三	一一月一〇日未帰還
飛曹長	油下正二	偵練三五	「瑞鶴」飛行機隊に編入
飛曹長	本橋久昌	甲飛三	一一月八日未帰還
飛曹長	柴田正信	乙飛四	一一月一〇日戦死
飛曹長	有吉恒男	乙飛五	一一月一一日未帰還
飛曹長	大江道太	乙飛七	「瑞鶴」飛行機隊に編入
一飛曹	由元国夫	偵練五三	一一月一一日未帰還
一飛曹	高橋信夫	普電練五五	一一月五日機上戦死
一飛曹	小野田泰康	甲飛七	一一月一一日未帰還
一飛曹	神原壽	甲飛七	一一月一一日未帰還
一飛曹	橋越保男	甲飛七	一一月一一日未帰還
一飛曹	鳥山真康	丙飛五	一一月八日未帰還
飛長	徳永義晴	丙飛九	一一月一〇日不時着

電信

階級	氏名	出身	備考
飛曹長	田辺武雄	偵練四〇	一一月一〇日不時着
上飛曹	森本敬次	偵練三八	「瑞鶴」飛行機隊に編入
上飛曹	五ノ井進	偵練四九	「瑞鶴」飛行機隊に編入
上飛曹	倉橋要	甲飛五	一一月八日未帰還
上飛曹	渡辺鈴雄	甲飛五	一一月一〇日未帰還
上飛曹	森田裕三	甲飛五	一一月一一日未帰還
上飛曹	金沢光	甲飛六	一一月八日未帰還
上飛曹	春原宗治	乙飛一〇	一一月一〇日不時着
一飛曹	村上克止	甲飛七	一一月八日未帰還
一飛曹	白石国男	甲飛七	一一月一〇日未帰還
一飛曹	岡田饒次郎	甲飛七	一一月一一日未帰還
一飛曹	栗本士郎	甲飛七	一一月一一日未帰還
一飛曹	白鷺勉	甲飛七	一一月一一日未帰還
一飛曹	熊坂誠	飛練二五	「瑞鶴」飛行機隊に編入
一飛曹	村上則明	飛練二五	「瑞鶴」飛行機隊に編入
一飛曹	大鷹清	飛練二五	一一月八日未帰還
一飛曹	吉田出	普電練五五	一一月一一日未帰還

瑞鳳

操縦

階級	氏名	出身	備考
中尉	青井正雄	乙飛二	一一月一一日未帰還
飛曹長	沢田辰美	操練四一	霞ヶ浦空に転勤
飛曹長	国原新治	偵練四五	一一月一一日未帰還
上飛曹	有安弘	操練四五	一一月五日未帰還
上飛曹	賀来準吾	乙飛八	その後六〇一空
上飛曹	加藤哲夫	乙飛九	一一月一一日未帰還
上飛曹	横山義美	丙飛三か四	「瑞鶴」飛行機隊に編入
一飛曹	新木覚	操練五五	一一月一一日未帰還
一飛曹	深谷正戈	丙飛二	「瑞鶴」飛行機隊に編入
飛長	田中伍郎	丙飛七か八	一一月五日未帰還

偵察

階級	氏名	出身	備考
大尉	佐久間坎三	海兵六七	「瑞鶴」飛行機隊に編入
中尉	清宮瞳	海兵六九	一一月一一日未帰還
飛曹長	糸川保男	偵練二九	鹿屋空に転勤
飛曹長	野中清義	甲飛三	一一月一一日未帰還
飛曹長	今村実継	偵練三一	一一月一一日未帰還
飛曹長	井川俊隆	偵練二八	一一月五日未帰還
上飛曹	山崎三郎	甲飛四	その後六〇一空
一飛曹	川原馨	甲飛七	「瑞鶴」飛行機隊に編入
一飛曹	滝沢巌	甲飛七	一一月一一日未帰還
飛長	小林清八	丙飛九	一一月五日未帰還

電信

階級	氏名	出身	備考
上飛曹	西原俊治	偵練四三	横空に転勤
上飛曹	浜崎一夫	甲飛五	一一月一一日未帰還
上飛曹	川崎繁行	甲飛六	一一月一一日未帰還
一飛曹	中川原竜治	偵練五三	一一月一一日未帰還
一飛曹	阿部寅夫	乙飛一二	
一飛曹	小坂金司	飛練二〇	一一月五日未帰還
一飛曹	佐々木三次	飛練二〇	
一飛曹	遠藤浩一	飛練二〇	
一飛曹	衣笠温美		一一月五日未帰還
一飛曹	渡部又治		一一月一一日未帰還

「ろ号作戦」一航戦搭乗員一覧（艦偵隊）

瑞鶴

操縦				偵察			
階級	**氏名**	**出身期**	**備考**	**階級**	**氏名**	**出身期**	**備考**
飛曹長	古川武	操練二三		大尉	馬場朔彦	海兵六七	一一月五日戦死
飛曹長	飯田正忠	操練三三	一一月一一日未帰還	中尉	近藤勇	乙飛二	一一月一一日未帰還
飛曹長	廣瀬正吾	操練四七		飛曹長	石山健次郎	普電練四〇	
				上飛曹	平山繁樹	乙飛九	

翔鶴

操縦員				偵察			
階級	**氏名**	**出身期**	**備考**	**階級**	**氏名**	**出身期**	**備考**
大尉	木村聡	海兵六八		飛曹長	東郷幸男	甲飛一	一一月一一日未帰還
一飛曹	鈴木貢一	乙飛一一	一一月一一日未帰還	飛曹長	樋口清治	乙飛四	「瑞鶴」飛行機隊に残留
				上飛曹	田村三郎	甲飛四	

昭和一八年二月一日敵機動部隊攻撃時搭乗員編制表

機種	艦名	中隊	小隊	機番号	操縦 階級	操縦 氏名	操縦 出身	偵察 階級	偵察 氏名	偵察 出身	電信 階級	電信 氏名	電信 出身	
艦戦	瑞鳳	1	11D	1	大尉	佐藤正夫	海兵六三							未帰還
				2	一飛曹	松井松吉	丙飛三か四							
				3	一飛曹	小八重幸太郎	丙飛七							
			12D	1	上飛曹	大野安次郎	操練四三							
				2	飛長	坂正	丙飛一〇							
		2	13D	1	大尉	中川健二	海兵六七							
				2	一飛曹	佐藤八郎	丙飛三か四							
			14D	1	少尉	福井義男	操練二六							
				2	一飛曹	鹿野至	丙飛三							
	翔鶴	1	11D	1	大尉	瀬藤満寿三	海兵六四							
				2	一飛曹	早川寿	乙飛一一							
				3	飛曹長	吉田義雄	操練四六							
				4	一飛曹	西脇弘之	丙飛七							
			15D	1	中尉	酒見郁郎	海兵六九							
				2	一飛曹	城所邦男	丙飛六							未帰還
				3	一飛曹	谷水竹雄	丙飛三							
				4	一飛曹	杉滝巧	丙飛七							
		2	13D	1	中尉	増山保雄	海兵六九							
				2	一飛曹	浜中行雄	丙飛三							
				3	飛曹長	窪田晴吉	乙飛七							
				4	一飛曹	杉野計雄	丙飛三							
			12D	1	飛曹長	丸山明	乙飛四							
				2	一飛曹	前田秀秋	乙飛一一							
				3	一飛曹	植木吉行	丙飛六							
	瑞鶴	2	11D	1	少尉	大山源七郎	予学九							
				2	一飛曹	山川安吉	丙飛六							
				3	一飛曹	市川修	甲飛七							
			13D	1	一飛曹	伊藤久雄	丙飛七か八							
				2	一飛曹	小柳俊一	丙飛三か四							
		3	14D	1	飛曹長	奥川昇	操練二九							
				2	一飛曹	宮崎薫	丙飛三か四							
			15D	1	上飛曹	大石芳男	乙飛九							
				2	一飛曹	長倉弘	甲飛七							
艦爆	翔鶴				大尉	小井手護之	海兵六五	飛曹長	猪上武義	偵練二七				未帰還
					上飛曹	菊地博	乙飛一〇	上飛曹	汲田昇	偵練四三				未帰還

※次ページへ続く

機種	艦名	中隊	小隊	機番号	操縦 階級	操縦 氏名	操縦 出身	偵察 階級	偵察 氏名	偵察 出身	電信 階級	電信 氏名	電信 出身	
					飛曹長	北室清身	操練二七	上飛曹	長渕弘	偵練四九				未帰還
					一飛曹	鈴木四郎治	丙飛三か四	一飛曹	甲斐治	乙飛一一				未帰還
					一飛曹	川本清	丙飛三	一飛曹	菊地基介	乙飛一二				未帰還
					上飛曹	岩貞勇	操練四三	一飛曹	寻加谷修	甲飛七				未帰還
					一飛曹	今堀清徳	乙飛一一	一飛曹	今井精一郎	乙飛一一				未帰還
					飛曹長	北島三郎	操練三六	飛曹長	白玉守彌	偵練三一				
					上飛曹	戸田拓也	甲飛六	一飛曹	神林数幸	乙飛一一				未帰還
					一飛曹	宮内利夫	丙飛四		不明					
					飛曹長	宮本亘	乙飛五	飛曹長	池田勲					未帰還
					飛曹長	鈴木武治	操練四三	少尉	佐藤久助	偵練二一				未帰還
					上飛曹	野村修	甲飛六	一飛曹	橋本英雄	乙飛一一				未帰還
					上飛曹	横山良一	甲飛六	一飛曹	国次萬吉	乙飛一一				
					一飛曹	大久保正七	乙飛一一	一飛曹	村井敬晴	乙飛一一				未帰還
					一飛曹	永田縁般	丙飛七か八	一飛曹	武田進一	甲飛七				未帰還
	瑞鶴				上飛曹	仲田三保	操練四四	一飛曹	猪原唯人	偵練五三				未帰還（ペア推測）
					中尉	大槻政男	海兵六九	飛曹長	武藤彌三	乙飛六				未帰還
					上飛曹	矢野正一	乙飛一〇	一飛曹	伊藤壽	普電練五五				未帰還
					上飛曹	佐々木正秋	操練四三	中尉	始関魏	海兵六九				未帰還
						不明			不明					引き返す
						不明			不明					引き返す
						不明			不明					引き返す
彗星	五〇一空			1	上飛曹	徳山高基	甲飛六	上飛曹	森口五郎	甲飛五				空母六番×一命中
				2	飛長	行川学	丙飛一〇	一飛曹	金子隆	甲飛八				空母六番×二命中
				3	二飛曹	中島俊雄	丙飛七か八	一飛曹	岩井常男	乙飛一一				未帰還
				4	飛長	藍谷平和	丙飛七か八	一飛曹	古川亨	甲飛八				未帰還
艦攻	瑞鶴				大尉	橋原正幸	海兵六六	飛曹長	山下魁	乙飛五	上飛曹	福田重定		未帰還（ペア推測）
					飛曹長	米増豊	操練二四	飛曹長	多田粲	甲飛一	上飛曹	山崎春正	乙飛一〇	未帰還
					上飛曹	山末蔵雄	丙飛三か四	一飛曹	栗田鉄雄	乙飛一二	一飛曹	小林喜一郎	普電練五五	未帰還
					一飛曹	柴田邦雄	丙飛三か四	一飛曹	入家吉高	丙飛九	一飛曹	矢野信夫	甲飛七	未帰還
					一飛曹	中路実	乙飛一二	飛長	荒木光治	丙飛七	一飛曹	古川久治	乙飛一二	未帰還
	瑞鳳		2	1	飛曹長	国原新治	操練四五	中尉	清宮瞳	海兵六九	一飛曹	中川原竜治	偵練五三	未帰還
				2	上飛曹	加藤哲夫	乙飛九	一飛曹	滝沢厳	甲飛七	上飛曹	川崎繁行	甲飛六	未帰還
			1	1	中尉	青井正雄	乙飛二	飛曹長	今村実継	偵練三一	上飛曹	浜崎一夫	甲飛五	未帰還
				2	一飛曹	新木覚	操練五五	上飛曹	野中清義	甲飛三	一飛曹	渡部又治		未帰還
	翔鶴				飛曹長	鈴木善六	操練四〇	飛曹長	有吉恒男	乙飛五	一飛曹	森田裕三	甲飛五	未帰還
					一飛曹	梅城茂	乙飛一一	一飛曹	小野田泰康	甲飛七	一飛曹	吉田出	普電練五五	未帰還
					一飛曹	堀之内利隆	甲飛七	一飛曹	神原壽	甲飛七	一飛曹	岡田饒次郎	甲飛七	未帰還
					一飛曹	武内義雄	甲飛七	一飛曹	橋越保男	甲飛七	一飛曹	栗本士郎	甲飛七	未帰還
					一飛曹	高木信治	甲飛七	一飛曹	由元国夫	偵練五三	一飛曹	白鷺勉	甲飛七	未帰還

※右表付説
一一月一一日第四次連合攻撃　零戦9機、九七艦攻4機
一〇一五　彗星四機発進、一一三五空母三（大型二、小型一）発見爆撃、
一三〇〇彗星二機帰着
一〇二九　零戦三三機発進　直衛　空戦、一三〇〇零戦三二機帰着
一〇四二　艦爆二三機発進、三機引き返す。敵発見、突撃隊形　一一五〇高度
七〇〇〇より突入爆撃、一三三〇艦爆三機帰着
一〇五四　艦攻一四機発進、一二〇四雷撃　その後行方不明
一一四二　セ岬一五五度一一〇浬に空母三、巡洋艦及び駆逐艦一二よりなる機動
部隊発見

昭和一八年一二月「瑞鶴」飛行機隊搭乗員一覧（戦闘機隊）

階級	氏名	出身期	備考
大尉	中川健二	海兵六七	その後六五三空に転勤
飛曹長	鹿田二男	甲飛三	
上飛曹	大野安次郎	操練四三	一二月二七日戦死
一飛曹	藤瀬文吉	乙飛一一	
一飛曹	杉野計雄	丙飛三	その後大分空に転勤
一飛曹	谷水竹雄	丙飛三	その後台南空に転勤
一飛曹	浜中治雄	丙飛三	
一飛曹	松井松吉	丙飛三か四	一二月二七日戦死
一飛曹	植木吉行	丙飛六	一月一八日戦死
一飛曹	杉滝巧	丙飛七	
一飛曹	小八重幸太郎	丙飛七	その後大村空に転勤
一飛曹	西脇弘之	丙飛七	一月一四日戦死
一飛曹	伊藤久雄	丙飛七か八	その後三〇二空に転勤
二飛曹	馬場良助	丙飛七	一月四日戦死
二飛曹	谷口信恵	丙飛七か八	一月一八日戦死
飛長	横井川末三	丙飛七か八	一二月一九日戦死
飛長	沼謙吾	丙飛七か八	一二月二七日戦死
飛長	田中件六	丙飛八か一〇	一月一八日戦死
飛長	坂正	丙飛八か一〇	
飛長	森末記	丙飛一〇	

戦没日は、昭和一八年一二月一五日以降昭和一九年二月末までの期間
※二五三空の指揮下で活動した

昭和一八年一一月「瑞鶴」飛行機隊搭乗員一覧（艦攻隊）

操縦

階級	氏名	出身	備考
大尉	松村平太	海兵六三	その後六五三空に転勤
飛曹長	大迫留彦	乙飛七	
上飛曹	深川憲霊	甲飛五	その後五五三空に転勤
上飛曹	根食貞憲	乙飛八	その後五五三空に転勤
上飛曹	寺内光	丙飛二	
上飛曹	横山義美	丙飛三か四	一二月一六日戦死
一飛曹	八島一治	甲飛七	一二月二九日戦死
一飛曹	斉藤茂	乙飛一一	
一飛曹	横井徳一	乙飛一一	その後五五三空に転勤
一飛曹	福井勝美	乙飛一一	
一飛曹	酒井三郎	乙飛一二	一二月二五日戦死
一飛曹	深谷正戈	丙飛二	二月一二日戦死
一飛曹	平松健一	丙飛三	
一飛曹	山口栄	丙飛三か四	その後横空に転勤
一飛曹	近藤春太郎	丙飛三か四	一月一九日戦死
一飛曹	佐藤数	丙飛七か八	一月一二日戦死
二飛曹	加藤陸造	丙飛八か一〇	
飛長	平野和夫	丙飛七	その後六五三空に転勤
飛長	桑名安昌	丙飛八か一〇	その後五五三空に転勤

偵察

階級	氏名	出身	備考
大尉	佐久間坎三	海兵六七	一二月一六日戦死
少尉	藤野勝	偵練二七	その後横空に転勤
飛曹長	山野一郎	乙飛六	その後横空に転勤
飛曹長	大江道太	乙飛七	
飛曹長	宮島睦夫	偵練二八	一月一九日戦死
上飛曹	松村徳治	偵練三四	その後五五三空に転勤
上飛曹	沖田清三	偵練四三	
上飛曹	五ノ井進	偵練四九	
上飛曹	鈴木諒平	甲飛五	
上飛曹	高橋喜一郎	偵練四三	
一飛曹	野口光	甲飛七	その後横空に転勤
一飛曹	河原馨	甲飛七	一二月二九日戦死
一飛曹	岡元重光	甲飛七	二月一二日戦死
一飛曹	佐藤千秋	乙飛一二	一月一二日戦死
一飛曹	松下定彦	乙飛一二	
一飛曹	諸江正久	丙飛七	その後五五三空に転勤
一飛曹	桐山元宏	丙飛九	その後五五三空に転勤
一飛曹	西川勇		一二月二五日戦死
飛長	粕谷新太郎	丙飛九	一二月二九日戦死
飛長	児玉喜久男	丙飛九	その後横空に転勤
飛長	甲斐松実	丙飛九	その後横空に転勤
飛長	奥村武次	丙飛九	

電信

階級	氏名	出身	備考
上飛曹	森本敬次	偵練三八	その後五五三空に転勤
一飛曹	及川巌	偵練五三	一月一九日戦死
一飛曹	丹羽松男	偵練五五	一二月一六日戦死
一飛曹	中島文治	偵練五五	
一飛曹	井上正夫	甲飛七	
一飛曹	浜田礼一	甲飛七	その後五五三空に転勤
一飛曹	染谷修平	甲飛七	一二月二九日戦死
一飛曹	安藤謙	甲飛七	一月一二日戦死
一飛曹	和田豊家	甲飛七	一二月二五日戦死
一飛曹	井上文吉	乙飛一二	その後五五三空に転勤
一飛曹	永野甫	乙飛一二	その後五五三空に転勤
一飛曹	小沢義雄	乙飛一二	
一飛曹	秋山幸三	乙飛一三	一二月一八日戦死
一飛曹	富田勉	乙飛一三	
一飛曹	原田宗善	乙飛一三	その後五五三空に転勤
一飛曹	佐藤好男	乙飛一四	
一飛曹	橋本真二	飛練二〇	
一飛曹	村田義一	飛練二〇	
一飛曹	熊坂誠	飛練二五	その後五五三空に転勤
一飛曹	村上則明	飛練二五	その後徳島空に転勤
一飛曹	河原田従助		二月一二日戦死
一飛曹	長浜尚		

昭和一八年一一月「瑞鶴」飛行機隊搭乗員一覧（艦偵隊）

操縦

階級	氏名	出身	備考
大尉	木村聡	海兵六八	その後六五三空に転勤
飛曹長	古川武	操練二三	その後横空に転勤

偵察

階級	氏名	出身	備考
飛曹長	樋口清治	乙飛四	その後横空に転勤

昭和一八年二月二航戦搭乗員一覧（戦闘機隊）

隼鷹

階級	氏名	出身期	備考
大尉	日高盛康	海兵六六	その後六五二空
中尉	前轟	海兵六九	一月二七日戦死
飛曹長	小見山賢太	乙飛七	その後六五二空
上飛曹	菊地哲生	操練三九	その後六五二空
上飛曹	甲斐巧	乙飛八	その後六五二空
一飛曹	長野斉	甲飛七	一月一日戦死
一飛曹	比留間義朗	甲飛八	二月一五日戦死
一飛曹	片岡傳臣	乙飛一四	その後六五二空
一飛曹	寺本善治	乙飛一四	一月四日戦死
一飛曹	津田茂	乙飛一四	一月二八日戦死
一飛曹	後藤英夫	乙飛一四	二月一九日戦死
一飛曹	前七次郎	操練五四	二月一一日戦死
一飛曹	松崎孝	丙飛七	二月一四日戦死
二飛曹	松田益次郎	丙飛一一	その後六五二空
飛長	前田清三	丙飛一一	その後六五二空
飛長	登内剛二	丙飛一一	
飛長	須崎重雄	丙飛一一	
飛長	関金作	丙飛一一	一月二七日戦死
飛長	大森満	丙飛一一	一月一日戦死
飛長	二神勉市	丙飛一一	一月一日戦死
飛長	工藤知行	丙飛一一	二月一七日戦死
飛長	弘中長義	丙飛一一	二月二四日戦病死
飛長	川崎不二男	丙飛一一	一月二六日戦死
飛長	工藤知行	丙飛一一	二月一七日戦死

飛鷹

階級	氏名	出身期	備考
大尉	小林保平	海兵六七	その後六五二空
中尉	小泉藤一	乙飛二	一月二七日戦死
飛曹長	井村二郎	乙飛七	その後六五二空
飛曹長	野口毅次郎	操練二四	
上飛曹	川崎助夫	乙飛九	一月二七日戦死
上飛曹	黒木実徳	操練四二	二月一二日戦死
一飛曹	折原由雄	甲飛八	その後六五二空
一飛曹	竹下賢太朗	甲飛八	その後六五二空
一飛曹	加森勝正	甲飛八	一月三〇日戦死
一飛曹	大熊要司	甲飛八	一月三〇日戦死
一飛曹	柴山一	甲飛八	二月九日戦死
飛長	森木茂樹	丙飛一一	
飛長	高島功	丙飛一一	
飛長	世良保教	丙飛一一	二月一九日戦死
飛長	加藤利夫	丙飛一一	二月一〇日戦死
飛長	吉留徳三	丙飛一一	一月二九日戦死
飛長	加藤梅治	丙飛一一	一月二六日戦死
飛長	中山国造	丙飛一一	一月二七日戦死
飛長	山崎正一	丙飛特一一	一月二八日戦死
飛長	松本篤次	丙飛特一一か一二	
飛長	木下秀夫	丙飛特一一か一二	一月三〇日戦死
上飛	野口作二	丙飛一二	その後六五二空
飛長	古川富美雄	丙飛一二	一月三〇日戦死
飛長	小島秋夫	丙飛一二	二月一九日戦死

龍鳳

階級	氏名	出身期	備考
大尉	吉村博	海兵六八	その後六五二空
中尉	岩城万蔵	操練一三	一月一日戦死
飛曹長	菅井三郎	操練二五	その後六五二空
飛曹長	清末銀治	甲飛二	二月七日戦死
上飛曹	石沢義秀	乙飛一〇	一月二八日戦死
上飛曹	北条博道	操練四三	
一飛曹	真鍋重信	丙飛七	その後六五二空
一飛曹	元木正博	甲飛八	その後六五二空
一飛曹	田端真三	乙飛一四	
一飛曹	吉岡実盛	乙飛一四	一月二六日戦死
一飛曹	荒井弘	乙飛一四	一月三〇日戦死
飛長	森田寅三郎	丙飛一一	その後六五二空
飛長	井上勇	丙飛一一	その後六五二空
飛長	中尾敏夫	丙飛一一	その後六五二空
飛長	福西久存	丙飛一一	二月九日戦死
飛長	長谷川一衛	丙飛一一	二月二日戦傷死
飛長	山本五郎	丙飛一一	一月二八日戦死
飛長	大谷巌	丙飛一一	二月一九日戦死
二飛曹	小倉通義	丙飛一一	二月一二日戦死
飛長	仙波政美	丙飛一一	一月二六日戦死
飛長	広瀬進	丙飛一一	一月二六日戦死

昭和一八年二月二航戦搭乗員一覧（艦爆隊）

隼鷹

艦爆操縦員

階級	氏名	出身期	備考
大尉	薬師寺一男	海兵六六	その後百里原空に転勤
中尉	川口富司	操練二〇	その後六五二空
中尉	関根行也	予学一〇	その後六五二空
少尉	谷博	乙飛三	その後六五二空
飛曹長	角田久継	操練四三	その後六五二空
上飛曹	菊地武男	操練五三	二月一五日戦死
一飛曹	五島薫	乙飛一二	その後六五二空
一飛曹	井上英夫	乙飛一二	その後六五二空
一飛曹	藤沼篤	丙飛七か八	二月一五日戦死
一飛曹	白石義蔵	丙飛八か一〇	その後六五二空
一飛曹	田中麻夫	丙飛一〇	その後六五二空
飛長	駒澤孟	丙飛八か一〇	その後六五二空
飛長	丸山永二	丙飛一一	その後六五二空
飛長	谷川光吉	丙飛一一	その後六五二空
飛長	小山倉太	丙飛一一	その後六五二空
飛長	杉本孝雄	丙飛一一	その後六五二空
飛長	藤井忠男	丙飛一一	その後六五二空
飛長	樽松岩雄	丙飛一一	その後六五二空

艦爆偵察員

階級	氏名	出身期	備考
中尉	森山勝文	海兵六九	その後他部隊に転勤
飛曹長	井口恒雄	甲飛三	その後六五二空
上飛曹	中竹悟	甲飛四	その後六五二空
上飛曹	小島武彦	甲飛五	その後六五二空
上飛曹	入澤良一	乙飛一〇	その後六五二空
一飛曹	坂本守恵	甲飛七	その後六五二空
一飛曹	兵藤育男	甲飛八	その後六五二空
一飛曹	坪原庄一	甲飛八	その後六五二空
一飛曹	山崎壽雄	乙飛一二	二月一五日戦死
一飛曹	福本喜代平	乙飛一二	その後六五二空
一飛曹	丸尾政信	乙飛一二	その後六五二空
一飛曹	水品成雄	乙飛一二	その後六五二空
一飛曹	日野御酒造	乙飛一三	その後六五二空
一飛曹	有沢春敏	乙飛一三	その後六五二空
一飛曹	中岡静夫	乙飛一四	その後六五二空
一飛曹	小笠原睦夫	乙飛一四	その後六五二空
一飛曹	新谷惇滋	乙飛一四	未出撃、その後六五二空
一飛曹	博田治太郎	乙飛一四	未出撃、大井空

昭和一八年二月二航戦搭乗員一覧（艦爆隊）つづき

飛鷹

艦爆操縦員

階級	氏名	出身期	備考
大尉	宮内安則	海兵六六	その後六五二空
中尉	星子富士夫	海兵六九	その後六五二空
中尉	山田彦雄	予学一〇	二月一五日戦死
飛曹長	羽野興廣	乙飛五	二月一四日戦死
上飛曹	山谷善吉	操練四九	その後六五二空
上飛曹	田中五郎	操練五四	その後六五二空
一飛曹	宮本静雄	甲飛七	その後六五二空
一飛曹	大島正彦	甲飛八	二月一五日戦死
一飛曹	宮迫光男	甲飛八	その後六五二空
一飛曹	吉岡稔	甲飛八	一月三日戦死
一飛曹	葉石壽人	乙飛一三	二月一四日戦死
一飛曹	川口秀明	乙飛一四	その後六五二空
飛長	渡辺勇穂	丙飛八か一〇	その後六五二空
飛長	田中武夫	丙飛一〇	その後六五二空
飛長	安藤勝	丙飛一一	その後六五二空
飛長	廣永繁雄	丙飛一一	その後六五二空
飛長	安藤幸八	丙飛特一一か一二	その後六五二空
飛長	柳田初一	丙飛特一一か一二	その後六五二空
飛長	加藤光治	丙飛一二	その後六五二空

艦爆偵察員

階級	氏名	出身期	備考
中尉	手島義雄		二月一四日戦死
飛曹長	原田嘉太男	甲飛二	その後六五二空
飛曹長	山下敏平	甲飛三	その後六五二空
飛曹長	中島米吉	乙飛四	その後六五二空
一飛曹	廣橋喜徳郎	甲飛八	その後六五二空
一飛曹	古道循一	甲飛八	その後六五二空
一飛曹	松田交保	甲飛八	その後六五二空
一飛曹	長谷圀雄	甲飛八	その後六五二空
一飛曹	長谷川忠	乙飛一二	その後六五二空
一飛曹	杉山秀一	乙飛一二	その後六五二空
一飛曹	原野繁實	乙飛一二	その後六五二空
一飛曹	五井武男	乙飛一三	その後六五二空
一飛曹	松下常二	乙飛一三	二月一五日戦死
一飛曹	相馬賢信	乙飛一三	一月三日戦死
一飛曹	矢辺敏夫	乙飛一四	二月一四日戦死
一飛曹	佐藤君雄	普電練五二	二月一五日戦死
二飛曹	細川行人	乙飛一五	その後六五二空
二飛曹	佃吉治	乙飛一五	その後六五二空
二飛曹	日野年丸	乙飛一五	その後六五二空

昭和一八年二月二航戦搭乗員一覧（艦攻隊）

隼鷹

艦攻操縦員

階級	氏名	出身期	備考
飛曹長	高橋仲夫	甲飛二	その後六五二空
飛曹長	中村壬五郎	操練二四	その後六五二空
上飛曹	浦田直	操練五三	その後六五二空
一飛曹	南茂太郎	操練五五	二月一五日戦死
一飛曹	吉野礼男	甲飛八	その後六五二空
一飛曹	佐藤三行	乙飛一二	その後六五二空
二飛曹	川竹善次	丙飛七か八	一月一六日戦死
飛長	土方金次	丙飛一〇	その後六五二空
飛長	松香史郎	丙飛一一	その後六五二空
飛長	佐々木規雄	丙飛一一	その後六五二空

艦攻偵察員

階級	氏名	出身期	備考
大尉	山本貞雄	海兵六六	その後霞ヶ浦空に転勤
中尉	枝川百治	海兵六九	その後六五二空
飛曹長	野田壬子郎		二月一五日戦死
上飛曹	鈴木四郎	偵練四三	その後六五二空
上飛曹	亀田稔	甲飛四	その後六五二空
一飛曹	松尾正義	甲飛八	
一飛曹	井上勲	甲飛八	その後六五二空
一飛曹	内田国臣	丙飛九	その後六五二空
飛長	黒木諭	丙飛一一	
飛長	宮脇国夫	丙飛一一	
飛長	江利川五郎	丙飛一一	一月一六日戦死

艦攻電信員

階級	氏名	出身期	備考
上飛曹	樋口金造	乙飛八	その後六五二空
一飛曹	大橋正巳	甲飛八	その後六五二空
一飛曹	牛尾良彦	甲飛八	その後六五二空
一飛曹	西村仁	甲飛八	その後六五二空
一飛曹	小沢幸三郎	甲飛八	その後高知空に転勤
一飛曹	今井繁樹	甲飛八	一月一六日戦死
一飛曹	古賀増美	乙飛一三	二月一五日戦死
二飛曹	阿部常喜	乙飛一五	その後六五二空
二飛曹	宮澤仁郎	乙飛一五	その後六五二空
二飛曹	北村雅一	乙飛一五	

飛鷹

艦攻操縦員

階級	氏名	出身期	備考
中尉	庄司誠	操練一六	その後他部隊に転勤
飛曹長	山下寛	操練二五	その後六五二空
一飛曹	鈴木恭二	甲飛八	二月一八日戦死
一飛曹	空閑恒雄	乙飛一四	その後六五二空
一飛曹	青柳孫一	予備練一二	
飛長	村川嘉敬	丙飛特二か三	その後六五二空
飛長	金高菊雄	丙飛一二	その後六五二空
飛長	木須奨	丙飛一二	その後六五二空

艦攻偵察員

階級	氏名	出身期	備考
中尉	鈴木忠男	予学一〇	その後六五二空
飛曹長	清水賢	甲飛二	その後六五二空
飛曹長	伊藤定夫	偵練三三	その後六五二空
飛曹長	宮串力富	偵練三四	その後六五二空
一飛曹	音丸則男	甲飛八	
一飛曹	丸山智以	甲飛八	その後六五二空
一飛曹	吉倉信念	甲飛八	二月一八日戦死
二飛曹	桑下敏夫	乙飛一五	
上飛	臼井喜一郎	丙飛一二	その後館山空に転勤

艦攻電信員

階級	氏名	出身期	備考
一飛曹	森本良朗	乙飛一二	その後六五二空
一飛曹	町田得三	乙飛一三	その後六五二空
一飛曹	藤田亨一	乙飛一三	その後六五二空
一飛曹	伊藤良二	乙飛一四	
一飛曹	佐々木四郎	乙飛一四	二月一八日戦死
二飛曹	岡崎照男	乙飛一五	その後六五二空
二飛曹	中尾悟	乙飛一五	その後六五二空
二飛曹	立石鼎	乙飛一五	その後六五二空

昭和一八年一一月二航戦搭乗員一覧（艦攻隊）つづき

龍鳳

艦攻操縦員				艦攻偵察員				艦攻電信員			
階級	氏名	出身期	備考	階級	氏名	出身期	備考	階級	氏名	出身期	備考
大尉	大宮稚郎	海兵六五	その後宇佐空に転勤	中尉	黒川和直	予学一〇	その後六五二空	上飛曹	臼井巧人	普電練四六	その後六五二空
飛曹長	平崎秀雄		その後六五二空	飛曹長	三浦椎吾	乙飛六	その後六五二空	一飛曹	石塚良巳	甲飛八	
飛曹長	高橋徳弥	操練三一	ラバウル残留	上飛曹	佐野道男	甲飛三	その後六五二空	一飛曹	光増保紀	甲飛八	一二月二一日戦死
上飛曹	昆野貞郎	甲飛六	二月一四日戦死	一飛曹	宇佐見幸康	偵練五一	その後六五二空	一飛曹	唐津英一	甲飛八	二月一五日戦死
上飛曹	折笠淑三	操練五二	その後六五二空	一飛曹	吉田勲	乙飛一四	その後六五二空	一飛曹	飯森周一	甲飛八	一月二七日戦死
飛長	藤井員正	丙飛一一	その後六五二空	飛長	山本護	丙飛九	二月一四日戦死	一飛曹	森堅	甲飛八	二月一三日戦死
飛長	嶋津長年	丙飛八か一〇	二月一三日戦死	飛長	渡部吉郎	丙飛一一	二月一三日戦死	一飛曹	久住昭	乙飛一二	その後六五二空
二飛曹	福森進	丙飛八か一〇	二月一五日戦死	飛長	北村幸市	丙飛一一	二月一五日戦死	一飛曹	藤川禎雄	乙飛一三	その後六五二空
飛長	久保俊輔	丙飛一〇	一月二七日戦死	飛長	牧野又男	丙飛一一	一月二七日戦死	一飛曹	小畠誠之輔	乙飛一四	二月一四日戦死
飛長	西村欽三	丙飛一一	その後六五二空	飛長	上田秀文	丙飛一一		一飛曹	木村堅		

昭和一九年二月一七日敵機動部隊攻撃時搭乗員編制表

		操縦			偵察			電信		
		階級	氏名	出身	階級	氏名	出身	階級	氏名	出身
1	1	中尉	庄司誠	操練一六	飛曹長	清水賢	甲飛二	一飛曹	森本良朗	乙飛一二
	2	一飛曹	鈴木恭二	甲飛八	一飛曹	吉倉信念	甲飛八	一飛曹	佐々木四郎	乙飛一四
2	1	一飛曹	空閑恒雄	乙飛一四	飛曹長	伊藤定夫	偵練三三	一飛曹	喜浦肇	甲飛八
	2	上飛曹	遠藤勇次郎	乙飛一〇	一飛曹	前田利男		一飛曹	岡野佐内	甲飛九

一七一五　艦攻四機トラック基地発進、トラック東方海面索敵、2／1D以外敵を見ず

二〇一二　2／1D敵機動部隊発見、兵力空母二、巡洋艦又は駆逐艦五以上

二一一五　大型空母一番艦雷撃

2／2D燃料不足のため不時着水（搭乗員は天応丸に救助さる）

二小隊一番機電信員、二小隊二番機は五八二空搭乗員

アメリカ軍
昭和19年6月20日日本艦隊攻撃隊状況表

	出撃数	引き返し	未帰還	着水	着艦失敗	投棄	喪失数計	戦死（戦闘）		戦死（事故）	
								操縦	偵察	操縦	偵察
F6F	53	2	4	2	1	0	7	2	0	1	0
爆装F6F	39	0	1	2	5	5	13	1	0	1	0
SB2C	69	3	6	35	5	3	49	5	5	4	6
SBD	11	0	0	1	0	1	2	0	0	0	0
TBF	47	3	5	19	1	2	27	3	4	1	4
TBM	10	0	0	3	1	9	13	0	0	0	0
合計	229	8	16	62	13	20	111	11	9	7	10

アメリカ軍
昭和19年6月20日日本艦隊攻撃時の戦闘機状況表

艦名	部隊名	発艦機数	発艦機数	爆装	
				陸用	徹甲
ホーネット	VF-2	14		4	10
バターン	VF-50	10		4	6
ヨークタウン	VF-1	15		15	
バンカーヒル	VF-8	14	14		
ワスプ	VF-14	16	16		
エンタープライズ	VF-10	11	11		
レキシントン	VF-16	12	12		
合計		92	53	23	16

マリアナ沖海戦直前母艦搭乗員事故・殉職一覧

所属	機種	日付	操縦 階級	操縦 氏名	操縦 出身	偵察 階級	偵察 氏名	偵察 出身	電信 階級	電信 氏名	電信 出身	
六〇一空	彗星	二月七日	大尉	比良国清	海兵六五	飛曹長	佐久間一郎	乙飛五				高空より三亜空へ向かう途中断雲突破中行方不明
六〇一空	彗星	二月七日	一飛曹	河野内勘吾	丙飛六	一飛曹	平野正司	飛練二〇				高空より三亜空へ向かう途中断雲突破中行方不明
六〇一空	天山	二月一二日	二飛曹	天崎正近	丙飛一一	一飛曹	永田光若	甲飛九	上整曹	鈴木茂		サイゴンから昭南に向かう途中
六〇一空	天山	二月一二日	一飛曹	塩入十三郎	丙飛七か八	一飛曹	芝原茂	甲飛九	二整曹	清水義夫		
六〇一空	天山	二月一二日	二飛曹	前川晃	乙飛一三	一飛曹	安孫子秀也	甲飛九	二整曹	木下		
									（兵）	田中琢		
六〇一空	天山	二月一三日	二飛曹	清水政雄	丙飛一一				飛長	式町善郎	丙飛一三	昭南島東方椰子林中に墜落（偵察員：甕正司一飛曹負傷）
六〇一空	天山	三月三日	飛長	秋山直幸	丙飛一三	二飛曹	佐藤情三郎	乙飛一六				対潜哨戒中火災を生じ、海中に墜落戦死
六五三空	艦攻?	三月三日	一飛曹	関英夫	甲飛九	二飛曹	平沢栄二	甲飛一〇				松山基地にて
六〇一空	零戦	三月九日	二飛曹	寺澤嘉之	乙飛一五							対潜哨戒中海中墜落
六〇一空	彗星	三月一二日	飛長	高橋理喜彌	丙飛一〇	飛長	森田政壽	丙飛一〇				夜間哨戒中墜落戦死
六〇一空	天山	三月一二日	一飛曹	加藤多喜夫	丙飛一三	飛長	藤間清	丙飛一三	二飛曹	角知美	乙飛一六	夜間哨戒中不時着戦死（藤間飛長は3月15日戦傷死）
六五二空	天山	三月一八日	大尉	宮崎昌敏	海兵六九							小泉より空輸中に不時着大破
六〇一空	天山	三月二三日	一飛曹	河原田三平	予備練一二	一飛曹	川上弘	甲飛七	二飛曹	重親静男	乙飛一六	対潜哨戒中墜落戦死
六五二空	戦爆	三月二五日	中尉	島田良作	海兵七〇							空中接触墜落大破
六〇一空	艦爆	二月二八日	二飛曹	杉浦茂夫	乙飛一六	二飛曹	原田鉄夫	乙飛一六				対潜哨戒中海中に墜落戦死
六五二空	戦爆	三月三一日	二飛曹	青森幸男	乙飛一六							江田島付近墜落
六〇一空	天山	四月四日	二飛曹	田中正俊	乙飛一六	飛長	竹内謙三	丙飛一三	二飛曹	久保田博	乙飛一六	対潜哨戒中1小隊2番機と2小隊3番機空中衝突炎上海中に突入（配置不明）
六〇一空	天山	四月四日										
六五三空	戦爆	四月五日	一飛曹	石川清	乙飛一二							13号定着訓練中発動機不調により
六〇一空	零戦	四月六日	上飛	山田尚	丙飛一三							1340対潜哨戒を兼訓練中、失速戦死
六〇一空	零戦	四月七日	二飛曹	高橋卓郎	乙飛一五							0945零戦2機訓練中失速海中に墜落機体沈没
六〇一空	零戦	四月七日	上飛	古賀照雄	丙飛一五							
六〇一空	彗星	四月九日	二飛曹	佐藤敬一郎	乙飛一五	一飛曹	松原三郎	甲飛九				1658訓練中失速海中に墜落機体沈没
六〇一空	彗星	四月九日	二飛曹	鈴木信雄	乙飛一五							1045訓練中失速海中に墜落
六〇一空	天山	四月一三日	飛長	高橋敏雄	丙飛一三	一飛曹	相沢次男	飛練二〇				0902訓練中海中に墜落機体沈没（航空戦教練）
六五三空		四月一三日	一飛曹	鈴木佳郎	甲飛九							内海西部において殉職
筑摩	三座水偵	四月一四日	少尉	三橋友直	操練一八	上飛曹	吉村武夫	甲飛四	二飛曹	堀實	乙飛一五	リンガ泊地にて対潜哨戒中海中に突入
六五二空	艦攻	四月一七日	少尉	中村上五郎	操練二四	上飛曹	内田国臣	丙飛九	二整曹	和田郁男		鈴鹿空にて試験飛行中不時着（配置不明）

六五三空	戦爆	四月一七日	飛長	荻谷一佐男	丙飛一三							内海（降爆擬襲により）
六〇一空	彗星	四月一九日	一飛曹	田辺孝一	乙飛一三	二飛曹	市野尚男	乙飛一六				1130訓練中失速民家に墜落機材大破搭乗員戦死
六五二空	彗星	四月二三日	二飛曹	谷川光吉	丙飛一一							着艦訓練中甲板より転落
六〇一空	天山	四月二四日	一飛曹	緒方富一	予備練一三	二飛曹	佐藤末一	乙飛一六				1540波勝爆撃訓練中操縦を失いセレター飛行場付近に不時着搭乗員戦死機材大破
六〇一空	彗星	四月二七日	二飛曹	鈴木正吉	乙飛一五	大尉	山下卯文衛	海兵七〇				対潜哨戒中セバンワン飛行場付近密林中に墜落戦死（山下大尉五月三日戦傷死）
六五三空	零戦	四月二七日	一飛曹	藤井孝一	操練五四							82号、72号（澤崎一飛曹）空中接触にて
六〇一空	彗星	五月二日	大尉	本多孝英	海兵七〇	上飛曹	河野良二	普電練四六				対潜哨戒を兼爆撃訓練中戦死
六〇一空	彗星	五月二日	飛長	野村誠吾	丙飛一三	一飛曹	永田金助	乙飛一六				対潜哨戒を兼爆撃訓練中戦死
六五三空	艦攻	五月一二日				上飛曹	桑原平二郎	甲飛九				宮古島南方約160km付近にて千歳着艦時
六五三空	戦爆	五月二二日	一飛曹	久保江呆生	甲飛一〇							対潜哨戒を従事中海中に墜落
六〇一空	艦爆	六月一三日	一飛曹	保坂徳雄	丙飛六							天山着艦失敗により

三艦隊司	ダグラス	四月二四日	一飛曹	佐竹芳郎	丙飛二	一整曹	末武平和	上整	羽田野定	一整	木田川清	セレター離陸後に墜落、戦死
			一飛曹	山口一正	丙飛四	上整	柴山誠一	一整	高沢久雄	一整	秋山四郎	ダグラス30-10

隊別	艦別	指揮官	中隊	中隊長	小隊	機番号	操縦員 階級	操縦員 氏名		偵察員 階級	偵察員 氏名	電信員 階級	電信員 氏名	記事
艦戦	大鳳	川添大尉	1	川添大尉	一D	28	大尉	川添利忠	海兵六七					行方不明
						12	上飛曹	森田守	乙飛九					行方不明
						13	上飛曹	清水年之	甲飛八					行方不明
						14	飛長	金岡正善	丙飛一五					行方不明
					二D	15	中尉	加賀三信	乙飛二					行方不明
						16	上飛曹	山本巌	乙飛一一					行方不明
						17	上飛曹	真鍋正範	乙飛一二					行方不明
						18	二飛曹	太田穣	丙飛特一か三					隼鷹に帰還
				堀生大尉	三D	21	大尉	堀生進	海兵七〇					大鳳に第一次攻撃より帰還
						22	上飛曹	永井武夫	操練四四					行方不明
						29	二飛曹	永田憲之助	丙飛一五					行方不明
						24	飛長	管野伍郎	丙飛一二					行方不明
					四D	25	飛曹長	南義美	操練三〇					大鳳に第一次攻撃より帰還
						26	上飛曹	岡田信彦	甲飛八					大鳳に第一次攻撃より帰還
						27	一飛曹	加藤海造	乙飛一五					行方不明
						28	二飛曹	小田敬一	丙飛一三					行方不明
	瑞鶴	酒見大尉	2	酒見大尉	一D	71	大尉	酒見郁朗	海兵六九					行方不明
						72	上飛曹	前田秀秋	乙飛一一					
						73	一飛曹	高山澄	乙飛一五					行方不明
						74	飛長	松本光太郎	丙飛一二					行方不明
					二D	75	少尉	福井義男	操練二六					
						76	上飛曹	神崎三根夫	乙飛一三					行方不明
						77	一飛曹	坪田與士雄	乙飛一五					
						78	一飛曹	倉崎高次	乙飛一六					行方不明
				深川大尉	三D	91	大尉	深川清	海兵七〇					行方不明
						92	上飛曹	白石正助	乙飛一一					行方不明
						93	一飛曹	中矢長蔵	乙飛一五					
						94	二飛曹	三宅實	丙飛特一か三					行方不明
					四D	95	飛曹長	山本一郎	操練五〇					行方不明
						96	上飛曹	花村雅之	甲飛七					行方不明
						97	二飛曹	池田速雄	丙飛一三					千代田に第一次攻撃より帰還
						98	飛長	田村雅男	丙飛特一四					行方不明

艦爆	翔鶴	山形大尉	3	山形大尉	一D	51	大尉	山形不美夫	海兵七〇							行方不明
						52	上飛曹	白浜芳次郎	操練五六							
						53	二飛曹	高橋軍記	丙飛特一							
						54	飛長	栗山武次	丙飛一五							行方不明
					二D	55	少尉	丸山明	乙飛四							行方不明
						56	上飛曹	西本義量	乙飛一二							
						57	一飛曹	前川勝弥	乙飛一五							行方不明
						58	飛長	太田吉五郎	丙飛一三							
				八木大尉	三D	61	大尉	八木豊	海兵七〇							行方不明
						62	上飛曹	長倉弘	甲飛七							
						63	一飛曹	杉山光平	乙飛一五							
						64	二飛曹	石原栄一	丙飛一二							行方不明
					四D	65	飛曹長	小平好直	操練四三							第一次攻撃より帰還するも前衛不時着
						66	上飛曹	安東信一	乙飛一一							
						67	一飛曹	大金秀雄	乙飛一五							行方不明
						68	飛長	谷永秀男	丙飛特一							行方不明
	大鳳	平原大尉	1	平原大尉	一D	211	大尉	平原政雄	海兵六六	飛曹長	白玉守彌	偵練三一				行方不明
						212	上飛曹	小松幸男	甲飛七	上飛曹	国次萬吉	乙飛一一				雷跡に対し自爆
						213	一飛曹	倉上梅吉	乙飛一五	上飛曹	春口彪	甲飛九				行方不明
					二D	214	大尉	田中賢伸	海兵七〇	上飛曹	崎本四郎	乙飛一三				行方不明
						215	上飛曹	斉藤茂次郎	乙飛一二	二飛曹	堤幸雄	丙飛一〇				行方不明
						216	一飛曹	柴田三男	乙飛一五	二飛曹	浜野勇	丙飛一一				行方不明
					三D	217	飛曹長	鈴木誠吉	操練二四	飛曹長	田川勲	甲飛四				行方不明
						218	一飛曹	大井惣次	乙飛一五	上飛曹	谷口行直	甲飛九				行方不明
						219	二飛曹	小川實	丙飛一三	一飛曹	北川清蔵	乙飛一六				行方不明
			2	本江大尉	四D	221	飛曹長	平迫孝人	操練三四	大尉	本江博	海兵七〇				ヤップ島に不時着
						222	上飛曹	吉野陽	乙飛一三	上飛曹	鈴木驍一郎	甲飛九				行方不明
						223	一飛曹	中村大吉	丙飛一三	一飛曹	今村信久	乙飛一五				発動機不調にて大鳳に帰還
					五D	224	飛曹長	北川誠四郎	甲飛一	上飛曹	西山晃雄	甲飛五				行方不明
						225	上飛曹	釘串英博	乙飛一三	二飛曹	増本小太郎	丙飛一一				行方不明
						226	一飛曹	海上斌	乙飛一五	一飛曹	富樫惣吉	乙飛一六				脚入らず大鳳に引き返す
					六D	227	上飛曹	大中捨雄	丙飛六	上飛曹	中山操					行方不明
						228	飛長	金子誠	丙飛一四	一飛曹	三澤永一	乙飛一六				行方不明

※次ページへ続く

艦爆	翔鶴	平原大尉	3	笹岡中尉	七D	231	中尉	笹岡芳信	乙飛二	上飛曹	長谷川菊之助	偵練五〇				行方不明
						232	上飛曹	大庭久司	乙飛一二	上飛曹	亀元道生	甲飛九				行方不明
						233	一飛曹	多比良」	乙飛一五	上飛曹	山根豪	甲飛九				行方不明
					八D	234	少尉	高橋寅八	乙飛四	飛曹長	山本静雄	偵練四三				行方不明
						235	上飛曹	小林利夫	乙飛一三	上飛曹	酒井正至	甲飛八				行方不明
						236	一飛曹	北裏武	乙飛一五	二飛曹	柿木田朝吉	丙飛一一				行方不明
					九D	237	上飛曹	上野芳治	丙飛三	上飛曹	山本甲子雄	乙飛一三				行方不明
						238	二飛曹	岸本誠二	丙飛一〇	上飛曹	島俊之	甲飛九				行方不明
						239	二飛曹	村上満	丙飛八か一〇	一飛曹	福谷重雄	乙飛一六				行方不明
	瑞鶴	嶋田大尉	4	嶋田大尉	一一D	241	大尉	嶋田雅美	海兵六八	飛曹長	大坂雄治	乙飛七				行方不明
						242	上飛曹	荒川實	丙飛四	上飛曹	坂元重雄	乙飛一一				タンク破損翔鶴に引き返す
						243	二飛曹	高橋為吉	丙飛特二か三	二飛曹	伊達正一	丙飛一〇				攻撃後無事帰還前衛に不時着
					一二D	244	上飛曹	大脇為親	甲飛七	飛曹長	松岡孝	甲飛二				攻撃後無事帰還前衛に不時着
						245	一飛曹	竹之内光次	乙飛一五	上飛曹	市野武	甲飛九				行方不明
						246	一飛曹	島田傳	乙飛一五	一飛曹	門松政則	乙飛一六				行方不明
					一三D	247	上飛曹	横山良一	甲飛六	上飛曹	早川豊彦	乙飛一二				発動機不調にて前衛に不時着
						248	上飛曹	山本淳一郎	乙飛一三	上飛曹	森正外男	甲飛九				行方不明
						249	一飛曹	河野義次	乙飛一五	一飛曹	宮本廣治	乙飛一六				行方不明
			5	村川大尉	一四D	251	大尉	村川弘	海兵七〇	飛曹長	水越良一	偵練三九				攻撃後無事帰投
						252	上飛曹	尾茂田数義	甲飛七	上飛曹	横江嘉次	甲飛九				行方不明
						253	一飛曹	松枝良典	乙飛一五	一飛曹	佐藤泉	乙飛一五				行方不明
					一五D	254	飛曹長	北島三郎	操練三六	上飛曹	作田博	甲飛八				攻撃後無事帰投
						255	上飛曹	早田一夫	乙飛一二	上飛曹	岡本孝雄	甲飛九				行方不明
						256	二飛曹	越智次夫	丙飛一五	一飛曹	渡辺新一	乙飛一六				行方不明
					一六D	257	上飛曹	一ノ瀬萬	丙飛二	上飛曹	今邨信男	乙飛一〇				行方不明
						258	飛長	垂見基	丙飛一二	上飛曹	太田義一	甲飛九				行方不明
						259	飛長	水畑辰雄	丙飛一五	上飛曹	石塚元彦	甲飛九				脚入らず翔鶴に引き返す
	翔鶴		6	田中大尉	一七D	261	大尉	田中義亮	海兵七〇	上飛曹	野田香保留	乙飛一〇				行方不明
						262	上飛曹	袴田巌	丙飛六	上飛曹	志岐基次	甲飛九				発動機不調にて翔鶴に引き返す
						263	一飛曹	池永」善	乙飛一五	二飛曹	森下重利	丙飛一一				行方不明
					一八D	264	上飛曹	宮内利夫	丙飛四	飛曹長	鳥谷巌	偵練四〇				行方不明
						265	一飛曹	能登善清	乙飛一五	上飛曹	岩岸晃	甲飛九				行方不明
						266	二飛曹	正岡修	丙飛特二か三	上飛曹	塩水流悟	甲飛九				行方不明
					一九D	267	一飛曹	田中正	丙飛六	上飛曹	田地行貞吉	普電練五五				行方不明
						268	一飛曹	堤雄蔵	乙飛一六	上飛曹	大串三郎	甲飛九				行方不明
						269	一飛曹	大畑巌	乙飛一六	一飛曹	落合三郎	乙飛一六				行方不明

艦攻

垂井少佐

大鳳	1	垂井少佐	一D	311	中尉	浦田豊四	乙飛二	少佐	垂井明	海兵六三	上飛曹 原田克美	偵練五六	行方不明
大鳳	1	垂井少佐	一D	312	上飛曹	前田重男	丙飛六	上飛曹	阿部哲生	乙飛一〇	飛長 白川裕稔	丙飛一五	行方不明
大鳳	1	垂井少佐	一D	313	一飛曹	矢澤清	乙飛一五	一飛曹	酒井福重	乙飛一六			行方不明
大鳳	1	垂井少佐	二D	314	上飛曹	宮脇保	甲飛八	大尉	大坪茂美	海兵七〇	上飛曹 本田英正	乙飛一三	行方不明
大鳳	1	垂井少佐	二D	315	一飛曹	熊谷春夫	予備練一三	二飛曹	藤原国芳	丙飛一三	一飛曹 国本司郎	乙飛一六	行方不明
大鳳	1	垂井少佐	二D	316	一飛曹	依田守弘	丙飛一一	一飛曹	村里榮一郎	乙飛一六			行方不明
大鳳	1	垂井少佐	三D	317	上飛曹	堀内勉	操練四二	少尉	阿曽彌之助	乙飛五	一飛曹 竹内敬一	乙飛一六	行方不明
大鳳	1	垂井少佐	三D	318	飛長	島崎誠	丙飛一三	上飛曹	大沢廣示	甲飛八	一飛曹 土橋道夫	乙飛一六	行方不明
大鳳	1	垂井少佐	三D	319	二飛曹	吉川伊太郎	丙飛一五	一飛曹	大橋晃	乙飛一六			行方不明
瑞鶴	2	岸本大尉	四D	321	大尉	岸本篤三	海兵六九	飛曹長	木村正		一飛曹 河合嵩	乙飛一五	攻撃出来ず瑞鶴に帰還
瑞鶴	2	岸本大尉	四D	322	上飛曹	井上秀政	甲飛八	一飛曹	鈴木利一	乙飛一六	一飛曹 佐藤一二	乙飛一五	攻撃出来ず瑞鶴に帰還
瑞鶴	2	岸本大尉	四D	323	飛長	前羽登	丙飛一五	二飛曹	末安千里	丙飛一三			攻撃出来ず瑞鶴に帰還
瑞鶴	2	岸本大尉	五D	324	飛曹長	岩本嘉助	操練三八	上飛曹	鎌田九郎		二飛曹 中村安寿	丙飛一三？	行方不明
瑞鶴	2	岸本大尉	五D	325	飛長	細谷清	丙飛一二	一飛曹	鶴峰肇	乙飛一六			行方不明
瑞鶴	2	岸本大尉	五D	326	一飛曹	大石正一	予備練一三	一飛曹	田代武士	乙飛一六			行方不明
瑞鶴	2	岸本大尉	六D	327	飛曹長	三島輝夫	乙飛七	上飛曹	上田正康	甲飛九	一飛曹 小島健二	乙飛一六	行方不明
瑞鶴	2	岸本大尉	六D	328	飛長	東出久敏	丙飛一三	一飛曹	内田幾男	乙飛一六			行方不明
瑞鶴	2	岸本大尉	六D	329	飛長	金子登	丙飛一五	一飛曹	鶴田光	乙飛一六			行方不明
翔鶴	3	仁禮大尉	七D	331	大尉	仁禮精利	海兵七〇	飛曹長	池田弘	甲飛四	一飛曹 川崎弘	乙飛一五	行方不明
翔鶴	3	仁禮大尉	七D	332	一飛曹	久田三城	乙飛一五	上飛曹	奥誠	甲飛九	上飛曹 入江整登	甲飛八	行方不明
翔鶴	3	仁禮大尉	七D	333	一飛曹	野島春行	予備練一三	一飛曹	藤井正男	乙飛一六			行方不明
翔鶴	3	仁禮大尉	八D	334	中尉	中村吉兵衛	乙飛二	上飛曹	高杉教太郎	偵練五一	一飛曹 佐々木清七	乙飛一五	行方不明
翔鶴	3	仁禮大尉	八D	335	一飛曹	市川章	予備練一三	上飛曹	高橋光治	飛練二〇	飛長 斉藤正治	丙飛一五	故障により引き返す
翔鶴	3	仁禮大尉	八D	336	一飛曹	鷲尾茂	乙飛一六	上飛曹	松久正彦	甲飛九			行方不明
翔鶴	3	仁禮大尉	九D	337	飛曹長	長坂四郎	甲飛一	上飛曹	黄瀬光郎	甲飛九	一飛曹 棚山春男	乙飛一六	行方不明
翔鶴	3	仁禮大尉	九D	338	一飛曹	向笠武	乙飛一五	一飛曹	松永照彦	乙飛一六			行方不明
翔鶴	3	仁禮大尉	九D	339	一飛曹	室田進	予備練一三	一飛曹	徳重忠信	乙飛一六			行方不明

6／19 堀生進大尉、岡田信彦上飛曹、袴田巌上飛曹は母艦沈没により戦死

六月一九日六〇一空第二次攻撃隊

隊別	艦別	指揮官	中隊	中隊長	小隊	機番号	操縦員 階級	操縦員 氏名	操縦員 出身期	偵察員 階級	偵察員 氏名	偵察員 出身期	電信員 階級	電信員 氏名	電信員 出身期	記事
艦戦	瑞鶴	千馬大尉					大尉	大藤三男	海兵七〇							上空直掩となる
							上飛曹	中村常石	甲飛六							上空直掩となる
							一飛曹	佐多忠久	乙飛一五							上空直掩となる
							一飛曹	山川市郎	丙飛一三							上空直掩となる
戦爆				鈴木大尉	一D	021	大尉	鈴木敏夫	海兵七〇							行方不明
						011	一飛曹	室塚雄太郎	乙飛一六							空母帰投
						012	一飛曹	内藤義夫	乙飛一六							行方不明
						013	一飛曹	斉藤文雄	乙飛一六							行方不明
					二D	021	一飛曹	国実千秋	予備練一三							行方不明
						014	一飛曹	神田義春	乙飛一六							浜風付近に不時着救助
						015	一飛曹	作田光次	乙飛一六							行方不明
						016	一飛曹	阿部弘	丙飛一五							行方不明
					三D	018	二飛曹	石田秋三	丙飛一五							行方不明
						019	飛長	中枝政一	丙飛一五							行方不明
艦攻				千馬大尉	三D	371	上飛曹	行友一人	操練四八	大尉	千馬良人	海兵六九	上飛曹	大泉金吾郎	偵練五三	脚故障不時着水早霜救助
						373	上飛曹	池田徳三	甲飛八	上飛曹	伊藤功	甲飛九	一飛曹	桜庭十四雄	乙飛一五	行方不明
					四D	374	中尉	熊野弘	予学一〇	上飛曹	竹内八朗	甲飛八	飛長	小原二郎	丙飛一五	
						375	上飛曹	鈴木三郎	甲飛四	上飛曹	吉岡勇	甲飛九	一飛曹	池田秀男	乙飛一六	

艦戦隊は、攻撃隊に付随せず、上空直掩となる。

373号機、敵機の攻撃により撃墜され操縦員6／22米軍に救助される（甲8期の歩みより）、電信員も生存。偵察員不明。

六月二〇日六〇一空第三次攻撃隊

隊別	艦別	指揮官	中隊	中隊長	小隊	機番号	操縦員 階級	操縦員 氏名	操縦員 出身期	偵察員 階級	偵察員 氏名	偵察員 出身期	電信員 階級	電信員 氏名	電信員 出身期	記事
艦攻	瑞鶴	小野大尉		小野大尉	一D	351	大尉	小野賢次	海兵六四	中尉	山田金十郎	偵練二七	上飛曹	山屋興一	普電練五二	
						352	飛曹長	安養寺敏夫	甲飛三	飛曹長	西山武志	偵練三四	一飛曹	山下義春	乙飛一六	
					二D	353	中尉	原田賢次郎	乙飛二	飛曹長	山崎三郎	甲飛四	上飛曹	大島茂夫	乙飛一三	空中衝突にて戦死
						354	上飛曹	鈴木忍	操練五二	飛曹長	藤井淳一	甲飛三	一飛曹	足立似和	乙飛一六	空中衝突にて戦死
					三D	321	大尉	岸本篤三	海兵六九	飛曹長	木村正		一飛曹	河合嵩	乙飛一五	
						322	上飛曹	井上秀政	甲飛八	一飛曹	鈴木利一	乙飛一六	一飛曹	佐藤一二	乙飛一五	本作戦にて未帰還
					四D	374	中尉	熊野弘	予学一〇	上飛曹	竹内八朗	甲飛八	飛長	小原二郎	丙飛一五	

六月一九日六〇一空上空直衛

隊別	艦別	指揮官	中隊	中隊長	小隊	機番号	操縦員 階級	操縦員 氏名	操縦員 出身期	記事
艦戦	翔鶴	増山大尉	一V	増山大尉	一D		大尉	増山保雄	海兵六九	
							上飛曹	橋口嘉郎	操練四二	
							一飛曹	菅沼陽一	乙飛一五	
							二飛曹	藤井四方夫	丙飛一一	
					二D		飛曹長	佃精一	甲飛二	
							上飛曹	藤島博之	甲飛八	
							二飛曹	平野恵	丙飛一二	
							飛長	志賀敏美	丙飛一五	
			二V	福島大尉	一D		大尉	福島敏雄	海兵七〇	行方不明
							上飛曹	伊藤史雄	乙飛一二	行方不明
							上飛曹	清水運	甲飛八	行方不明
							一飛曹	森田忠雄	乙飛一六	行方不明
							一飛曹	中野孝	乙飛一六	行方不明
							飛長	谷卓三	丙飛一五	行方不明
					二D		飛曹長	窪田晴吉	乙飛七	
							上飛曹	後藤徳雄	乙飛一一	
							二飛曹	坂田武雄	丙飛一二	行方不明
	瑞鶴		三V	大藤大尉	一D		大尉	大藤三男	海兵七〇	
							上飛曹	中村常石	甲飛六	
							一飛曹	佐多忠久	乙飛一五	
							一飛曹	山川市郎	丙飛一三	
	大鳳						上飛曹	早川寿	乙飛一一	

六月二〇日六〇一空上空直衛

隊別	艦別	指揮官	中隊長	小隊	機番号	操縦員 階級	操縦員 氏名		記事
艦戦	瑞鶴	福井少尉	福井少尉（六〇一空）	一D	1	大尉	香取頴男	海兵七〇	六五二空
					2	上飛曹	安藤信一	乙飛一一	
					3	上飛曹	真田栄治	操練五五	六五二空
					4	一飛曹	山川市郎	丙飛一三	
				二D	1	少尉	福井義男	操練二六	
					2	上飛曹	白浜芳次郎	操練五六	
					3	一飛曹	佐多忠久	乙飛一五	行方不明
					4	一飛曹	坪田與士雄	乙飛一五	

六〇一空偵察隊

隊別	艦別	指揮官	中隊	中隊長	小隊	機番号	操縦員 階級	操縦員 氏名		偵察員 階級	偵察員 氏名		電信員 階級	電信員 氏名		記事
艦偵（彗星二型）	翔鶴				一D	1	飛曹長	若松三郎	操練四〇	大尉	小山田豊彦	海兵六八				行方不明6／19
						2	一飛曹	松本静樹	乙飛一五	上飛曹	多田恒雄	甲飛九				
						3	一飛曹	大谷実	乙飛一五	上飛曹	鍛治弘	甲飛九				ヤップ基地に帰投
					二D	4	上飛曹	野見山猛	丙飛四	中尉	河村武夫	偵練一八				
						5	上飛曹	鈴木清	丙飛三	飛曹長	南木清之助	甲飛二				
						6	上飛曹	奥野義之	丙飛八か一〇	上飛曹	前田正	甲飛九				
					三D	7	飛曹長	中川紀雄	乙飛七	中尉	酒匂英雄	偵練一五				
						017	飛曹長	伊東三夫	甲飛一	上飛曹	山元利郎	甲飛九				戦死6／18（17番線）
						9	上飛曹	土屋光明	乙飛一三	上飛曹	成瀬正太郎	偵練五〇				
					予備		一飛曹	可児捨治	乙飛一五							
							飛長	牛山今朝七	丙飛一五							
							一飛曹	柳沢三郎	乙飛一六							
艦偵	瑞鶴					015	上飛曹	徳永俊美	乙飛一二	飛曹長	小宮保吉	偵練三六				
							一飛曹	福山良秋	乙飛一五	上飛曹	稲泉俊三	甲飛九				2次攻撃前路索敵参加
	大鳳					11	一飛曹	鬼崎善吉	乙飛一五	飛曹長	門脇廣明	偵練三九				1次攻撃前路索敵参加
							上飛曹	大野享	乙飛一四	上飛曹	三浦君夫					行方不明6／18
							一飛曹	栃沢一夫	乙飛一五	上飛曹	秋山敏雪	甲飛九				行方不明6／18
						13	一飛曹	芹沢良夫	乙飛一五	上飛曹	横山末義	甲飛九				
					予備		一飛曹	長坂松久	乙飛一五	上飛曹	小林與明	甲飛九				行方不明三次攻撃前路索敵時
										一飛曹	但馬貞昌	乙飛一五				
艦攻	？翔鶴				一D	361	飛曹長	中尾保蔵	操練二七	大尉	深川静夫	海兵六四	上飛曹	坂下一男	偵練五三	
						362	中尉	円城寺逸馬	乙飛二	上飛曹	藤崎孝太郎	甲飛五	上飛曹	天野久雄	乙飛一三	行方不明6／20
						363	上飛曹	安田房男	丙飛二	少尉	森永隆義	乙飛四	一飛曹	岩松繁己	乙飛一六	
	？瑞鶴				二D	364	上飛曹	長岡智恵敏	丙飛二	大尉	北尾圭三	海兵六九	上飛曹	姫路松幸	普電練五五	6／20不時着搭乗員朝雲収容
						365	飛曹長	伊勢龍太郎	甲飛四	中尉	松村務	偵練二二	上飛曹	佐分清介	甲飛九	行方不明6／20索敵
						366	飛曹長	三島輝夫	乙飛七	上飛曹	奥村準平	甲飛七	一飛曹	神野藤雄	乙飛一六	6／17不時着搭乗員秋月収容
					一D	351	大尉	小野賢次	海兵六四	中尉	山田金十郎	偵練二七	上飛曹	山屋興一	普電練五二	
						352	飛曹長	安養寺敏夫	甲飛三	飛曹長	西山武志	偵練三四	一飛曹	山下義春	乙飛一六	
		一七日索敵				355	上飛曹	鈴木忍	操練五二	飛曹長	藤井淳一	甲飛三	一飛曹	足立似和	乙飛一六	
					二D	314	上飛曹	宮脇保	甲飛八	大尉	大坪茂美	海兵七〇	上飛曹	本田英正	乙飛一三	
						311	中尉	浦田豊四	乙飛二	少尉	阿曽彌之助	乙飛五	一飛曹	竹内敬一	乙飛一六	

六月一九日
中尾保蔵、南木清之助は大鳳にて戦死、野島山猛、鈴木清、奥野義之、鬼崎善吉は事故により戦死。坂下一男も戦死している。

六月一九日六五二空第一次攻撃隊

隊別	艦別	指揮官	中隊	中隊長	小隊	機番号	操縦員 階級	操縦員 氏名		偵察員 階級	偵察員 氏名	電信員 階級	電信員 氏名	記事
艦戦	隼鷹	石見少佐	一V	甲斐飛曹長	一D	1	飛曹長	甲斐巧	乙飛八					
						2	一飛曹	高田二郎	丙飛一一					
						3	二飛曹	中尾敏夫	丙飛一一					
						4	二飛曹	森田寅三郎	丙飛一一					
						5	上飛曹	今村幸一	操練五六					自爆
	飛鷹		二V	香取大尉	一D	1	大尉	香取頴男	海兵七〇					
						2	上飛曹	真田栄治	操練五五					
						3	上飛曹	折原由雄	甲飛八					
						4	二飛曹	西海由夫	丙飛特一一か一二					
					二D	1	飛曹長	井村二郎	乙飛七					不参加と思われる
						2	上飛曹	阿部正夫	丙飛八					
						3	一飛曹	川崎助二	乙飛一五					不参加と思われる
						4	飛長	大久保友次	丙飛特一一					
	龍鳳		三V	中島大尉	一D	1	大尉	中島玳	海兵六九					
						2	上飛曹	石原泉	丙飛三					
						3	上飛曹	小山一也	甲飛九					
						4	一飛曹	松田益次郎	丙飛一一					
戦爆	隼鷹		一V	佐藤大尉	一D	1	大尉	佐藤逸郎	海兵六七					未帰還
						2	上飛曹	吉野礼男	甲飛八					
						3	二飛曹	藤井員正	丙飛一一					未帰還
					二D	1	上飛曹	大川豊信	操練五三					
						2	一飛曹	西山慶美	乙飛一六					未帰還
						3	二飛曹	松香史郎	丙飛一一					
					三D	1	上飛曹	太田満	丙飛三					未帰還
						2	一飛曹	橋本俊市	甲飛一〇					未帰還
						3	二飛曹	佐々木規雄	丙飛一一					
	飛鷹		二V	村上大尉	一D	1	大尉	村上武	海兵七〇					
						2	上飛曹	野口八郎	乙飛一二					
						3	二飛曹	木須奨	丙飛一二					
					二D	1	上飛曹	小泉繁造	操練五五					

					2	上飛曹	植竹巧	甲飛九							
					3	飛長	富田勝夫	丙飛一五							
				三D	1	上飛曹	岡澤清忠	甲飛七							
					2	一飛曹	矢田義治	乙飛一六							
					3	一飛曹	長谷川達	甲飛一〇							
	龍鳳	三V	東飛曹長	一D	1	飛曹長	東富士喜	乙飛八							
					2	二飛曹	占部正道	丙飛一三							
				二D	1	上飛曹	佐藤孝治	操練四七							
					2	一飛曹	富永勝馬	乙飛一六							
					3	二飛曹	高木清一	丙飛一一							
				三D	1	上飛曹	上岡啓男	丙飛七か八							
					2	二飛曹	金高菊雄	丙飛一二							
天山	隼鷹	一V	石見少佐	二D	1	飛曹長	山下寛	操練二五	中尉	鈴木忠男	予学一〇	上飛曹	町田徳三	乙飛一三	触接
					2	上飛曹	下吉秀吉	操練五五	上飛曹	井上勲	甲飛八	一飛曹	立石鼎	乙飛一五	触接
				一D	1	大尉	渡辺康弘	海兵六八	少佐	石見丈三	海兵六二	上飛曹	臼井巧人	普電練四六	誘導
					2	上飛曹	浦田直	操練五三	上飛曹	鈴木四郎	偵練四三	一飛曹	岡崎照男	乙飛一五	誘導
天山	飛鷹	二V	枝川大尉	一D	1	飛曹長	高橋仲夫	甲飛二	大尉	枝川百治	海兵六九	飛曹長	樋口金造	乙飛八	未帰還
					2	上飛曹	折笠淑三	操練五二	上飛曹	宇佐見幸康	偵練五一	一飛曹	宮澤仁郎	乙飛一五	
				二D	1	上飛曹	米山茂樹	操練五〇	中尉	谷川洋一	海兵七一	上飛曹	大橋正巳	甲飛八	
					2	上飛曹	佐藤三行	乙飛一二	上飛曹	中原久	甲飛九	上飛曹	西村仁	甲飛八	
				三D	1	飛曹長	八代謙一	甲飛四	飛曹長	三浦雄五	乙飛六	上飛曹	牛尾良彦	甲飛八	

井村二郎飛曹長、川崎助二一飛曹は上空直掩参加と思われ、攻撃には参加していないと思われる。

六月二〇日飛鷹沈没により谷川洋一中尉、大橋正巳上飛曹、八代謙一飛曹長戦死

隊別	艦別	指揮官	中隊	中隊長	小隊	機番号	操縦員 階級	操縦員 氏名	操縦員	偵察員 階級	偵察員 氏名	偵察員	電信員 階級	電信員 氏名	電信員	記事
艦戦	隼鷹	小林大尉	一V	吉村大尉	一D	1	大尉	吉村博	海兵六八							六月二〇日大宮島自爆
						2	飛曹長	菅井三郎	操練二五							未帰還
						3	上飛曹	鈴木正一	甲飛六							
						4	一飛曹	河津計太郎	乙飛一五							未帰還
	飛鷹		二V	小林大尉	一D	1	大尉	小林保平	海兵六七							
						2	上飛曹	小柳俊一	丙飛三か四							未帰還
						3	上飛曹	竹下賢太朗	甲飛八							
						4	一飛曹	大森茂	甲飛一〇							未帰還
					二D	1	飛曹長	竹中義彦	甲飛一							未帰還
						2	上飛曹	小丸政己	丙飛七							未帰還
						3	上飛曹	片岡音	甲飛八							
						4	飛長	野口作二	丙飛一二							未帰還
					三D	1	上飛曹	山城武夫	乙飛一〇							
						2	二飛曹	松村信男	乙飛一五							未帰還
	龍鳳		三V		一D	1	飛曹長	小見山賢太	乙飛七							未帰還
						2	上飛曹	岩渕良雄	操練五六							グアム島残留戦死
						3	二飛曹	前田清三	丙飛一一							未帰還
						4	二飛曹	山本元三	乙飛一五							未帰還
					二D	1	上飛曹	菊地哲生	操練三九							未帰還
						2	二飛曹	内田隆夫	丙飛特一一か一二							未帰還
艦爆	飛鷹	宮内大尉	一V	宮内大尉	一D	1	大尉	宮内安則	海兵六六	飛曹長	原田嘉太男	甲飛二				
						2	上飛曹	井上英夫	乙飛一二	上飛曹	五井武男	乙飛一三				
						3	二飛曹	渡辺勇穂	丙飛八か一〇	一飛曹	佃吉治	乙飛一五				偵戦死
					二D	1	上飛曹	土屋孝美	操練四八	大尉	伊藤直忠	海兵七〇				
						2	上飛曹	川口秀明	乙飛一四	上飛曹	原野繁實	乙飛一二				未帰還
						3	二飛曹	杉本孝雄	丙飛一一	上飛曹	新谷惇滋	乙飛一四				
					三D	1	飛曹長	畠山尚	操練三五	上飛曹	小島武彦	甲飛五				
						2	一飛曹	田中麻夫	丙飛一〇	上飛曹	中岡静夫	乙飛一四				
						3	二飛曹	小山倉太	丙飛一一	上飛曹	廣橋喜太郎	甲飛八				
	隼鷹		二V	猪狩大尉	一D	1	上飛曹	山谷善吉	操練四九	大尉	猪狩進	海兵六九				自爆
						2	上飛曹	斉藤留蔵	丙飛四	上飛曹	丸尾政信	乙飛一二				自爆
						3	二飛曹	廣永繁雄	丙飛一一	上飛曹	坪原庄一	甲飛八				未帰還

					二D	1	中尉	荒川不可思	海兵七一	飛曹長	中竹悟	甲飛四				操機上戦死、偵重傷
						2	上飛曹	宮迫光男	甲飛八	上飛曹	杉山秀一	乙飛一二				
						3	二飛曹	安藤勝	丙飛一一	上飛曹	長谷圀雄	甲飛八				
					三D	1	二飛曹	丸山永二	丙飛一一	飛曹長	野坂悦盛	乙飛二				未帰還
						2	二飛曹	加藤光治	丙飛一二	上飛曹	長谷川忠	乙飛一二				偵戦死、操重傷
						3	二飛曹	安藤幸八	丙飛特一一か一二	上飛曹	古道循一	甲飛八				未帰還
	飛鷹		三V	川口中尉	一D	1	中尉	川口富司	操練二〇	飛曹長	山下敏平	甲飛三				
						2	上飛曹	五島薫	乙飛一二	上飛曹	水品成雄	乙飛一二				
						3	二飛曹	榑松岩雄	丙飛一一	一飛曹	細川行人	乙飛一五				未帰還
					二D	1	中尉	関根行也	予学一〇	上飛曹	入澤良一	乙飛一〇				未帰還
						2	一飛曹	白石義蔵	丙飛八か一〇	上飛曹	福本喜代平	乙飛一二				操重傷
						3	二飛曹	藤井忠男	丙飛一一	一飛曹	日野年丸	乙飛一五				未帰還
					三D	1	上飛曹	戸村清四郎	操練四九	上飛曹	日野御酒造	乙飛一三				操重傷
						2	二飛曹	田中武夫	丙飛一〇	上飛曹	兵藤育男	甲飛八				偵機上戦死
						3	二飛曹	柳田初一	丙飛特一一か一二	上飛曹	中野義光	甲飛九				六月二〇日偵機上戦死
天山	龍鳳	阿部大尉		竹内大尉		1	大尉	竹内康二	海兵六八	飛曹長	宮串力富	偵練三四	上飛曹	森本良朗	乙飛一二	未帰還
						2	上飛曹	岡本季壽	操練五四	飛曹長	中村勇哲	乙飛八	上飛曹	関谷留雄	乙飛一四	未帰還
						1	少尉	平崎秀雄		中尉	黒川和直	予学一〇	上飛曹	久住昭	乙飛一二	触接未帰還
						2	上飛曹	西谷一郎	操練五二	飛曹長	亀田稔	甲飛四	上飛曹	藤川禎雄	乙飛一三	触接ロタ帰着
彗星直衛艦戦	隼鷹		一V	高沢大尉	一D	1	大尉	高沢謙吉	海兵六九							未帰還
						2	上飛曹	真鍋重信	丙飛七							発動機不具合母艦に引き返す
						3	一飛曹	栗山一平	乙飛一五							未帰還
						4	飛長	森萬也	丙飛特一一							テニアン経由グアム着
					二D	1	飛曹長	安井孝三郎	操練四〇							未帰還
						2	上飛曹	渡辺有明	甲飛九							未帰還
彗星			一V	久我大尉	一D	1	大尉	阿部善次	海兵六四	少尉	中島米吉	乙飛四				ロタ着
						2	上飛曹	小瀬本国雄	操練五三	上飛曹	坂田清一	乙飛九				脚故障ヤップ帰還
						3	上飛曹	本山政幸	乙飛一二	上飛曹	湯浅豊	乙飛一二				未帰還
					二D	1	大尉	久我純一	海兵六九	飛曹長	井口恒雄	甲飛三				未帰還
						2	上飛曹	田中五郎	操練五四	上飛曹	福田又次郎	乙飛一三				未帰還
					三D	1	上飛曹	吉元實秀	操練四七	大尉	岩井滉三	海兵七〇				脚故障ヤップ帰還
						2	上飛曹	宮本静雄	甲飛七	上飛曹	小笠原睦夫	乙飛一四				編隊に遅れ分離行方不明
					四D	1	少尉	谷博	乙飛三	飛曹長	阿部十三男	甲飛四				グアム着、偵察員重傷
						2	二飛曹	駒澤孟	丙飛八か一〇	上飛曹	松田交保	甲飛八				未帰還

天山は前路索敵に二機（指揮官：黒川中尉）、攻撃に二機の四機参加　ロタ着の触接天山搭乗員は推測。

八月一〇日

中竹悟飛曹長、岩渕良雄上飛曹、戸村清四郎上飛曹、白石義蔵一飛曹、加藤光治二飛曹グアム島にて戦死

八月一一日

阿部十三男飛曹長　南洋諸島にて戦死

六月一八日六五二空上空直衛

隊別	艦別	指揮官	中隊	中隊長	小隊	機番号	操縦員 階級	操縦員 氏名		偵察員 氏名	偵察員 階級	電信員 氏名	電信員 階級	記事
艦戦	龍鳳	澤田飛曹長	1V	澤田飛曹長	一D	1	飛曹長	澤田萬吉	操練三六					
						2	上飛曹	酒井正	乙飛一三					
						3	一飛曹	中沢晟	丙飛六					
						4	飛長	長与走	丙飛一一					
					二D	1	上飛曹	片岡傳臣	乙飛一四					
						2	二飛曹	山本元三	乙飛一五					
					三D	1	飛曹長	佐々木齊	甲飛三					
						2	上飛曹	大角文雄	甲飛七					
						3	二飛曹	松重幸人	丙飛一一					
						4	一飛曹	大川武雄	甲飛一〇					
					四D	1	上飛曹	菊地哲生	操練三九					
						2	二飛曹	内田隆夫	丙飛特一一か一二					
	飛鷹				一D	1	飛曹長	井村二郎	乙飛七					
						2	一飛曹	川崎助二	乙飛一五					
						3	飛長	野口作二	丙飛一二					
					二D	1	上飛曹	小柳俊一	丙飛三					
						2	上飛曹	竹下賢太朗	甲飛八					
						3	一飛曹	大森茂	甲飛一〇					
					三D	1	上飛曹	山城武夫	乙飛一〇					
						2	二飛曹	松村信男	乙飛一五					
						3	一飛曹	横山泰平	甲飛一〇					
	龍鳳				一D	1	飛曹長	小見山賢太	乙飛七					
						2	上飛曹	岩渕良雄	操練五六					
						3	二飛曹	前田清三	丙飛一一					
						4	二飛曹	山本元三	乙飛一五					
					二D	1	上飛曹	大角文雄	甲飛七					
						2	一飛曹	大川武雄	甲飛一〇					
	隼鷹				一D	1	飛曹長	菅井三郎	操練二五					
						2	上飛曹	鈴木正一	甲飛六					
						3	一飛曹	河津計太郎	乙飛一五					
					二D	1	上飛曹	井ノ口保生	甲飛七					

						2	一飛曹	浜田四郎	甲飛一〇					
						3	二飛曹	井上勇	丙飛一一					
	隼鷹	高沢大尉		高沢大尉	一D	1	大尉	高沢謙吉	海兵六九					
	隼鷹	高沢大尉		高沢大尉	一D	2	上飛曹	真鍋重信	丙飛七					
	隼鷹	高沢大尉		高沢大尉	一D	3	一飛曹	栗山一平	乙飛一五					
	隼鷹	高沢大尉		高沢大尉	二D	1	飛曹長	安井孝三郎	操練四〇					
	隼鷹	高沢大尉		高沢大尉	二D	2	上飛曹	渡辺有明	甲飛九					
	隼鷹	高沢大尉		高沢大尉	二D	3	飛長	森萬也	丙飛特一一					

六月一九日、二二日六五二空上空直衛

日付	隊別	艦別	指揮官	中隊	小隊長	小隊	機番号	操縦員 階級	操縦員 氏名		偵察員 氏名	偵察員 階級	電信員 氏名	電信員 階級	記事
六月一九日	艦戦	飛鷹					1	飛曹長	井村二郎	乙飛七					
六月一九日	艦戦	飛鷹					2	一飛曹	川崎助二	乙飛一五					
六月一九日	艦戦	飛鷹					3	一飛曹	横山泰平	甲飛一〇					
六月一九日	艦戦	龍鳳					1	飛曹長	澤田萬吉	操練三六					
六月一九日	艦戦	龍鳳					2	一飛曹	中沢晟	丙飛六					
六月一九日	艦戦	龍鳳					1	上飛曹	酒井正	乙飛一三					
六月一九日	艦戦	龍鳳					2	上飛曹	小山一也	甲飛九					
六月一九日	艦戦	龍鳳					3	飛長	長与走	丙飛一一					
六月一九日	艦戦	龍鳳					1	飛曹長	佐々木齊	甲飛三					
六月一九日	艦戦	龍鳳					2	上飛曹	片岡傳臣	乙飛一四					
六月一九日	艦戦	龍鳳					3	二飛曹	松重幸人	丙飛一一					
六月一九日	艦戦	隼鷹					1	上飛曹	真鍋重信	丙飛七					
六月一九日	艦戦	隼鷹					2	二飛曹	井上勇	丙飛一一					
六月二二日	艦戦	龍鳳			中島大尉	一D	1	大尉	中島玳	海兵六九					
六月二二日	艦戦	龍鳳			中島大尉	一D	2	上飛曹	石原泉	丙飛三					
六月二二日	艦戦	龍鳳			中島大尉	一D	3	上飛曹	小山一也	甲飛九					
六月二二日	艦戦	龍鳳			中島大尉	一D	4	飛長	長与走	丙飛一一					
六月二二日	艦戦	龍鳳			香取大尉	一D	1	大尉	香取頴男	海兵七〇					
六月二二日	艦戦	龍鳳			香取大尉	一D	2	上飛曹	片岡傳臣	乙飛一四					
六月二二日	艦戦	龍鳳			香取大尉	一D	3	一飛曹	横山泰平	甲飛一〇					
六月二二日	艦戦	龍鳳			香取大尉	一D	4	二飛曹	松重幸人	丙飛一一					

隊別	艦別	指揮官	中隊	中隊長	小隊	機番号	操縦員 階級	操縦員 氏名	操縦員 出身期	偵察員 階級	偵察員 氏名	偵察員 出身期	電信員 階級	電信員 氏名	電信員 出身期	記事
艦戦	飛鷹				一D	1	大尉	香取頴男	海兵七〇							一航戦より発艦
						2	上飛曹	真田栄治	操練五五							一航戦より発艦
				井村飛曹長	一D	1	飛曹長	井村二郎	乙飛七							未帰還
						2	上飛曹	元木正博	甲飛八							未帰還
						3	一飛曹	川崎助二	乙飛一五							
						4	一飛曹	横山泰平	甲飛一〇							
戦爆		村上大尉	一V	村上大尉	一D	1	大尉	村上武	海兵七〇							千歳より発艦
						2	一飛曹	矢田義治	乙飛一六							千歳より発艦
					二D	1	上飛曹	小泉繁造	操練五五							未帰還
						2	上飛曹	植竹巧	甲飛九							
						3	一飛曹	長谷川達	甲飛一〇							
					三D	1	上飛曹	岡澤清忠	甲飛七							
						2	上飛曹	野口八郎	乙飛一二							
						3	二飛曹	木須奨	丙飛一二							
艦戦	龍鳳	中島大尉	一V	中島大尉	一D	1	大尉	中島玳	海兵六九							
						2	上飛曹	石原泉	丙飛三							
						3	上飛曹	小山一也	甲飛九							
						4	一飛曹	松田益次郎	丙飛一一							未帰還
					二D	1	飛曹長	佐々木齊	甲飛三							
						2	一飛曹	大川武雄	甲飛一〇							
					三D	1	飛曹長	澤田萬吉	操練三六							
						2	上飛曹	酒井正	乙飛一三							未帰還
						3	上飛曹	片岡傳臣	乙飛一四							
						4	飛長	長与走	丙飛一一							
戦爆			一V	東飛曹長	一D	1	飛曹長	東富士喜	乙飛八							
						2	上飛曹	奥田鼎	甲飛九							
						3	二飛曹	占部正道	丙飛一三							未帰還
					二D	1	上飛曹	佐藤孝治	操練四七							未帰還
						2	一飛曹	富永勝馬	乙飛一六							自爆
						3	二飛曹	高木清一	丙飛一一							未帰還
					三D	1	上飛曹	上岡啓夫	丙飛七か八							未帰還
						2	二飛曹	金高菊雄	丙飛一二							

艦戦	隼鷹			甲斐飛曹長	一D	1	飛曹長	甲斐巧	乙飛八							未帰還
						2	上飛曹	真鍋重信	丙飛七							
						3	上飛曹	井ノ口保生	甲飛七							
					二D	1	一飛曹	佐藤								六〇一空
						2	二飛曹	井上勇	丙飛一一							
戦爆					一D	1	上飛曹	大川豊信	操練五三							未帰還
						2	上飛曹	吉野礼男	甲飛八							
						3	二飛曹	松香史郎	丙飛一一							未帰還
						4	二飛曹	佐々木規雄	丙飛一一							
天山							大尉	渡辺康弘	海兵六八	飛曹長	清水賢	甲飛二	上飛曹	臼井巧人	普電練四六	未帰還

六月二〇日
中沢晟一飛曹（丙飛六・零戦）はこの日の編制表に存在していないが戦死
六〇一空の佐藤一飛曹は、一八日「大鳳」発艦、「隼鷹」に不時着した零戦。佐藤利治一飛曹（乙飛一五期）か？

未出撃及び編成表に名前のない搭乗員（六〇一空と六五二空）

所属		階級	氏名	出身期	備考
六〇一空	戦闘機	大尉	峯善輝	海兵七〇	大鳳乗組
	戦闘機	一飛曹	森田正三郎	乙飛一五	大鳳乗組
	戦闘機	一飛曹	坂井八郎	乙飛一六	瑞鶴乗組
	戦闘機	一飛曹	黒木通	乙飛一六	瑞鶴乗組
	戦闘機	一飛曹	塚本甲子郎	乙飛一六	瑞鶴乗組
	戦闘機	飛長	斉藤一夫	丙飛特一四	瑞鶴乗組
	艦攻操縦員	上飛曹	横森茂	操練五五	瑞鶴乗組
	艦攻操縦員	一飛曹	田中正文	予備練一三	
	艦攻操縦員	一飛曹	井手上二夫	乙飛一五	翔鶴乗組
	艦攻偵察員	上飛曹	甕正司	甲飛九	大鳳乗組
	艦攻偵察員	上飛曹	黒宮崇生	甲飛九	大鳳乗組
	操縦員		当忠広	丙飛特一四か一五	六月二〇日戦死
	操縦員		村岡兵治	丙飛一五	六月一九日戦死
	偵察員	一飛曹	木暮文作	乙飛一六	六月一九日戦死
	偵察員		船津具二郎	丙飛一一	六月一九日戦死
	偵察員	上飛曹	菊池徳男	飛練二五	六月一九日戦死大鳳
	不明	上飛曹	金井禎三	甲飛九	六月一九日戦死
	不明	一飛曹	黒澤毅	乙飛一六	六月一九日戦死
六五二空	戦闘機	大尉	日高盛康	海兵六六	龍鳳乗組
	艦爆操縦員	上飛曹	中野宏	甲飛七	隼鷹乗組
	艦爆偵察員	上飛曹	有沢春敏	乙飛一三	隼鷹乗組
	艦攻操縦員	上飛曹	空閑恒雄	乙飛一四	龍鳳乗組
	艦攻操縦員	飛長	村川嘉敬	丙飛特一二か一三	隼鷹乗組
	艦攻操縦員	飛長	西村欽三	丙飛一一	
	艦攻偵察員	飛曹長	伊藤定夫	偵練三三	隼鷹乗組
	艦攻偵察員	飛曹長	佐野道男	甲飛三	飛鷹乗組？
	艦攻偵察員	上飛曹	丸山智以	甲飛八	隼鷹乗組
	艦攻偵察員	上飛曹	吉田勲	乙飛一四	龍鳳乗組
	艦攻電信員	上飛曹	青柳裕	甲飛八	
	艦攻電信員	上飛曹	藤田亨一	乙飛一三	隼鷹乗組
	艦攻電信員	一飛曹	中尾悟	乙飛一五	隼鷹乗組
	艦攻電信員	一飛曹	阿部常喜	乙飛一五	

六五三空戦闘機／戦闘爆撃機搭乗員一覧

隊別	艦別	指揮官	大隊	大隊長	小隊	予想機番号	操縦員 階級	氏名		記事
直衛隊	千歳	中川大尉		塩坂大尉	一	331-71	大尉	塩坂博	海兵七〇	六月一九日第一次攻撃時戦死
						331-72	二飛曹	川口政壽	丙飛一一	六月一九日第一次攻撃時戦死
					二	331-73	中尉	大坪次男	海兵七一	六月一九日第一次攻撃時戦死
						331-74	上飛曹	秋葉守次	乙飛一三	六月一九日第一次攻撃時戦死
					三	331-75	上飛曹	澤崎清隆	丙飛三	六月二〇日邀撃戦時戦死
						331-76	二飛曹	北条政壽	丙飛特一一	六月一九日上空直衛時戦死
	千代田			野村大尉	一		大尉	野村邦夫	海兵七〇	六月一九日第二次攻撃時戦死
							上飛曹	鈴木寿雄	丙飛六	六月一九日第一次攻撃時戦死
					二		飛曹長	横川一男	操練四〇	
							二飛曹	前園次夫	丙飛特一一か一二	
					三		上飛曹	近藤伊三男	甲飛六	六月一九日第一次攻撃時戦死
							二飛曹	松本久男	丙飛一三	
	瑞鳳			中川大尉	指揮	333-91	大尉	中川健二	海兵六七	
						333-92	上飛曹	中村義信	乙飛一一	
					一	333-93	大尉	堤丈夫	海兵七〇	六月一九日第一次攻撃時戦死
						333-94	上飛曹	和野内泰三	丙飛三	六月一九日第一次攻撃時戦死
					二	333-95	飛曹長	中仮屋国盛	乙飛八	
						333-96	二飛曹	坂本清	丙飛特一一	
特攻隊	千歳	江畑大尉	1	古沢中尉	一	331-07	中尉	古沢英一	海兵七一	六月一九日第一次攻撃時戦死
						331-10	上飛曹	河野浩	甲飛九	六月一九日第一次攻撃時戦死
						331-11	飛長	岡本宗明	丙飛特一一	六月一九日第一次攻撃時戦死
						331-13	飛長	西田良一	丙飛一五	六月一九日第一次攻撃時戦死
					二	331-14	飛曹長	住吉一馬	乙飛五	
						331-15	上飛曹	南雲保司	乙飛一三	
						331-16	飛長	石井正男	丙飛一四	六月一九日第一次攻撃時戦死
						331-08	飛長	浜大二郎	丙飛特一一	六月一九日第一次攻撃時戦死
					三	331-09	飛曹長	原義雄	操練三四	
						331-03	上飛曹	緒方忠孝	丙飛八か一〇	
						331-02	上飛曹	丸野忠	甲飛八	六月一九日第一次攻撃時戦死
						331-12	二飛曹	池田岩松	丙飛一四	
					四	331-04	上飛曹	谷口正憲	乙飛一〇	六月一九日第一次攻撃時戦死

※次ページへ続く

隊別	艦別	指揮官	大隊	大隊長	小隊	予想機番号	操縦員 階級	操縦員 氏名	操縦員	記事
						331-01	飛長	小島太郎次	丙飛一五	六月一九日第一次攻撃時戦死
						331-06	二飛曹	鈴木鈴孝	丙飛一一	六月一九日第一次攻撃時戦死
	千代田		2	江畑大尉	一		大尉	江畑孝	海兵六七	六月一九日第一次攻撃時戦死
							上飛曹	藤原嘉六	操練四八	六月一九日第一次攻撃時戦死
							上飛曹	小林敏昌	甲飛八	六月一九日第一次攻撃時戦死
							二飛曹	福田健次	丙飛一一	六月一九日第一次攻撃時戦死
					二	332-27	中尉	岩野正	海兵七一	六月一九日第一次攻撃時戦死
							上飛曹	木村正人	甲飛七	六月一九日第一次攻撃時戦死
							二飛曹	矢野彌助	丙飛一〇	六月一九日第一次攻撃時戦死
							一飛曹	須原實	甲飛一〇	六月二〇日邀撃戦時戦死
					三		少尉	岡崎慶夫	予学一二	六月一九日第一次攻撃時戦死
						332-32	上飛曹	篠原正文	乙飛一三	六月一八日発艦時海没戦死
							飛長	小瀬昌久	丙飛特一一	六月二〇日邀撃戦時戦死
							飛長	柴田宗蔵	丙飛特一一	六月一九日第一次攻撃時戦死
					四		上飛曹	小川益一	操練四八	六月一九日第一次攻撃時戦死
							一飛曹	仲秀夫	予備練一三	六月一九日第一次攻撃時戦死
							飛長	中田徳明	丙飛一四	六月一九日第一次攻撃時戦死
	瑞鳳		3	伊藤大尉	一	333-42	大尉	伊藤敬四郎	海兵六九	六月二〇日邀撃戦時戦死
							一飛曹	藤田博一	予備練一三	六月一九日第一次攻撃時戦死
							一飛曹	小池重光	甲飛一〇	六月一九日第一次攻撃時戦死
					二		中尉	西昇士	海兵七一	六月一九日第一次攻撃時戦死
							一飛曹	中村長	丙飛特一一か一二	六月一九日第一次攻撃時戦死
							二飛曹	清水一男	丙飛一四	六月一九日第一次攻撃時戦死
							飛長	佐藤武男	丙飛一四	六月一九日第一次攻撃時戦死
					三	333-50	少尉	井原哲	予学一二	六月二〇日邀撃戦時戦死
						333-51	上飛曹	竹内英三	甲飛七	六月二〇日邀撃戦時戦死
							二飛曹	武井福弥	丙飛一一	六月一九日第一次攻撃時戦死
							飛長	鶴岡儀	丙飛特一一	六月一九日第一次攻撃時戦死
					四	333-54	飛曹長	北村富佐士	乙飛八	六月二〇日邀撃戦時戦死
							上飛曹	橋口政二	甲飛九	六月一九日第一次攻撃時戦死
						333-56	一飛曹	濱田三仁	予備練一三	六月二〇日邀撃戦時戦死
							飛長	菊川嘉信	丙飛一五	六月一九日第一次攻撃時戦死

六五三空艦攻隊搭乗員一覧

隊別	艦別	指揮官	中隊	中隊長	小隊	機番号	操縦員 階級	操縦員 氏名		偵察員 階級	偵察員 氏名		電信員 階級	電信員 氏名		記事
誘導隊	千歳	中本大尉				331-01	大尉	中本道次郎	海兵六五	飛曹長	栗田厚吉	甲飛三	上飛曹	野尾佶	甲飛九	六月一九日第一次攻撃時戦死
						331-02	上飛曹	原田四郎	丙飛二	上飛曹	武田豊	甲飛九	上飛曹	宮本泰	乙飛一三	六月一九日第一次攻撃時戦死
						331-03	上飛曹	海藤軍治	操練四二	上飛曹	山元長吉	丙飛一二	一飛曹	黒田好美	乙飛一六	
						予備	一飛曹	渡辺善志	甲飛一〇							
	千代田					332-01	飛曹長	中村繁夫	操練四一	飛曹長	三代文明	偵練二八	一飛曹	倭文数文	乙飛一六	
						332-02	上飛曹	沼尻三二	操練五五	二飛曹	羽生勇三郎	丙飛九	一飛曹	本多久夫	乙飛一六	六月二〇日索敵にて未帰還
						332-03	上飛曹	井口末吉	甲飛七	上飛曹	後藤茂	乙飛一三	一飛曹	坂井寛	乙飛一六	
	瑞鳳					333-01	中尉	杉本康二	乙飛二	飛曹長	山口忠雄	甲飛四	一飛曹	宮川源吾	乙飛一六	六月二一日索敵にて未帰還
						333-02	上飛曹	宮川政雄	乙飛一一	二飛曹	伊藤栄吉	丙飛一一	一飛曹	小栗光夫	乙飛一六	
						333-03	上飛曹	北村信一	丙飛一四	一飛曹	飯田正人	乙飛一六	一飛曹	本藤知司	甲飛一〇	
索敵隊	千歳	山上少佐		佐藤大尉	一	331-51	上飛曹	山村光治	操練四二	大尉	佐藤良	海兵六七	上飛曹	逢坂泰三郎	偵練四九	六月一九日索敵にて未帰還
						331-52	上飛曹	茶野良三	丙飛二	上飛曹	黒木壽三	偵練五三	一飛曹	中川勘吾	乙飛一六	
					二	331-53	飛曹長	渡辺惣治郎	操練二四	上飛曹	白旗淳治	乙飛一一	上飛曹	西村房造	乙飛一四	六月一九日索敵にて未帰還
						331-54	上飛曹	下田實穂	甲飛九	上飛曹	柱照彦		一飛曹	植田太郎	乙飛一六	六月一九日索敵にて未帰還
					三	331-55	二飛曹	平野和夫	丙飛七	飛曹長	宗形龍恵		一飛曹	小藤勇一	乙飛一五	
						331-56	上飛曹	小西範秋	乙飛一一	一飛曹	佐藤誠三	甲飛一〇	一飛曹	多田羅孝平	乙飛一六	
						予備	一飛曹	田崎正男	甲飛一〇	一飛曹	樽橋登	甲飛一〇				
	千代田						上飛曹	筒井富雄	乙飛九	少佐	山上正幸	海兵六三	上飛曹	和泉武夫	乙飛一〇	六月一九日索敵にて未帰還
				木村大尉	一		大尉	木村聡	海兵六八	飛曹長	佐藤義美	乙飛八	一飛曹	松田善行	甲飛一〇	
							上飛曹	池田三男	乙飛一一	一飛曹	久保璋	甲飛一〇	一飛曹	豊田一一	乙飛一六	六月一九日索敵にて未帰還
					二		上飛曹	古舘甚平	乙飛一〇	中尉	志賀素良	海兵七一	一飛曹	谷川俊光	乙飛一六	
							上飛曹	小澤寛	甲飛九	一飛曹	渡邊富夫	甲飛一〇	一飛曹	清水清秀	乙飛一六	
					三		飛曹長	小田泰男	甲飛二	上飛曹	廣末憲作	甲飛八	一飛曹	寺島庄七	乙飛一五	六月一九日索敵にて未帰還

※次ページへ続く

隊別	艦別	指揮官	中隊	中隊長	小隊	機番号	操縦員 階級	操縦員 氏名		偵察員 階級	偵察員 氏名		電信員 階級	電信員 氏名		記事
							一飛曹	竹中彪	甲飛一〇	上飛曹	黒川貫二朗	甲飛九	一飛曹	古川清	乙飛一六	
						予備	一飛曹	越智一吉	甲飛一〇							
	瑞鳳			雪竹大尉	一	333-71	上飛曹	渕上太助	甲飛五	大尉	雪竹太郎	海兵七〇	上飛曹	伊達三郎	普電四六	六月一八日索敵にて未帰還
						333-72	一飛曹	戸倉正良	甲飛一〇	飛曹長	斉藤昭	甲飛四	一飛曹	南祐臣	甲飛一〇	六月一九日索敵にて未帰還
					二	333-73	飛曹長	岸川保雄	操練二四	上飛曹	谷平三郎	乙飛一一	一飛曹	柴森勇	乙飛一六	
						333-74	一飛曹	飯田和夫	甲飛一〇	一飛曹	根井淳	甲飛一〇	一飛曹	渡辺清	乙飛一六	六月一九日索敵にて未帰還
					三	333-75	上飛曹	末武常夫	乙飛一三	飛曹長	雨宮享勇		一飛曹	菊地徳	乙飛一六	六月二〇日索敵にて未帰還
						333-76	一飛曹	大原仁	甲飛一〇	上飛曹	中嶋新衛	甲飛九	一飛曹	山口勝巳	甲飛一〇	六月二〇日索敵にて未帰還
						予備	一飛曹	越智宣弘	甲飛一〇				一飛曹	元木弘	乙飛一六	

誘導隊は天山一二型を、索敵隊は九七艦攻一二型を使用。

水偵隊搭乗員一覧

戦隊	艦名	搭載機	操縦員 階級	操縦員 氏名	操縦員 出身期	偵察員 階級	偵察員 氏名	偵察員 出身期	電信員 階級	電信員 氏名	電信員 出身期	備考
第一戦隊	大和	零観二機	飛曹長	黒須利夫	操練三三	中尉	今泉馨	偵練二二				ペア推測
			飛曹長	安田親文	甲飛二	少尉	権藤正義	偵練二五				ペア推測
						少佐	岡本環	海兵六〇				
		零式水偵一機	上飛曹	出雲雅成	乙飛一一	一飛曹	周藤宗平	丙飛九	上飛曹	松森知男	乙飛一四	
	武蔵	零観二機	上飛曹	渡辺久雄	丙飛三	少尉	寺本武繁	乙飛五				ペア推測
			上飛曹	渡辺清	甲飛八	大尉	佐久間武	海兵六六				ペア推測
	長門	零観二機	少佐	伊藤敦夫	海兵六三							
			上飛曹	小川		少尉	内田正次郎	偵練二五				捷号作戦のペア
			上飛曹	稲垣		飛曹長	森迫一					捷号作戦のペア
第三戦隊	金剛	零式水偵二機	飛曹長	岡村敏行		上飛曹	副島太郎	偵練四九	上飛曹	渋谷静樹	偵練五四	六月二〇日未帰還
			上飛曹	藤井貞治	乙飛一〇	飛曹長	角勉	乙飛六	上飛曹	高橋彰	甲飛九	
			一飛曹	田中恵一	丙飛一一	少尉	松岡力	乙飛四	上飛曹	横山慧	甲飛九	
			少佐	堀端武司	海兵六二							
	榛名	零式水偵二機	飛曹長	青木春雄	甲飛二	飛曹長	金子喜久男	偵練三八	一飛曹	平田		
			上飛曹	釘崎弘	操練五六	飛曹長	光田幸郎		上飛曹	南登	乙飛一〇	六月一九日自爆
			上飛曹	椙山茂	甲飛五	飛長	高橋正美	丙飛一二	上飛曹	塩谷左伝	甲飛九	高橋飛長は推測
						少佐	細谷宏	海兵六三				
第四戦隊	愛宕	零式水偵二機	大尉	徳倉政志	海兵六八	飛曹長	服部肇	乙飛八	一飛曹	岡田幸夫	乙飛一二	
			飛曹長	安藤有一	甲飛四	上飛曹	上山庄三	偵練四八	一飛曹	宮内健蔵	甲飛一〇	六月一九日未帰還
			上飛曹	本間		上飛曹	吉田良夫	甲飛七	上飛曹	石森		
						少佐	岩城邦広	海兵五九				
	高雄	零式水偵二機	上飛曹	牧本政雄	丙飛七か八	大尉	大野一郎	海兵六八	上飛曹	守谷清重		六月一九日未帰還
			少尉	瀧澤宇一	乙飛四	飛曹長	岡本無類雄	偵練三八	上飛曹	石原虎太郎		
									上飛曹	下岡登志夫	甲飛八	
									一飛曹	飯田旭	甲飛一〇	
	鳥海	零式水偵二機	中尉	伊達一登	操練一八	飛長	山崎貞美	丙飛一二	上飛曹	幡谷茂	甲飛八	
			上飛曹	垂澤甲一	甲飛八	上飛曹	岸本正好	乙飛九	一飛曹	南巧	乙飛一六	六月一九日未帰還
			一飛曹	平野雅男	乙飛一五	飛曹長	尾本清		二飛曹	添田祐作	丙飛一三	
	摩耶	零式水偵二機	大尉	佐野曙	海兵六七							
			飛曹長	若林重一	乙飛八	上飛曹	陣内俊郎	普電練四六	上飛曹	玉井清行	乙飛一二	六月一九日未帰還
			少尉	佐藤佐太平	操練二〇							
				竹山文一	操練五一							

水偵隊搭乗員一覧

戦隊	艦名	搭載機	操縦員 階級	操縦員 氏名	操縦員 出身期	偵察員 階級	偵察員 氏名	偵察員 出身期	電信員 階級	電信員 氏名	電信員 出身期	備考
第五戦隊	妙高	零式水偵×二	上飛曹	竹内壬司	丙飛二	飛曹長	中村藤雄	甲飛四	一飛曹	笹谷才一	乙飛一五	六月一八日未帰還
			上飛曹	小林敏春	乙飛一三	上飛曹	大杉行雄	乙飛一一	一飛曹	大串		
			大尉	松島龍夫	海兵六五							
	羽黒	零式水偵×二	飛曹長	松村貞義	操練四三	上飛曹	松井貞造	偵練五六	上飛曹	丸山由之利	甲飛八	
			少尉	小野藪雄	乙飛三	飛曹長	栗原幹男	甲飛一	上飛曹	伊藤和男	甲飛九	六月一八日未帰還
			上飛曹	秋葉源五郎	操練四七	大尉	木ノ下清	海兵六七				
			上飛曹	鈴木精進	丙飛二							
	熊野	零式水偵×三	中尉	秋田耕	乙飛二	上飛曹	財部静夫	偵練五六	上飛曹	秋山孝次	乙飛一三	
			二飛曹	宮本好夫	丙飛一四	飛曹長	田中正次郎	甲飛三	上飛曹	栗原三之助	偵練五三	六月一九日未帰還
			上飛曹	枝廣照夫		飛曹長	小岩井櫻男	甲飛四	上飛曹	山口武雄	乙飛一三	
			少佐	武田春雄	海兵六〇							
	鈴谷	零式水偵×三	中尉	田村槎十	操練二四	飛曹長	西村賢次郎	甲飛四	上飛曹	吉住崇明	甲飛九	六月二〇日未帰還
			上飛曹	山本利丸	甲飛五	飛曹長	松井信三	甲飛一	一飛曹	木村治郎	乙飛一五	ペア不明
			大尉	島勇次郎	海兵六六	上飛曹	草深睦郎	乙飛一二				ペア不明
第七戦隊	利根	零式水偵×五	上飛曹	忠見治善	操練五四	大尉	峰松秀男	海兵六四	上飛曹	本間義勝	甲飛八	
			飛曹長	吉成毅	甲飛一	上飛曹	佐藤武千代	偵練五二	上飛曹	江川五雄	甲飛八	六月二〇日未帰還
			上飛曹	成田市左郎	丙飛一	飛曹長	久保武雄	甲飛三	二飛曹	庄島竜次	丙飛一三	六月一九日未帰還
			飛曹長	君安広之	甲飛四	上飛曹	海老根鯨郎	乙飛一一	一飛曹	桑木守	乙飛一六	
			上飛曹	大林義造	甲飛四	上飛曹	片桐一英	乙飛一二	一飛曹	上田五郎	乙飛一六	
			上飛曹	井上孝雄		上飛曹	松永正一	乙飛一〇	一飛曹	小林三津重	乙飛一六	
			飛曹長	篠原治郎	操練五四							
	筑摩	零式水偵×五	大尉	町田忠次郎	海兵六六							
			飛曹長	安永弘	甲飛二	上飛曹	青木貢	偵練五一	上飛曹	平野八郎	飛練二〇	
			上飛曹	扇谷国雄	乙飛一二	飛曹長	今井敬三	甲飛三	上飛曹	森永茂	甲飛九	六月二〇日未帰還
			上飛曹	熊澤健三	乙飛一一	上飛曹	山田一郎	乙飛一〇	二飛曹	西田政信	丙飛一三	六月一九日未帰還
			上飛曹	難波健二	乙飛一三	上飛曹	久保末喜	乙飛一〇	一飛曹	中川忠義	乙飛一六	
一〇戦隊	矢矧	零式水偵×二	上飛曹	松田與惣治	丙飛四	上飛曹	松村伊豆夫	乙飛一〇	上飛曹	川島信雄	甲飛九	
			上飛曹	笹岡義重	乙飛一〇	飛曹長	久島満夫	偵練三三	上飛曹	杉田量平	乙飛一二	
			飛曹長	高瀬俊明	乙飛五	上飛曹	藤井善雄	乙飛一〇	上飛曹	木村功輔	普電練五五	
						大尉	黒丸直人	海兵六七				

二水戦	能代	零式水偵×二	上飛曹	田端節	乙飛一二	少尉	濱田金稔	偵練二一	上飛曹	永岡惣一郎	乙飛一三	六月一九日未帰還
			上飛曹	片桐秀雄	乙飛一一	上飛曹	金谷宗一	丙飛八か九	上飛曹	長谷川正義	甲飛九	六月二〇日未帰還
			大尉	西山良平	海兵六七							
三艦隊附属	最上	零式水偵×五	飛曹長	前田篤男	乙飛六	大尉	江藤圭一	海兵六四	一飛曹	実近幸男	偵練五五	
			飛曹長	江刺家康一	甲飛三	飛曹長	迫田為男		一飛曹	鈴木幸助	乙飛一六	六月一九日未帰還
			上飛曹	古川弘	乙飛一〇	少尉	粕谷義蔵	乙飛四	一飛曹	山上三三	乙飛一六	
			上飛曹	小山正	丙飛一	上飛曹	中島		二飛曹	武田春雄	丙飛一三	
			上飛曹	中島一彦	丙飛二	一飛曹	阿部正利	乙飛一六	二飛曹	藤本守一	丙飛一三	
			一飛曹	松下俊男	乙飛一五	上飛曹	影山秋雄	普電練五二	二飛曹	久保田明	丙飛一三	

昭和一九年六月第一航空艦隊攻撃隊編制表
六月一五日ヤップ島発進

直前偵察

機種	所属	操縦員			偵察員			
		階級	氏名	出身期	階級	氏名	出身期	
彗星	一二一空	上飛曹	福田幸男		飛曹長	後藤義男	偵練三一	ペリリュー発進サイパン方面に向かい行方不明

ヤップ島発進第一次攻撃隊

機種	所属	操縦員			偵察員			
		階級	氏名	出身期	階級	氏名	出身期	
零戦	二六五空	大尉	浮村安彦	海兵七〇				
		一飛曹	佐藤愛治	甲飛一〇				未帰還
		二飛曹	河内軍司	丙飛一〇				自爆
			不明					
			不明					
			不明					
彗星	五二三空	甲飛一〇	重永輝彦	一飛曹	中尉	寺井栄	乙飛二	未帰還
		丙飛一五	西村幹正	飛長	一飛曹	徳平己信	乙飛一五	未帰還（一七日の可能性有）
		丙飛一五	大田勝郎	飛長	一飛曹	横山洋	乙飛一六	未帰還（一七日の可能性有）

ヤップ島発進第二次攻撃隊

機種	所属	操縦員 階級	操縦員 氏名	操縦員 出身期	偵察員 階級	偵察員 氏名	偵察員 出身期	電信員 階級	電信員 氏名	電信員 出身期	
零戦	二六一空	大尉	伴健二	海兵六九							
		不明									ロタに不時着大破
		不明									ロタに不時着大破
		不明									ロタに不時着大破
	不明	不明									
銀河	五二一空	少佐	江草隆繁	海兵五八	飛曹長	唐川集次	乙飛八	上飛曹	小川澄雄	偵練五一	未帰還（ペア推測）
		一飛曹	江崎武	乙飛一五	上飛曹	薄博	甲飛九	上飛	近藤二男	特乙一	未帰還（ペア推測）
		飛曹長	瀬尾鉄男	甲飛二	上飛曹	福永浩司	甲飛九	一飛曹	大谷喜徳	乙飛一六	未帰還（ペア推測）
		一飛曹	桜井喜一郎	甲飛一〇	上飛曹	石黒敬治	甲飛九	飛長	谷口貞雄	丙飛一五	未帰還（ペア推測）
		大尉	中村文郎	海兵六七	飛曹長	蔦谷道友	甲飛一	上飛曹	管原進	偵練四七	未帰還（ペア推測）
		一飛曹	三宅敏彦	甲飛一〇	一飛曹	清水弘	乙飛一六	上飛	谷智明	特乙一	未帰還（ペア推測）
		飛長	長谷川正雄	丙飛特一一	一飛曹	松見敦	甲飛一〇	飛長	能勢栄三	丙飛一六	未帰還（ペア推測）
		上飛曹	松島良夫	甲飛八	上飛曹	常政繁巳	甲飛九	上飛	大樫恭助	丙飛一七	未帰還（ペア推測）
		不明			不明			不明			
		不明			不明			不明			

六月一五日トラック島発進

機種	所属	操縦員 階級	操縦員 氏名	操縦員 出身期	偵察員 階級	偵察員 氏名	偵察員 出身期	電信員 階級	電信員 氏名	電信員 出身期	
天山	五五一空	飛曹長	益元作二	甲飛〇一期	大尉	橋本隆正	海兵六八期	上飛曹	岡野佐内	甲飛九期	未帰還（ペア不明）
		上飛曹	田中實	予備乙一期	大尉	山田勝	海兵七〇期	上飛曹	高尾清美	甲飛九期	未帰還（ペア不明）
		上飛曹	海平良裕	丙飛三	飛曹長	堀井孝行	甲飛三期	一飛曹	竹井重雄	乙飛一六期	未帰還（ペア不明）
		上飛曹	吉岡克己	乙飛一四期	飛曹長	谷田部満義	偵練四九	上飛曹	勝見清志	乙飛一四期	未帰還（ペア不明）
											未帰還？（搭乗員不明）
		飛曹長	粟野忠孝	甲飛〇二期	上飛曹	山本茂	乙飛一四期	上飛曹	菅原真	甲飛九期	不時着水ロタ島漂着

昭和一九年六月第一航空艦隊攻撃隊編制表
六月一七日ヤップ島発進

ヤップ島発進零戦隊

機種	所属	操縦員 階級	氏名	出身期	
零戦	二六一空	大尉	伴健二	海兵六九	一機グアム着
		不明			五機ロタ着
		不明			(内一機大破)
		不明			
		不明			
		不明			
	三四三空	大尉	河村確郎	海兵六九	
	二六一空	上飛曹	小柳津益次		
		一飛曹	宮崎保	丙飛一一	未帰還
		一飛曹	片岡敏郎	乙飛一五	未帰還
		二飛曹	濱田勇	丙飛特一一か一二	推測
		飛長	土屋喜輔	丙飛一四	推測
	三四三空	大尉	尾崎伸也	海兵六八	推測
		中尉	米満尚美	海兵七一	推測
		上飛曹	清水広治	乙飛一一	推測
		上飛曹	金山清平	乙飛一三	推測
		上飛曹	土井川勲	操練四七	推測
		一飛曹	門松徹男	甲飛一〇	未帰還
		一飛曹	西本喜造	甲飛一〇	未帰還

ヤップ島発進彗星艦爆隊

機種	所属	操縦員 階級	氏名	出身期	偵察員 階級	氏名	出身期	
彗星	五〇三空	二飛曹	森正夫	丙飛八か一〇	中尉	石井樹	乙飛二	未帰還
		一飛曹	奥内文雄	乙飛一五	上飛曹	浅尾弘	乙飛一三	
	五二三空	大尉	吉川慧海	予学七	大尉	渡部俊夫	海兵六五	未帰還(ペア不明)
		中尉	永田預志也	予学九	大尉	山口博	海兵六九	未帰還(ペア不明)
		中尉	亀岡比天夫	予学一〇	飛曹長	加藤信雄	甲飛四	未帰還(ペア不明)
		一飛曹	中村浩	甲飛一〇	上飛曹	小川登	偵練五三	未帰還(ペア不明)
		一飛曹	宮原利治	甲飛一〇	上飛曹	熊谷十郎	甲飛七	未帰還(ペア不明)
		一飛曹	土田潤作	甲飛一〇	上飛曹	富樫亥之助	乙飛一三	未帰還(ペア不明)
		一飛曹	布施一夫	甲飛一〇	一飛曹	長井時雄	乙飛一六	未帰還(ペア不明)
		二飛曹	永岡ー	丙飛一三	上飛	佐野要作	丙飛一七	未帰還(ペア不明)
		飛長	河村宗矩	丙飛一五	上飛	細見三郎	特乙一	未帰還(ペア不明)
		不明			不明			未帰還?(搭乗員不明)
		不明			不明			
		不明			不明			
		不明			不明			
		不明			不明			
		不明			不明			

ヤップ島発進したと思われる銀河

機種	所属	操縦員 階級	氏名	出身期	偵察員 階級	氏名	出身期	電信員 階級	氏名	出身期	
銀河	五二一空	上飛曹	片山愛裕	甲飛八	上飛曹	渡辺芳寛	甲飛九	一飛曹	恩田源治	乙飛一六	未帰還（ペア推測）
		大尉	矢島秀穂	海兵七〇	上飛曹	奥村岩蔵	甲飛九	上飛曹	尾形正吉	普電練五二	未帰還（ペア推測）
		一飛曹	蛭田至	甲飛一〇	上飛曹	北村忠雄	甲飛九	上飛	山崎金保	特乙飛一	未帰還（ペア推測）

六月一七日トラック島発進

機種	所属	操縦員 階級	氏名	出身期	偵察員 階級	氏名	出身期	電信員 階級	氏名	出身期	
天山	五五一空	上飛曹	田脇昌蔵	甲飛八	中尉	竹中親道	予学一〇	上飛曹	重丸春三	乙飛一三	未帰還ペア不明
		一飛曹	山地二三男	丙飛一一	上飛曹	山崎俊晴	甲飛九	一飛曹	沖一男	乙飛一六	未帰還ペア不明
		二飛曹	上原弘義	丙飛一一	二飛曹	中村美定	丙飛一二	一飛曹	落合正	乙飛一五	ロタ不時着
											ロタ不時着

昭和一九年六月第一航空艦隊攻撃隊編制表
六月一八日ヤップ島発進

ヤップ島発進銀河隊

機種	所属	操縦員 階級	氏名	出身期	偵察員 階級	氏名	出身期	電信員 階級	氏名	出身期	
零戦	二六一空	操練一八	小田喜一	飛曹長							
		甲飛八	粒針靖弘	上飛曹							サイパン島不時着
		丙飛一一	久保典義	二飛曹							
		丙飛特一一	浅川峯男	飛長							
		乙飛一一	田中民穂	上飛曹							
		不明									
		乙飛一五	鈴木信男	一飛曹							推測
		丙飛特一一	近藤三津男	飛長							推測
		乙飛一四	林重則	上飛曹							
		不明									
		不明									
彗星	五二三空	不明			不明						
		不明			不明						

機種	所属	階級	氏名	出身期	階級	氏名	出身期	階級	氏名	出身期	
銀河	五二一空	丙飛一三	九鬼久吉	二飛曹	乙飛一六	岡原右吉	一飛曹	特乙飛一	渡辺秀雄	上飛	未帰還
		海兵七一	前田前吉	中尉	偵練五一	平野実	上飛曹	乙飛一四	梶晃一郎	上飛曹	未帰還
		甲飛九	庄司績	上飛曹	甲飛九	倉崎五郎	上飛曹	乙飛一六	今村功行	一飛曹	未帰還
		丙飛特一一	小野田正一	飛長	乙飛一六	植野正春	上飛曹	特乙飛一	西本彦一	上飛	未帰還
		甲飛一〇	頭師能行	一飛曹	甲飛九	甘利保	上飛曹	甲飛一〇	長瀬利盈	一飛曹	未帰還
		操練二四	山田五三	飛曹長	甲飛九	宮崎貞之助	上飛曹	乙飛一六	小川益水	一飛曹	未帰還
		丙飛七か八	妹尾美禎	二飛曹	甲飛四	前田治三郎	飛曹長	乙飛一五	岡田一雄	一飛曹	未帰還
		不明			不明			不明			

ヤップ島発進爆装零戦隊

機種	所属	操縦員 階級	操縦員 氏名	操縦員 出身期	偵察員 階級	偵察員 氏名	偵察員 出身期	
彗星	一二一空	海兵六九	永元俊幸	大尉	不明			未帰還
零戦	二〇一空	甲飛一	栗原博	飛曹長				自爆
		乙飛一三	青木茂寿	上飛曹				F6F×1撃墜
		甲飛九	桑野米夫	上飛曹				自爆
		乙飛一五	松浦保	一飛曹				自爆
		乙飛一〇	門田岸男	上飛曹				F6F×1撃墜
		甲飛九	姉川守	上飛曹				
		乙飛一二	山内孝一	上飛曹				
		丙飛一二	藤原真利	二飛曹				
不明	二六三空	海兵六六	重松康弘	大尉				攻撃隊指揮官
		海兵七一	竹石巌	中尉				推測
		予学一一	毒島芳四	少尉				推測
		甲飛八	飯沼一郎	上飛曹				未帰還
		甲飛八	荒川三郎	上飛曹				未帰還（搭乗員戦没者名簿より）
		丙飛三	杉田庄一	上飛曹				推測
		丙飛三か四	蕪木幾二	上飛曹				未帰還
爆装		甲飛一〇	笠井智一	一飛曹				
不明		丙飛特一一	舘山春樹	飛長				未帰還
		丙飛一二	宮尾芳雄	飛長				未帰還
不明	戦闘六〇三	海兵六七	池田利晴	大尉				
		予学七	鏡味定次	大尉				
	戦闘三〇一	甲飛三	石原進	飛曹長				
		甲飛一〇	宮崎邦保	一飛曹				

ろ号作戦前補足写真

翔鶴艦爆隊第一中隊／翔鶴艦爆隊は三個中隊二七機（一個中隊九機）であった。昭和十八年二月か三月ごろの編成直後の第一中隊集合写真。撮影場所は鹿屋基地と思われる。操縦員の飛行隊長小井手護之大尉（海兵六五期）が第一中隊を率いていた。（提供／横山良一）

編成当時の配置も推定ではあるが×小隊×番機と示した。

○後列左から

野見山猛（1小隊3番機操縦）、今井精一郎（3小隊2番機偵察）、河原正雄（2小隊3番機操縦）、汲田昇（1小隊2番機偵察）、中所修平（2小隊1番機操縦）、菊地博（1小隊2番機操縦）、山地徳良（3小隊1番機偵察）

○中列左から

佐藤（不明）、猪上武義（1小隊1番機偵察）、小井手護之大尉（1小隊1番機操縦）、松橋喜久雄中尉（2小隊1番機偵察）、北室清身飛曹長（3小隊1番機操縦）

○前列左から

諸岡充（2小隊2番機操縦）、長渕弘（2小隊2番機偵察）、上原利雄（2小隊3番機偵察）、橋本英雄（3小隊3番機偵察）、鈴木四郎治（3小隊3番機操縦）、神林数幸（1小隊3番機偵察）

左ページ下写真

翔鶴艦爆隊第三中隊／編成直後の第三中隊の集合写真。このうち二ペアが事故で殉職している。第三中隊は嶋田雅美中尉が指揮していた。（提供／宮下八郎）

○後列左から

村井敬晴（3小隊3番機偵察）、藤元六助（1小隊3番機操縦）、野村修（2小隊2番機操縦）、島本喜久雄（2小隊2番機偵察）、横山良一（3小隊2番機操縦）、小泉四郎（1小隊2番機偵察）

○中列左から

池田勲（2小隊1番機偵察）、西館与忠（3小隊1番機偵察）、宮本亘（2小隊1番機操縦）、嶋田雅美中尉（1小隊1番機操縦）、佐藤久助（1小隊1番機偵察）、鈴木武治（3小隊1番機操縦）

○前列左から

国次萬吉（3小隊2番機偵察）、大久保正七（3小隊3番機操縦）、堀江安（1小隊3番機偵察）、中谷馨（2小隊3番機操縦）、山本卓也（1小隊2番機操縦）、田野茂雄（2小隊3番機偵察）

翔鶴艦爆隊第二中隊／これも編成直後の第二中隊集合写真。中隊長は南太平洋海戦の生き残りである偵察員の斉藤舜二中尉（海兵六七期）が務めていた。（提供／横山良一）

○後列左から
下雲清吉（2小隊2番機偵察）、岩貞勇（2小隊2番機操縦）、中村富士雄（2小隊3番機偵察）、川本清（1小隊3番機操縦）、戸田拓也（3小隊2番機操縦）、今堀清徳（2小隊3番機操縦）、井出夏雄（3小隊2番機偵察）、竹林益生（1小隊2番機操縦）
○中列左から
河野卓士（1小隊1番機操縦）、池田福次郎飛曹長（2小隊1番機操縦）、斉藤舜二中尉（1小隊1番機偵察）、白玉守彌（3小隊1番機偵察）、北島三郎（3小隊1番機操縦）
○前列左から
鳥谷巌（2小隊1番機偵察）、坂元重雄（1小隊3番機偵察）、甲斐治（1小隊2番機偵察）、本間定雄（3小隊3番機偵察）、宮内利夫（3小隊3番機操縦）

個人写真

千馬大尉
攻撃隊指揮官となった千馬大尉。写真は少尉時代のものか。
（提供／千馬良人）

古俣豊寿飛曹長
昭和十八年に撮影。操練を卒業後、「蒼龍」に乗り組み、九六艦攻や九七艦攻で作戦に参加。ミッドウェー海戦後に「飛鷹」乗組となり、南太平洋海戦では「隼鷹」から発艦、ホーネットを雷撃した経歴を持つ。（提供／古俣豊寿）

吉村嘉三郎大尉
昭和二十年のもの。「大鳳」沈没時に畳んであった使い古しの軍艦旗を襷がけにして退艦、それを見た部下に“「大鳳」の軍艦旗を引き下ろした男”との噂を立てられたという。（提供／吉村嘉三郎）

宮下八郎上整曹
昭和一九年三月、シンガポールのセバンワン基地にて。
（提供／宮下八郎）

大分空三五期飛行学生戦闘機専修卒業記念
この期は開戦直前の昭和十六年十一月に卒業し、直ぐに外戦部隊へ配属となるものが多く、一年後にはわずか四名が残るのみとなるなど、激しく戦った期といえるだろう。（提供／日高盛康）

○後列左から
渋谷清春中尉、岩崎信寛中尉、山口馨中尉、馬場政義中尉、荒木茂中尉
○中列左から
栗原克美中尉、川真田勝俊中尉、笹井醇一中尉、川添利忠中尉、林谷忠中尉、山口定夫中尉（以上、海兵六七期）
○前列左から
日高盛康中尉、不明、不明、不明、岡本基春中佐（海兵五〇期）、眞木成一中佐（海兵五二期）、伊藤俊隆大尉（海兵六〇期）、宮嶋尚義中尉（海兵六六期）

昭和十三年夏、延長教育を行っていた館山空で八九艦攻をバックに記念撮影する岡本無類雄二空。この後、水上機母艦「神威」で戦歴を重ね、さらに重巡「三隈」、一時館山空に戻ったものの昭和十六年一月に竣工した「伊一七潜」と艦船での勤務を積み重ねる。(提供／岡本無類雄)

黒田好美一飛曹
昭和十九年十一月、K攻撃部隊として進出したミンダナオ島デゴス基地にて撮影されたものである。飛練を卒業してほぼ一年が経過しており、中堅の風格が漂う。（提供／黒田好美）

小八重幸太郎一飛曹
写真は一九年、紫電の前にて。（提供／小八重幸太郎）

山田金十郎さんは昭和六年に三六期普通科電信術練習生として入隊、二七期偵察練習生で晴れて搭乗員となり、水上機母艦「能登呂」、巡洋艦「妙高」乗組を経験するなど水上機偵察員として活躍していたが、ソロモン戦が激しさを増す昭和十七年秋に艦攻偵察員となる。(提供／山田金十郎)

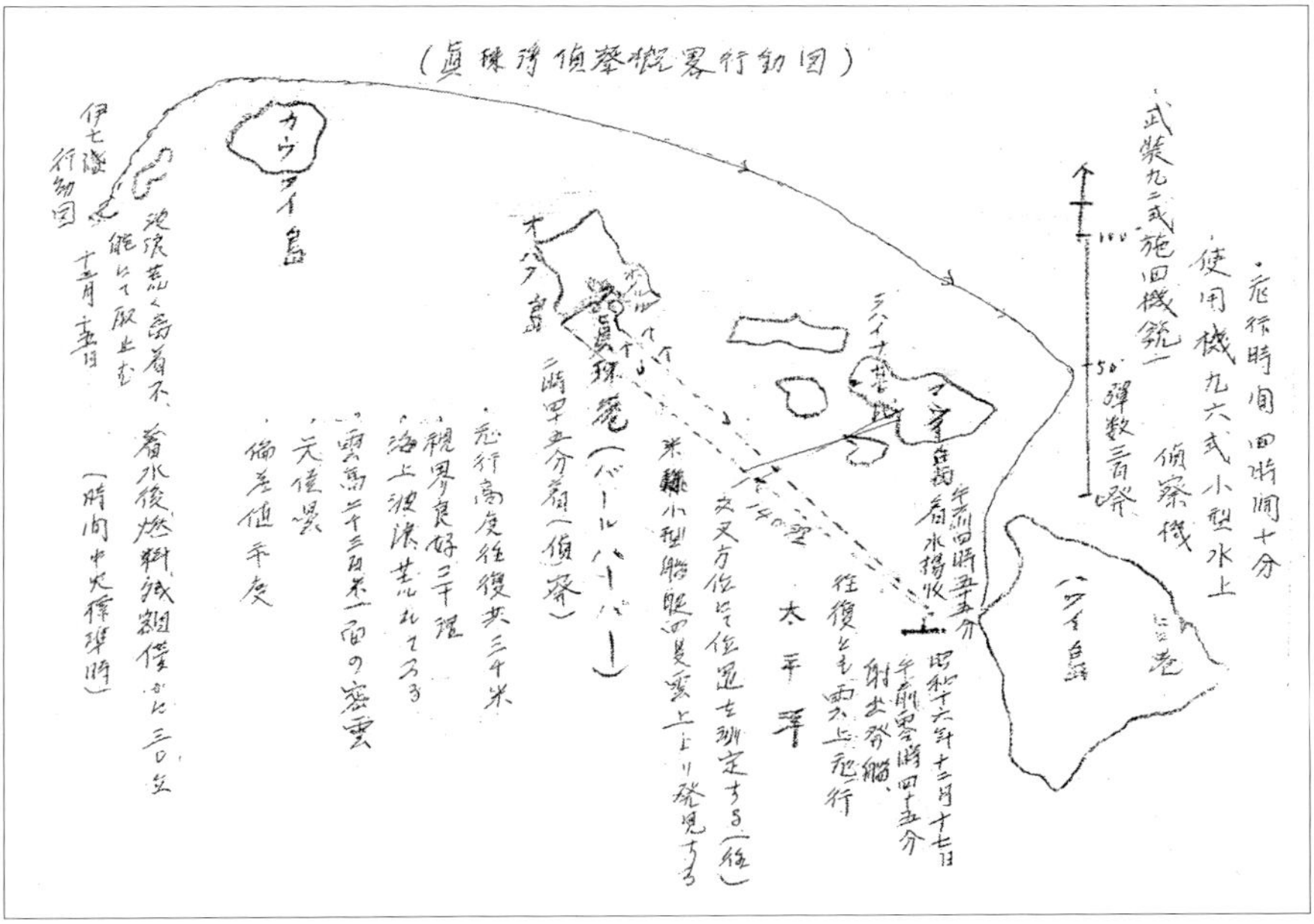

ハワイを偵察した潜水艦偵察機

昭和一六年一二月一七日早朝　伊七　加賀三信飛曹長（乙飛二期）操縦、岡本無類雄二飛曹（偵練三八期）偵察成功

昭和一七年一月五日薄暮　伊一九　野田義郎飛曹長（乙飛二期）操縦、偵察員は不明　偵察成功

昭和一七年二月二四日　伊九　ペア不明　探照燈に捕捉されるなど偵察失敗

昭和一八年一〇月一七日夕　伊三六　富永富左男飛曹長（乙飛四期）操縦、大森卓二飛曹長（偵練三一期）一二〇浬の地点から飛び立ち偵察成功するも帰艦出来ず

昭和一八年一一月一八日夕　伊一九　水野務飛曹長（操練二八期）、戸川衛上飛曹（乙飛九期）偵察　偵察成功し搭乗員のみ収容するも伊一九帰投時ギルバート方面にて沈没

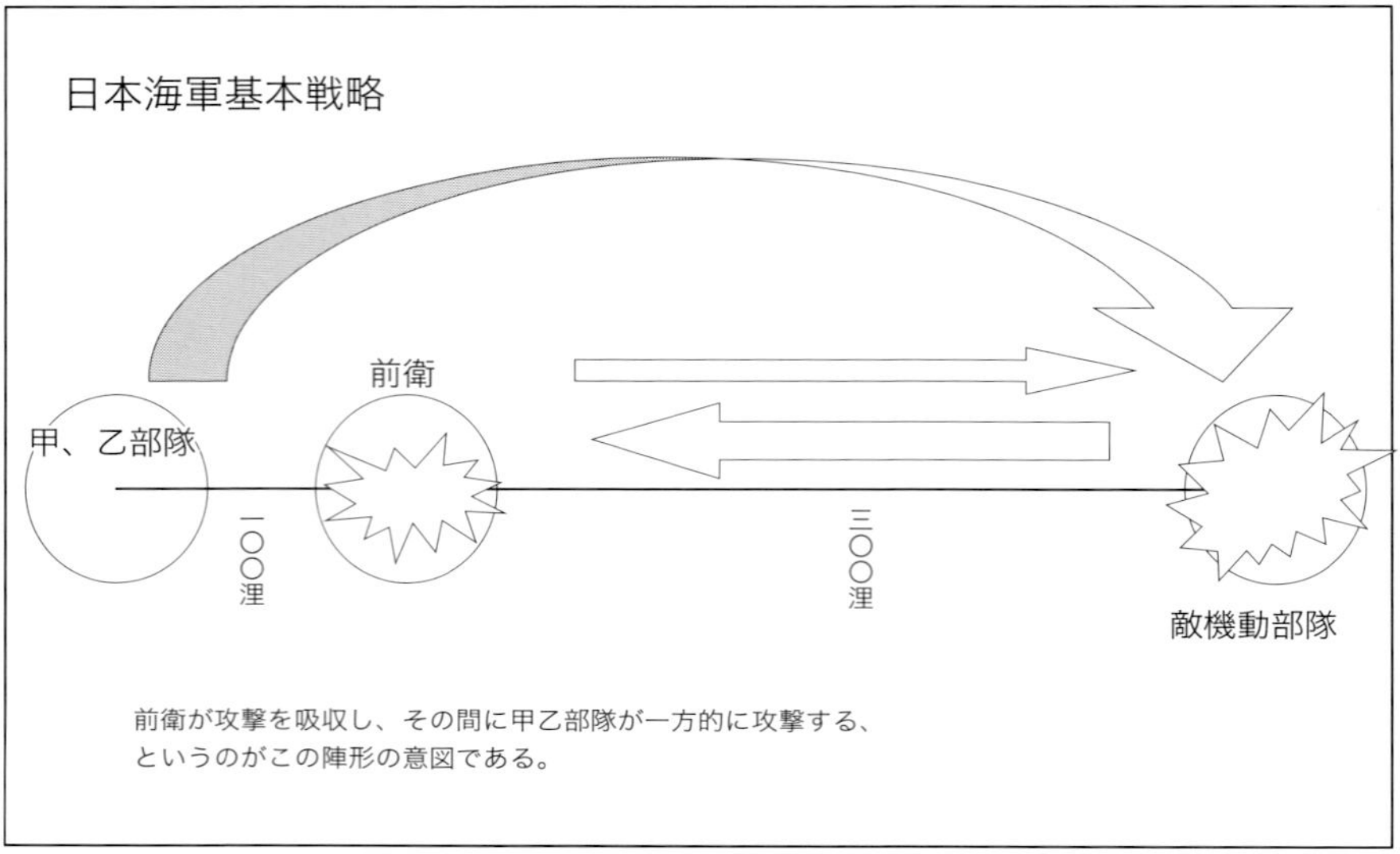
日本海軍基本戦略
前衛
甲、乙部隊
一〇〇浬
三〇〇浬
敵機動部隊
前衛が攻撃を吸収し、その間に甲乙部隊が一方的に攻撃する、
というのがこの陣形の意図である。

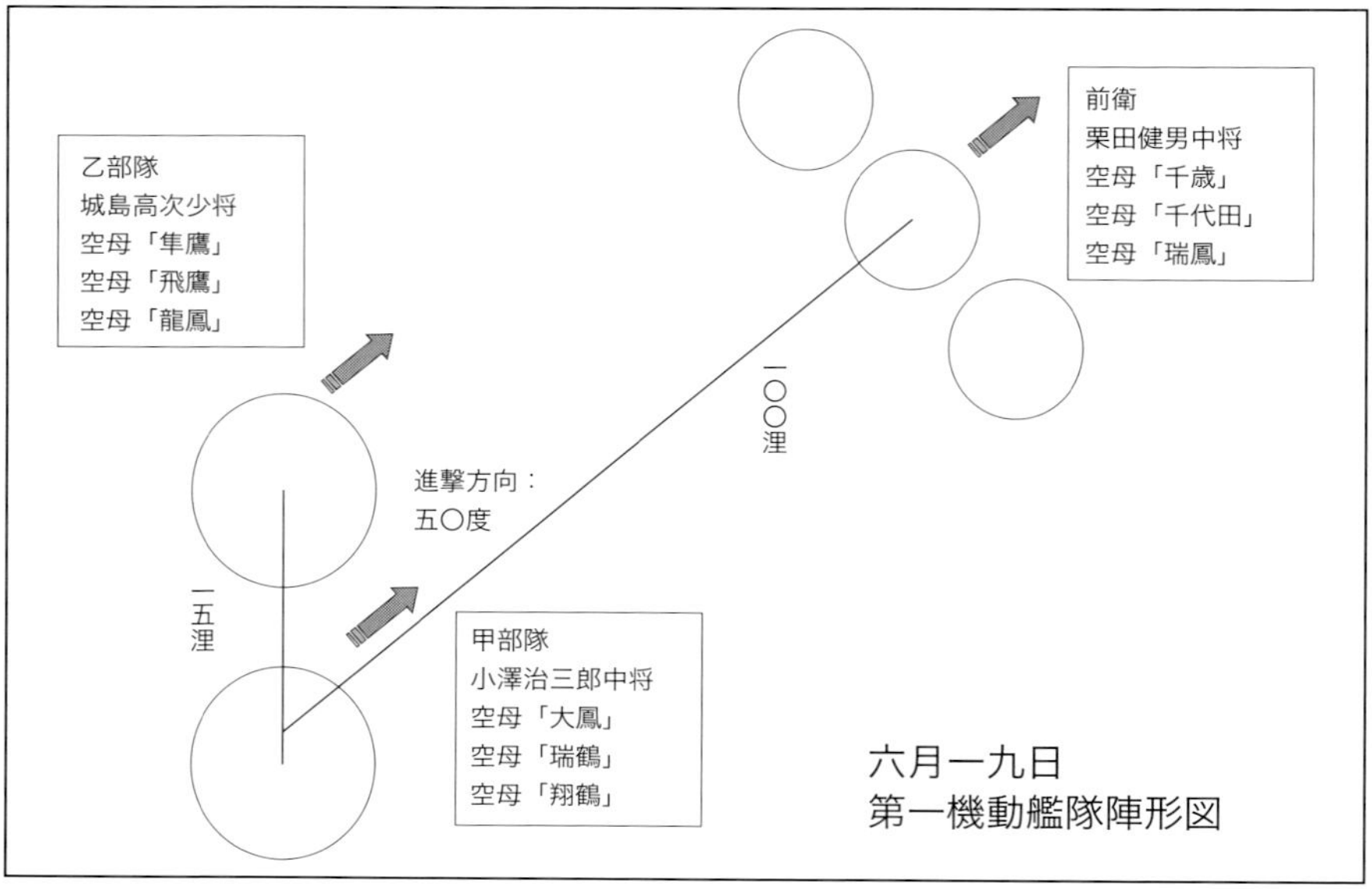
乙部隊
城島高次少将
空母「隼鷹」
空母「飛鷹」
空母「龍鳳」
前衛
栗田健男中将
空母「千歳」
空母「千代田」
空母「瑞鳳」
一〇〇浬
進撃方向：
五〇度
一五浬
甲部隊
小澤治三郎中将
空母「大鳳」
空母「瑞鶴」
空母「翔鶴」
六月一九日
第一機動艦隊陣形図

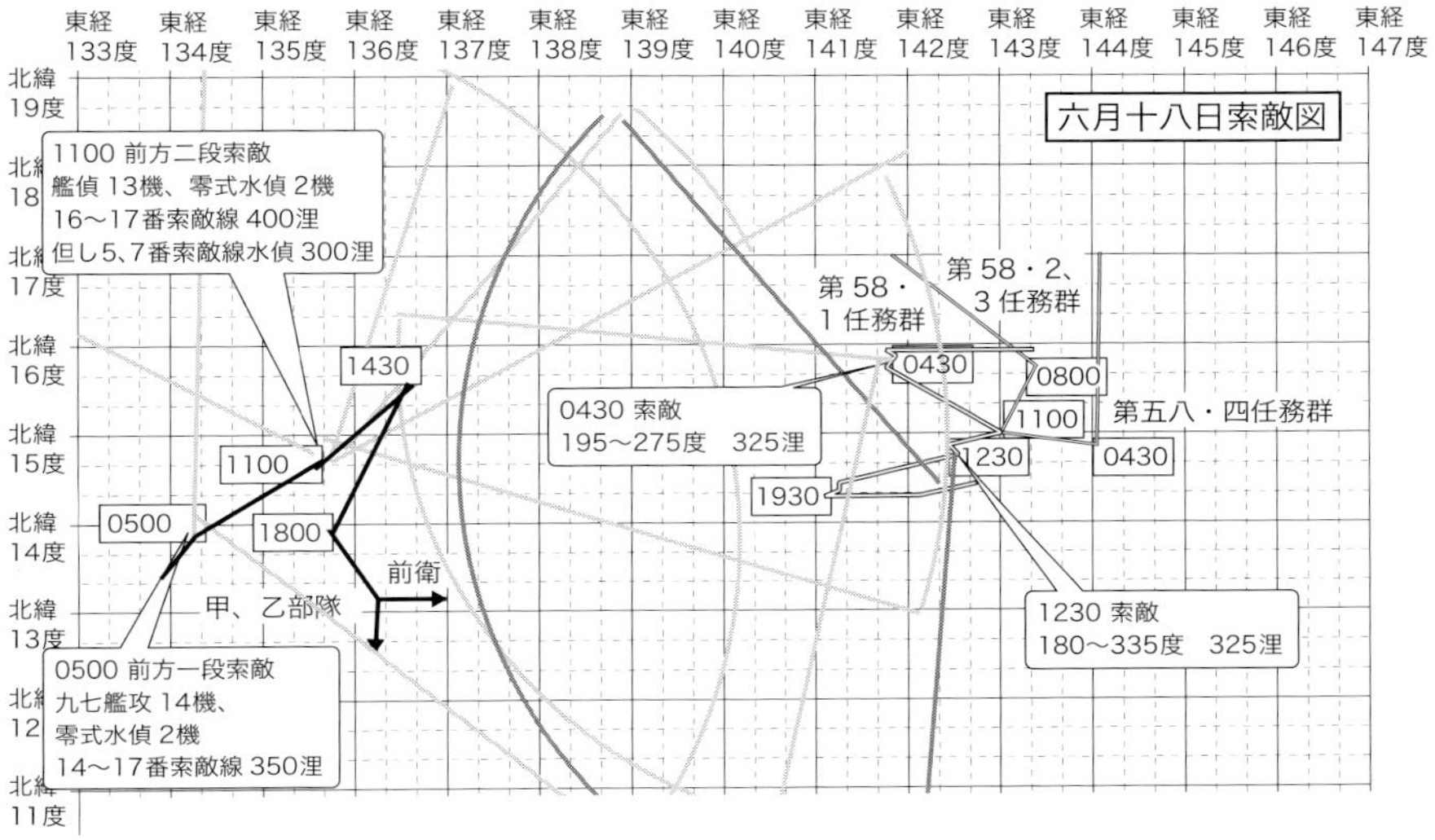

東経 133度
東経 134度
東経 135度
東経 136度
東経 137度
東経 138度
東経 139度
東経 140度
東経 141度
東経 142度
東経 143度
東経 144度
東経 145度
東経 146度
東経 147度
北緯 19度
北緯 18度
北緯 17度
北緯 16度
北緯 15度
北緯 14度
北緯 13度
北緯 12度
北緯 11度
六月十八日索敵図
1100 前方二段索敵
艦偵 13機、零式水偵 2機
16〜17番索敵線 400浬
但し5、7番索敵線水偵 300浬
1430
1100
0500
1800
前衛
甲、乙部隊
0500 前方一段索敵
九七艦攻 14機、
零式水偵 2機
14〜17番索敵線 350浬
第 58・
1 任務群
第 58・2、
3 任務群
0430
0800
1100
第五八・四任務群
0430
1230
1930
0430 索敵
195〜275度　325浬
1230 索敵
180〜335度　325浬

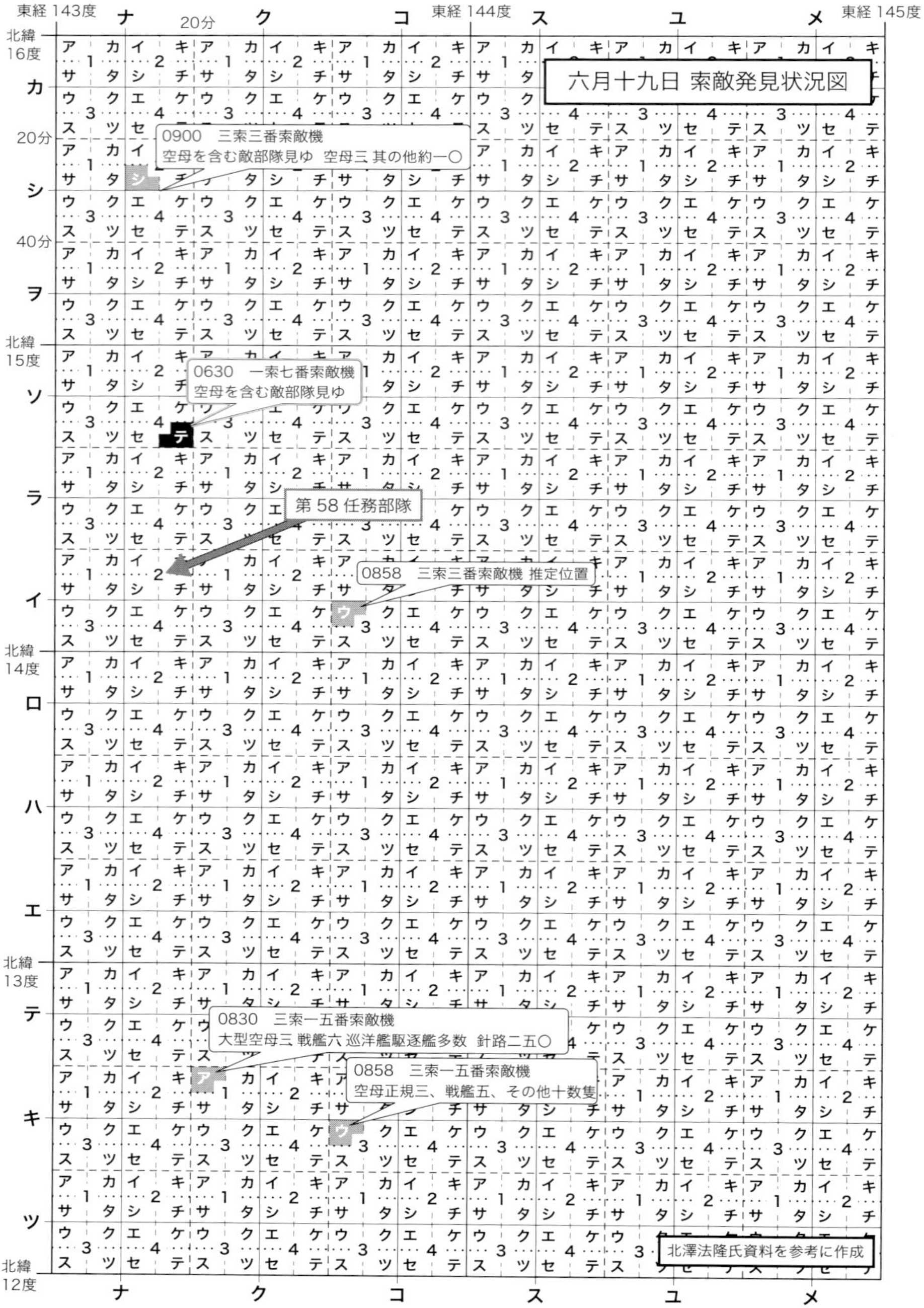
六月十九日 索敵発見状況図
東経143度
東経144度
東経145度
20分
40分
北緯16度
北緯15度
北緯14度
北緯13度
北緯12度
ナ
ク
コ
ス
ユ
メ
カ
シ
ヲ
ソ
ラ
イ
ロ
ハ
エ
テ
キ
ツ
0900 三索三番索敵機
空母を含む敵部隊見ゆ 空母三 其の他約一〇
0630 一索七番索敵機
空母を含む敵部隊見ゆ
第58任務部隊
0858 三索三番索敵機 推定位置
0830 三索一五番索敵機
大型空母三 戦艦六 巡洋艦駆逐艦多数 針路二五〇
0858 三索一五番索敵機
空母正規三、戦艦五、その他十数隻
北澤法隆氏資料を参考に作成

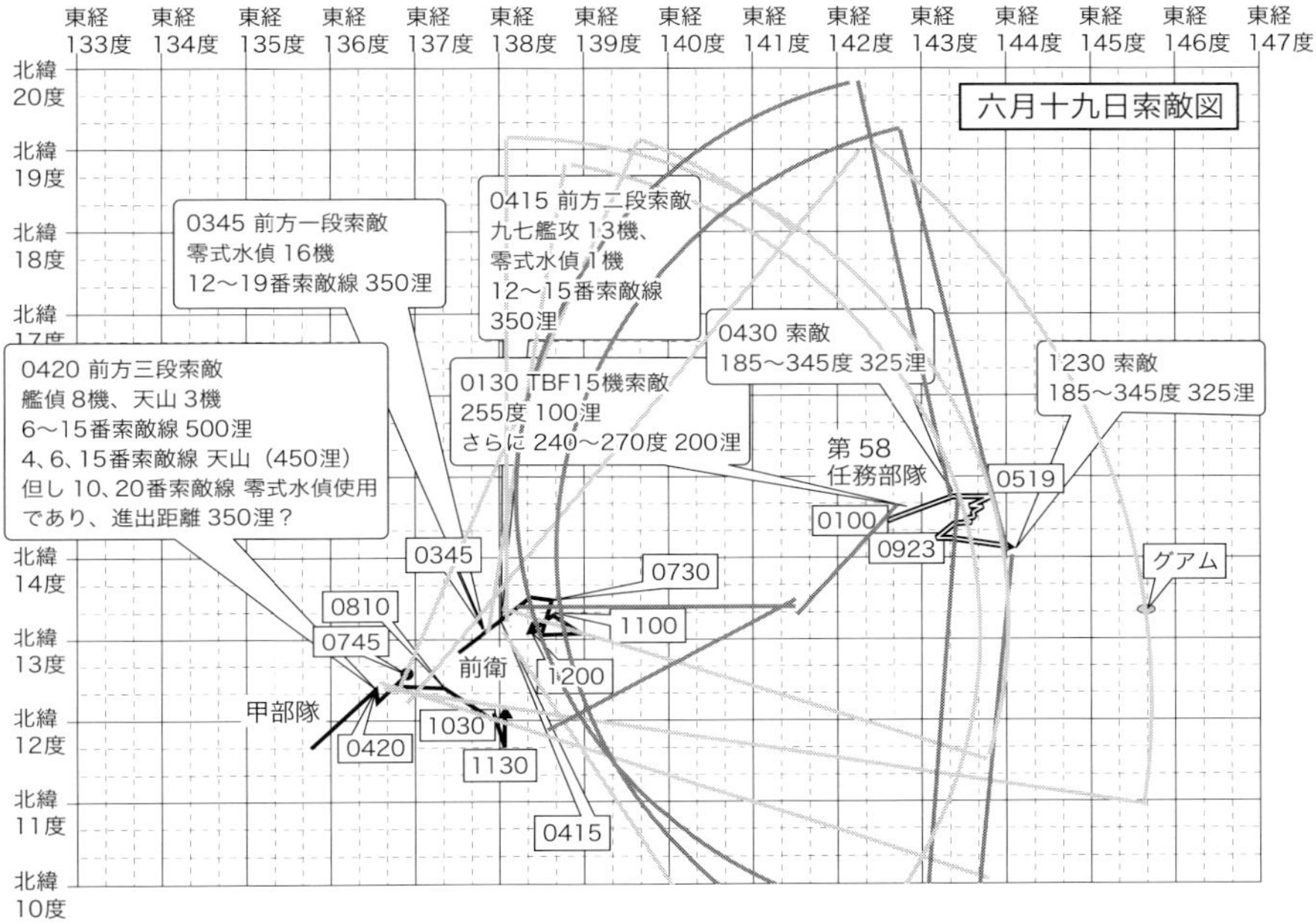
六月十九日索敵図
東経133度 東経134度 東経135度 東経136度 東経137度 東経138度 東経139度 東経140度 東経141度 東経142度 東経143度 東経144度 東経145度 東経146度 東経147度
北緯20度 北緯19度 北緯18度 北緯17度 北緯14度 北緯13度 北緯12度 北緯11度 北緯10度
0345 前方一段索敵
零式水偵 16機
12〜19番索敵線 350浬
0415 前方二段索敵
九七艦攻 13機、
零式水偵 1機
12〜15番索敵線
350浬
0430 索敵
185〜345度 325浬
1230 索敵
185〜345度 325浬
0420 前方三段索敵
艦偵 8機、天山 3機
6〜15番索敵線 500浬
4、6、15番索敵線 天山（450浬）
但し 10、20番索敵線 零式水偵使用
であり、進出距離 350浬？
0130 TBF15機索敵
255度 100浬
さらに 240〜270度 200浬
第 58
任務部隊
0519
0100
0923
グアム
0345
0730
0810
1100
0745
前衛
1200
甲部隊
1030
0420
1130
0415

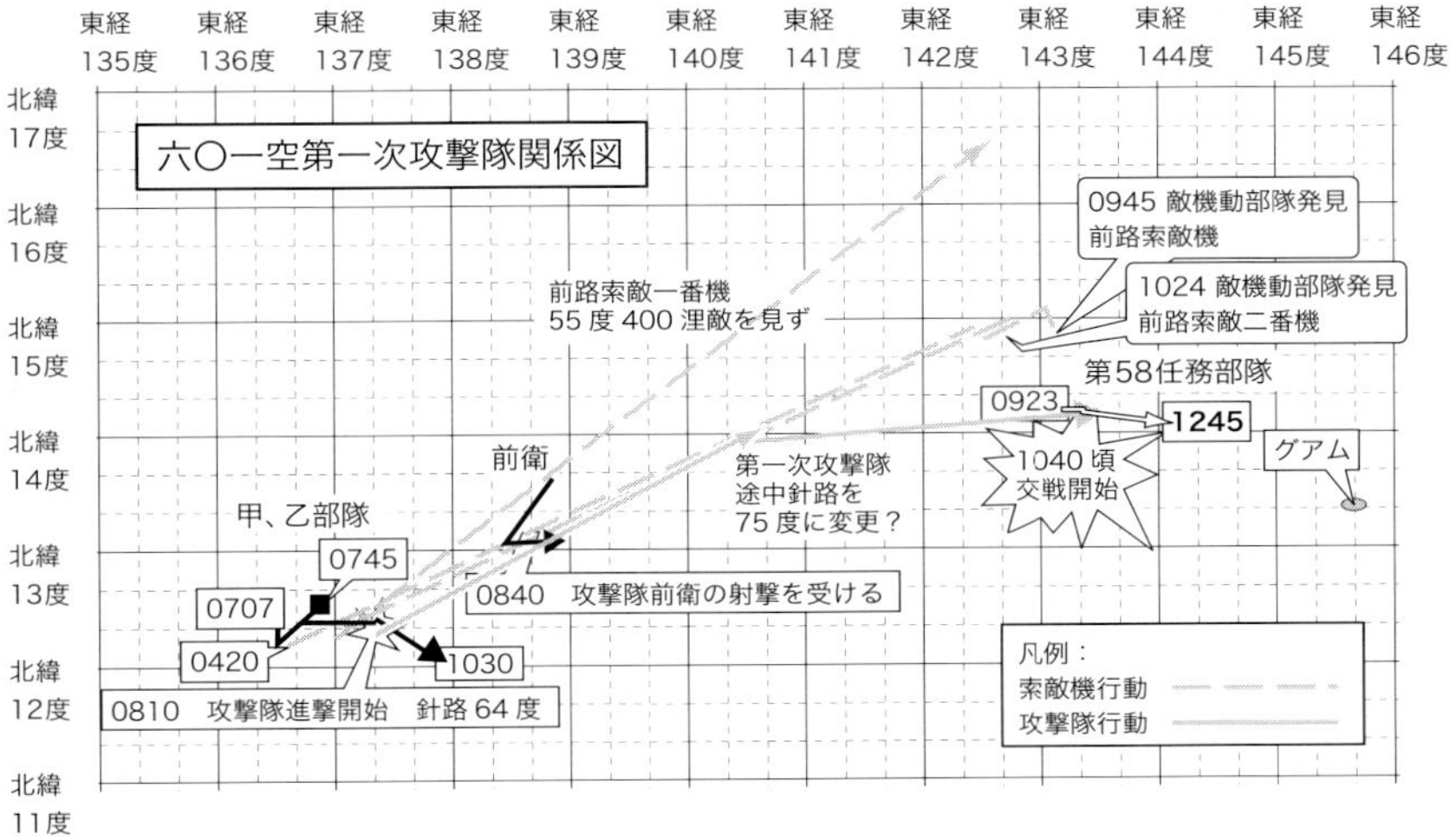
六〇一空第一次攻撃隊関係図
東経135度 東経136度 東経137度 東経138度 東経139度 東経140度 東経141度 東経142度 東経143度 東経144度 東経145度 東経146度
北緯17度 北緯16度 北緯15度 北緯14度 北緯13度 北緯12度 北緯11度
0945 敵機動部隊発見
前路索敵機
1024 敵機動部隊発見
前路索敵二番機
前路索敵一番機
55 度 400 浬敵を見ず
第58任務部隊
0923
1245
グアム
1040 頃
交戦開始
前衛
第一次攻撃隊
途中針路を
75 度に変更？
甲、乙部隊
0745
0707
0840 攻撃隊前衛の射撃を受ける
0420
1030
0810 攻撃隊進撃開始 針路 64 度
凡例：
索敵機行動
攻撃隊行動

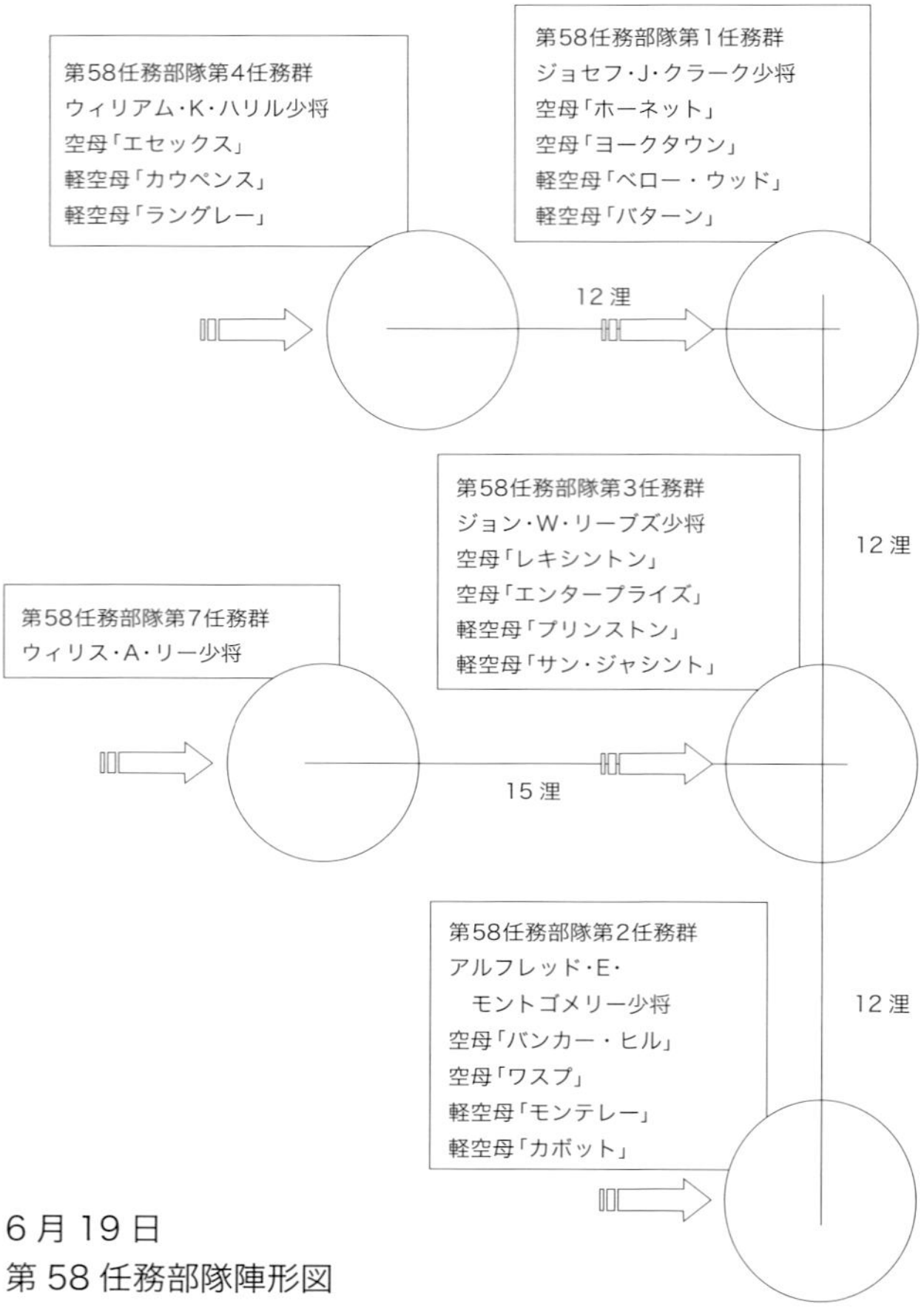
第58任務部隊第4任務群
ウィリアム・K・ハリル少将
空母「エセックス」
軽空母「カウペンス」
軽空母「ラングレー」
第58任務部隊第1任務群
ジョセフ・J・クラーク少将
空母「ホーネット」
空母「ヨークタウン」
軽空母「ベロー・ウッド」
軽空母「バターン」
12浬
第58任務部隊第3任務群
ジョン・W・リーブズ少将
空母「レキシントン」
空母「エンタープライズ」
軽空母「プリンストン」
軽空母「サン・ジャシント」
12浬
第58任務部隊第7任務群
ウィリス・A・リー少将
15浬
第58任務部隊第2任務群
アルフレッド・E・
モントゴメリー少将
空母「バンカー・ヒル」
空母「ワスプ」
軽空母「モンテレー」
軽空母「カボット」
12浬

6月19日
第58任務部隊陣形図

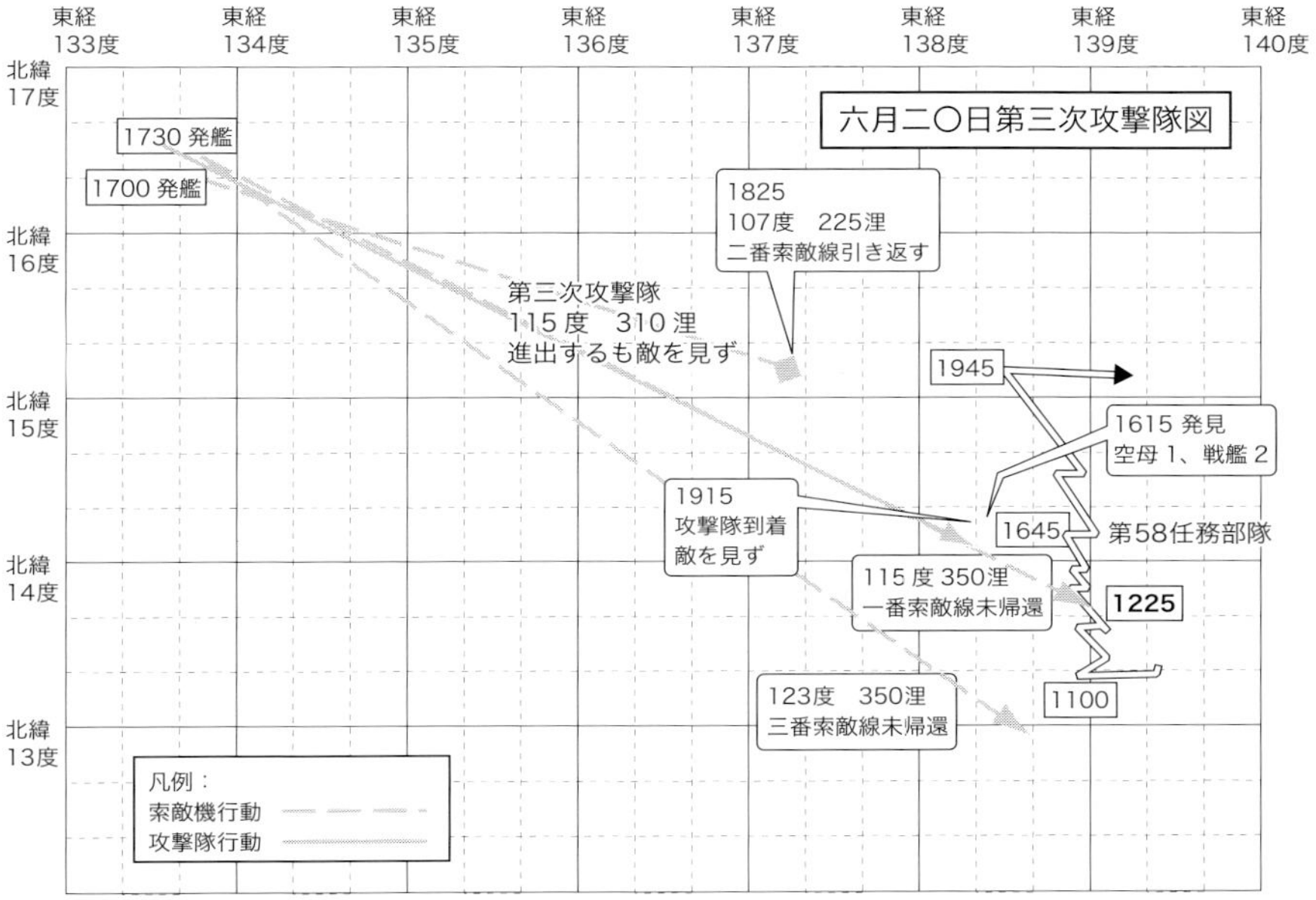
東経 133度
東経 134度
東経 135度
東経 136度
東経 137度
東経 138度
東経 139度
東経 140度
北緯 17度
北緯 16度
北緯 15度
北緯 14度
北緯 13度
六月二〇日第三次攻撃隊図
1730 発艦
1700 発艦
1825
107度　225浬
二番索敵線引き返す
第三次攻撃隊
115 度　310 浬
進出するも敵を見ず
1945
1615 発見
空母 1、戦艦 2
1915
攻撃隊到着
敵を見ず
1645
第58任務部隊
115 度 350浬
一番索敵線未帰還
1225
1100
123度　350浬
三番索敵線未帰還
凡例：
索敵機行動
攻撃隊行動

【著者紹介】

川崎まなぶ MANABU Kawasaki

昭和50年生まれの32歳。東京電機大学工学部卒業、ネットワーク関連企業に勤めるエンジニア。

マリアナ沖海戦

～母艦搭乗員 激闘の記録～

A New Vew of the Battle of Philippine Sea

発行日　2007年11月30日　初版第1刷

著　者　川崎まなぶ
装　丁　寺山 祐策
DTP　小野寺 徹

発行人　小川 光二
発行所　株式会社 大日本絵画
〒101-0054東京都千代田区神田錦町1丁目7番地
Tel. 03-3294-7861（代表）　Fax.03-3294-7865
URL. http://www.kaiga.co.jp
編集人　岡崎 宣彦
企画・編集　株式会社 アートボックス
〒101-0054東京都千代田区神田錦町1丁目7番地
錦町1丁目ビル4F
Tel. 03-6820-7000（代表）　Fax. 03-5281-8467
URL. http://www.modelkasten.com
印刷　大日本印刷株式会社
製本　株式会社関山製本社
ISBN 978-4-499-22950-0